L'ÉTAT DE LA GÉOGRAPHIE

Autoscopie d'une scien

M A P P E M O N D E

L'ÉTAT DE LA GÉOGRAPHIE

Autoscopie d'une science

Sous la direction de
Rémy Knafou

BELIN
8, rue Férou 75006 Paris

DANS LA MÊME COLLECTION

Porteurs de l'Himalaya. Le trekking au Népal, Isabelle Sacareau

Enquête sur le tourisme de masse. L'écologie face au territoire, Florence Deprest

Territoires de France & d'Europe. Raisons de géographe, Roger Brunet

Champs & Contrechamps. Raisons de géographe, Roger Brunet

ISSN 1275-2975 ISBN 2-7011-2274-0

à Joël Bonnemaison

INTRODUCTION

Qui, pourquoi et comment?

Cet ouvrage est une entreprise collective, qui n'émane pas d'un groupe constitué[1] reflétant une tendance de la géographie mais d'un rassemblement de personnes et de groupes partageant en commun le désir de développer une réflexion sur la mise en perspective de la géographie qu'ils lisent ou que, par ailleurs, ils produisent. *L'état de la géographie* est donc le résultat du croisement, à un moment donné, d'un certain nombre d'itinéraires, individuels et collectifs, dont l'historique permettrait de montrer que le rassemblement n'est pas le seul produit du hasard, chacun apportant une expérience différente ainsi qu'une grande variété de pratiques géographiques. Autrement dit, le présent rapport n'est pas le produit d'une école et, encore moins, d'une « chapelle » [2]. De même, il n'émane pas d'une seule classe d'âge ou d'universitaires possédant la même

1. Un groupe de travail s'est réuni en 1995, afin de préparer un colloque sur « l'état de la géographie », tenu en octobre 1996 dans le cadre du Festival International de Géographie de Saint-Dié-des-Vosges, le colloque devant être la première étape du futur rapport. Le groupe de travail comprenait initialement: Mireille Bruston (MIT-CNRS), Christian Daudel (université de Saint-Etienne), Florence Deprest (MIT-Paris VII-Denis Diderot), Denise Douzant-Rosenfeld (IUFM de Versailles), Philippe Duhamel (MIT-Paris VII-Denis Diderot), Pernette Grandjean (université de Reims), Christian Girault (CNRS, Paris), Christian Grataloup (université de Reims), Rémy Knafou, (MIT-Paris VII-Denis Diderot), Isabelle Lefort (université de Lyon II), Jacques Lévy (université de Reims, IEP de Paris), Louis Marrou (université de La Rochelle), Patrick Pigeon (université de Savoie), Pierre-Yves Saunier (CNRS, Lyon). Il a été ensuite rejoint par Céline Broggio (université de Paris-Nord), Bénédicte Durand (doctorante, Paris IV), Jean Raison (Lycée Jean Jaurès, Châtenay-Malabry), Mathis Stock (doctorant, Paris VII-Denis Diderot). Tous sont géographes, à l'exception de Mireille Bruston (sociologue) et de Pierre-Yves Saunier (historien).

2. Précision probablement inutile pour les géographes mais nécessaire à la compréhension par le lecteur non géographe.

situation institutionnelle. Les maîtres d'œuvre de chaque partie ont des âges compris entre 30 et 50 ans et des statuts allant de l'ATER (attaché temporaire d'enseignement et de recherche) au professeur d'université. Toutes ces précisions sont indispensables à propos d'un ouvrage de ce type qui implique, par définition, que ses auteurs se définissent dans leur relation à la géographie et aux institutions qui encadrent celle-ci.

Entreprise collective, *L'état de la géographie* n'est donc pas une suite de contributions individuelles rassemblées dans un certain ordre[3]. Tout au contraire, cet ouvrage est le produit d'une réflexion commune ayant abouti à un plan conçu et assumé collectivement. Dans un souci d'efficacité, afin surtout de ne pas laisser l'opération traîner en longueur et de respecter l'engagement pris publiquement, lors du Festival de Géographie de 1996, de présenter un ouvrage lors du Festival suivant, il a été décidé que chaque partie aurait un responsable chargé d'en assurer l'organisation et la cohérence. Mais, dans le souci de marquer le caractère collectif de l'entreprise, il a été adopté le principe de ne pas signer les textes introductifs de chaque partie.

S'il est normal d'indiquer le nom des maîtres d'œuvre de chaque partie, afin de ne pas méconnaître l'importance du travail fourni – Isabelle Lefort, pour la première partie, Philippe Duhamel pour la deuxième, Christian Grataloup pour la troisième et Jacques Lévy pour la quatrième – c'est le groupe de travail dans son ensemble qui assume la responsabilité de toute l'entreprise, ainsi que des textes mettant en perspective chaque partie.

Enfin, le rôle du signataire de ces lignes doit être précisé : à l'origine du projet, il a assuré la coordination du groupe de travail et de l'ouvrage. En raison même de l'esprit du projet, il va de soi qu'il s'agit bien d'un rôle de coordination et en aucun cas de direction.

Dans une entreprise de ce genre, il importe de dire d'emblée et de la manière la plus claire aussi bien ce que cet ouvrage entend être que ce qu'il n'entend pas être, du moins du point de vue des auteurs, en laissant, bien évidemment, aux lecteurs le soin de développer leur point de vue.

L'état de la géographie s'inscrit dans un itinéraire dont le point de départ fut, en 1989, la création par l'un d'entre nous[4] au sein du laboratoire Intergéo

3. En cela, il diffère profondément du précédent constitué par l'ouvrage publié à l'initiative de la revue *L'Homme : Anthropologie, état des lieux*, École des Hautes Études en Sciences Sociales et Librairie Générale Française, 1986. En effet, cet ouvrage est une suite de vingt-deux articles signés d'un seul auteur et d'un article signé de deux auteurs. Le sommaire se contente d'énumérer ces vingt-trois articles sans présenter aucune structure d'ensemble. Ce parti reflète du reste la méthode employée pour effectuer cet état des lieux : un appel à contributions, publié dans *L'Homme* à l'occasion de ses vingt-cinq ans d'existence, destiné à « repérer les orientations de l'anthropologie d'aujourd'hui ».

4. Rémy Knafou, alors directeur de recherche au CNRS et directeur d'Intergéo, unité propre de recherche et de service.

du CNRS, de l'Observatoire de la géographie et des géographes. Dans l'avant-propos de l'*Annuaire de la recherche géographique francophone*[5], le protocole scientifique de l'Observatoire était ainsi résumé :

«– non confusion entre observation et évaluation ;

– transparence des matériaux produits et/ou utilisés ;

– transparence des recherches effectuées ;

– travaux délibérément placés dans le cadre de la sociologie de la science, mais menés, pour l'essentiel, par des géographes, avec l'aide de sociologues, de manière à fournir des matériaux plus ou moins élaborés, sur le mode de production et de fonctionnement de la géographie, ses *a priori,* le regard sur soi ; mais aussi, sur le fonctionnement d'une communauté scientifique : ses organisations, ses enjeux, son degré d'ouverture aux autres, etc. »

Dans une autre production émanant de l'Observatoire de la géographie et des géographes, *Matériaux pour une sociologie de la géographie*[6], l'entreprise était ainsi présentée :

«[...] les conditions dans lesquelles la géographie est produite et se reproduit nous intéressent et nous paraissent être tout aussi dignes d'intérêt que les résultats auxquels la science géographie parvient. On postule même que ces conditions peuvent permettre d'expliciter certains aspects de la production scientifique. »

Ces deux auto-citations sont destinées à mettre en perspective le présent ouvrage qui partage avec ses devanciers un certain nombre de principes communs : l'idée qu'il est utile, voire indispensable, que les géographes ne se désintéressent pas des conditions de production de leur discipline avec une attention particulière portée aux acteurs de cette production ; le souci de fournir un certain nombre de matériaux et d'analyses ; l'ensemble constituant à la fois des jalons et des hypothèses destinés à ouvrir un nouveau champ de recherche à la rencontre des contenus scientifiques d'une discipline et d'un ensemble de données constituant un fait social que la géographie, l'une des sciences de la société, peut songer à investir à son tour et à sa manière.

Au total, il s'agit de mieux identifier ce qu'est la production de la géographie contemporaine, qui sont les acteurs en jeu, quelle place ils occupent dans notre société, quelles relations ils entretiennent avec les autres sciences sociales et l'ensemble de la société, comment se nourrit leur information et comment elle se diffuse.

Après avoir dit ce que cet ouvrage est ou entend être, il est nécessaire de dire ce qu'il n'est pas : à savoir un tableau de la géographie contemporaine et un rapport d'évaluation.

5. Dû à Mireille Bruston, dirigé par R. Knafou, publié par Intergéo en 1992.

6. Sous la direction de D. Dory, D. Douzant-Rosenfeld et R. Knafou, *Matériaux pour une sociologie de la géographie*, L'Harmattan, 1993.

En effet, il ne s'agit pas, ici, de répondre à la question « qu'est-ce que la géographie ? » ou de proposer un tableau de la géographie contemporaine que personne ou aucune équipe ne se risque à faire aujourd'hui[7]. Certes, les relations de la géographie française avec les autres « écoles » nationales de la géographie sont prises en compte, de même que sont proposés des aperçus sur la situation de la géographie dans d'autres pays. Mais un état de la géographie au niveau international, voire mondial, reste à faire. Cela pourrait être un objectif pour un deuxième rapport sur l'état de la géographie, en l'an 2000, qui analyserait à la fois les grands courants de la géographie mondiale et les décalages entre les différentes situations nationales.

L'état de la géographie n'est pas davantage un rapport d'évaluation pour au moins deux raisons. La première est que ses auteurs n'ont aucune qualité comme aucune disposition d'esprit à se transformer en évaluateurs. Ils laissent ce soin aux instances prévues à cet effet par les institutions de tutelle (universités, CNRS, ORSTOM, etc.). Une seconde raison est qu'il existe déjà des rapports d'évaluation[8], qui constituent une source précieuse d'informations sur la géographie et ce d'autant plus que celle-ci, en raison principalement de la taille de sa communauté, a souvent été choisie comme discipline de test de procédures d'évaluation, tant dans l'enseignement supérieur qu'au CNRS.

L'état de la géographie n'étant pas un rapport d'évaluation, ses auteurs se sont efforcés, autant que faire se peut, de bannir de leurs analyses les jugements de valeur n'exprimant que des positions individuelles tout comme l'ironie ou la dérision. Et, le plus systématiquement possible, la présentation des faits a été préférée à l'émission d'opinions[9]. L'objectif poursuivi n'est pas la recherche d'un quelconque consensus mais l'établissement, le plus sereinement possible, d'un fondement à l'autoscopie d'une discipline.

---

7. Tout au plus peut-on trouver une sélection de problématiques dans « Géographie : état des lieux » I (« La dimension environnementale ») et II (« Processus sociaux et espaces géographiques »), *Revue internationale des sciences sociales,* n° 150 et 151, déc. 1996 et mars 1997, UNESCO-Erès. Sélection internationale, largement dominée par la géographie anglo-saxonne : un article en français, un article traduit de l'espagnol, un traduit du russe et neuf articles traduits de l'anglais.

8. *Cf. Les Sciences de l'homme et de la société en France. Analyse et propositions pour une politique nouvelle,* rapport au ministre de la Recherche et de l'Industrie, La Documentation Française, 1982. Ce rapport, commandé à Maurice Godelier, comprenait un rapport sur la géographie rédigé par Roger Brunet. Un deuxième volume de rapports complémentaires comprenait une réponse d'Étienne Dalmasso, des notes de Jacqueline Beaujeu-Garnier, une note de l'Association pour le développement de la géographie française, ainsi que le texte final des Assises nationales de la géographie tenues à Lyon en octobre 1981.
Plus récemment : *La Géographie dans les universités françaises, une évaluation thématique,* Comité National d'Évaluation, mai 1989.

9. Cependant, celles-ci n'ont pas été totalement bannies. On retrouve quelques jugements de valeur dans certains passages volontairement circonscrits : quelques articles et encadrés signés de leur auteur.

Un temps de la géographie

Afin de mettre en perspective *L'état de la géographie*, il apparaît indispensable de prendre la peine de présenter la géographie d'aujourd'hui aux non initiés à partir de quelques traits saillants dont certains sont des paradoxes, ainsi que d'esquisser le tableau des conditions nouvelles dont la géographie peut aujourd'hui bénéficier.

Quelques paradoxes

La géographie est à la fois une discipline scolaire connue et une science méconnue. Ses relations avec l'école, fondamentales depuis la IIIe République, méritent éclaircissement et approfondissements. Vu de l'extérieur, tout se passe comme si l'importance de la place de la géographie à l'école (présente dans les programmes de l'école primaire à la Terminale) occultait l'existence d'une recherche vivante en géographie, d'autant que jusqu'à une date récente, la géographie enseignée était très éloignée des tendances nouvelles de la recherche. De cette histoire, la géographie conserve l'image d'une discipline scolaire – risque que n'encourt pas la sociologie ou peu l'économie – alors que l'histoire, qui est tout autant liée à l'école que la géographie, a su conquérir une autonomie apparente vis-à-vis de l'institution scolaire.

Facteur aggravant pour sa lisibilité, la géographie a changé de paradigme. Pour simplifier beaucoup, on dira qu'en un demi-siècle, la géographie est passée du champ des sciences de la nature à celui des sciences sociales en une migration unique dans l'histoire des sciences et dont les géographes eux-mêmes n'ont pas fini de mesurer les conséquences. Il est donc logique que les non-géographes aient parfois quelque mal à prendre conscience des changements fondamentaux enregistrés par la géographie qui n'est plus la discipline présentant le cadre – principalement naturel – immuable à l'échelle historique dans lequel se joue l'action humaine. Aujourd'hui, la géographie se donne le plus souvent comme objectif d'analyser la dimension spatiale des sociétés. De Vidal de la Blache qui écrivait avant la Première Guerre mondiale à nos jours, on est ainsi passé d'une géographie qui naturalisait la société à une géographie qui socialise la nature, c'est-à-dire qui la traite comme une composante de la société.

Un autre paradoxe est le contraste qui existe entre l'importance de certaines questions « géographiques » et la discrétion du traitement de ces questions par les géographes. En effet, la géographie touche à plusieurs grandes questions de société, objets de débats récents et actuels : l'aménagement du territoire, l'environnement, voire l'écologie, les risques naturels, l'immigration, la mondialisation, etc. – sans que la voix des géographes se fasse beaucoup entendre, au moins publiquement, sur ces différents thèmes. Il y a longtemps qu'un titre géographique n'a plus occupé les premiers rangs de la notoriété éditoriale : *Paris et le désert français* de Jean-François Gravier est bien lointain (1947) et, les ouvrages à succès récents à dimension géographique n'émanent pas de géographes : ainsi, en est-il, par exemple, des *Atlas* de Chaliand et Rageau. Seul, dans cette traversée du désert éditorial, le livre d'Yves Lacoste, *La géographie, ça sert d'abord à faire la guerre,* émergea-t-il, nous rappelant si cela était nécessaire que la dramatisation aide à diffuser les sciences sociales. Plus récemment, seul un dictionnaire – critique, il est vrai – a été un réel succès éditorial, en touchant aussi un public extérieur à la géographie[10], probablement plus nettement que la monumentale *Géographie Universelle* en dix volumes dirigée par Roger Brunet entre 1990 et 1996 (Belin-RECLUS). Aux États-Unis où la géographie est probablement moins bien lotie institutionnellement qu'en France – car ne bénéficiant pas de la rente de situation que peut constituer sa forte présence à l'école – des géographes ont su s'intéresser à de grandes questions au bon moment et, ainsi, toucher un vaste public, à l'image d'un David Harvey, théoricien de la post-modernité ou d'un Peter Gould, auteur de travaux et de cartes sur la diffusion du SIDA, largement repris dans la grande presse.

Mais, pour l'essentiel, en France comme ailleurs, les géographes demeurent des experts dont les compétences sont enfermées à l'intérieur d'une littérature « grise » [11] ou de la littérature scientifique inaccessible aux non-initiés. Cela dit, il importe de ne pas sous-estimer l'apport de ces expertises et de ne pas confondre tout à fait le sort des géographes et celui de la géographie.

Ne pas confondre géographes et géographie(s)

L'aménagement du territoire est un bon exemple de la nécessité de ne pas confondre une science et ceux qui en sont les artisans. En effet, fréquemment, il a pu être constaté que les géographes auraient manqué le train de l'aménagement du territoire ; autrement dit, que l'âge d'or de l'aménagement du territoire – les années 1960 – n'aurait pas vu l'émergence du pouvoir des géographes sur les structures nouvellement constituées. En fait, dans la réalité, les choses sont nettement plus subtiles. Si les dirigeants de la DATAR n'ont jamais été des géographes, géographes et géographie ont été finalement très présents dans l'œuvre d'aménagement du territoire. D'abord, parce que l'aménagement du territoire a repris et médiatisé tout un pan du langage géographique, ainsi passé dans l'ensemble de la société et, donc, banalisé. Ensuite, parce que nombre de géographes et de départements géographiques des universités se sont massivement impliqués dans les opérations d'aménagement local et régional, au point d'en tirer assez souvent une grande part de leurs ressources à travers d'innombrables contrats. Enfin, parce que, surtout dans les années 1980, à la faveur des lois de décentralisation, la géographie a formé de très nombreux cadres – moyens essentiellement – qui trouvèrent aisément des emplois principalement au sein des collectivités territoriales.

---

10. R. Brunet, R. Ferras, H. Théry (dir.), *Les Mots de la Géographie. Dictionnaire critique,* La Documentation Française-Reclus, 1re édition en 1992 ; plusieurs rééditions.

11. On appelle ainsi les rapports demandés par toute une série de commanditaires (État, collectivités territoriales, entreprises) et, la plupart du temps, non diffusés.

A travers cet exemple, on constate que le positif l'emporte largement sur le négatif, sauf à considérer qu'une science n'est accomplie que si elle fréquente quotidiennement le pouvoir à son niveau le plus élevé et/ou le plus médiatique.

Un rapport particulier au pouvoir?

Car si la géographie est une science méconnue du grand public, les géographes sont, à de rares exceptions près, totalement inconnus de ce même grand public comme de l'intelligentsia parisienne. Dans certains cas, cette situation s'explique objectivement par l'absence du grand livre qui franchirait les barrières des cercles étroits des initiés. Mais, dans d'autres cas, les livres existent mais sont restés confinés à l'intérieur du monde scientifique[12]. Il faut dire aussi que cette sortie des cercles étroits suppose à la fois d'abandonner la forme du manuel et d'avoir accès à quelques grands éditeurs faisant l'effort d'organiser une diffusion. Or, une grande partie de la production géographique est enfermée à l'intérieur du monde des éditeurs de manuels destinés aux concours ou, peu ou prou, d'éditeurs pratiquant une variante de l'édition à compte d'auteur et se souciant peu de la diffusion de leurs ouvrages. Il faut dire également que les géographes ne respectent toujours pas les règles du bon goût permettant d'entrer dans le cercle étroit de l'intelligentsia parisienne: en effet, nombre de ceux qui s'efforcent de développer une réflexion fondamentale l'accompagnent de cartes, de croquis, voire de petits schémas ésotériques, souvent perçus comme incongrus car relevant d'une écriture au code inconnu, qui jettent la suspicion sur l'écriture classique dont ils n'auraient point dû songer à sortir.

En outre, les rares géographes qui sortent de l'anonymat ne sont pas toujours présentés comme géographes; soit qu'ils ne le souhaitent pas – certains, à la recherche de reconnaissance, évitent[13] de s'aventurer à visage découvert – soit qu'on imagine pas qu'ils le soient[14].

Quoiqu'il en soit, la géographie vit – assez bien du reste – sans grande vedette médiatique, sans conseiller des princes qui nous gouvernent qui, en revanche, n'hésitent pas à consulter économistes ou sociologues, voire à recourir au service d'extralucides…

Mais cette absence des géographes dans les grandes allées du pouvoir ne doit pas faire oublier leur présence, désormais bien établie, dans de nombreux rouages de la décision, publique et même, parfois, privée, ainsi que la popularisation et l'exploitation commerciale – le plus souvent par d'autres que des

12. Ainsi, par exemple, on a peu parlé, en dehors du monde des géographes, de *L'Imposture écologique* de Philippe PELLETIER (RECLUS), qui pourtant livrait en précurseur une réflexion originale sur une grande question.

13. Ou, plus exactement, évitaient de le faire, car depuis quelque temps, l'étiquette géographique se porte plus facilement.

14. Tel est, par exemple, le cas de David Harvey, récemment présenté comme sociologue par un sociologue... (*in* Sciences Humaines, n° 73, 1997).

géographes – de nombreuses valeurs dont la géographie est porteuse (de l'aménagement à l'exotisme et à l'invitation au voyage, à travers ce qu'on nomme parfois la « para-géographie » (M. Chevallier). L'arbre ne doit pas cacher la forêt.

Derrière du négatif, du positif

A partir de certains constats qui précèdent, le risque existe de faire apparaître la géographie sous un jour principalement négatif – et cela pourrait contribuer à expliquer les réticences de la communauté des géographes à un tel autoexamen – c'est-à-dire comme une science dominée ayant une claire conscience de son statut au point, comble de l'aliénation, de le présenter elle-même.

Mais ces mêmes constats peuvent être présentés sous un jour beaucoup plus positif. Et, tout d'abord, le fait d'être capable de se livrer à cette autoscopie peut déjà être interprété comme un signe de vitalité et d'ouverture vers les autres, après les débats internes des années 1970 et 1980. Par ailleurs, une grande partie des remarques adressées à la géographie pourraient convenir tout aussi bien aux autres sciences sociales, seule la faible notoriété au sein de l'intelligentsia parisienne caractérisant de manière spécifique la géographie.

Surtout, la géographie d'aujourd'hui a la chance d'être en mesure de valoriser ses approches, son expérience et ses savoirs dans un contexte nouveau qui ne peut que lui être plus favorable. En particulier, l'éloignement de la géographie vis-à-vis du pouvoir ne peut être tenu pour préjudiciable au développement d'une science sociale, bien au contraire. La géographie et les géographes tirent de leur oubli relatif une absence de compromission – involontaire mais réelle – avec le pouvoir ainsi qu'une faculté théorique d'intervention dans les débats majeurs d'aujourd'hui, à la condition – pas nécessairement assurée – que les géographes sachent tirer les enseignements des expériences des autres. En effet, après les déconvenues de la gestion de nos sociétés par l'idéologique et l'économique, viendra peut-être le temps de la tentation de la gestion des sociétés par l'espace et le territoire qui peut contenir bien des ambiguïtés et bien des dangers. La mondialisation ou, plus exactement, la représentation majoritaire qui s'en dessine dans nos sociétés, peut favoriser le repli sur une multitude de territoires autocentrés qui pourraient se définir aussi bien par leurs spécificités – réelles ou imaginaires – que par le refus des autres. Dans de tels débats, l'expérience des géographes pourrait avoir un rôle non négligeable.

Art ancien déjà présent chez les Grecs, discipline scolaire éprouvée et parfois éprouvante, mais science jeune pouvant bénéficier de l'expérience des autres, la géographie est en mesure de tenir son rang dans le concert des sciences sociales, ces dernières ayant laissé inutilisée une entrée dans la société *via* l'espace qu'elle produit. Et ce, d'autant plus que de nouvelles générations de géographes ont renoncé à la tentation du repli comme au refus de la confrontation avec le monde des idées.

Au total, la géographie, une science qui se dissimule derrière la discipline scolaire, une science sans grande vedette, qui forme surtout des cadres moyens, dont une partie du langage est largement diffusée dans le grand public par d'autres que des géographes. De ce constat, on peut faire une double lecture : on pourrait y lire le regret de certains géographes de ne pas accéder aux marches les plus élevées de la renommée et du pouvoir, comme on peut y voir les grands traits d'une science ordinaire, science démocratique qui préfigure peut-être de nouveaux rapports entre la science et la société et dont, notamment, le Festival International de Géographie de Saint-Dié-des-Vosges, à la fois scientifique et populaire, est désormais l'une des grandes manifestations.

En conclusion, avec cet ouvrage, nous souhaitons lancer la balle dans le camp des géographes comme dans celui des autres sciences sociales. Aux premiers, nous fournissons un certain nombre de matériaux, d'analyses et de pistes de recherche, en souhaitant, au minimum, qu'ils sachent que cette démarche existe et, dans une vision idéale du fonctionnement d'une communauté de chercheurs, qu'ils s'en emparent, afin d'aller plus loin dans l'exigence que tout chercheur doit avoir dans son travail. Aux seconds, nous offrons au moins deux possibilités : la première serait que d'autres états des sciences sociales soient établis, afin de faciliter l'échange ainsi que l'ouverture sur l'ensemble de la société ; la seconde possibilité s'adresse particulièrement aux sociologues qui pourraient trouver de l'intérêt à se pencher sur une communauté scientifique qui a fait l'effort de rassembler et de produire informations et analyses, afin de permettre le développement d'une sociologie de la géographie qui, par définition, n'est pas de la compétence des géographes.

Rémy Knafou

PREMIÈRE PARTIE

LA PRODUCTION DES SAVOIRS DE LA COMMUNAUTÉ GÉOGRAPHIQUE

INTRODUCTION

DES USAGES SOCIAUX À LA PRODUCTION DE GÉOGRAPHIES TOPIQUES

Mise en perspective du projet

Aborder la question de la production des savoirs d'une communauté scientifique, inscrite de surcroît dans un projet d'état des lieux disciplinaire, peut apparaître d'une forte ambition, voire d'une réelle démesure si l'on se réfère au volume des développements qui vont suivre. Mais cette ambition est à long terme. Il ne s'agit pour l'heure que d'exprimer des interrogations et d'ouvrir des pistes de réflexion issues du bilan que tout un chacun, curieux, producteur ou praticien de la géographie peut (doit ?) être amené à formuler. Non pas «qu'est-ce que la géographie ? », mais «qu'est-ce que produire de la géographie, quels sont les acteurs en jeu et en place, comment s'élaborent et se nourrissentt la capitalisation, l'approfondissement des savoirs et leur diffusion ? ». Ambitieux et modeste donc tout à la fois.

Difficile également de démêler l'écheveau des fils qui tissent ces réflexions et de n'en tirer que les éléments de la production alors qu'il s'agit d'un complexe où interagissent transmission, communication et usages de la discipline. D'où un fonctionnement non systématiquement linéaire de cet ouvrage, à entrées et sens de lecture multiples.

Cet état des lieux de la production des savoirs de la communauté géographique a déjà fédéré des projets d'ensemble[1]. Le terme même renvoie à deux

1. Dans des styles différents : *La Géographie dans les universités françaises, une évaluation thématique, Comité national d'évaluation,* 1989 et «Géographie état des lieux», *Espaces Temps,* n° 40-41, 1989.

registres. Celui de la mobilité (état des lieux au sens non métaphorique, celui que l'on fait lorsqu'on part ou qu'on s'installe), mais également celui du bilan, à un moment *t*. Il s'agit donc nécessairement de l'approche d'un équilibre sans cesse renouvelé, non pas précaire mais mobile, constamment ajusté. Or pour la tenue de cette comptabilité, outils de mesure et lunettes d'approche sont encore relativement peu nombreux[2]. C'est là l'héritage d'une myopie disciplinaire, qui n'est sans doute pas l'apanage de la seule géographie, mais qui se trouve accentuée par le fait que cette dernière fut longtemps relativement indifférente ou rétive à l'autoscopie.

A ce jour, notre objectif n'est donc pas de fournir des résultats définitifs, ni même des grilles méthodologiques validées et exhaustives. Nous voulons seulement proposer et mettre à disposition du lecteur un ensemble de jalons et d'hypothèses permettant à une collectivité concernée de délimiter et définir des axes de recherche, de souligner des points forts d'une problématique complexe. Les contributions ici réunies charpenteront tant d'un point de vue réflexif qu'illustratif la trame des hypothèses, sans prétendre à en épuiser la richesse.

On remarquera d'ailleurs que la perspective générale choisie tend avant tout à envisager un champ encore peu parcouru, celui de la sociologie disciplinaire. Parler de production de savoirs implique en effet un point de vue initialement et nécessairement sociologique, identifiant discipline et fait social. Ce faisant, il s'agit moins de mener une analyse épistémologique interne s'appuyant sur le jeu et les enjeux des mécanismes conceptuels que d'aborder les conditions, les lieux et les modes d'élaboration de ces savoirs.

Dans l'analyse d'une discipline, plusieurs entrées coexistent en effet : la plus ancienne fut historique, parfois en réponse à un besoin de séduction pédagogique[3], pour expliquer ce qu'est la géographie. Elle a donné lieu à des travaux déjà nombreux, ne serait-ce qu'en langue française[4]. Ces histoires (intellectuelles)

---

2. Sur ce thème spécifique, on retiendra les *Matériaux pour une sociologie de la géographie*, sous la direction de Daniel DORY, Denise DOUZANT-ROZENFELD et Rémy KNAFOU, L'Harmattan, Paris, 1993 ; de façon plus pragmatique, la première partie de l'ouvrage de R. MARCONIS, *Introduction à la géographie,* Paris, Colin, 1996, où l'auteur évoque entre guillemets l'idée de la production géographique.

3. CLAVAL P., *Table ronde imaginaire, Penser la Terre,* Éditions Autrement, Paris, 1995, pp. 195-196. «Je m'étais aperçu que pour enseigner la géographie et pour faire comprendre ce qu'elle était et les problèmes qu'elle essayait de traiter, il était utile de la présenter non pas comme une discipline constituée, mais de raconter aux étudiants son histoire : j'ai alors commencé à travailler sur l'histoire de la géographie humaine à partir de 1961».

4. MEYNIER A., *Histoire de la pensée géographique en France,* (1872-1969), Paris, PUF, 1969.
CLAVAL Paul , *Essai sur l'évolution de la géographie humaine,* Cahiers de Géographie de Besançon, 12, Paris, Les Belles Lettres, 1964, 163 p. (réédition en 1976).
PINCHEMEL Geneviève et Philippe, «Réflexions sur l'histoire de la géographie : histoire de la géographie, histoire des géographes», *in Histoire et Épistémologie de la géographie,* Bull. section de géographie, 1979, LXXXIV, Paris, CTHS, 1981.
BERDOULAY V., *La Formation de l'école française de géographie (1870-1914)*, Paris, CTHS, 1981.
D'une certaine manière l'ouvrage de J. Scheibling, *Qu'est-ce que la géographie ?* constitue partiellement une histoire de la discipline.

de la géographie ont contribué à identifier les scansions qui ont structuré la dynamique scientifique et à proposer une grille descriptive voire interprétative de la mobilité des paradigmes.

Une seconde fut pratiquée, de nature plus spécifiquement épistémologique, d'analyse des concepts disciplinaires, de leur émergence, de leurs usages, de leurs circulations, de leurs interrelations[5]. On peut toutefois remarquer que les transferts et les processus d'hybridation conceptuels ont été particulièrement peu abordés.

Ces deux perspectives de recherche se sont révélées fructueuses mais partielles. Elles achoppent toutes deux sur l'absence relative ou absolue de références aux conditions matérielles de production des savoirs. Il ne s'agit donc pas de leur substituer une entrée sociologique mais de l'adjoindre, de la superposer comme hypothèse explicative complémentaire. «Ce projet théorique et cette stratégie de recherche»[6] font l'hypothèse qu'il est nécessaire de connaître les paramètres non discursifs de la discipline, qui concourent à la production de ses savoirs (acteurs et lieux).

Les termes mêmes de «production des savoirs de la communauté géographique» soulèvent d'ailleurs intrinsèquement certaines pistes : la production renvoie au processus d'élaboration, de fabrication[7] mais également au résultat et à la résultante, voire au produit. Parler de savoirs, c'est se démarquer de la Science, c'est évoquer une pluralité de discours. Quant à la communauté géographique, c'est présupposer qu'elle existe sous bénéfice d'inventaire d'une «peut-être» facilité d'expression (*cf.* IIe partie).

Si les savoirs sont une forme de produit social destinés à l'échange, on peut alors faire l'hypothèse que deux polarités y sont à l'œuvre, que nous désignerons en première approximation comme production et consommation. Derrière ces termes, c'est une analyse de l'offre et de la demande géographiques qui peut être menée, impliquant le jeu d'un marché comme paramètre étudiable de la production disciplinaire. Une première question revient donc à identifier chacun de ces deux pôles.

De l'offre et de la demande en géographie

L'offre est plurielle et l'on peut en classer les composants. Nous distinguerons d'abord les offres reconnues, pleinement identifiées, institutionnalisées depuis plus d'un siècle que sont les offres scolaires et universitaires.

5. Reynaud A., *La Géographie entre le mythe et la science, essai d'épistémologie,* TIGR, 1974, pp. 18-19.
Berdoulay V., *Des mots et des lieux, la dynamique du discours géographique,* Paris, CNRS, 1988.
Reynaud A., *Épistémologie de la géomorphologie,* Paris, Masson, 1971.

6. Dory D., *Matériaux pour une sociologie de la géographie, op. cit.,* p. 22.

7. «La fabrique des Sciences sociales, Lectures d'une écriture», *Espaces Temps,* n° 47-48, 1991.

Une deuxième famille est constituée d'offres plus difficiles à cerner au premier abord, parfois fort anciennes mais inégalement renouvelées : il s'agit de celles que produisent et diffusent l'édition touristique, la presse, et plus globalement les différents supports médiatiques modernes d'encyclopédie et d'information.

La dernière famille enfin englobe les productions multiformes des formations qui intègrent un volet géographique à un *corpus* de techniques ou à un champ théorique. Il s'agit là de domaines professionnellement finalisés, au sein desquels la géographie peut tenir une place pivot ou simplement partielle. De grande longévité, elles ont connu des fortunes sociales diverses selon les périodes et recouvrent principalement les domaines de l'exploration, de la cartographie et de l'aménagement.

Au total, ces offres de savoirs et de techniques se sont progressivement structurées en corrélation avec des demandes sociales historiquement scandées de manière inverse. En effet, elles furent d'abord d'ordre intellectuel, pratique ou factuel, engendrant savoirs cartographiques et techniques d'intervention sur les milieux. Leur ont succédé des demandes intellectuelles et culturelles durant la période moderne lorsque l'ouverture du monde mit en branle une connaissance élargie d'espaces et de sociétés de moins en moins *incognitae.* Des comptes rendus d'explorations militaires et religieuses à leur intégration aux systèmes de pensée politiques, ces curiosités d'élites alimentèrent une circulation d'informations plus ou moins précocement codifiées. Les savoirs géographiques participent alors du bagage culturel de l'honnête homme tandis que s'échafaudent les premières investigations spécifiquement scientifiques. La fin du XVIIIe et le XIXe siècle inaugurent une étape où se construit un système organisé et généralisé de transmission, individualisant une demande éducative et des lieux de consommation spécifique de savoirs géographiques : l'École et l'Université.

La chronologie de ces consommations sociales est complexe et les temps forts des trois registres non nécessairement synchrones. La géographie, comme système de connaissances et de techniques, a enregistré, sédimenté et alimenté des fonctions sociales qui couvrent une vaste palette, allant de la curiosité culturelle à la théorie de pratiques et à la recherche. Toutes demeurent aujourd'hui en activité, mais selon des poids, des visibilités et des identifications diverses. Cette complexité nourrit les questions fondamentales sur la définition disciplinaire, renvoie à des usages sociaux différenciés mais séquents et contribue donc au brouillage, voire au déficit de l'image sociale d'une discipline considérée comme dominée[8].

---

8. Bourdieu P., *Homo academicus,* Paris, Éditions de Minuit, 1984.

Il est clair que les conditions, les modes et les lieux de production de ces savoirs et techniques ont constamment évolué en interaction avec les définitions dominantes de la géographie, la spécification des publics et l'individualisation des acteurs. Apparaissent alors deux champs majeurs de problématique.

Comment fonctionnent aujourd'hui les relations entre les deux pôles de l'offre et de la demande : simplement selon des logiques d'adaptation des marchés ou de manière plus complexe ? Comment au sein de chacun de ces pôles (production et consommation) s'établissent les ponts et la circulation des savoirs ?

Si la première question relève clairement d'une interrogation sur les usages sociaux de la géographie, la seconde suppose une mise en question de l'autonomie des différents registres géographiques (géographie savante, géographie scolaire, géographie culturelle et quotidienne, géographie praticienne). Il nous semble que ce sont là, finalement, les axes fondamentaux qu'il faudra explorer pour parvenir à une première vision de la situation.

C'est donc à partir de cette double trame que nous proposons des pistes exploratoires d'analyse des modalités contemporaines de production des savoirs géographiques.

En partant de l'identification de trois systèmes, conçus comme des champs de production/consommation de savoirs géographiques – formation et recherche, information, intervention sur les territoires – trois champs de la géographie peuvent être définis : champ des savoirs formalisés, champ de l'information, champ des pratiques.

CHAPITRE 1

PLACE ET NATURE DE L'OFFRE EN GÉOGRAPHIE DANS LES LIEUX DE FORMATION ET D'APPRENTISSAGE

Les fondements sociaux de l'instauration et la mise en place de l'enseignement universitaire et secondaire de la géographie ont déjà fait l'objet de travaux, de la part de géographes et de sociologues[1]*. Ils ont mis l'accent sur les conditions politiques, sociales et culturelles de l'institutionnalisation et de la formalisation de l'enseignement géographique.*

On ne peut que constater le rôle central joué par l'Université, lieu majeur de la (re) production légitimée, de l'élaboration d'instruments intellectuels mais surtout de la formation de géographes patentés. Ces lieux sont aujourd'hui plus nombreux que naguère, en raison de la décentralisation et de l'accroissement du nombre d'étudiants concernés. Au regard de l'autonomie des universités d'une part et de la disparité des palettes de spécialités d'autre part, l'offre universitaire en la

1. C. Rhein, « La géographie, discipline scolaire et/ou science sociale, 1860-1920 », *Revue française de sociologie*, 1982, 23, 2, pp. 223-250. I. Lefort, *La Lettre et l'Esprit, géographie scolaire et géographie savante en France*, Paris, CNRS, 1992.

matière n'est pas homogène. C'est la question qu'aborde l'article de Boris Beaude. On est amené à penser que la réforme en cours du DEUG devrait encore accroître ces disparités inter-universitaires. Cette analyse de la situation française est mise en perspective par l'article de Mathis Stock sur un exemple allemand.

La géographie dans l'enseignement secondaire constitue un autre champ du système éducatif français où la géographie a déjà une longue tradition. Cette discipline y a quasiment fait l'objet d'une patrimonialisation par le biais de son organisation, de la prédominance longtemps accordée au territoire national et à ses icônes. C'est aujourd'hui le lieu d'échanges le plus important de la géographie puisqu'il touche la totalité de la population scolarisée.

Dans l'enseignement des premier et second cycles, les programmes constituent la cheville ouvrière de l'apprentissage disciplinaire. Ce sont eux qui structurent de façon cohérente et homogène l'apprentissage de la géographie. Après une fort longue période de stabilité, du début du siècle jusque dans les années soixante, le rythme des réformes s'est accéléré. Il manifeste la nécessité d'ajuster les règles du jeu éducatif de la discipline, confronté à une triple évolution : celle des publics scolaires, celle du paradigme scientifique de référence, celle enfin des pratiques pédagogiques.

Ce que l'on a appelé la rénovation de l'enseignement de la géographie a aujourd'hui vingt ans. Elle s'est effectuée par les deux bouts de la chaîne : à l'amont par les modifications et les ajustements successifs des programmes, à l'aval, par les expérimentations et l'avancée théorique pédagogique. Si ce bouquet de thèmes n'est pas abordé ici dans sa globalité, l'article de P. Clerc souligne cependant les problèmes soulevés par le dernier programme des classes de Terminales dont on connaît l'enjeu. De la même façon que pour l'enseignement universitaire, l'article d'Anne-Marie Gérin-Grataloup apporte ensuite un éclairage comparatif. Quant à l'article de François Audigier sur le trio classique Histoire-Géographie-Éducation civique, il met en perspective la pertinence et le sens de cette collaboration disciplinaire qui constitue, en tout état de cause, une caractéristique nationale. Il permet d'aborder la place de la géographie au sein des institutions scolaires, les logiques d'apprentissage d'une demi-discipline[2] *et ses logiques d'institutions.*

2. La géographie scolaire ne constitue pas institutionnellement, on le sait, une discipline réellement autonome. Cette mixité est illustrée tant par l'existence de manuels communs à l'histoire pour les collèges et lycées professionnels que par les modalités de recrutement des enseignants.

Il apparaît clairement que les règles du jeu de l'apprentissage géographique varient en fonction des acceptions scientifiques mais également des contextes sociétaux. Preuve en est que l'enseignement de cette discipline est fortement surdéterminé par une demande sociale propre à chaque pays.

Ses origines citoyennes valent aujourd'hui à la géographie d'être parfois considérée comme supportant « le fardeau de l'école républicaine »[3]. Il est vrai que la géographie, trop souvent identifiée socialement par sa seule dimension scolaire, n'a que peu de moyens pour exprimer ses autres dimensions, scientifique, intellectuelle ou praticienne (se les est-elle jamais réellement donnés ?). La géographie apprise à l'école est globalement la première – et l'unique – géographie acquise par la majorité de la population.

Devenus trop béants, ces écarts menaçaient de saper totalement les liens organiques entre géographie savante et géographie scolaire, qui avaient fait de celle-ci une discipline républicaine. C'est là que s'enracine le courant de recherche didactique, désireux de refonder cette relation distendue entre le savant et le scolaire. Ceci explique en partie qu'il s'agisse là d'un champ d'investigation relativement récent dont le développement correspond à la période de rénovation de l'enseignement de la géographie. L'article de F. Audigier – en écho à ceux proposés dans la troisième partie de l'ouvrage – aborde ici cette problématique des délicates relations entre géographie savante et géographie scolaire. L'article de J.-P. Chevalier et I. Lefort tente par ailleurs de cerner la place et l'importance prises par ces productions et de recenser leurs lieux de diffusion. Le champ de la didactique illustre la difficulté de forger un objet propre à l'intersection d'une recherche théorique et d'une pratique professionnelle, en l'occurrence celle de l'enseignement. A partir d'observations de terrain, l'article d'Anne Douville montre d'ailleurs combien l'innovation pédagogique et la transmission de concepts géographiques peut se heurter à la double limitation des programmes et des conditions réelles d'enseignement.

On pourrait aussi envisager de cerner le « poids » accordé à la géographie dans le système scolaire français en s'attachant à une analyse rétrospective de sa place dans les concours et examens comme de son effet sélectif. Ce serait sans doute là aborder un témoin symbolique de son statut disciplinaire.

---

3. Durand Marie-Françoise, Roumégous Micheline, « Le fardeau de l'école républicaine », *Le Débat*, n° 92.

D'autres pistes devraient pouvoir être ouvertes qui concernent les lieux « marginaux » de l'enseignement géographique. Il s'agit principalement des cursus post-baccalauréat, non universitaires : classes préparatoires, littéraires et scientifiques, formation en tourisme ou en paysagisme, etc. La géographie y tient une place disciplinaire souvent réduite, même si elle fait l'objet d'une option et a pu y représenter les derniers bastions d'un académisme contesté.

FORMATIONS AU DIPLÔME D'ÉTUDES UNIVERSITAIRES GÉNÉRALES DE GÉOGRAPHIE

Boris Beaude, étudiant de maîtrise à l'université Paris VII-Denis Diderot

Après une trentaine d'années d'incertitudes et de « nouvelles géographies », il semblerait qu'il y en ait encore de nouvelles. Nous devrions être prudent tant il est facile de voir le monde à sa fenêtre, mais ce renouveau se présente comme une forme d'aboutissement aux tardives réflexions d'une discipline pourtant bien jeune. Après que la géographie eut beaucoup emprunté aux autres disciplines, ces dernières trouvent peu à peu en en elle une composante indispensable à leurs analyses. Est-ce conjoncturel ou réellement le fruit de la maturation d'une discipline qui se cherche depuis longtemps ? Le fait est que l'espace rattrape le temps et il est du devoir de la géographie de l'accompagner.

Toutefois, quel sens un renouveau de la géographie peut-il avoir pour un étudiant en première année universitaire ? Celui-ci découvre la discipline à travers l'image qu'on lui en donne. Entre l'université correspondant à son « secteur » et des revues ou émissions dont le caractère géographique s'apparente plus à un archétype du tourisme et de l'ethnologie, l'apprenti géographe est initié malgré lui à une discipline plus difficile à appréhender qu'il ne l'imaginait. Sa formation générale se fait dans la rupture avec l'enseignement secondaire qu'il en a reçu, il lui faut s'ouvrir à une discipline aux finalités complexes et faire souvent preuve de compétences où il ne l'imaginait pas. Si, peu à peu, il pourra s'intéresser plus largement à l'ensemble de la discipline, sa formation générale aura été effectuée et nous ne sommes pas sûr que ceux qui auront abandonné entre-temps furent si impropres à la production de savoirs géographiques. Le premier cycle est souvent considéré comme un « filtre » ne laissant passer que les étudiants dont les résultats ont montré qu'ils répondaient à l'attente que l'on pouvait en avoir. Puisque qu'il est communément admis que plusieurs géographies coexistent, le filtre est-il partout le même ou, du moins, est-il fait sur les mêmes enseignements ? Nous nous sommes posé cette question en licence. La maîtrise fut une occasion inespérée pour nous permettre d'y répondre. Étant nous même apprenti géographe, nous sommes conscient que le travail était aventureux. Mais les inconvénients de l'inexpérience furent autant d'avantages. Sans prétendre à l'objectivité, nous avons essayé de faire preuve de recul et de prendre les éléments les plus pertinents possible pour appréhender la diversité des formations. Ainsi, nous nous sommes affranchis un peu de notre propre formation, tout en profitant de ce qu'elle a pu nous apporter de meilleur.

Notre approche des formations de premier cycle universitaire de géographie a abouti à un croisement des responsabilités respectives de l'Université et de la discipline dans l'élaboration des différents programmes. L'une et l'autre ne sont pas sujettes aux mêmes règles, mais la formation dépend de leur fusion. L'Université nous est apparue aussi plurielle que la géographie. Il nous a fallu chercher quels étaient les fondements de l'autonomie des universités afin de mieux saisir dans quelles limites les différentes approches de la géographie peuvent s'y exprimer. Notre question initiale y trouva tout son intérêt. A la différence de l'enseignement secondaire, la contrainte ministérielle sur les programmes s'est avérée être assez faible. Le premier cycle semble donc être le lieu de prédilection pour la manifestation de divergences disciplinaires. En nous appuyant sur une grille de lecture des différentes formations que nous avons élaborée en confrontant, d'une part les arrêtés ministériels de 1973 à 1997 relatifs au DEUG de Sciences humaines et sociales mention géographie, et d'autre part les constats que nous avons pu faire à travers une centaine d'articles et d'ouvrages traitant plus ou moins directement des incertitudes qui ont traversé la discipline, nous avons pu extraire, parmi les différentes brochures des 48 universités française dispensant un DEUG mention géographie, toutes les informations dont nous avions besoin. Trente-trois brochures ont complètement répondu aux critères que nous nous étions fixés et quarante y ont répondu partiellement.

L'observation du contenu des formations s'est révélée très enrichissante. Toutefois, l'objet de notre étude ne se prête pas aisément aux analyses et il nous a fallu procéder en plusieurs étapes avant d'obtenir une information pertinente. Une fois notre grille confrontée aux diverses brochures, nous avons pu établir un tableau qui nous permit d'extraire l'information de l'ensemble des brochures selon des critères identiques. Les types d'enseignements que nous avons retenus lors de l'étude du contenu théorique de la formation se sont révélés être adaptés à une analyse de la situation observée. Notre approche de la diversité s'est appuyée essentiellement sur la part de différents types d'enseignement sur les deux années de formation. D'autres informations ont été ajoutées à cette entrée afin de pouvoir en nuancer les analyses. Nos méthodes s'attachèrent dans un premier temps à faire apparaître les différences entre les types d'enseignements, puis à mettre ces différences en relation avec celles qui existent d'une université à une autre. Enfin, pour compléter un constat des différences, nous nous sommes interrogé sur l'existence d'une éventuelle structure de l'information, qui supposerait un ordre parmi les différences. L'étude s'est appuyée sur la part des enseignements suivants : géographie physique, géographie humaine, géographie régionale, géographie générale, histoire, méthodes et outils, sciences humaines, quelques enseignements jugés annexes à la géographie (aménagement, démographie, environnement), les langues, et les autres disciplines (droit, économie, lettres...). Cette répartition des champs de connaissances correspond à la grille que nous avions élaborée en considérant le contexte de la formation. Elle présente une division des enseignements propres à mettre en valeur des différences dont le constat présenterait un intérêt. La division classique de la géographie nous a semblé inévitable. Elle est de toute façon imposée par le ministère. Au regard d'un grand nombre d'articles et d'ouvrages révélant la volonté de certains que la géographie ne perde pas en unité, nous y avons ajouté une géographie générale, qui rassemble tous les enseignements qui traitent indifféremment de la géographie et de la géographie humaine, et ce dans une approche ne se limitant pas à un espace délimité.

Il est apparu que si des différences très importantes étaient de toute façon observables quel que soit l'enseignement que l'on considère, ce n'est pas parmi les enseignements de géographie qu'elles se manifestaient le plus. Aussi, si la division entre les enseignements de géographie humaine et de géographie physique est très nette, il n'est pas apparu d'oppositions entre elles, si ce n'est que cette dernière occupe généralement une place un peu plus importante dans la formation. A notre étonnement, les différences les plus importantes ne sont pas non plus relatives à l'enseignement des outils. Ce sont les enseignements obligatoires d'histoire et tous les enseignements des autres disciplines, qu'ils s'agissent de sciences humaines ou non, qui présentèrent le plus d'irrégularités d'une université à l'autre. A y regarder de plus près, nous avons donc mis en valeur une première opposition entre les enseignements imposés par le ministère et ceux qui ne le sont pas. C'est en entrant un peu plus dans les détails que des observations plus originales on pu être mises en valeur. Il s'est avéré que l'histoire occupait une place inversement proportionnelle à celle des autres disciplines, mais aussi à celle des méthodes et outils. De même, la géographie générale, dont la part dans les formations varie considérablement d'une université à une autre, occupe une place inversement proportionnelle à celle des enseignements de géographie physique et de géographie humaine. La géographie régionale se présente en marge de ces enseignements, occupant une place moindre et indépendante de ces derniers. Mais n'oublions pas l'essentiel : il ressort de ce constat que la formation de géographie en premier cycle universitaire comporte essentiellement cinq enseignements. Les trois enseignements classiques de la géographie, des enseignements de méthodes et, bien évidemment, un enseignement d'histoire. Bien que n'étant plus obligatoire dans la formation, l'histoire y occupe une place considérable, s'apparentant souvent dans notre analyse au profil des enseignements obligatoires. Potentiellement, c'est l'enseignement qui peut occuper le plus de place dans les formations au DEUG, celle de la géographie toutes divisions confondues pouvant varier de 24 à 66 %. En revanche, n'étant proposées que dans de rares universités, les sciences humaines sont manifestement absentes de la formation. Ce point nous a particulièrement étonné pour une discipline se réclamant de ces sciences dans sa propre définition et qui appartient à un DEUG dont la plupart des règles reposent sur un arrêté commun à toutes les sciences humaines. Devrions-nous en déduire que la géographie prétendrait se suffire à elle-même, se chargeant encore ici et là de quelques formations d'enseignants pour le secondaire ? La géographie ne semble pas profiter de l'autonomie relativement importante qui lui est accordé à l'Université. La recherche d'une structure nous a montré que l'on ne retrouve pas d'approche particulière de la formation générale en géographie d'une université à une autre. Si quelques grands traits ont été observés, les multiples combinaisons possibles parmi les enseignements manifestent les singularités de chaque formation. A reconsidérer la question que nous nous posions initialement, nous sommes tentés de répondre que les différences entre les formations sont présentes où nous les attendions, mais qu'elles le sont plus encore lorsqu'on s'intéresse aux enseignements complémentaires de la formation. Or, selon les derniers arrêtés ministériels, une place de plus en plus importante leur est accordée. Nous ne savons pas si cette évolution sera profitable à la géographie, discipline qui semble sur bien des points assez loin de la tendance actuelle aux complémentarités interdisciplinaires et qui manifeste dans sa formation des héritages dont elle se sépare difficilement.

Au regard des différences considérables entre les contenus des formations que l'on a pu observer d'une université à une autre, nous doutons de l'efficacité du « filtre » que nous avons évoqué. Si ce travail s'inscrit dans la continuité des enquêtes de R. Fosset[4] en 1983 et de R. Regrain[5] en 1991, nous espérons que le simple état des différences auquel il prétend pourra aider des spécialistes à mieux saisir leur nature, et qu'il permettra de mieux envisager leurs rapports avec la construction d'une discipline[6]. Nous entendons souvent que la géographie est ce que font les géographes. Nous nous refusons à une telle définition et pensons que la diversité est la source indispensable de toute science, mais qu'elle n'a d'intérêt que si elle est concertée, au moins dans la formation à un

4. « L'enseignement de la géographie dans les universités françaises. 1981-1982 », *Bulletin Intergéo,* n° 70.

5. « *La géographie* dans les premiers cycles universitaires, étude préliminaire », *Historiens et Géographes,* n° 333.

6. 98 tableaux résument l'information que nous avons pu extraire des brochures, soit deux par université. Ils comportent des données relatives à la part des enseignements dans les deux années de formation ainsi que l'intitulé de chaque module. De nombreux tableaux et graphiques résument cette information selon différentes entrées.

diplôme national. La géographie se construit à travers des formations et beaucoup d'étudiants ne retiennent de la géographie humaine ou de la géographie physique que ce qu'il en ont appris pendant les deux premières années de leur formation, leur choix se portant très vite vers l'une ou l'autre.

Part maximum des enseignements par université (en %)

Université	H	P	R	G	O	Hist.	SH	L	Ann.	X	T
3 Picardie	19	23	10	0	3	19	0	13	6	13	1
5 Bordeaux	21	36	7	0	7	21	0	7	0	0	1
20 Perpignan	15	27	12	0	11	15	6	6	2	6	1
24 Angers	24	21	8	0	13	23	3	13	3	0	1
27 Orléans	18	21	12	0	12	27	0	5	11	5	1
33 Paris X	12	21	9	4	15	25	4	12	6	0	1
47 Réunion	19	19	19	0	19	20	0	5	0	0	1
2 Avignon	15	20	20	0	30	10	0	10	10	0	2
7 Caen	20	20	13	13	27	13	0	7	7	0	2
12 Lille	12	12	12	4	27	19	6	12	3	10	2
17 Lyon III	6	17	22	0	28	13	0	12	15	12	2
28 Tours	15	8	12	16	20	17	2	5	17	0	2
29 Paris I	17	26	13	16	28	14	0	0	7	7	2
36 Cergy-Pontoise	14	14	14	0	21	14	7	14	7	14	2
42 Rouen 1	13	13	31	6	31	13	0	6	0	0	2
11 Chambéry-Savoie	8	21	12	0	32	29	10	7	0	0	3
13 Littoral	10	18	10	18	19	17	0	18	0	0	3
18 Saint-Étienne	6	15	12	18	24	24	0	6	0	0	3
46 Antilles	7	7	7	17	34	27	7	29	7	20	3
14 Artois	17	13	19	12	11	14	3	8	5	7	4
15 Limoges	15	15	15	15	7	30	15	15	0	11	4
21 Nancy	14	19	16	0	7	43	0	26	0	26	4
23 Nantes	19	13	19	19	10	31	31	6	6	34	4
1 Provence	27	18	5	0	23	18	9	9	0	18	5
19 Montpellier	21	32	21	0	26	32	0	11	21	21	5
22 Metz	22	32	12	0	13	16	16	6	0	16	5
30 Paris IV	25	23	8	13	25	25	0	25	0	13	5
40 Rennes	17	18	14	3	19	21	6	8	14	18	5
44 Strasbourg	20	27	0	0	25	8	0	6	6	8	5
4 Franche-Comté	6	6	12	18	10	42	12	6	24	12	6
48 Pacifique	6	6	20	5	11	45	6	5	2	2	6
31 Paris VII	20	20	5	0	55	30	30	35	30	30	7
45 Toulouse	6	0	0	53	12	35	35	12	0	35	8
Moyenne	15,3	18,2	12,7	7,6	19,8	22,8	6,3	11,1	6,3	10,3	
Écart-type	5,9	7,9	6,3	10,8	10,5	9,4	9,3	7,6	7,6	10,3	
Coefficient de variation	0,4	0,4	0,5	1,4	0,5	0,4	1,5	0,7	1,2	1,0	
Minimum	6	0	0	0	3	8	0	0	0	0	
Maximum	27	36	31	53	55	45	35	35	30	35	

H : géographie humaine ; P : géographie physique ; R : géographie régionale ; G : géographie générale ; O : outils et méthodes ; Hist. : histoire ; SH : sciences humaines ; L : langues ; Ann. : annexes ; X : Autres ; T : types (mini/max)

L'ENSEIGNEMENT DE LA GÉOGRAPHIE EN ALLEMAGNE : L'EXEMPLE DE L'UNIVERSITÉ DE BOCHUM

Mathis Stock, doctorant, université Paris VII-Denis Diderot

L'enseignement supérieur dans les sociétés occidentales a connu dans la deuxième moitié de ce siècle une évolution considérable : il n'est plus réservé à une seule élite. Les effectifs étudiants se sont multipliés par dix et l'on parle de plus en plus des étudiants en termes d'« usagers » d'un service banal. Dans le même temps, la science géographique s'est muée en une science au sens fort : l'ambition explicite est aujourd'hui de théoriser la différenciation spatiale de la surface terrestre. De ces deux évolutions parallèles résulte un changement de l'enseignement de la géographie dans les universités. Or, l'enseignement supérieur revêt des particularités nationales bien que les processus de modernisation du système d'enseignement supérieur aient été similaires. Chaque société s'est dotée en effet au cours de son histoire d'un système d'enseignement supérieur en fonction de ses valeurs et de son projet de société. Au modèle unique de l'Université du Moyen Âge ont succédé des systèmes d'enseignement différenciés d'un pays à l'autre (Minot, 1991). De plus, les héritages scientifiques nationaux sont quelque peu différents depuis la genèse des écoles nationales de géographie à la fin du XVIIe siècle[7]. Le renouvellement de la science géographique depuis les années 1970 est certes, en Allemagne, survenu au même moment qu'en France. Le congrès des géographes allemands de Kiel en 1969 a ouvert, sous la pression des étudiants, une géographie essentiellement régionale et descriptive à des horizons théoriques. Le poids de l'héritage est néanmoins fort, ce qui contribue à expliquer quelques spécificités nationales.

L'analyse de l'enseignement de la géographie nous intéresse d'une part pour le contenu de l'enseignement. D'autre part il nous fournira quelques clés pour comprendre l'état de la science géographique allemande. Elle sera conduite, après avoir présenté le système d'enseignement supérieur allemand, à travers l'exemple de l'université de Bochum.

7. Sans entrer dans les détails, par rapport à l'école française de géographie, quelque peu monolithique et portant son effort principalement sur la description de « régions », la géographie allemande semble avoir des orientations plus diverses : à côté de la géographie régionale à l'échelon étatique et régionale (*Länder-und Landschaftskunde*), il existait une géographie urbaine et économique bien développée.

L'organisation des études en Allemagne

Le système d'enseignement supérieur en Allemagne

Le système d'enseignement supérieur allemand est l'expression de l'organisation fédérale de l'Allemagne. En effet, ce sont les *Länder* qui ont compétence pour légiférer en la matière. On distingue les *Wissenschaftliche Hochschulen* (littéralement : Hautes Écoles scientifiques) des *cursus* dits « à finalité professionnelle », représentés par un seul type d'établissement, les *Fachhochschulen*. Les premiers comprennent les universités, les universités techniques et les *Technische Hochschulen* (Hautes Écoles techniques), les *Kunst-und Musikhochschulen* (Hautes Écoles d'art et de musique), les *Pädagogische Hochschulen* (Hautes Écoles pédagogiques), l'équivalent des Instituts universitaires de formation des maîtres (IUFM) français, et enfin les *Theologische Hochschulen* (Hautes Écoles théologiques). Les *Fachhochschulen* sont des établissements d'enseignement supérieur à finalité professionnelle qui dispensent, en collaboration avec les milieux économiques, un enseignement tourné vers l'application (stages, mémoire de fin d'études écrites dans les entreprises, etc.) et mettent en avant une recherche finalisée. Elles peuvent se comparer aux Instituts universitaires professionnalisés (IUP) [8]. Un type d'établissement particulier est la *Gesamthochschule* (Haute École intégrée). Cette dernière intègre dans un même établissement aussi bien des *cursus* « scientifiques » que « professionnalisés », donc des *cursus* universitaires et des *cursus* des *Fachhochschulen*.

L'importance des divers types d'établissements est inégale. Sur 325 établissements d'enseignement supérieur, il existe 143 *Fachhochschulen* et 82 universités. La majorité des étudiants est inscrit à l'Université avec 1,2 millions de personnes[9] contre 392 000 en *Fachhochschule*. Du point de vue des effectifs, les *Fachhochschulen* et les universités sont de loin les plus importantes et totalisent 88 % des étudiants inscrits. Les poids respectifs des types d'établissement sont les suivants : l'Université concentre 67 % des effectifs étudiants, les *Fachhochschulen* 21,1 %, les *Gesamthochschulen* 8 %, et enfin les Écoles supérieures d'art 2 %.

L'organisation des études

La durée des études, le système d'enseignement supérieur allemand sont loin d'être aussi différenciés que le système français. Il n'existe pas de filières

---

8. Contrairement à ce que l'on trouve souvent dans la littérature, nous avons pu établir que les *Fachhochschulen* ne correspondent pas aux IUT, mais bien aux IUP.

9. Ce chiffre comprend également les *Pädagogische Hochschulen* et les *Theologische Hochschulen*. Le nombre d'étudiants inscrit est toutefois négligeable (17 557). C'est seulement dans le Bade-Wurtemberg où elles ont quelque importance avec 14 858 étudiants inscrits, soit 6,5 % du total des effectifs d'étudiants du *Land*.

permettant d'obtenir un diplôme en moins de quatre ans. Cela soulève aujourd'hui les mêmes problèmes qu'en France dans les années 1950 où seule la licence existait : de plus en plus d'étudiants ont des difficultés à aller au bout de leurs études. Non seulement les abandons se multiplient, mais la durée effective s'accroît : la moyenne des études universitaires est de 6 ans (*Statistisches Bundesamt,* 1995). Si du point de vue des types d'établissements, le système d'enseignement supérieur allemand est peu différencié, il existe en revanche trois types de diplômes différents dans les universités allemandes le *Diplom*, le *Magister Artium* ou le *Staatsexamen*[10] (fig. 1). Généralement, le choix d'études décide déjà du diplôme à préparer. Les études de géographie permettent, en principe, de choisir entre les trois diplômes différents, mais qui ne sont pas préparés dans toutes les universités.

Figure 1 : Les *cursus* universitaires en Allemagne et en France

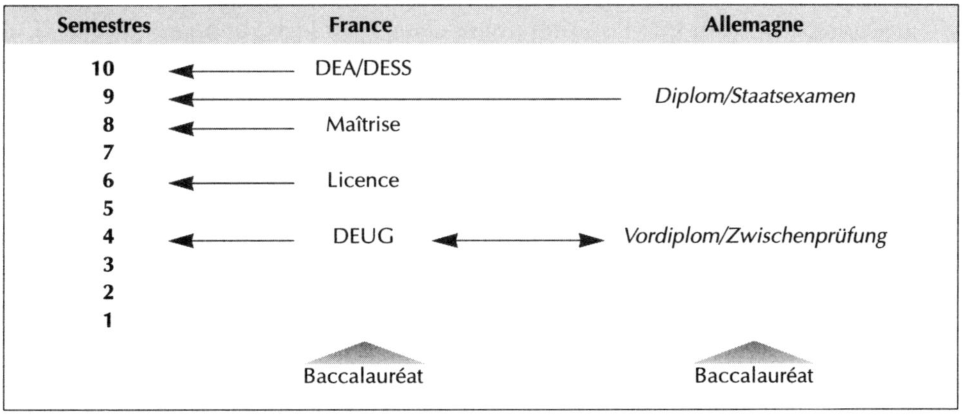

Tout d'abord, le *Diplom* peut être acquis dans les cursus des sciences de la nature, des sciences de l'ingénieur, les sciences sociales et économiques (DAAD, 1992). C'est un examen de fin d'études qui confère une qualification professionnelle et qui est exigé dans un grand nombre de métiers du secteur privé de l'économie. De nombreux stages en entreprise sont obligatoires et le contenu des enseignements est souvent lié à la pratique. Pour obtenir ce diplôme, il faut présenter un mémoire de fin d'études (*Diplomarbeit*) et se soumettre à des épreuves orales et écrites. Ensuite, dans les études de lettres et de sciences humaines, on acquiert généralement le *Magister Artium*. La principale différence réside dans le fait que le M.A. n'a pas pour objet une qualification professionnelle monnayable dans le secteur privé. L'organisation des études

10. Il est difficile de comparer les *cursus* allemands aux *cursus* français du fait de leurs durées inégales. On pourrait toutefois, en se basant sur les recommandations de la Conférence des ministres de la Culture portant sur les équivalences, dégager les comparaisons suivantes : le *Diplom* correspondrait à un DESS, le *Magister* à un DEA (KMK, 1993). Cependant, tout diplôme universitaire de fin d'études confère le droit de préparer un doctorat.

diffère du *Diplom* en ce que l'on doit choisir deux matières principales (*Hauptfächer*) ou une matière principale et deux matières secondaires (*Nebenfächer*)[11]. Enfin, le *Staatsexamen* (examen d'État) doit être obtenu si l'on veut exercer une profession dans la fonction publique (professeur de collège ou de lycée ou juge) ou soumise à un contrôle d'État (médecins, juristes, pharmaciens). Il comporte généralement deux phases : un premier diplôme est préparé à l'université et passé devant un jury composé entre autres de membres de la fonction publique. Il s'ensuit une phase de stage de deux ans qui est sanctionné par un deuxième examen d'État (*Zweites Staatsexamen*).

L'enseignement supérieur allemand est organisé en un premier (*Grundstudium*) et un deuxième cycle (*Hauptstudium*). Chaque année d'étude est divisée en deux semestres[12]. Le *Grundstudium* est comparable au premier cycle français puisque la durée théorique est également de deux ans. Il se termine avec l'examen de fin de premier cycle qui est un examen oral (*Diplomvorprüfung* ou *Zwischenprüfung* selon que l'on prépare le *Diplom* ou le *M.A./Staatsexamen*). Cet examen, comparable au DEUG français, a lieu dans la matière principale ainsi que dans les matières secondaires. Contrairement au DEUG français, il n'a pas de valeur sur le marché du travail car il n'est pas considéré comme un « vrai » diplôme. Le *Hauptstudium* a une durée théorique de cinq semestres. Il se situe donc, du point de vue de la durée, entre la maîtrise et le DEA français. L'examen final comporte habituellement une épreuve écrite, un mémoire de fin d'études, et une épreuve orale. Comme pour le *Vordiplom*, on doit passer les examens dans la matière principale ainsi que dans les matières secondaires. S'y ajoute le mémoire de fin d'études qui doit être terminé en six mois, mais les travaux empiriques sont souvent commencés avant l'inscription à l'examen. Cette phase d'examen prend couramment toute une année, six mois pour le mémoire et plusieurs mois de préparation pour les examens oraux. Elle correspond donc *de facto* à une cinquième année : les examens oraux peuvent porter sur tous les enseignements suivis par l'étudiant, depuis la première jusqu'à la dernière année, ce qui explique l'importante phase de préparation. Au terme de cet examen de fin d'études, on peut préparer un doctorat. C'est pourquoi, pour les équivalences de diplômes européennes, on assimile le *Diplom* ou *Magister Artium* au DEA (*cf.* KMK, 1993).

En définitive, l'Université a en Allemagne une importance plus grande qu'en France car, le système des Grandes Écoles et des classes préparatoires

---

11. Certaines matières – dont la géographie – requièrent l'étude pendant tout le cursus universitaire de deux matières secondaires pour l'obtention du *Diplom*. Mais en règle générale, les études menant au *Diplom* ne se font que dans une seule matière.

12. Le premier commence à la mi-octobre et se termine à la mi-avril, le second va de la mi-avril à la mi-octobre. Les vacances s'intercalent entre les deux semestres : du 15 février au 15 avril et du 15 juillet au 15 octobre. Pendant ces « vacances de semestre », les étudiants sont censés approfondir les cours ou préparer les séminaires du prochain semestre.

étant inexistant, le prestige de cette institution n'est pas entamé – même si l'on songe à des réformes. Les *Fachhochschulen* avec leur enseignement professionnalisé sont appréciées par les milieux économiques et sont développées en priorité dans les nouveaux *Länder*. Par rapport à l'enseignement supérieur français, on constate que le système allemand est peu différencié en ce qui concerne les durées d'études. Les universités ne préparent qu'à un diplôme « bac + 5 », car l'enseignement supérieur court est inexistant. La différenciation se situe pour certaines matières au niveau des diplômes préparés : l'étudiant a le choix entre trois diplômes, et donc trois visées professionnelles différentes.

Les études supérieures de géographie en Allemagne

Les étudiants

Malgré l'importance des *Fachhochschulen* en Allemagne, la géographie n'est enseignée que dans les universités[13]. En 1993-1994, 67 universités avaient des UFR de géographie ; 62 d'entre elles proposaient la filière « enseignement secondaire » qui prépare à l'examen d'État, 17 la filière *Diplom* seule et 11 la filière *Magister Artium* seule ; 20 d'entre elles proposaient aussi bien la filière *Diplom* que la filière *Magister Artium* (P. Klecker, 1996). On le constate, la filière menant au métier de professeur dans l'enseignement secondaire est la plus répandue. Le nombre d'étudiants en géographie est de 36500 en 1993-1994 (P. Klecker, 1996). Le tableau 1 montre que les effectifs étudiants inscrits dans la filière « professionnalisée » (39 %) sont presque aussi élevés que ceux de la filière « enseignement secondaire » (46 %). Cependant, parmi les étudiants inscrits dans cette dernière, 38 % seulement ont choisi la géographie comme matière principale, la majorité (62 %) l'a choisi seulement comme matière secondaire[14]. En revanche, quasiment tous les étudiants inscrits en *Diplom*, ont choisi la géographie comme matière principale : ils représentent le double des étudiants se préparant au métier de professeur et 60 % de tous les étudiants ayant choisi la géographie comme matière principale. La filière « professionnalisée » est donc la plus importante dans l'enseignement de la géographie en Allemagne.

---

13. L'exception est la *Fachhochschule* de Nürtingen dans le Bade-Wurtemberg où sont inscrits 67 étudiants en 1993. Par ailleurs, au dernier congrès des géographes allemands en 1995 à Potsdam, l'idée de voir enseignée une « géographie appliquée » dans les *Fachhochschulen* est perçue comme un danger pour la science géographique.

14. Pour préparer l'examen d'État en vue du métier de professeur de collège ou de lycée, l'étudiant doit choisir deux matières, une matière principale et une matière secondaire. Le choix de la combinaison n'est pas laissé totalement libre à l'étudiant. La géographie comme matière secondaire est fréquemment associée à l'anglais ou l'allemand et au sport.

Tableau 1 : La ventilation des étudiants en géographie selon le type de diplôme préparé pour l'année universitaire 1993-1994

Diplôme préparé	Effectifs étudiants en géographie	En %	Variation/ 1992-1993 en %	Effectifs (matière principale)	Effectifs (matière secondaire)
Diplom	13644	38,54	+1,4	13627	17
Magister	4372	12,35	+8,9	1915	2457
Examen d'État	16350	46,19	+9,3	6366	9984
Doctorants	1011	2,86	+6,3	742	269
Autres	20	0,06	+100	12	8
Total	**35397**	**100**	**+6,0**	**22662**	**12735**

D'après P. Klecker.

Quant aux inscriptions en première année, elles ont diminué de 4 % par rapport à l'année 1992-1993 (tab. 2). Ce sont les filières professionnalisée et « enseignement secondaire » qui ont diminué, respectivement de 6 % et de 5 %. La tendance est inchangée par rapport aux autres années : le nombre d'étudiants inscrits augmente (de 6 %) alors que le nombre d'étudiants inscrits en première année diminue (P. Klecker, 1996). Les étudiants en première année semblent choisir le *Magister* au détriment de la filière professionnalisée. Peut-être est-ce à mettre en relation avec les difficultés sur le marché de l'emploi, où le *boom* de l'aménagement du territoire et du développement régional après la réunification semble être terminé (P. Klecker, 1996).

Tableau 2 : Les étudiants en première année de géographie en 1993-1994

Filières	Effectifs étudiants en géographie	En %	Variation/ 1992-1993 en %	Effectifs (matière principale)	Effectifs (matière secondaire)
Diplom	1886	35,62	-6,4	1882	4
Magister	802	15,15	+3,2	313	489
Enseignement secondaire	2556	48,27	-4,7	1009	1547
Autres	13	0,24	+333,3	10	3
Total	**5295**	**100**	**-4,0**	**3244**	**2051**

D'après P. Klecker.

L'enseignement de la géographie dans les universités allemandes du point de vue des effectifs étudiants est donc fortement orienté vers la filière « professionnalisée ». Cette filière professionnalisée a été créée en 1957 sous l'instigation, entre autres, de W. Christaller à l'université de Berlin. Depuis cette date, de nombreuses universités ont instauré cette alternative à la visée traditionnelle de la géographie, l'enseignement secondaire. Depuis, près de 11 000 géographes qui se destinent à un métier en dehors de l'enseignement secondaire ont été formés (P. Klecker, 1996). Le contenu de cet enseignement est-il réellement différent ? Pour répondre à cette question, nous nous proposons d'analyser un cas précis : les études de géographie à l'université de Bochum.

Les études de géographie à l'université de Bochum

Le département de géographie à l'université de Bochum offre la filière « professionnalisée » (*Diplom*) et celle préparant à l'enseignement secondaire. Le *Magister* n'y est pas préparé. Nous nous focaliserons ici sur la seule filière « professionnalisée ». Ce choix se justifie d'une part par l'importance numérique des étudiants inscrits dans cette filière. D'autre part, cette orientation pourrait expliquer l'orientation de la science géographique de langue allemande vers des questions de développement territorial à tous les niveaux de l'échelle géographique.

Le premier cycle

Le contenu du *Grundstudium* est divisé en trois grands blocs d'enseignement : la géographie physique, la géographie humaine et les matières secondaires (tab. 3). L'étudiant peut dès le premier cycle choisir une dominante, soit la géographie physique, soit la géographie humaine. Tout d'abord, l'introduction à la géographie humaine débute avec un survol des champs d'intérêts désormais classiques de la géographie : différents professeurs enseignent chacun leur spécialité (géographie urbaine, géographie économique, géographie rurale, etc.) [15]. Ce cours consiste en un cours magistral et un cours de travaux dirigés pendant le premier semestre que l'on termine avec un examen partiel. S'y ajoute un cours de propédeutique du travail scientifique (une sorte d'introduction à l'épistémologie) où sont présentés les méthodes scientifiques (induction, déduction etc.) ou le vocabulaire scientifique (concept, théorie, paradigme etc.). Il n'y a cependant pas d'enseignement systématique de l'histoire de la géographie. Ensuite, l'introduction à la géographie physique débute au premier semestre avec la biogéographie et la climatologie, et est suivie au second semestre par la pédologie et la géomorphologie. Chaque cours magistral est de deux heures par semaine et est complété par des travaux dirigés facultatifs.

15. Il n'existe pas, à ce jour, de manuel de géographie humaine écrit par un géographe allemand. Il existe seulement des « introductions » dans les différents thèmes de la géographie (géographie urbaine, géographie économique, géographie sociale, biogéographie, climatologie, etc.). C'est pourquoi le livre de P. Haggett *Geography : A Modern Synthesis* traduit en allemand est fréquemment utilisé.

Tableau 3 : Le premier cycle de géographie à l'université de Bochum

Semestre	Géographie			1re matière secondaire	2e matière secondaire
	G. humaine	G. physique	Méthodes		
1er	• Introduction à la géographie humaine (CM : 2 h + TD : 2 h) • Propédeutique : CM 1 h	• Introduction à la géographie physique 1 (Climatologie et bio-géographie) : CM : 4 h + TD facultatifs	• Introduction à la statistique (CM 2 h + TD 1 h)	5 h	5 h
2e		• Introduction à la géographie physique 2 (Géomorphologie et Pédologie) CM 4 h + TD facultatifs	• Introduction à la cartographie (CM 2 h + TD 1 h) • Méthodes de la géographie humaine ou méthodes de la géographie physique (TD : 4 h)	5 h	5 h
3e	• Un séminaire thématique (2 h) • Un cours magistral au choix en géographie humaine (2 h)	• Un séminaire thématique (2 h) • Un cours magistral au choix (en géographie physique 2 h)	• Droit et pratique de l'aménagement du territoire (CM 2 h + TD : 1 h)	5 h	5 h
4e	• Divers cours magistraux (2 h)	• Divers cours magistraux 2 h)		5 h	5 h

CM = Cours magistral ; TD = Travaux dirigés ; h = heures hebdomadaires

En ce qui concerne les méthodes, d'abord, selon l'orientation choisie par l'étudiant, le séminaire de méthodes du deuxième semestre relève soit de la géographie physique soit de la géographie humaine. Les méthodes élémentaires de collecte d'informations sont présentées et appliquées à un sujet choisi. En géographie physique, des méthodes de mesure climatologique ou de collecte d'échantillons géologiques sont pratiquées. En géographie humaine, les différentes méthodes d'enquête sont abordées et un questionnaire est élaboré. A l'aide des méthodes statistiques simples apprises au premier semestre, les résultats sont traités et présentés dans un rapport à l'oral. Ensuite, l'introduction à la statistique au premier semestre qui consiste en un cours magistral et un cours de travaux dirigés. De plus, la cartographie est au programme au deuxième semestre selon le même mode que la statistique. Les différents planisphères et les règles élémentaires de cartographie sont présentés. Un examen partiel sanctionne chacun de ces cours de méthodes. Enfin, le cours d'aménagement du territoire (*Raumplanung*) présente surtout le droit en la matière. Il est obligatoire pour tous les étudiants.

Dans une liste de séminaires, l'étudiant doit en choisir au moins un. Le séminaire porte sur un sujet précis de géographie générale ou régionale ou d'aménagement du territoire. Les effectifs sont réduits par rapport aux cours magistraux (entre 10 et 20 étudiants) et l'objectif vise à apprendre l'art de la rhétorique et de la discussion. La version écrite de l'exposé est distribuée une semaine avant aux autres étudiants ce qui permettra à ces derniers de disposer d'une base pour la discussion. Aussi bien la présentation orale que la version écrite font l'objet dune 'appréciation par le professeur. Les thèmes des séminaires sont variés, allant des méthodes de régionalisation à l'histoire de la géographie sociale, en passant par les questions de développement des pays en développement ou les questions micro-climatiques dans une ville de la Ruhr.

En ce qui concerne les deux matières secondaires obligatoires, l'étudiant peut choisir pratiquement toutes les matières enseignées dans les différentes UFR de l'université de Bochum. Selon le métier auquel il se destine, il y a des matières plus adaptées que d'autres. Par exemple, les métiers touchant aux questions de l'environnement requièrent davantage de connaissances en hydrologie, biologie ou en géologie. Au contraire, les métiers dans le développement territorial, très prisés par les géographes, nécessitent des bases en économie, en droit ou en sociologie[16]. Les matières proposées sont : droit public, sociologie, histoire économique, sociale et de la technique, économie (micro-économie ou économie politique), sciences des communications et publications, langues de l'Asie de l'Est, informatique, lettres modernes (sauf allemand et anglais), botanique, géologie, chimie, cartographie/télédétection, écologie et pédologie. Les deux dernières matières sont dispensées par l'UFR de géographie.

Pour être admis à l'examen, le *Vordiplom*, il faut avoir réussi tous ces cours obligatoires. S'y ajoutent au moins sept jours de stage de terrain, dont deux doivent faire l'objet d'un rapport. De plus, les étudiants sont tenus d'assister à des cours magistraux divers (aussi bien ceux dispensés à l'UFR de géographie que dans les autres UFR) où il n'y a pas de travaux à faire. L'examen consiste en trois épreuves de géographie et une épreuve dans chacune des matières secondaires. Les épreuves de géographie contiennent un examen écrit en aménagement du territoire (*Raumplanung*) passé préalablement, une épreuve orale en géographie humaine et une épreuve orale en géographie physique. Les épreuves dans les matières secondaires sont également des examens oraux. En principe, les épreuves portent sur tout le programme du premier cycle, mais en pratique, le jury choisit préalablement un cadre plus restreint.

On le constate, il existe une coupure entre la géographie humaine et la géographie physique dès le premier cycle. L'aménagement du territoire est présent, mais non pas prépondérant avec un seul cours obligatoire. Ensuite, contrai-

16. Ceux qui se destinent à devenir professeurs dans le secondaire doivent choisir deux matières dont la combinaison est souvent prédéfinie.

rement au DEUG français, les examens partiels réussis pendant les quatre semestres confèrent seulement le droit de se présenter à l'examen oral mais n'accordent pas pour autant de diplôme. Enfin, les matières secondaires sont importantes puisqu'elles représentent à peu près la moitié des cours dispensés.

Le Hauptstudium

Après le *Vordiplom*, la coupure entre géographie physique et géographie humaine est encore plus accentuée. Il n'y a presque plus de cours suivis en commun par les étudiants (tab. 4). Les matières secondaires peuvent être différentes de celles choisies en premier cycle, mais l'accès à certaines d'entre elles est restreint par l'obligation de commencer à les étudier au premier cycle. Elles sont les mêmes qu'au premier cycle plus l'hydrologie et la technique de l'environnement, le génie du transport et le développement régional et aménagement du territoire.

Tout d'abord, les séminaires du second cycle fonctionnent selon le même principe que ceux du premier cycle (exposé oral + version écrite), mais demandent un investissement plus grand de la part de l'étudiant. En effet, les travaux peuvent atteindre une longueur allant de 30 à 50 pages. Pour cette raison, les inscriptions à ces séminaires se font souvent à la fin du semestre précédent pour permettre à l'étudiant de préparer le séminaire pendant les vacances. Ensuite, les séminaires de méthodes revêtent des contenus différents : il existe des séminaires d'interprétation cartographique, de méthodes statistiques ainsi que de méthodes empiriques en sciences sociales, qu'elles soient quantitatives ou qualitatives. Ce séminaire est très important car, contrairement aux autres séminaires, il se termine avec un partiel qui compte déjà pour le diplôme final. Cette particularité vise à alléger quelque peu l'examen final[17]. De plus, un séminaire de projet permet une confrontation des enseignements théoriques avec la réalité. En effet, il s'agit d'étudier, souvent en collaboration avec un organisme public, un problème actuel dans la région. Cette expérience « grandeur nature » a pour conséquence d'une part le contact avec de futurs employeurs et d'autre part l'application des méthodes apprises à un problème pratique.

17. C'est le même procédé que pour l'aménagement du territoire au premier semestre.

Tableau 4 : Les études de géographie au deuxième cycle

Semestre	Géographie		1re matière secondaire	2e matière secondaire
	dominante G. humaine	**dominante G. physique**		
5e	• Un cours magistral au choix (2 h) • Un séminaire en géographie humaine/ géographie régionale ou aménagement du territoire (2 h)	• Un cours magistral au choix (2 h) • Un séminaire de géographie physique /géographie régionale ou aménagement du territoire (2 h)	5 h	5 h
6e	• Un cours magistral au choix (2 h) • Un séminaire en géographie humaine /géographie régionale ou aménagement du territoire (2 h)	• Un cours magistral au choix (2 h) • Un séminaire de géographie physique/ géographie régionale ou aménagement du territoire (2 h)	5 h	5 h
7e	• Un cours magistral au choix (2 h) • Un séminaire de méthodes en géographie humaine (3 h)	• Un cours magistral au choix (2 h) • Un séminaire de méthodes en géographie physique (3 h)	5 h	5 h
8e	• Un cours magistral au choix (2 h) • Un séminaire de projet (6 h))	• Un cours magistral au choix (2 h • Un séminaire de projet (6 h)	5 h	5 h
9e	• Mémoire de fin d'études (*Diplomarbeit*)	• Mémoire de fin d'études (*Diplomarbeit*)	-	-

h = heures hebdomadaires

L'application pratique des enseignements est en effet importante. D'abord, des stages de terrain obligatoires complètent la formation. L'étudiant doit faire au moins 20 jours de stage de terrain pendant le deuxième cycle dont un qui dure au moins dix jours. Les destinations sont diverses, et se trouvent un peu partout dans le monde : l'Indonésie, le Canada, le Zimbabwe, le Maroc, les Alpes, l'Allemagne du Sud, les Pays baltes, etc. Cependant, malgré les subventions de l'université, ces stages de terrain coûtent souvent très cher : jusqu'à 10000 FF pour les destinations lointaines ce qui rend ces dernières inaccessibles pour bon nombre d'étudiants. Ensuite, un stage de trois mois dans des administrations, des entreprises ou d'autres institutions est obligatoire. Il permet de connaître le monde du travail et de nouer des contacts avec de futurs employeurs.

L'examen final se déroule en deux phases. En premier lieu, le mémoire de fin d'études se prépare pendant six mois qui, exceptionnellement, peut être prolongée de trois mois si le candidat doit procéder à des enquêtes, mesures ou cartographie personnelles (*Diplomprüfungsordnung*, 1992). En second lieu, l'examen oral en géographie dure entre 55 et 65 minutes, dans chacune des matières secondaires entre 25 et 35 minutes (*Diplomprüfungsordnung*, 1992).

Enfin, si le taux d'échecs à l'examen est peu élevé, cela ne signifie pas qu'il ne présente pas de difficultés bien réelles pour les étudiants. En effet, de plus en plus d'étudiants ou bien arrêtent les études de géographie pendant le premier cycle ou bien se présentent à l'examen plus tard que prévu (Dürr, 1994). Ainsi, il est fréquent de voir des étudiants passer ce premier examen un ou deux ans plus tard que ne le prescrit le règlement. L'expression des difficultés pour beaucoup d'étudiants réside en Allemagne dans l'augmentation de la durée d'études et non pas, comme en France, dans un taux d'échecs élevé aux examens.

En définitive, la filière professionnalisée en géographie contient bien un enseignement spécifique. Tout d'abord, il existe un enseignement d'introduction à l'aménagement du territoire au premier cycle, et au deuxième cycle un séminaire de projet. C'est ce dernier qui exprime sans doute le plus l'esprit professionnalisé car il se fait en collaboration avec des acteurs socioprofessionnels de la région. S'y ajoute la possibilité de choisir le développement régional et l'aménagement du territoire comme matière secondaire. Ensuite, le stage de trois mois dans des bureaux d'études, des administrations ou d'autres institutions permet de passer à la pratique. L'objectif visé par la filière professionnelle est en effet l'application des contenus scientifiques dans la fonction publique, les agences régionales de développement ou encore, de plus en plus, dans les bureaux d'études privés. Enfin, les deux matières secondaires qui totalisent la moitié des heures obligatoires enseignées sont de première importance. Elles favorisent l'acquisition de connaissances dans les disciplines voisines, nécessaires pour servir d'interlocuteur à de professionnels venant d'horizons divers.

L'analyse de l'enseignement de la géographie en Allemagne, appuyée sur l'exemple de l'université de Bochum donne une grille de lecture pour comprendre l'orientation et l'état de la science géographique en Allemagne à trois niveaux différents. Tout d'abord, l'importance des questions de l'aménagement du territoire et du développement territorial aux échelons national, régional et local se manifeste par l'importance numérique des étudiants inscrits, le contenu de l'enseignement ainsi que la collaboration fréquente avec des agences de développement. Ensuite, l'existence d'une séparation forte entre la géographie humaine et physique au niveau de l'enseignement montre bien l'état de la science géographique allemande. En effet, dès la première année, à part les introductions respectives à la géographie humaine et à la géographie physique, les étudiants ne sont pas amenés à cultiver les deux. Et ce, malgré l'actualité des questions écologiques et la vision de beaucoup de géographes de la géographie comme science de « synthèse » ou d'« intégration » (*cf.* Dürr, 1996). Enfin, l'enseignement obligatoire de matières secondaires, comptant pour la moitié dans le *cursus* de la géographie, témoigne d'une ouverture vers les sciences voisines. L'importance de théories importées d'autres sciences est perceptible dans l'activité de recherche. Mais, cette importance des théories

« étrangères » empêche peut-être les géographes allemands de bâtir des théories géographiques. Par ailleurs, on constate l'absence d'un enseignement systématique en histoire. Contrairement à la France, l'histoire et la géographie ne sont pas liées dans l'enseignement secondaire.

RÉFÉRENCES

DAAD, *Les études en Allemagne. Les études supérieures dans les universités pour étrangers,* Bonn, DAAD, 1992, 64 p.

Diplomprüfungsordnung, *Amtliche Bekanntmachungen der Ruhr-Universität Bochum* n° 198 du 10 septembre 1992.

DÜRR H., « Die Geographie und das Fremde. Herausforderungen einer multikulturellen Gesellschaft und einer multikulturellen Wissenschaft für Forschung und Lehre », *in* HEINRITZ G., SANDNER G., WIEßNER R. (éd.), *50. Deutscher Geographentag Potsdam 1995*, Stuttgart, Franz Steiner Verlag, 1996, pp. 204-223.

DÜRR H., « Reform der Geographieausbildung an der Hochschule als Aufgabe der Institute und Verbände », *Die Erde/Rundbrief Geographie*, 1994, pp. 1-19.

KLECKER P. M., « Der Arbeitsmarkt für Geographen 1994 », *Standort*, vol. 20, n° 2, 1996, pp. 32-37.

KLECKER P. M., « Studentenzahlen » *Standort*, vol. 20, n° 4, 1996, pp. 29-31.

KLECKER P. M., « Neue Studentenzahlen » *in Standort*, vol.15, n° 3, 1991, pp. 36-37.

KLECKER P. M., « Entwicklung der Geographie-Studentenzahlen in der Bundesrepublik Deutschland », *Geographische Rundschau*, vol. 42, n° 4, 1990, p. 229.

MINOT J., *Histoire des universités françaises*, Que sais-je ?, Paris, PUF, 1991, 128 p..

Statistisches Bundesamt, *Bildung im Zahlenspiegel,* Stuttgart, Metzler-Poeschel, 1995, 180 p.

DU SYSTÈME-MONDE AUX ÉTATS : UN NOUVEAU PROGRAMME POUR LA CLASSE DE TERMINALE

Pascal Clerc, IUFM de Lyon

Avec « L'espace mondial » se termine pour la classe de Terminale la mise en œuvre des programmes de 1995[18]. L'ensemble est divisé en trois grandes parties, comme en classe de Première et de Seconde : l'organisation géographique du monde, trois puissances économiques mondiales (les États-Unis, le

18. « Histoire et géographie au lycée (1995) »,. *B.O.* n° 12, 29 juin 1995, pp. 26-58.

Japon et l'Allemagne), « Quelques problèmes géographiques mondiaux à l'échelle continentale » (les grandes villes d'Afrique, I'agriculture et le développement en Amérique latine, les problèmes de peuplement et de maîtrise du territoire russe, enfin la population et le développement et Inde et en Chine).

Le texte est court et, en moins de deux pages, tout est dit : une présentation d'ensemble, le programme, et, en regard, quelques lignes de commentaires ; pour être tout à fait précis, on peut y ajouter le texte d'orientation générale qui expose les finalités et les méthodes pour l'enseignement de l'histoire et de la géographie au lycée. Depuis longtemps, les textes officiels balancent entre longs développements et exposés succincts[19] : le programme de 1988 était présenté dans une brochure de 75 pages[20]. Le texte lapidaire proposé ici ne permet guère de justifier l'architecture générale ou les contenus précis. On peut le regretter pour les enseignants qui sont en droit d'attendre des explications sur la logique de ce qu'ils ont à enseigner. La frustration est d'autant plus grande que le propos est souvent redondant. Par exemple : « La troisième partie, à l'échelle de continents, propose l'étude de quelques grandes questions géographiques : la grande ville... » (présentation), puis « Quelques grands problèmes géographiques mondiaux à l'échelle continentale. ») Les grandes villes d'Afrique » (III) et enfin « On analysera la situation géographique et l'évolution des grandes villes. » (Commentaire du programme). Le GTD (groupe technique disciplinaire), chargé d'élaborer les programmes a annoncé des « textes d'accompagnement » à paraître « dans le courant de l'année scolaire 1995-1996[21] ».

Les informations dont nous disposons nous permettent de repérer deux logiques dans la structuration du programme. Le monde, des États, des continents : c'est d'abord une logique scalaire qui est proposée. Elle se combine avec celle du parcours à travers le monde (tous les continents sauf l'Océanie), héritière maîtrisée de l'ancien inventaire exhaustif qui tenait lieu de programme. En reste un principe qui fait que l'on ne revient pas deux fois sur le même espace et interdit donc de faire varier les échelles (ce qui impliquerait le même référent spatial). On change simplement d'échelle lorsque l'on change de partie. Rien ne garantit pour autant que l'échelle continentale soit la bonne pour étudier divers « problèmes géographiques ».

Dans cette circulation à travers le monde, le découpage spatial des parties II et III est lourd de sous-entendus et laisse pour le moins perplexe ; d'abord trois grandes puissances, ensuite « quelques problèmes géographiques » en

19. Voir à ce propos, l'analyse de Monique Benoît pour les programmes de l'École élémentaire : BENOÎT M., « De l'importance de la rédaction des programmes pour une mise en œuvre efficace » *Géographes associés,* n° 12, 1993, pp. 34-42.

20. *Histoire, géographie, instruction civique. Classes de seconde, première et terminale Paris,* CNDP, 1988, 75 p.

21. «L'histoire et la géographie au lycée. Résultats de la consultation nationale», *B.O.,* n° 26, 1995, pp. 2074-2078.

Afrique, Amérique latine, Russie, Chine et Inde ; donc d'un côté les puissances, de l'autre les problèmes puisqu'il n'y a pas de recoupements entre les aires. Est-ce une division du monde ? Grandes puissances et pays en voie de développement ? Quel statut donne-t-on à la Russie qui apparaît justement dans la partie consacrée aux problèmes ? Là encore, la brièveté du propos pose problème et ce découpage, que l'on peut d'ailleurs trouver pertinent, n'est pas justifié.

Le principal changement par rapport au précédent programme est la modification du rapport entre un regard général sur le monde et des études régionales ou nationales : pour le programme de 1988, un peu plus d'un tiers du temps consacré à la géographie était attribué à l'étude des États-Unis, de l'URSS (puis de la Russie) et de l'aire Pacifique. L'accent était nettement mis sur des études globales du monde dans lequel l'analyse des États était souvent considérée comme des études de cas. Ce choix était d'ailleurs justifié dès les premières lignes de présentation du programme : « Parmi les enjeux que doit prendre en compte le système éducatif, tous les observateurs soulignent le caractère désormais planétaire du cadre dans lequel s'exerce les activités des hommes »[22]. A l'inverse, le programme de 1995 fait la part belle aux études régionales et nationales. Que reste-t-il de la mondialisation ? Quelques fragments de la première partie consacrée à « l'organisation géographique du monde », c'est-à-dire environ un dixième du temps d'enseignement si l'on se réfère aux indications horaires fournies, et quelques prolongements de l'étude des grandes puissances ; par exemple « les États-Unis [...] dans le monde ». C'est peu. Plus de 75 % du temps d'enseignement est consacré à l'étude, thématique ou non, de puissances : les États-Unis, le Japon, l'Allemagne, l'Inde et la Chine, la Russie, ou de régions du monde : l'Afrique et l'Amérique latine. Le précédent programme avait le mérite d'ouvrir sur le monde et sur une interprétation systémique de la mondialisation. Le modèle du système-monde, présenté par certains manuels, était explicite, donc discutable, et proposait un cadre conceptuel simple et précis pouvant servir à l'élaboration d'une programmation. Ici, en l'absence d'autre logique que celle des échelles et du parcours dans le monde, on peut craindre un « collage » non problématisé et un enseignement centré sur des études d'États.

Ces évolutions d'un programme à l'autre semblent contradictoires. D'abord avec les évolutions du monde : mondialisation, globalisation, « glocalisation » ou même « triadisation » ; ce vocabulaire émerge ou déjà très présent illustre bien la nécessité de prendre en compte le monde quel que soit l'espace étudié, et donc de faire varier les échelles. On ne peut plus, plus seulement, poser les problèmes à l'échelle nationale ; la multiplication des échanges de toute nature, l'interdépendance généralisée, le rôle accru des firmes mondiales impliquent ce

---

22. *Histoire, géographie, instruction civique. Classes de seconde, première et terminale 1988, op. cit.*

regard global sur le monde. « Comprendre le monde contemporain »[23] passe par la prise en compte de cet enchevêtrement dont le système-monde serait un modèle simplifié.

L'organisation de ce programme dément aussi les remarques des membres du GTD qui annoncent que l'enseignement de la géographie «... se nourrit des problématiques et des avancées de la recherche universitaire »[24], ou ailleurs que « La nécessité d'un changement des programmes résulte de la nature même des enseignements d'histoire et de géographie qui, ayant pour objet la connaissance du monde actuel, sont tout naturellement appelés à évoluer en fonction des transformations des sociétés humaines ».[25] Le monde change ; les géographes, les économistes et d'autres ont produit des modèles textuels ou des représentations cartographiques susceptibles d'être utilisés dans la sphère scolaire[26].

Le double décalage entre les intentions du GTD, les évolutions du monde et le programme peut être appréhendé par le biais des spécificités et des contraintes du savoir scolaire. Elles ont été analysées par Y. Chevallard à la suite de M. Verret[27]. Ce dernier montre que le savoir, pour devenir scolaire, doit subir un certain nombre de transformations ; l'une d'entre elles consiste en son découpage en unités isolées que l'on pourra inscrire dans les temporalités traditionnelles de l'École : l'heure de cours, le trimestre, l'année scolaire. Chaque objet d'étude doit donc constituer une unité identifiable dans le temps. Il peut alors être le support d'une évaluation. La « règle » implique que cette évaluation porte sur l'un des derniers objets étudiés : en général un espace en géographie et une période en histoire. Une représentation du monde par définition syncrétique et globale comme le système-monde s'intègre mal dans les contraintes du savoir scolaire : difficile à découper, enchevêtré, complexe, sans autre limite que celle de la totalité, c'est-à-dire du monde. Les pré-découpages, qui mettent en adéquation des temporalités scolaires et des espaces, ne fonctionnent pas.

Le poids de l'évaluation, et pas n'importe laquelle : le baccalauréat, « clé de voûte » de notre système éducatif, exacerbe la contrainte. L'importance symbolique et réelle de ce viatique pour l'enseignement supérieur en fait un enjeu considérable qui interdit la moindre innovation : les sujets sont normés, calibrés, polis et doivent le plus possible fournir un cadre d'étude (en géographie, un espace) précisément délimité. En 1995, seulement dix sujets de cet examen étaient consacrés à des thématiques à l'échelle mondiale ; à l'inverse, 25 sujets renvoyaient à des États.

23. C'est un des titres de la présentation des finalités du nouveau programme.

24. *Histoire et géographie au lycée,* 1995, *op. cit.*

25. *Ibid.*

26. Pour une illustration : « La mondialisation en débat », *Sciences Humaines*, n° hors-série, juin-juillet 1997.

27. Voir notamment : CHEVALLARD Y., *La transposition didactique. Du savoir enseigné au savoir savant, Grenoble, La Pensée Sauvage,* 1991, 240 p. mais aussi DEVELAY M., *De l'apprentissage à l'enseignement,* Paris, ESF, 1992, 163 p.

C'est déterminant car les pratiques sont pilotées en aval par l'examen. On sait par exemple que lorsqu'une question est au programme mais ne peut donner lieu à des sujets d'examen (ce fut le cas avec le programme réaménagé de 1992), elle n'est pas enseignée. Lorsque les pratiques et les sujets d'examen, qui sont en relative conformité, ne correspondent plus qu'imparfaitement aux programmes, on change les programmes quitte à faire le grand écart entre les ambitions affichées (comprendre le monde, tenir compte des avancées de la recherche ou « dégager l'essentiel dans la masse des faits nouveaux que l'actualité nous livre quotidiennement ») [28] et les contenus à transmettre. Les finalités mises de côté, reste un système cohérent associant pratiques, contenus d'enseignement et modes d'évaluation. Ce système s'auto-légitime et s'auto-reproduit, et, à la manière d'un organisme, rejette ce qui ne peut s'y intégrer. La prise en compte du monde et de ses évolutions vient alors en second.

Un dernier élément est à prendre en compte. Il est lié à la méthode utilisée par le GTD qui a choisi de consulter les enseignants. Cette démarche est légitime ; sur le plan stratégique, elle est pertinente d'autant que le précédent programme, qui proposait des avancées intéressantes, avait été publié sans débat préalable au grand courroux du puissant *lobby* de l'Association des Professeurs d'Histoire et de Géographie. Le passage par une consultation a l'inconvénient de limiter, voire d'interdire, l'innovation : la corporation adaptant ses réactions aux programmes en fonction des autres éléments du système (organisation du temps scolaire et modes d'évaluation). Avant la consultation, le projet faisait une place assez large à l'organisation et aux problèmes du monde contemporain (près de 40 % du temps d'enseignement conseillé). Après la consultation, la place accordée à ce thème a été divisée par deux.

Ce programme de Terminale est suffisamment imprécis pour laisser place à toutes sortes de pratiques. C'est aussi une cote mal taillée qui tire vers la reproduction des pratiques existantes et l'inscription dans le cadre très précis des épreuves du baccalauréat. On se rend compte une fois de plus que le fossé est patent entre des savoirs scolaires qui servent d'abord à réussir dans le cadre scolaire, et des finalités, exigeantes, de compréhension du monde contemporain qui nécessiteraient une réflexion globale, à la fois sur les programmes, les méthodes d'enseignement et les modes d'évaluation.

---

28. *Histoire et géographie au lycée*, 1995, *op. cit.*

L'ENSEIGNEMENT DE LA GÉOGRAPHIE EN ANGLETERRE ET AU PAYS DE GALLES

Anne-Marie Gérin-Grataloup, IUFM de Créteil, INRP

Depuis la réforme de l'éducation de 1988, l'enseignement de la géographie est obligatoire de 5 à 14 ans puis optionnel jusqu'à la fin de la scolarité secondaire, à 16 ou 18 ans. La réforme a en outre institué un programme national (*National Curriculum*), commun à l'Angleterre et au Pays de Galles.

Le *Curriculum* britannique est très éloigné des programmes à la française. Il offre un choix parmi une série de sujets d'étude portant sur des savoir-faire géographiques (lecture et interprétation de cartes, graphiques, statistiques...), des thèmes de géographie générale et de géographie régionale. Les mêmes sujets sont repris et approfondis d'une année à l'autre.

La part de la géographie régionale est assez faible : à l'issue de la scolarité obligatoire, à 16 ans, un élève aura étudié deux régions du Royaume-Uni, deux États développés, deux États du Tiers Monde. Les thèmes de géographie générale sont partagés entre géographie physique, géographie humaine et géographie de l'environnement.

Les objectifs portent moins sur les connaissances factuelles que sur la maîtrise de concepts et de modèles. Enseignés d'abord à l'aide de modèles fictifs, ils sont ensuite utilisés comme outils d'analyse de situations réelles et complexifiées peu à peu. La progression se fait du plus abstrait au plus concret, du plus général au plus particulier.

L'accent est mis sur la compréhension des processus et des dynamiques, tant en géographie physique qu'humaine ou environnementale. Cette compréhension ne repose pas sur le récit de la genèse et de l'évolution des situations, mais plutôt sur l'analyse théorique des logiques de reproduction ou de transformation d'ensembles d'interactions envisagés comme des systèmes. Cela est à rapprocher du fait que la géographie n'est pas associée à l'histoire. Elle est généralement enseignée par le même professeur qu'une discipline scientifique.

L'enseignement porte enfin sur des valeurs et des attitudes. Ces termes désignent un apprentissage de la négociation au travers de jeux de rôles ou de débats qui mettent en scène des conflits, par exemple à propos de problèmes environnementaux ou d'opérations d'aménagement. Cela se comprend en référence à la conception communautariste de la société britannique. L'éducation à la citoyenneté repose sur la capacité à argumenter des points de vue dont l'expression plurielle est conçue comme la garantie du respect des libertés publiques.

Des évaluations sont pratiquées à 7, 11, 14 et 16 ans. Elles associent un contrôle continu et deux épreuves terminales : un questionnaire à choix multiples et réponses courtes, une série de questions à réponse composée. Les savoir-faire constituent 40 % de la note globale, la capacité à raisonner 25 %, les valeurs et la mémorisation se partagent les 35 % restants. Environ 40 % des élèves poursuivent leur scolarité jusqu'à 18 ans. Parmi eux 10 % présentent la géographie à l'examen, le *A level*. Ils sont évalués sur des synthèses écrites de dossiers documentaires.

GÉOGRAPHIE, HISTOIRE, ÉDUCATION CIVIQUE : SOLIDARITÉ RÉELLE OU RENDEZ-VOUS MANQUÉ ?

François Audigier, Institut National de Recherche Pédagogique, Paris

De façon récurrente, l'identité de la géographie scolaire est l'objet d'inquiétudes et de réaffirmations, sinon de débats. En particulier les relations qu'elle entretient avec ses sœurs sont en question. Est-elle une grande dame autonome, fille de la science homonyme, proclamant et affirmant son existence spécifique ? une petite-fille de l'histoire ? une antichambre de l'éducation civique ? Quelle place occuper dans une trilogie dominée par cette reine qui enlace l'expérience humaine, individuelle et collective, dans le grand flux du temps ? Une place indépendante et farouchement défendue, une place servile et constamment écornée, des liens clairement établis et des relations positivement affirmées ou un repli conservatoire ? Les figures sont nombreuses. Mais au fond, pourquoi les trois, pourquoi ces trois ? La solidarité est théoriquement claire : un service commun pour des finalités civiques, trois plats pour un menu identitaire. Géographie, histoire et éducation civique sont là pour construire un « nous », pour contribuer à construire une identité collective nationale par l'étude des sociétés présentes et passées, du territoire national, plus largement pour ouvrir au monde et aux autres. La Terre, l'occupation que les hommes en font, les grands flux des actions humaines et des civilisations, l'organisation des pouvoirs, les règles de vie, la république, nos sociétés démocratiques… tout ou presque a été longuement décrit et analysé. Les instructions pour l'école primaire rangent ensemble ces trois disciplines dès la fin du siècle dernier. Quels que soient les moments, les convergences et les solidarités sont toujours affirmées. Raisons de fond ou affirmations protectionnistes ? Si raisons de fond il y a, dépassent-elles les formules incantatoires ?

Et les pratiques en classe, les résultats dans les esprits? Où sont les rencontres? Comment se prennent les rendez-vous entre nos trois sœurs? Dès que l'on parle de sciences humaines ou sociales pour dessiner une autre manière de favoriser de si rares rencontres, les étendards sortent des placards et sont fichés en haut des donjons. Les citadelles disciplinaires relèvent les ponts-levis, mobilisent capitaines et archers. Évidemment, les divisions disciplinaires existent. Sans doute n'y a-t-il guère de connaissances rigoureuses qui échappent à des inscriptions fortes dans des champs scientifiques circonscrits. Mais, mais… nous savons aussi que les rencontres sont fécondes et que plus d'une évolution remarquable, plus d'un apport décisif se sont tissés sur les marges. Laissons aux spécialistes le soin d'en débattre et mettons en doute cette position si fréquente qui voudrait que ces rencontres ne soient possibles qu'une fois un champ spécifique bien maîtrisé, ce qui les interdirait à tout jamais dans les enseignements primaire et secondaire…

Pourtant, le monde n'est pas disciplinaire, les élèves non plus ne sont pas disciplinaires. Ni celui-ci, ni ceux-là ne sont en eux-mêmes découpés selon les sections du CNU (Comité national des Universités, organisme officiel compétent pour le recrutement et la gestion des enseignants-chercheurs) ! Comprendre le monde, s'y insérer, y être un citoyen actif, autant de finalités proclamées qui légitiment nos disciplines. Nous ne savons guère comment se noue pour les élèves le lien entre ces finalités très générales et les savoirs précis, les compétences nécessairement partielles et limitées qui sont enseignées et construites à l'École.

A accepter de reprendre le problème et à ne pas le clore dans nos bastilles disciplinaires, nous lui voyons prendre des formes diverses qui sont autant d'appels à des études approfondies.

Revenons un moment vers les pratiques scolaires et ce que les quelques trop rares études disponibles nous permettent d'en connaître. Quelques affirmations et pratiques correspondantes disent la contribution plus explicite de la géographie à l'éducation civique lorsque la première traite du développement, de l'environnement, de l'aménagement du territoire, etc. En fait, tout objet susceptible de concerner le citoyen, tout objet sur lequel le citoyen est susceptible d'exprimer un choix, une opinion contribue à cette formation civique. Laissons courir cette logique et nous arrivons au point où tout ce qu'étudie la géographie prend place dans une dimension civique. Mais, à tout mettre dans tout, n'est-on pas dans la confusion la plus totale? Réduisons le champ et affirmons, sous réserve d'argumentation plus approfondie, que la formation civique inclut nécessairement la dimension du pouvoir, une référence au pouvoir, puisque, dans une société démocratique, le citoyen est titulaire de droits et d'obligations et participe à la souveraineté nationale. La formation civique requiert donc un dépassement d'un simple niveau descriptif ou analytique et la mise en évidence, pour la géographie, des relations entre territoire et pouvoir. Voila qui limite déjà la rencontre éducation civique et géographie mais la rend aussi plus solide et plus dense. Quant à l'histoire, nous sommes tenté de formuler les relations sous un mode ironique : la géographie plante le décor, dit où sont les villes, les frontières, les montagnes et les plaines, décrit quelques caractères des pays, des régions et des territoires et l'histoire anime tout cela, fait bouger les hommes, raconte les conflits, parle des pouvoirs, etc. Malgré des compétences, de bonnes volontés et les quelques affirmations de spécialistes, lorsque nous examinons précisément les cours donnés dans chacune des deux disciplines, les acteurs et les actions présentés alors, nous y voyons plus souvent la division suggérée que de réelles mises en relation. Les trois plats de notre menu se distribuent aisément ; à la géographie l'entrée, à l'histoire le plat de résistance, à l'éducation civique le dessert pour peu que l'on ait encore une petite faim.

Certains sans doute se contentent de cette situation, voire la recherchent comme une mesure conservatoire pour protéger la géographie, mais, pour la compréhension des élèves et la construction de compétences sur le monde, travailler plus explicitement sur les rencontres entre nos trois disciplines serait autrement plus formateur. Après tout nous ne sommes pas si satisfaits que cela des résultats de notre enseignement pour nous permettre de refuser d'imaginer avec rigueur et ambition d'autres modalités. Explorons rapidement deux entrées possibles de convergences entre nos trois disciplines en laissant de côté ce qui est une pensée habituelle autour de thèmes ou d'objets d'étude que l'on aborde de plusieurs angles, de plusieurs points de vue.

En premier lieu, observons simplement que la géographie scolaire use constamment de mots, de concepts, de modèles de pensée empruntés à d'autres, de la transition démographique aux PNB mis en cartes, d'études sur le développement aux innombrables mots qui renvoient aux domaines économiques, sociaux, politiques, techniques, etc. Si nous considérons nos « matières sœurs », nous y repérons aisément et très souvent les mêmes mots, les mêmes modèles, parfois pris sous des aspects différents, parfois de manière semblable. Faut-il attendre que la compréhension de l'élève soit le résultat d'une accumulation d'informations rythmée par quelques définitions réputées stabiliser le sens de ces mots, de ces concepts ? Ou faut-il, est-on tenté d'écrire, consacrer des moments spécifiques à leur étude explicite en comparant et en diversifiant les approches et les significations ?

En second lieu, considérons l'écriture elle-même. La géographie est pleine d'histoire, d'histoires, pleine d'explications par l'histoire et de petites histoires pour dire le monde et les territoires. Regardons la place donnée à la recherche de la genèse ou des origines, cette tradition qui veut que la compréhension soit très souvent liée à ce détour par le passé. La forme même de l'écriture traduit ce mélange constant entre description et narration, mises en relation dans le temps autant que dans l'espace, usage de la diachronie et de la synchronie. Là aussi, la formation intellectuelle et critique ne prend-elle pas tout son sens lorsque l'on réussit à introduire des moments de travail eux aussi explicites et spécifiques sur de tels aspects de l'écriture de la géographie et… de l'histoire, elle aussi si pleine de lieux et d'espace ?

ENSEIGNER LA GÉOGRAPHIE, QUELQUES DÉCENNIES DE RÉFLEXIONS DIDACTIQUES EN FRANCE

Jean-Pierre Chevalier, université Versailles-Saint-Quentin, équipe EHGO, URA CNRS D1243
Isabelle Lefort, université Louis-Lumière, Lyon II

L'étude des recherches et des parutions en didactique de la géographie permet d'en cerner la place actuelle au sein de la production disciplinaire. Il s'agit de tenter « une mesure » de l'évolution et de l'importance de ce champ d'investigation dont on connaît par ailleurs les fondements et les objectifs. Pour ce faire, nous avons d'abord procédé à un point bibliographique rétroactif à partir de quatre travaux datant de la période 1970-1994. Ce *corpus* de références met en évidence une périodisation que nous avons ultérieurement souhaité affiner pour les trois dernières décennies, où la production se multiplie. A partir du dépouillement du fichier des thèses (déposées et soutenues) sur la période 1990-1994, nous avons donc recherché des indicateurs pour construire une périodisation sur le moyen terme. Forts des résultats obtenus, nous avons, enfin, essayé de jauger la diffusion des préoccupations didactiques dans le milieu géographique au travers du dépouillement d'une série significative de revues et de colloques.

Plus d'un siècle de références pour les didacticiens de la géographie

Nous avons utilisé les références bibliographiques citées par quatre travaux importants (1970-1994) afin d'établir un historique cohérent de ce champ d'investigation[29].

On remarquera d'abord que la comparaison de ces quatre bibliographies met en avant 12 références communes à 3 auteurs[30], qui définissent clairement

29. J. MONTAVILLE, mémoire de maîtrise dirigé par Ph. Pinchemel, Paris I, 1970 ; Ch. DAUDEL, *Les fondements de la recherche en didactique*, LANG Peter, 1990, P. DESPLANQUES (coordinateur) *Profession enseignant: la géographie en collège et en lycée ;* A. LE ROUX, *Dossier d'Habilitation à Diriger des recherches, Caen,* 1994.

30. Les ouvrages de référence cités par 3 des 4 auteurs sont : 1. en épistémologie de la géographie : BAILLY A., BÉGUIN A., *Introduction à la géographie humaine,* Paris, Masson, 1982 ; BAILLY A., *Les concepts de la géographie humaine,* Paris, Masson, 1984 ; CLAVAL P., *Géographie humaine et économique contemporaine,* Paris, PUF, 1984. 2. En histoire de la géographie : MEYNIER A., *Histoire de la pensée géographique en France,* Paris, PUF, 1969 ; BERDOULAY V., *La formation de l'école géographique française (1870-1914)*, Paris, B.-N., 1981. 3. En sciences de l'éducation : D.E. LANDSHEERE G. et V., *Définir les objectifs de l'éducation, Pédagogie d'aujourd'hui,* PUF, Liège, 1978 ; G. THONE S.A. CHEVALLARD Y, .../...

cinq champs : réflexion épistémologique, histoire de la géographie, sciences de l'éducation, étude des rapports entre les enfants et les apprentissages géographiques et enfin mise en œuvre d'outils particuliers lors de l'apprentissage. Ils délimitent ainsi de façon implicite l'espace de la didactique de la géographie au sens large.

Graphique 1

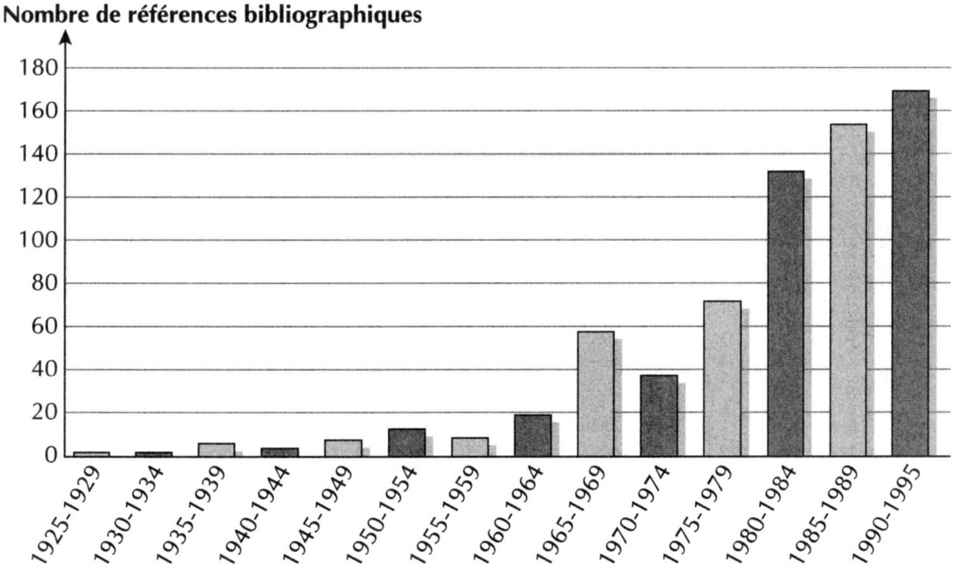

La combinaison des publications citées par nos quatre auteurs[31] permet ensuite de dégager une chronologie globale, dont nous donnons les résultats dans le graphique 1, par période de cinq ans.

Au total les références, éparses avant les années 1960, sont ensuite de plus en plus nombreuses : 35 de 1970 à 1974, 70 de 1975 à 1980, 130 de 1980 à 1984, 152 de 1985 à 1990, 167 de 1990 à 1994. Pour simplifier, on pourrait à partir du graphique distinguer 3 phases : avant 1965, 1965-1979, 1980-1994. A partir de 1966 les références se multiplient en effet, en particulier dans le domaine épistémologique tandis que 1980 émerge comme une date charnière.

.../... *La transposition didactique ; du savoir savant au savoir enseigné,* Grenoble, La pensée sauvage, 1985. 4. Les enfants et les savoirs géographiques : NOUGIER L.R. et HLR, *L'enfant géographe,* Paris PUF-NEP, 1952 ; DEBESSE-ARVISET M.-L., *La géographie à l'école,* Paris, PUF, 1969. 5 La mise en œuvre d'outils particuliers : CLARY M., DUFAU G., DUGRAND, R., FERRAS R., *Cartes et modèles à l'école,* Montpellier, RECLUS, 1987 ; LE ROUX A., « Photographie et géographie », *Historiens et Géographes,* n° 319, 1989 ; *L'image fixe en géographie, Enseigner la géographie aujourd'hui,* Montpellier, CRDP ; MARGAIRAZ D., « L'utilisation de supports informatifs dans l'apprentissage de l'histoire et de la géographie », *Revue Française de pédagogie,* n° 85, Paris, INRP, 1988, actes de la 4e rencontre INRP.

31. Nous avons cependant écarté les références purement « sciences de l'éducation » et « autres didactiques disciplinaires » données par Ch. Daudel.

On peut confirmer cette première approche globale en se référant aux productions fondamentales que sont les thèses touchant à la didactique de la géographie.

Thèses soutenues et sujets déposés au début des années 1990

Sachant qu'elles sont rares avant le milieu des années 1980, nous avons concentré nos analyses sur la période qui voit leur multiplication rapide, renforçant un courant de recherche jusque-là bien faible et surtout le fait de chercheurs étrangers[32].

Le fichier des thèses (déposées et soutenues)[33] de 1990 à 1994 permet une première approche pour cerner l'innovation que constituent cette éclosion de recherches en didactique. Durant ces cinq années les thèses entreprises sont plus nombreuses que les thèses soutenues, témoins de recherches amorcées avant 1990. Les premières se sont logiquement poursuivies dans la deuxième moitié de la décennie.

Quelques thèses avant 1990

COSTA M.D.A. FERREIRA Maria Manuela, *Les programmes de géographie dans l'enseignement secondaire en France au début du XIXe siècle,* 3e cycle, Paris I, 1980.
KORDAHI Tanios, *Recherches sur l'enseignement de la géographie au Liban : programme et manuels,* Paris I, 1981.
DAUDEL Christian, *Les fondements de la recherche en didactique de la géographie,* Lyon II, 1984.
PASQUIER Geneviève, *La géographie dans la littérature pour la jeunesse entre les deux guerres,* Paris I, 1985.
EL HOSRY Ali, *Innovation technologique dans l'enseignement de la géographie générale en 1re année de l'étape préparatoire à Damas (Syrie),* DEA, Paris XIII, 1985.
EL HOSRY Ali, *L'enseignement de la géographie physique dans les lycées français,* Paris I, 1987.

De 1990 à 1994, 12 thèses concernant la didactique de la géographie ont été soutenues, dont 4 répertoriées en sciences de l'éducation. Les jurys sont composés exclusivement de géographes ou associent didacticiens des disciplines et professeurs de sciences de l'éducation. Elles se répartissent à égalité entre les universités parisiennes et provinciales.

32. Dès 1969, Ph. Pinchemel fait figure de précurseur en dirigeant des mémoires de maîtrise : MARET M.-P., (1970), *L'Évolution de l'enseignement de la géographie à travers les concours d'agrégation de 1866 à 1939,* (mémoire de maîtrise).
MONTAVILLE J., (1970), *Essais et recherches pour une rénovation de l'enseignement de la géographie dans le secondaire depuis 1945,* (diplôme de recherche).

33. Seules les thèses en didactique et histoire de l'enseignement ont été comptabilisées, laissant de côté donc les recherches géographiques du système scolaire.

Thèses soutenues de 1990 à 1994

BUFFET-RAMOUSSE Françoise, *Approche didactique et stratégique de la professionnalisation des enseignants en géographie (à partir de l'exemple de la formation continue des instituteurs de l'Ain)*, Paris VII, 1990.
LEFORT Isabelle, *Géographie savante-géographie scolaire (1870-1970), éléments pour une histoire de la pensée géographique*, Paris I, 1990.
MASSON Michelle, *Représentations spatiales et savoirs sur la montagne des enfants et pré adolescents scolarisés*, Grenoble I, 1990.
VAUGIEN Martine, *Contribution à la didactique de la géographie : pour une éducation géographique*, Aix-Marseille II, 1991.
BENOÎT Monique, *L'enseignement de la géographie à l'école primaire. 1867-1991*, Paris I, 1992.
CHEVALIER Jean-Pierre, *Les cartes et l'enseignement de la géographie aux élèves de 5 à 11 ans depuis 1969*, Paris I, 1992.
CONSIDÈRE Sylvie, *Recherche pédagogique en lecture de paysage*, Besançon, 1992.
LEGRAS Corinne, *De la géographie universitaire à la géographie scolaire ; le didacticiel de géographie*, Rouen, 1992.
LE ROUX Anne, *Repères pour une didactique de la géographie enseignée aux (pré) adolescents*, Caen, 1992.
AUDIGIER François, *Les représentations que les élèves ont de l'histoire et de la géographie. A la recherche des modèles disciplinaires entre leur définition par l'institution et leur appropriation par les élèves*, Paris VII, 1993.
SOURP Robert, *L'analyse du paysage : une didactique pour la géographie*, Toulouse II, 1993.
WALLET Jacques, *Images animées et enseignement de la géographie pour les élèves de l'école élémentaire et du collège*, Paris VII, 1994.

Après 1990 le courant se renforce nettement, avec 22 sujets déposés. En outre, les axes de recherche évoluent nettement par rapport aux 12 thèses soutenues. On le constate à la lecture des seuls intitulés, les résumés de thèses n'existant pas encore pour les travaux en cours de rédaction.

Sujets de thèses déposés de 1990 à 1994 (dont certaines ont été soutenues depuis)

BARON Guy, *La trace écrite en histoire-géographie à l'école élémentaire*, Paris VII, 1990.
CORDIER Jean, *L'apprentissage de la lecture et de l'utilisation de la carte*, Paris VII, 1990.
KORDAHI Tanio, *L'espace libanais, sa construction scientifique et son enseignement. Recherches d'épistémologie géographique et didactique*, Paris I, 1990.
BIGOT Jean-Luc, *Espaces marins et maritimes, routes et ports, aventuriers et gens de mers, dans les manuels d'histoire-géographie des écoles et collèges*, Montpellier, 1991.
GUIHOT Patrick, *Apports de l'audiovidéographie interactive à l'enseignement de la géographie*, Paris VII, 1991.
LE GUEN Guy, *La didactique de la climatologie dans le secondaire*, Rennes II, 1991.
MENDIBIL Didier, *La relation texte-image en géographie. L'étude de l'iconographie comme outil d'analyse de la fonction sociale de la discipline. Le concept d'imaginaction*, Paris I, 1991.
ROUGEMOUS Micheline, *La didactique de la géographie : enjeux et pratiques*, Paris I, 1991.
DODEMAN Jean-Louis, *Didactique de la géographie : usages graphiques dans l'enseignement de la géographie à l'école élémentaire et dans la formation des maîtres*, Paris VII, 1992.
LAMBERT Jacques, *La télévision dans l'enseignement de la géographie et des sciences humaines : outils privilégiés d'acquisition des savoirs, de remédiation à l'échec scolaire et de socialisation des élèves*, Aix, 1992.
MOLINES Gérard, *Concepts, notions et raisonnements de la géographie enseignée. Contribution à un examen et une redéfinition des principes fondateurs de l'enseignement de la géographie en collège et lycée*, Avignon, 1992.

• • •

• • •

ATGE Daria, *Les concepts de temps et d'héritage dans l'enseignement de la géographie*, Rennes, 1993.
GÉRIN-GRATALOUP Anne-Marie, *L'explication, la causalité, les systèmes de preuve dans la géographie du second degré. Question d'épistémologie du savoir scolaire*, Paris I, 1993.
GONON Isabelle, *Acquisition des catégories à partir d'exercices en géographie en classe de 6e et de Seconde*, Paris VII, 1993.
HAMANI née BENMATI Menouba, *Adéquation des cartes et graphiques dans les manuels de géographie*, Paris I, 1993.
SADOUN-LISSAC Dominique, *L'enseignement de la région en Europe: sa pratique et son ancrage scientifique, politique et social. Étude comparative*, Paris I, 1993.
AYADI née HRAIBI Leila, *étude de l'enseignement de l'environnement en géographie au lycée en Tunisie. Exemple: la désertification*, Paris VII, 1994.
BERNARD Alain, *La géographie et sa production: le livre scolaire comme négociation, le cas des manuels pour les collèges français*, 1977-1992, Paris I, 1994.
CLERC Pascal, *La ville dans l'enseignement de la géographie en France; l'étude de la différenciation intra-urbaine*, Paris I, 1994.
DURAND Bénédicte, *La culture géographique des historiens français*, Paris IV, 1994.
PRÉVOST Hélène, *La carte, un mode de représentation de l'espace dans l'enseignement*, Toulouse, 1994.
RICORDEL Bernard, *Un siècle de géographie scolaire: 1830-1930. Analyse des représentations et des mythes véhiculés par le manuel d'école communale*, Paris IV, 1994.

Deux écoles doctorales regroupent la majorité de ces chercheurs (16 sur 22), Paris I et Paris VII, la première est plus axée sur des entrées historiques et épistémologiques, la seconde liée aux sciences de l'éducation.

Outre qu'ils s'appuient davantage sur l'étude des cartes et des figurations graphiques, les nouveaux sujets s'affirment plus épistémologiques par leur libellé ou par l'usage du mot « concept », à la différence des précédents plus historiques. Le mot « didactique » assez fortement présent dans les thèses soutenues, disparaît dans les formulations après 1992, il en est de même de la référence aux « représentations mentales » des élèves. Le paradigme de la transposition didactique et la géographie de l'école primaire y occupent enfin une place moindre. Une des raisons en est sans doute que les chercheurs issus des anciennes écoles normales d'instituteurs se trouvent relayés par les formateurs des enseignants de second degré dans les IUFM. Ceci contribue probablement aussi au fait que les manuels scolaires sont de plus en plus cités dans les libellés des recherches.

Ces évolutions ne doivent pas cacher de multiples permanences. Les cartes, les graphiques, les vidéogrammes sont pris en compte en tant qu'outils, ou médias de la géographie scolaire; avec les manuels scolaires ils constituent des traces matérielles stables pour l'observation. Dans l'ensemble, les relations entre la géographie scolaire, l'appropriation des outils du géographe et les savoirs universitaires de référence restent primordiaux. Mais la géographie scolaire est mise en rapport avec la géographie grand public et les conceptions qu'elle véhicule; la diffusion et l'élaboration des savoirs géographiques n'est donc pas forcément un tête-à-tête exclusif géographie savante/géographie scolaire.

Si l'on croise maintenant les chronologies des deux entrées d'analyses, thèses et *corpus* bibliographique, trois périodes apparaissent alors assez nettement: 1966-1980, 1980-1990 et depuis 1990. Pour affiner et confirmer cette périodisation, nous avons décidé d'effectuer un dépouillement sélectif des principales revues de géographie. Il est rapidement apparu qu'*Historiens et Géographes* constituait un repère très opératoire, sur lequel nous nous sommes particulièrement appuyés.

La didactique de la géographie dans la revue Historiens et Géographes *depuis 1973*

Notre choix s'explique clairement: publiée par l'Association des Professeurs d'Histoire et de Géographie de l'enseignement public (APHG), *Historiens et Géographes* est certainement la plus répandue des revues s'adressant aux enseignants de ces disciplines. Elle reflète fort bien les intérêts et les préoccupations des enseignants d'histoire et de géographie du second degré.

Y distinguer la part de la didactique n'est pas toujours aisé. Les intitulés des rubriques varient: nous avons donc pris en compte les articles en fonction de leur contenu plus que de leur classement.

Nous avons ainsi constitué un *corpus* de 210 articles d'au moins trois pages publiés entre septembre 1973 et mars 1997, sachant que beaucoup traitent parallèlement de l'histoire. Nous avons aussi été amenés à rejeter quelques articles difficiles à regrouper. Le *corpus* ainsi réduit à 200 articles totalise 2401 pages. Un premier classement fut effectué par thèmes[34].

Tableau 1 : Les articles de didactique d'*Historiens et Géographes* classés par thèmes

Thèmes répertoriés	nombre d'articles
programmes et textes officiels	20
débats autour des programmes et de l'enseignement de la géographie (positions d'associations ou d'individus)	44
signés par d'éminents géographes universitaires traitant de l'enseignement de la géographie	15
comparaisons internationales	12
une question de géographie et son enseignement	29
étude des outils de l'enseignement de la géographie (manuels, cartes, informatique ...)	44
rubrique « didactique » *stricto sensu* et articles de pédagogie	22
articles diffusant les recherches de l'INRP	8

34. Quelques articles ont été comptabilisés deux fois. C'est le cas de l'important article de J. Maréchal « La géographie d'hier à aujourd'hui », (1979, n° 274), répertorié à la fois en didactique et en communication des recherches de l'INRP.

L'étude de ces articles répartis par thèmes met en évidence des évolutions au cours de ces 24 années et permet de périodiser l'ensemble d'une production assez régulière en volume. Les césures retenues correspondent à des ruptures se manifestant dans plusieurs types d'articles. Une première nous paraît se manifester en juin 1980, à l'occasion du Colloque sur l'enseignement de l'histoire nationale à la jeunesse organisé par l'APHG. Nous percevons une deuxième césure à la fin de l'année 1985, après le colloque de Montpellier et le mise en route d'une nouvelle génération d'instructions officielles. En ce qui concerne notre 3e coupure, nous avons hésité entre fin 1991 et début 1994. Au cours de ces années le caractère des publications didactiques évolue en effet. Finalement nous l'avons placée à la fin de 1991 afin de souligner pleinement le caractère transitionnel de cette période.

Tableau 2 : Les thèmes étudiés, suivant le pourcentage que représente leur nombre de pages

(en % des articles retenus pour la période)

articles ≥ 3 pages	sept. 73/juin 1980	sept. 80/déc. 85	janv. 86/ déc. 91	janv. 92/mars 1997
bourse aux idées, pédagogie et didactique…	11	10	18	15
enseigner une question de géographie	7	7	6	8
communication de recherches INRP	5	3	4	2
point de vue de l'AFG physique	2	10	0	0
étude des manuels	2	7	3	2
utilisation des photographies	0	3	1	0
point de vue d'autres associations	3	0	1	0
signés par des universitaires éminents	16	3	4	4
débats et polémiques	36	31	10	0
utilisation des NTIC	0	10	15	11
textes officiels	7	7	13	13
utilisation de la carte	2	3	13	2
utilisation des images satellitales	2	0	6	2
comparaisons internationales	5	3	0	15
communications au FIG de Saint-Dié	0	0	0	21
étudier le milieu ou l'environnement	3	0	0	4
approche sociologique des enseignants	0	0	3	2

Le tableau fait apparaître des continuités et des évolutions. Il y a continuité du souci didactique et pédagogique, abordé sous des intitulés variables. Par contre chacune des périodes se caractérise par des préoccupations particulières.

Le bouillonnement des années 1970

Alors que Michel Brunet déplorait la faiblesse de « la tribune libre pédagogique » (3 % de la revue en 1973-1974), la revue accueillit à compter du milieu des années 1970 un bouillonnement d'idées et d'opinions très diverses. *Historiens et Géographes* offre dès lors largement ses colonnes aux critiques et aux propositions.

Une critique radicale des contenus enseignés (par exemple, Yves Allaire, « Géographie et idéologie », H & G, n° 253, 1975) se conjugue avec celle des méthodes pédagogiques. *Historiens et Géographes* publie un appel de l'autre nouvelle revue critique *Espace Temps pour quoi ?* (H & G n° 261,1976). Mais, après la publication des documents préparatoires (n° 259, 1976) et des nouveaux programmes de Sixième et Cinquième du collège « Haby » (H & G n° 262, 1977), les critiques contre les nouveaux programmes se multiplient. Ils prirent d'abord la forme de tribunes libres (Zerbini, Siguret ; Lacoste H & G n° 262, 1977), puis de prises de position de l'association (Hubert Tison, n° 273, 1979), de façon continue, avec comme point culminant le colloque sur l'enseignement de l'histoire nationale à la jeunesse en juin 1980 (n° 281).

Les articles retenus (36) traitent essentiellement de la place de la discipline ou de ses composantes dans l'enseignement. Les pages de la revue en 1979 et en 1980 sont ensuite principalement mobilisées pour la défense de l'histoire (nationale). Par contre, jusqu'en 1980, les programmes du primaire ne sont pas contestés dans la revue (Ch. Gavini, « La nouvelle place de l'histoire et de la géographie à l'école élémentaire », 1977, n° 263). Mais, l'article de J. Maréchal, « La géographie d'hier à aujourd'hui » (1979), traitant principalement des retombées de la réflexion épistémologique et didactique sur l'enseignement primaire suscite une intervention du Bureau de l'Association française de géographie physique en défense de sa spécialité, (1980, n° 277), auquel J. Maréchal répondit dans le n° 280.

Ce foisonnement est accompagné par des interventions d'universitaires : P. Pélissier, « Défense de la géographie », (1974, n° 249) ; P. Claval, « Principes et systèmes d'enseignement, (1976, n° 256), et « La place de la géographie dans les systèmes d'enseignement » (avec proposition de programmes), (1976, n° 257), Ph. Pinchemel, « Sur la situation actuelle de la géographie », (1976, n° 257), Y. Lacoste, « Les enjeux profonds des combats pour l'histoire-géographie » (1977, n° 262), A. Bailly, « Analyse théorique et quantitative dans l'enseignement supérieur à l'étranger », (1978, n° 267) et A. Reynaud et G. Roques « Un essai d'insertion des concepts généraux et l'analyse spatiale », (1980, n° 278).

A l'ombre des colloques sur l'histoire, septembre 1980-décembre 1985

Point d'orgue à cette phase d'ébullition, le Colloque sur l'enseignement de l'histoire nationale à la jeunesse, 25 juin 1980 (n° 281) organisé par l'APHG marque le début des années 1980. Dans la revue, les débats et les polémiques pédagogiques ou didactiques continuent jusqu'au colloque du 21 janvier 1984 à Montpellier. Le discours d'A. Savary est publié par la revue (n° 298), de même que le rapport d'Y. Lacoste, « Les problèmes de l'enseignement de la géographie », (1984, n° 300). Mais peu à peu les préoccupations changent et il y a de plus en plus de textes officiels de programmes publiés et de moins en moins de débats sur le fond.

Tout au plus peut on noter qu'après 1980, l'Association française de géographie physique poursuit la défense de sa spécialité en proposant dans la revue des dossiers « pour le professeur de Seconde », (1981, n° 284 et n° 285; 1982, n° 290). Ce sont en fait plus des mises au point scientifiques que des propositions didactiques.

On constate par contre alors une inflexion importante : c'est ainsi que plusieurs articles (4) sur les manuels scolaires portent essentiellement sur les contenus et non plus sur les programmes. Fréquents au cours des années 1980, ils s'insèrent à partir de 1986 dans un dispositif qui prend significativement le nom de « didactique ».

Une rubrique « didactique », 1986-1991

Le mot « didactique » apparaît dès 1973 (n° 241) dans un compte rendu de V. Prévot. Mais ce n'est qu'à partir de 1986 que l'usage du terme se répand. C'est un des mots clés de l'article de J. David, « Des objectifs pour l'enseignement de la géographie », (1986, n° 310). En réponse à de nouveaux besoins, H. Rigaud propose dans le n° 312 de 1987 une « Esquisse de bibliographie pour l'épreuve de didactique du CAPES interne », relayé en 1989 par R. Souriac, « A propos de l'épreuve de didactique du CAPES interne d'histoire-géographie », (n° 322). A. Le Roux annonce enfin (n° 316), le début d'une nouvelle rubrique dans la revue intitulée « Didactique ». Elle l'alimente avec « Photographie et géographie », (1988, n° 319) et « Didactique de la géographie (bibliographie) », (1989, n° 325). On y lit aussi des articles de R. Regrain, de F. Audigier et Cl. Basuyau.

R. Regrain traite des images satellitales, (1989, n° 323 et 1993, n° 342). Il avait déjà abordé ce sujet en 1978, (n° 269). Entre 1988 et 1993 se concentrent d'ailleurs 4 articles parlant des images spatiales et de leur utilisation en classe. Pendant cette période, apparaissent d'ailleurs de nombreuses contributions sur les nouvelles technologies d'information et de communication (15). L'usage de l'informatique dans l'enseignement donne ainsi lieu à ses premiers articles : P. Dautrey (1981, n° 287) ; E. Brisson (1985, n° 305), O. Lacueva (1985, n° 306). Avec « les outils informatiques au lycée », (1989, n° 324), D. Letouzey inaugure une série de 5 articles jusqu'en 1996.

Cette poussée n'exclut pas alors des articles sur l'usage des cartes à l'école. Sur un total de 12 entre 1977 et 1993, on en dénombre même 8 de 1986 à 1988. Il est vrai que J. Mauduy alimente alors une nouvelle rubrique « Cartographique » (7 articles).

Si l'activité didactique prend alors son essor, cette période (1986-1991) correspond pourtant plutôt à une interruption des publications issues de l'INRP. La mise en place des colloques annuels de l'INRP sur la didactique de l'histoire, de la géographie et des sciences sociales ou la multiplication des communications didactiques dans les revues et autres ouvrages à partir de 1990 peuvent expliquer l'absence de tels articles entre 1989 et 1996.

La didactique en retrait, janvier 1992-mars 1997

Ces dernières années apparaissent dans la continuité des évolutions antérieures, accentuant même certaines caractéristiques. Ainsi les textes polémiques se raréfient jusqu'à disparaître. Tout aussi présents, les textes officiels (de plus 3 pages) s'accompagnent en outre des communications des inspecteurs généraux de l'Éducation nationale prononcées dans le cadre du Festival international de géographie de Saint-Dié en 1994 et 1995, renforçant la part du discours institutionnel dans la revue. Les interventions des Inspecteurs généraux et des IPR constituent d'ailleurs des développements importants (J.-L. Nembrini, G. Hugonie, 1994, n° 346; G. Gaudin, J.-L. Nembrini, D. Borne, G. Hugonie, G. Dorel, 1995, n° 352), qui occupent plus de place que celles des universitaires (R. Ferras, A. Dauphiné, 1994, n° 346). La revue apparaît ainsi de plus en plus comme une courroie de transmission entre le corps de l'Inspection et les enseignants ou futurs enseignants, adonnée particulièrement à la préparation des concours de recrutement et à l'aide aux enseignants.

Les nouvelles technologies sont toujours étudiées, et ce de façon de plus en plus exclusive. Depuis 1993, il n'y a d'articles sur les cartes que dans le cadre leur production informatique.

Plusieurs éléments viennent encore renforcer le sentiment que l'heure n'est plus aux conceptualisations, mais plutôt à une vision pragmatique de la discipline. La publication systématique d'articles sur l'enseignement de l'histoire et de la géographie dans d'autres pays européens et au Canada, autrefois beaucoup plus rares, tente de situer le cas français dans ses singularités. Parallèlement, D. Douzant-Rosenfeld propose de 1991 à 1993 un éclairage d'inspiration sociologique sur les enseignants de géographie (n° 330, 333, 339). Enfin et de façon significative, les articles les plus pédagogiques paraissent à nouveau dans le cadre plus modeste de la rubrique « bourse aux idées » et de moins en moins sous l'intitulé « didactique ». De 1992 à 1996 les intitulés de la rubrique pédagogique varient et on relève 4 articles en « Didactique », 4 dans « La bourse aux idées », 1 dans la rubrique « Éditorial », 1 dans la rubrique « Le point sur » et 1 enfin dans la rubrique « Modules ».

Colloques et revues

On retrouve au travers des revues et des colloques cette périodisation que nous venons de caractériser. La césure des années 1980 est ici encore renforcée, puisque l'on constate que les interventions sont encore fort rares jusqu'au milieu des années 1980[35].

Colloques et revues : le tournant de 1986

La période qui s'ouvre à partir de 1986 voit fleurir une multiplicité d'articles traitant de la didactique de la géographie. Ils rompent avec les époques antérieures, en particulier les années 1980, où le débat sur l'avenir et la place de l'enseignement de l'histoire avait largement dépassé et occulté les interrogations touchant la géographie.

« Géographie et enseignement, *Espace Géographique*, n° 1 et 2.

« La didactique de la géographie », *Revue Géographique de Lyon*, n° 61, 2.

« Éléments de didactique de la géographie », *G.E.O.*, Bruxelles n° spécial 19.

C'est depuis cette année que *Géographes Associés*, revue de l'Association française pour le développement de la géographie publie de nombreuses articles traitant de l'enseignement de la géographie en particulier après ses universités d'été annuelles. C'est aussi depuis 1986 que *l'Information Géographique* comporte une rubrique régulière consacrée à la didactique de la géographie. Enfin, les 21 et 22 janvier 1986 se tient la première rencontre sur la didactique de l'histoire, de la géographie et des sciences sociales organisée par l'INRP. De tels colloques se poursuivront régulièrement jusqu'à une interruption en 1992.

Colloques INRP sur la didactique de l'histoire, de la géographie et des sciences économiques et sociales

18 au 20 mars 1987, « Sur les représentations »
2 au 3 mars 1988, « Savoirs enseignés-savoirs savants »
8 au 10 mars 1989 « Savoirs enseignés-savoirs acquis »
14 au 16 mars 1990, « La formation aux didactiques »
13 au 15 mars 1991, « Analyser et gérer des situations d'enseignement-apprentissage »
1 au 3 mars 1992, « Documents : des moyens pour quelles fins ? »
27 au 27 mars 1996, « Concepts, modèles, raisonnements »

En mars 1988, à l'occasion de ces rencontres sont annoncées les créations de deux Instituts de Recherche sur l'Enseignement de l'histoire et de la géographie à Besançon et à Clermont-Ferrand. On peut rattacher à ces initiatives, mais plus tardivement, en 1996, la création de la revue *Trames* par les enseignants d'histoire et de géographie de l'IUGFM de Rouen.

---

35. On peut cependant mentionner quelques exemples : « Ennui, gâchis, utopie, histoire-géographie/sciences sociales à l'école », *Espaces Temps*, n° 14-15, 1980 ; « Entre programmes et objectifs, enseigner les sociétés », *Espaces Temps*, n° 22, 1982.

Plus significatif encore est le fait que les revues de géographie à comité de lecture scientifique publient des numéros exclusivement consacrés à l'enseignement. Ce sont des succès, y compris sur le plan commercial.

« La géographie, état des lieux », *Espace Temps*, n° 40-41, 1989.

« Géographie : pratiques d'aujourd'hui », *Cahiers pédagogiques*, 272, 1989.

« La géographie et ses enseignements » *Espace géographique,* n° 27, 1989.

« Enseigner la carte », *Mappemonde*, n° 3, 1990.

En 1992, la *Revue Géographique de Lyon* publie un nouveau numéro spécial (n° 67, 2) ; il en est de même pour le *Bulletin de la Société géographique de Liège* (n° 28). L'AFDG publie *Enseigner l'histoire et la géographie, un métier en constante rénovation, mélanges d'articles offerts à V. et L. Marbeau*. L'Inspection générale organise à Amiens des Journées d'études nationales d'étude sur le thème « Enseigner la géographie du collège au lycée ». Dans *l'Encyclopédie de géographie* (Bailly A., Ferras R., Pumain D., 1992) un des 57 articles, rédigé par Yves André a pour objet la « didactique de la géographie ».

Il est clair que cette floraison doit être mise en parallèle avec des tournants institutionnels. En 1990 sont installés les 3 premiers Instituts Universitaires de Formation des Maîtres, et l'année suivante l'institution est généralisée. La Didactique est l'objet d'une épreuve au CAPES interne et pendant 2 années (1992 et 1993) à l'oral du CAPES externe il existe une « épreuve professionnelle » à forte connotation didactique (P. Desplanques signe l'éditorial de l'*Information géographique* en 1991 « La didactique de la géographie »).

Un palier après la floraison ?

Depuis quelques années, quelques signes sensibles semblent indiquer une nouvelle inflexion dans le domaine étudié. A partir de la session de 1994 la 3e épreuve orale du CAPES est ainsi transformée en épreuve « sur dossier ». Alors que cette demande institutionnelle (concours) avait soutenu l'épanouissement d'une abondante littérature didactique, le constat est fait que l'on ne peut exiger une capacité d'analyse didactique des candidats, sauf à allonger la durée de la formation avant le concours, ou à réduire leurs connaissances disciplinaires. Ce qui n'empêche que pendant ce temps, les ouvrages usuels traitant de l'enseignement de la géographie se multiplient témoignant d'une forte demande de la part à la fois de enseignants chevronnés ou des débutants (*cf. infra* chap. 3).

Quelques usuels pour enseigner la géographie à l'École

Inspection générale de l'Éducation nationale, *Enseigner la géographie du collège au lycée,* Amiens, CRDP, 1992, 169 p.

Giolitto P., *Enseigner la géographie à l'école,* Hachette, 1992, 256 p.

Hugonie G., *Pratiquer la géographie au collège,* Armand Colin, 1992, 216 p.

Ferras R., Clary M., Dufau G., *Faire de la géographie,* Belin, 1993, 210 p.

Desplanques P. (coord.), *Profession enseignant : la géographie en collège et en lycée,* Hachette, 1994, 398 p.

• • •

Le Roux A., *La géographie au collège,* PUF, 1992.

Masson M., *Vous avez dit géographies ? Didactique d'une géographie plurielle,* Armand Colin, 1994, 190 p.

Merenne-Schoumaker B., Didactique de la géographie, organiser les apprentissages, Nathan, 1994, 256 p.

Clary M., Joannon M., Tirone L., *Pour une approche didactique de la géographie, de la théorie à la pratique,* CRDP de Marseille, Mafpen, CNDP, 1994, 148 p.

Flonneau M., De la découverte du monde à la géographie, Nathan, 1995, 112 p.

Hugonie G., *Clés pour l'enseignement de la géographie,* CRDP de Versailles, CNDP, 1995, 144 p.

Bernardin J.-M., Andrieu O., *La petite fabrique de géographie, CRDP de Bretagne,* CNDP, 1996, 184 p.

Salinero G., Pascal F. et Thillay A., *Histoire – géographie au collège,* Belin, 1996, 352 p.

Il est cependant évident que l'on se soucie moins de tenir un discours conceptuel que de fournir des outils pratiques. Cette évolution est bien visible aussi au niveau des revues. En 1996 la rubrique didactique de *l'Information Géographique* change ainsi de nom et devient « Enseignement », suivant le modèle déjà rencontré dans *Historiens et géographes*. Dans les colloques et les rencontres récentes également, les thèmes centrés sur l'enseignement rivalisent avec ceux de didactique[36].

Au cours de la deuxième moitié du XXe siècle, trois périodes semblent se singulariser dans le domaine de la réflexion sur l'enseignement de la géographie.

Jusqu'aux années 1980, le débat reste limité à de petits cercles, dont les travaux retiennent encore fort peu l'attention générale. Certes, depuis longtemps les enseignants de géographie se préoccupent de rendre leur enseignement intéressant et les élèves « actifs ». En témoignent le *Vade mecum de l'enseignement de la géographie* (R. Ozouf, 1937), les différentes éditions des *Cahiers de pédagogie moderne* (Bourelier édit.) traitant de « L'enseignement de la géographie », et le souci d'étudier le milieu local (Deltiel E. et Maréchal P., 1958, *Comment enseigner la géographie locale*, Nathan). On retrouve les mêmes préoccupations dans les publications internationales sous l'égide de l'UNESCO (1950, 1966). Il serait même nécessaire de faire remonter les investigations plus haut dans le temps pour analyser les articles « pédagogiques » de L. Drapeyron ou de Vidal de la Blache.

Au milieu du siècle, les propositions novatrices sont essentiellement fondées sur les démarches pédagogiques prenant en compte la psychologie des enfants. Les publications animées par Marie-Laure Debesse-Arviset, chercheur à l'Institut pédagogique national proposent de profonds bouleversements essentiellement fondés sur la psychologie des apprentissages (1969, *La*

36. Les 4 colloques tenus en 1996 en témoignent : *8e colloque sur la didactique de l'histoire, de la géographie et des sciences humaines et sociales*, 27, 28 et 29 mars 1996, Paris, INRP ; Colloque de l'AGF : Les recherches universitaires en didactique de la géographie, 11 mai 1996 Paris, Institut de géographie ; *Journées scientifiques de l'Association des professeurs d'histoire et de géographie, Enseigner l'Europe en 1996,* 26 et 27 octobre 1996, Paris Sorbonne ; 4e Géopole, *Enseigner la Chine et l'Union Indienne, Population et développement,* 4 et 5 décembre 1996, IUFM de Montpellier.

Géographie à l'école, PUF). Les journées de Sèvres (10, 14 décembre 1968), organisées par l'Inspection générale posent les problèmes de programmes, de méthodes, de formation des maîtres (*H & G*, n° spécial, mai 1969).

Cette approche fut submergée par l'inquiétude des spécialistes et du grand public dans le domaine des contenus de l'enseignement de l'histoire. En France, les années 1980-1985 voient en effet le débat sur l'enseignement de l'histoire s'installer sur le devant de la scène publique et éclipser la question de l'enseignement de la géographie. A l'inverse, à partir de 1986, la géographie donne lieu à une réflexion didactique beaucoup plus importante que l'histoire, relayée par une institutionnalisation accrue.

On peut cependant se demander s'il ne s'agissait pas d'une forme de parenthèse – une mode en quelque sorte – les inflexions notées après 1992 annonçant un certain retour à la normale, ou une banalisation. Ce n'est probablement qu'un retour à un palier après la période de floraison de travaux entre 1990 et 1994.

REPRÉSENTATION, APPRENTISSAGE ET ENSEIGNEMENT DE LA GÉOGRAPHIE DE L'EUROPE EN CLASSE DE QUATRIÈME, ÉTUDE COMPARÉE

Anne Douville, agrégée de Géographie

Il s'agit d'un sujet d'un travail d'étude et de recherche en maîtrise de géographie mené en 1994-1995. Nous avons choisi cette classe car les jeunes sont alors bien ancrés dans la vie du collège et l'enseignement n'est pas contraint par la présence d'un examen en fin d'année scolaire. Par ailleurs, le programme est particulièrement intéressant puisque l'Europe est au cœur de l'actualité. La partie Est du continent est en proie à des transformations profondes et la confusion, au moins au niveau du vocabulaire entre les mots « Europe » et « Union Européenne » règne dans bien des esprits.

Quatre collèges ont été sélectionnés en fonction de leur situation par rapport à la ville de Lyon et de l'origine sociale des élèves qu'ils accueillent. Deux d'entre eux ce situent en banlieue lyonnaise. Le premier, localisé à Fontaines-sur-Saône, petite ville résidentielle au Nord de Lyon, rassemble des élèves issus d'une classe sociale moyenne. Le second collège situé à Vaulx-en-

Velin et classé en « Zone d'Éducation Prioritaire » accueille des adolescents parmi les plus défavorisés de France. Les deux autres établissements sont situés en centre-ville. Ils regroupent des classes allant de la sixième au post-baccalauréat. L'un est privé (enseignement catholique sous contrat avec l'État) et l'autre est public. Les élèves sont issus d'un milieu très favorisé. L'étude de ces quatre classes de quatrième nous fournit ainsi un échantillon représentatif de l'enseignement en France.

Afin de recueillir des données complètes et comparables, les cours sur la partie du programme intitulée « l'espace européen » ont fait l'objet d'observations assidues. Nous avons assisté à deux heures de cours par semaine pendant le temps que durait cette partie, ce qui représente quarante-sept heures dans chaque classe. Installée au fond de la salle, nous prenions note de tout ce qui se faisait et se disait entre professeur et élèves, sans intervenir et en prenant soin de passer inaperçue.

Une enquête auprès de chaque enseignant a permis de définir les objectifs pédagogiques de chacun. Tous soulignent la nécessité de donner à leurs élèves des repères spatiaux en leur apprenant à localiser les États et capitales. Ils désirent transmettre une image générale du continent européen pour leur permettre de mieux saisir le cadre des relations entre les hommes. Ils n'insistent pas sur la notion d'unité/diversité de l'Europe comme le précise le programme. La description et l'analyse de graphiques et cartes sont les compétences méthodologiques auxquelles ils s'attachent. Le vocabulaire de base est aussi un des points importants de leurs objectifs pédagogiques. Il y a donc une bonne adéquation avec les instructions du programme qui insistent beaucoup sur la manipulation des documents et sur l'acquisition de repères spatiaux.

Pour mettre en œuvre ces objectifs, les enseignants disposent de différents outils qui les aident à mener leur cours. Les livres scolaires sont avec le fascicule de cartes édité par le CRDP (Centre régional de documentation pédagogique) de Lyon, les outils majeurs du cours de géographie sur l'espace européen. Les manuels ne sont pourtant pas tous de même qualité, certains sont mieux adaptés aux élèves, d'autres présentent des illustrations plus nombreuses, plus claires... Mais tous servent de référence pour les enseignants qui s'en inspirent souvent pour construire leurs cours.

Au fil de nos observations, nous avons remarqué que **certaines connaissances et notions étaient abordées dans toutes les classes.** Ceci nous permet d'émettre l'hypothèse que l'enseignement de la géographie de l'Europe est dominé par un « noyau dur » commun à tous les professeurs. Mais, outre le fond, la manière d'enseigner est aussi marquée par un langage commun. Il y a donc deux éléments qui varient peu d'un cours à l'autre :

– les **méthodes** employées par les professeurs, l'organisation des cours,
– les **connaissances** et les **notions** transmises.

Il est donc important de définir cette « vulgate » c'est-à-dire l'ensemble de connaissances admises par tous et véhiculés par les enseignants. Ainsi nous pourrons mesurer les écarts qui existent par rapport au programme scolaire et aux objectifs de l'enseignement de la géographie de l'Europe.

Le cours dialogué, langage commun des enseignants

Le type de cours qui domine l'enseignement en classe de quatrième au niveau du temps et du nombre de thèmes abordés est le **cours dialogué.** Plus précisément, le jeu des **questions-réponses.** Il représente 40 à 60 % des séquences observées. Les professeurs posent une question à l'ensemble de la classe, quelques élèves lèvent le doigt et l'un d'entre eux est interrogé pour répondre. Généralement, le professeur interroge les élèves en fonction d'un objectif défini, il les conduit vers un thème, une idée déterminée à l'avance. Très peu d'enseignants se laissent guider par les réponses des élèves et approfondissent les problèmes soulevés par ceux-ci. Plus généralement, on continue le questionnement jusqu'à ce qu'un élève ait trouvé la réponse voulue, ce qui permet d'avancer dans le cours. F. Audigier et C. Basuyau ont mis en valeur le fait que dans le jeu des questions-réponses « l'erreur n'a pas sa place : c'est un élément parasite qu'il s'agit d'éliminer au plus vite » [37].

Le cours-type est alors divisé en trois temps : il débute par une séquence dictée du titre et de l'introduction du cours. Puis le professeur s'interrompt pour interroger les élèves et les amener à définir par eux-mêmes un mot de vocabulaire, trouver la suite du cours ou rappeler une notion déjà vue. La troisième période est constituée par la fin de la dictée du résumé. **Le dialogue est très rapide (questions et réponses courtes) entre le professeur et les quelques élèves habitués à participer. Les échanges entre adolescents sont inexistants. Les questions posées font référence à l'expérience des élèves, à leur vécu ou à leurs représentations.**

Il arrive fréquemment que le professeur s'appuie sur un document pour introduire la notion étudiée. 20 à 40 % des thèmes abordés le sont sous cette forme. Ces séquences sont aussi divisées en trois temps : la lecture et l'observation du document par les élèves, le dialogue leur permettant d'en tirer les informations nécessaires et la généralisation par l'enseignant qui, constitue la trace écrite. Bien qu'il y ait de nombreuses similitudes avec le cours simple, celui-ci présente l'intérêt supplémentaire de permettre au professeur d'aider les élèves à acquérir la méthode du commentaire de documents.

Les activités plus pratiques telles que la manipulation des cartes à remplir ou des schémas à construire sont assez nombreuses mais sont peu variées.

37. Audigier F. et Basuyau C., « Comment l'histoire et la géographie sont-elles enseignées ? Exemple des classes de CM2 et 6e », *Revue Française de Pédagogie*, oct.-déc. 1988, pp. 21-28.

Elles représentent 10 à 15 % des séquences observées. Ce sont surtout des exercices qui se basent sur les fiches du CRDP.

Les activités de type « travaux pratiques » ne permettent quasiment jamais aux élèves d'intervenir dans la construction du schéma ou des cartes. Ils se contentent de recopier un modèle ou de suivre pas à pas les instructions du professeur. Ils ont donc une activité presque uniquement matérielle de copie. Ces exercices leur permettent de localiser les phénomènes étudiés et de mettre en relation plusieurs éléments, comme la richesse des pays et le sens des courants migratoires. Ainsi, ils visualisent l'organisation de l'espace européen.

Lors de certains exercices (2 à 5 % selon les classes), les élèves acquièrent des compétences plus techniques telles que le calcul d'échelles d'amplitude thermique ou de taux divers. Dans ces cas-là, ils s'exercent de manière plus active en calculant eux-mêmes les taux à partir d'exemples donnés par l'enseignant ou par le manuel. Le **cours magistral est encore plus rare en classe de quatrième.** C'est un temps où les professeurs expliquent une notion plus difficile et où les élèves n'interviennent d'aucune manière.

Il existe donc une forte permanence dans la forme prise par les cours et cette constante se retrouve dans l'enseignement de certaines notions. En effet, quelques thèmes sont traités de la même manière dans toutes les classes observées. C'est le cas des sujets très classiques de la géographie. Ainsi tous les professeurs abordent l'étude des zones climatiques par l'observation des diagrammes ombrothermiques, trois enseignants sur quatre poursuivent par la construction d'un tableau récapitulatif des différents « milieux géographiques » qui composent l'Europe. On remarque le même phénomène pour l'étude des populations : les pyramides des âges et cartes de densité sont incontournables.

Le noyau dur des savoirs transmis

Tableau 1 : Quelle place accorde-t-on aux concepts ?

Classes	Concepts utilisés sans explication	Concepts définis comme un mot de vocabulaire	Concepts faisant l'objet d'un travail de réflexion
A	ville espace réseau urbain		
B	territoire milieu de vie	espace réseau	paysage ville
C	milieu de vie ville		
D	espace milieu de vie région	réseau de communication	ville réseau urbain

Les concepts sont très peu présents dans l'enseignement de la géographie en quatrième. En effet, lors de nos temps d'observation dans les différentes classes, nous n'avons relevé que très peu de séquences destinées à aider les élèves à mieux cerner ce que recouvrent ces termes. Le tableau 1 présente les concepts utilisés en classe et la manière avec laquelle ils ont été abordés.

La première colonne présente les concepts étudiés dans un cadre précis tel que « les milieux de vie européens » ou bien « l'espace européen ». Mais aucune réflexion n'est menée sur le milieu de vie ou l'espace en tant que tel. **Les élèves doivent se faire une idée de la définition des concepts à partir de ce que le professeur étudie dans le chapitre correspondant.**

Ainsi, le collégien comprendra ce qu'est un milieu géographique en voyant les intitulés des colonnes du tableau « les milieux de vie en Europe ». Mais ceci est assez réducteur car leur réflexion n'est pas guidée, c'est un travail de décodage qu'ils devront réaliser, à eux de bâtir leur propre définition !

La seconde colonne présente **les concepts définis comme des mots de vocabulaire.** Ils font donc l'objet d'une explication fermée, donnée par l'enseignant à l'écrit ou à l'oral et sans différenciation d'un mot courant. Ainsi, le mot « réseau » n'est jamais vu pour lui-même mais toujours dans un contexte précis : « réseau urbain, réseau de communication ».

Enfin, la dernière colonne montre que **quelques concepts font l'objet d'un travail de réflexion approfondi.** Ainsi, dans le collège de Vaulx-en-Velin, l'enseignant a mené un réel travail de définition au sujet du paysage : après la projection de diapositives sur l'Europe, les élèves cherchent spontanément à deviner quel est le pays photographié. L'enseignant leur fait dire par un dialogue le mot « paysage ». Il projette alors les photos une seconde fois pour définir ensemble quels sont les éléments qui composent un paysage. Il les notent au tableau au fur et à mesure. La définition est peu à peu élaborée et les élèves la prennent en note. Cette leçon est particulièrement intéressante car elle propose une autre manière d'appréhender les concepts et permet de construire avec les élèves une définition ouverte, qui pourra être reprise et approfondie plus tard.

En revanche, les notions sont présentes en plus grand nombre dans l'enseignement de la géographie de l'Europe comme le montre le tableau 2. Mais là aussi le noyau dur est très fort puisque ce sont toujours les mêmes qui sont abordées.

Ce noyau est dominé par **trois grandes familles.** La première, incontournable, fortement présente dans les quatre classes est composée par **l'étude des sociétés, des hommes et de leur mode de vie,** les grandes tendances de la démographie européenne. Ainsi on relève presque systématiquement : « répartition de la population », « population active », « densité », « transition démographique »...

Le second groupe, lui aussi très présent est formé par tout ce qui a trait à **l'organisation urbaine, les réseaux de villes et de transports...** Ces deux ensembles forment l'essentiel des notions que l'on retrouve régulièrement dans trois ou quatre classes.

Le dernier groupe est beaucoup plus irrégulier dans la mesure où les notions sont vues dans deux classes voire trois mais jamais plus. Il regroupe tous les thèmes de **géopolitique de l'Europe** tels que « frontière », « Nation », ou « démocratie ».

Tableau 2 : Récapitulation des notions étudiées

Notions étudiées	Saint-Just	Noirettes	Chartreux	Jean de Tournes
Climats (zones)/ Précipitations/ Amplitude thermique	X	X	X	X
Secteurs d'activités/ Population active	X	X	X	X
Répartition de population/ Densité	X	X	X	X
Métropoles européennes	X	X	X	X
Réseau de transport	X	X	X	
Espérance de vie	X	X	X	
Mégalopole	X	X	X	
Réseau urbain	X	X	X	
Transition démographique/ Les différents taux	X	X	X	
Culture/Civilisation	X	X	X	
Frontière	X	X	X	
Rurbanisation	X	X		X
Flux migratoires	X		X	X
Exode rural	X		X	X
Démocratie/Libéralisme/ État fédéral/Monarchie		X	X	X
Xénophobie	X		X	
Urbanisation	X	X		
Nationalités/État-nation/ État multinational	X	X		
Rural profond	X	X		
Continent		X		X
Mosaïque/Marqueterie		X		X
Type de relief			X	X
Centre/Périphérie	X			
Bocage/Openfield		X		
Malthusianisme			X	
Niveau de vie				X

Les croix indiquent que la notion a été vue.

On note quelques grands absents, tels que les notions de géographie physique réduite au climat. Le relief étant souvent décrit mais non expliqué il ne donne pas lieu à des définitions de notions. De même la géographie rurale est complètement mise de côté, les campagnes européennes ne sont quasiment pas abordées dans ce chapitre ou bien elles le sont en comparaison avec la ville.

Cette prépondérance de deux thèmes s'explique par le fait qu'ils sont relativement nouveaux pour des élèves de quatrième. En effet, l'étude des milieux géographiques a eu lieu en sixième, les notions correspondantes sont donc considérées comme acquises. En revanche, celles qui concernent la démographie, assez complexes, ont besoin d'être consolidées ou vues. En ce qui concerne l'organisation de l'espace, le sujet étant nouveau en quatrième, les professeurs doivent constituer tout un bagage théorique afin que les adolescents soient capables de comprendre le déroulement du cours.

De nombreuses notions sont travaillées de manière beaucoup plus précise que les concepts et font l'objet de définitions fermées, assez courtes, dans les carnets de vocabulaire. Elles sont présentées comme des mots nouveaux et non comme des notions susceptibles d'être enrichies à mesure que le cours avance. Enfin nous pouvons signaler que quantitativement, l'étude des notions peut varier assez considérablement d'une classe à l'autre et qu'il n'y a pas de corrélation entre le niveau des élèves et une simplification ou une complexification de l'enseignement.

Après cette description des concepts et notions abordés, penchons-nous sur les **connaissances factuelles.** Le nombre, l'ordre et les thèmes des chapitres ne varient que très peu d'un professeur à l'autre. Certains ajoutent des chapitres comme « la CEE » ou « l'environnement » mais ils sont simplement insérés dans un ordre établi. Seul un enseignant débute son cours par le milieu physique plutôt que par la civilisation européenne.

L'image de l'Europe transmise est caractérisée par un fort noyau dur. L'Europe est un continent qui se distingue de l'Asie par sa culture et dont la frontière est l'Oural. Ces traits physiques sont marqués par la présence de quatre zones climatiques et par des reliefs variés que l'on se contente de localiser. La répartition de la population se fait en fonction de ces contraintes naturelles et de quelques facteurs historiques tels que l'exode rural qui a engendré la concentration des populations dans les villes. Les Européens vieillissent, la fécondité diminue et l'espérance de vie augmente grâce aux nouveaux modes de vie. Les activités sont marquées par le recul du secteur primaire et l'avancée du tertiaire. Les villes européennes sont organisées en réseaux, reliées par des moyens de communication et dominées par la mégalopole.

On peut remarquer que l'enseignement est fortement tourné vers l'Europe de l'Ouest. En effet, lorsqu'on aborde les pays de l'Europe centrale et orientale, c'est toujours en comparaison avec l'Ouest.

Certains thèmes sont décrits et non expliqués : ils sont donc bien présents mais ne font pas l'objet d'un enseignement notionnel riche. C'est le cas de la géographie physique. Les reliefs, les milieux naturels sont localisés et décrits plutôt qu'expliqués.

Quelques sujets sont expliqués et décrits, il y a un apport notionnel riche, les professeurs cherchant à réinvestir des savoirs déjà abordés en cinquième. L'enseignement est donc équilibré entre notions et connaissances factuelles. Il en est ainsi de l'étude de la population, la démographie.

En revanche, certains thèmes font l'objet d'un enseignement notionnel riche, avec de nombreuses explications. Ils sont peu décrits et l'apport en connaissances factuelles est faible. C'est le cas de **l'organisation de l'espace, les villes, les flux et réseaux.**

D'une classe à l'autre, la manière dont le professeur «problématise» ou non son cours sur l'espace européen peut varier fortement. En effet, le fil conducteur de l'enseignement est plus ou moins explicite. Dans l'une des classes, l'enseignante construit son cours en l'axant sur l'organisation de l'espace européen en centre et périphérie. Elle construit cette idée au fil des chapitres puis termine l'étude par une carte de synthèse avec les grands axes qui structurent l'espace. Un autre professeur essaye de montrer à ses élèves que l'Europe est un continent où les hommes ont des relations qui marquent leur espace.

Un professeur privilégie le «plan à tiroirs». Il choisit de donner des repères à ses élèves au niveau spatial (relief et climat), au niveau des relations entre les hommes (démographie, transports et villes) et au niveau politique (en éducation civique) mais sans qu'il y ait de véritable synthèse et vision d'ensemble de l'organisation de l'espace.

Enfin, dans la dernière classe, le fil conducteur du cours n'est pas tendu par une ambition géographique mais plutôt par une volonté pédagogique. En effet, l'enseignante suit l'ordre du manuel afin que les élèves puissent s'y repérer plus facilement et qu'ils l'utilisent comme un complément du cours. Le chapitre de géographie est donc fortement lié aux choix des éditeurs du manuel. Ceci peut représenter un danger dans la mesure où le manuel est un outil destiné à faciliter l'enseignement. Mais il ne constitue pas un modèle de cours, il est au contraire assez détaillé pour que chacun y trouve les éléments qu'il recherche.

Conclusion : tentative de définition des écarts entre le programme scolaire et le «noyau dur» de l'enseignement de la géographie de l'Europe

Le programme scolaire est très bien suivi quant aux savoirs factuels, chaque enseignant consacre un chapitre de cours aux grands traits physiques, nuances climatiques et milieux naturels qui caractérisent le continent. Il en est de même pour les chapitres sur la population, les villes et les axes de communication. La plus grande partie du programme est donc tout à fait respectée par l'ensemble des enseignants.

Quelques sujets ne sont pourtant pas du tout traités. Ainsi, aucun des quatre professeurs n'a étudié l'exemple du Benelux dans le chapitre sur l'organisation urbaine. Ils considèrent sans doute qu'il n'est pas utile de développer ce thème et que c'est une perte de temps dans une année qu'ils trouvent déjà chargée. Il n'en est pas tout à fait de même pour le chapitre sur les grandes régions économiques qui n'a été traité que dans une seule classe. En effet, il s'agit peut-être ici, outre le manque de temps, d'un problème didactique dû au changement d'échelle qu'implique cette étude et à une transition difficile avec le chapitre sur les États européens. Enfin, la problématique conseillée par les auteurs du programme, unité/diversité de l'Europe, est très peu respectée dans la mesure où ce thème n'est souvent étudié que lors de la présentation générale du continent.

Nous avons souligné que l'enseignement de la géographie est marqué en quatrième par un vide conceptuel frappant. Ceci est certainement dû au fait que le programme lui-même ne propose pas d'apprentissage de ce type, il est donc normal que les professeurs ne le mettent pas en place. Mais ceci est en contradiction avec les objectifs généraux de l'enseignement au collège qui préconisent le développement de la pensée logique de l'adolescent. En effet comment appréhender les réalités abstraites si les concepts nc sont pas enseignés ?

En ce qui concerne les objectifs généraux du programme, ils sont beaucoup moins bien appliqués. En effet, ce texte insiste sur la nécessité d'identifier l'essentiel afin de s'adapter à ses élèves. Or la présence d'un noyau dur aussi important dans quatre classes si différentes les unes des autres prouve que les professeurs, aussi bien sur la forme que sur le fond ont beaucoup de mal à mettre à sa place une pédagogie réellement adaptée aux adolescents. Enfin, les enseignants ne développent **pas de pédagogies actives** (travaux de recherche en groupes, exposés oraux, exercices de travaux pratiques...) qui permettraient aux adolescents d'être plus autonomes. Ceci en raison des conditions d'enseignement, du nombre des élèves et des cours qui ne dépassent que rarement une heure. Il est donc difficile de mettre en place une pédagogie visant la maîtrise de la trilogie oral-écrit-image et développant l'autonomie de l'adolescent.

LA GÉOGRAPHIE SCOLAIRE : UN MODÈLE DISCIPLINAIRE PUISSANT

François Audigier, Institut National de Recherche Pédagogique, Paris

Les instituteurs et professeurs d'école, les enseignants d'histoire-géographie-éducation civique en collège et en lycée ont pour tâche d'enseigner de la géographie. Celle-ci, que nous appelons scolaire, peut être étudiée de diverses manières avec de nombreux matériaux : étude des relations de la géographie scientifique et de la géographie scolaire, étude des textes officiels, étude des manuels, étude des représentations qu'en ont les professeurs et les élèves, étude de situations d'apprentissage, étude de copies d'élèves, etc. Les angles et les problématiques choisis varient. Parmi ces approches, la didactique s'intéresse à l'enseignement et à l'apprentissage en mettant au centre de son interrogation ce qui relève de la spécificité des savoirs. Cela signifie que ses matériaux privilégiés sont ceux que l'on recueille dans les classes et auprès des acteurs, élèves et enseignants ; mais, pour analyser et interpréter ces matériaux, il est important de les contextualiser, c'est-à-dire de les mettre en relation avec les finalités et les modalités de fonctionnement des institutions scolaires.

La géographie enseignée est une production sociale constamment mise en œuvre et renouvelée selon des règles qu'il convient d'élucider. C'est pourquoi certains didacticiens ont proposé un modèle de la géographie scolaire. Un tel modèle est une construction dont l'utilité est d'offrir un cadre d'analyse et d'interprétation pour la géographie scolaire en actes. C'est en particulier une des conditions nécessaires pour élaborer, conduire et diffuser des innovations. Si diverses tentatives de renouvellement de l'enseignement de la géographie ont fait long feu, c'est surtout parce que les règles du jeu de la géographie scolaire ont une cohérence propre et offrent un cadre solide de résistance pour éloigner tout ce qui risque de la contrarier.

Un tel modèle se construit à la rencontre d'une analyse théorique et de l'étude de la réalité quotidienne de l'enseignement telle que nous en rendons compte à l'aide d'outils spécifiques. Pour être le plus complet possible, un tel modèle s'efforce de combiner plusieurs points de vue : celui de l'institution, en privilégiant les textes officiels, celui des pratiques scolaires, en privilégiant les observations didactiques, celui des enseignants et celui des élèves, en recueillant et étudiant leurs discours et leur opinions sur la géographie scolaire et son enseignement. Il définit à sa manière l'identité de la discipline et de ceux qui la pratiquent.

Pour le construire, il faut évidemment faire référence à un cadre théorique. Si des concepts, comme « transposition didactique », « pratique sociale de référence » ou « représentations sociales », sont utiles voire indispensables, ils s'avèrent insuffisants pour la géographie (*cf. infra* chap. 9). A la suite de divers travaux de didactiques, nous avons rencontré les concepts de « culture scolaire » et de « discipline scolaire », formalisés par la sociologie ou l'histoire de l'éducation. Brièvement énoncé, ce cadre théorique définit l'École comme une institution qui élabore sa propre culture pour répondre aux finalités qui sont les siennes, que la société lui attribue ; cette culture s'appuie sur les disciplines scolaires, découpage des savoirs qui organise l'emploi du temps scolaire et la relation des élèves avec la connaissance. Analyser la géographie scolaire demande alors de partir d'elle et non de la géographie scientifique et de la considérer dans son autonomie, évidemment relative, et dans son inscription institutionnelle.

Ainsi, au premier plan, domine la géographie scolaire et lui imprimant sa marque ou ses hésitations, règnent les finalités. Celles-ci sont de trois ordres :

– des finalités civiques, patrimoniales et politiques. La géographie a été installée dans l'École française pour transmettre une représentation partagée du monde, en particulier de l'espace national. A ce titre elle est intrinsèquement liée à la construction de l'identité collective. Ces finalités fonctionnent sur le registre de l'adhésion puisqu'il s'agit de faire adhérer les élèves à ce qui est dit du monde et de la France,en somme de leur faire « aimer » la France ;

– des finalités intellectuelles et critiques. Depuis toujours, les discours sur la géographie insistent sur sa dimension formatrice, former au raisonnement, former à l'esprit critique. Ces finalités fonctionnent sur le registre de la distanciation puisque *in fine,* il s'agit de former les élèves à l'idée que tout discours sur le monde est construit d'un certain point de vue. Le lien avec les premières se défend aisément sur le plan intellectuel, mais n'est guère aisé à tracer dans les classes dans la mesure où elles correspondent à des travaux scolaires, à des gestes différents ;

– des finalités pratiques. Nous insistons également souvent sur les usages possibles de la géographie, sinon dans la vie professionnelle du moins dans la vie quotidienne. Mais là encore le lien avec les précédentes est délicat ; par exemple, les échelles privilégiées ne sont pas nécessairement les mêmes.

Ces finalités considérées, il nous faut ensuite faire place aux conditions de fonctionnement de l'École. Énumérons brièvement divers facteurs dont les effets demanderaient une analyse plus approfondie : l'existence d'un groupe-classe qui met l'enseignant en situation de s'adresser à une sorte d'élève-type ; le découpage du temps qui est constructeur d'un découpage des savoirs (*cf. infra* chap. 9) ; la présence de théories implicites de l'apprentissage et de l'enseignement qui, de fait, privilégient la présentation organisée et ordonnée du savoir ; l'énoncé du savoir considéré comme légitime dans un livre, un manuel, même si la tendance de beaucoup d'enseignants est de transformer le cahier des élèves en livre bis.

Ce dernier point rejoint la nature textuelle de la géographie : la géographie, celle qu'il convient d'enseigner, c'est ce qu'il y a dans les livres de géographie. Quelles que soient les méthodes employées, quelles que soient les volontés des enseignants de mettre les élèves en situation d'activité, il y a toujours, *in fine* le poids ou la détermination considérable de cette nature textuelle de la géographie. De plus, ce texte a trois caractéristiques : il est scolaire, c'est-à-dire construit pour être enseigné, appris et évalué, il est hétérogène en ce qu'il mêle des informations, des notions et concepts, des interprétations, des relations ou des systèmes explicatifs qui relèvent de champs très variés, il use de langages différents, verbal, graphique et cartographique, iconique, autrement dit linéaire et spatial.

A ces quatre figures, nous ajoutons un palier supplémentaire emprunté à l'historien André Chervel qui a formalisé le concept de discipline scolaire. Il définit quatre caractères de la discipline scolaire :

– des savoirs communs, une vulgate. Cela est totalement cohérent avec les finalités patrimoniales et culturelles;

– des exercices types. Point de cours de géographie où il n'y ait un travail sur les cartes;

– des procédures de motivation, en entendant par là les efforts constants qu'il convient de déployer pour prouver au reste de la société que la géographie est essentielle à la formation des jeunes. L'École est aussi un champ de compétitions entre des savoirs qui y sont présents et des savoirs qui, tenus à la porte, cherchent à y entrer;

– des modalités d'évaluation; elles pèsent d'un poids très lourd lorsqu'elles sont institutionnelles, c'est-à-dire obligatoires, réglées, et requièrent la correction des travaux des élèves par des personnes anonymes. Tout cela converge pour inviter les enseignants à ne pas trop s'éloigner de ce qui apparaît une sorte de consensus.

Enfin, quatre caractères complètent ce modèle. Leur mise en œuvre pour étudier les différents domaines retenus, en particulier les textes officiels, permet de compléter le modèle de la géographie scolaire. Nous les avons formalisés autour de quatre « R »; cette géographie:

– enseigne des Résultats; elle transmet ce qui est acquis, ce que l'on tient pour vrai. Elle éloigne à la marge ce qui met en doute ou interroge les savoirs;

– fonctionne sur le Réalisme; elle dit la réalité du monde d'aujourd'hui faisant croire que cette réalité peut être directement appréhendée et compréhensible pour peu qu'il y ait un peu de méthode et de vocabulaire spécifique; elle efface ainsi les langages, les points de vue, les conditions de construction des discours géographiques;

– exprime le Refus du politique; cherchant à faire croire qu'elle est calée et donc légitimée sur des savoirs scientifiques, elle ignore les enjeux éthiques et politiques dont elle est tributaire et elle fait comme si les sciences elles-mêmes échappaient à ces enjeux;

– s'efforce de construire un Référent consensuel; elle transmet une conception du monde acceptable par tous, gommant ainsi les débats, les oppositions qui sont ceux et celles des hommes et des sociétés lorsqu'ils parlent d'eux-mêmes, de leurs visions du monde, de leurs territoires.

La force d'une telle construction est qu'elle rend compte en grande partie des pratiques scolaires les plus habituelles, de la géographie effectivement enseignée et qu'elle est donc « prédictive »; elle permet également de mieux comprendre les résistances et les difficultés rencontrées pour faire évoluer l'enseignement de la géographie. L'expérience, si tant est qu'elle prouve quelque chose, montre au moins que pratiquer une géographie un peu différente, par exemple, faire place à la construction de concepts ou de modèles d'analyse spatiale, mettre en œuvre des méthodes dites actives, etc. menace les fragiles équilibres sur lesquelles la géographie scolaire repose.

Enfin, si des orientations géographiques et pédagogiques différentes tracent des variantes, voire mettent en cause le modèle dont nous avons dessiné les principaux traits, d'autres évolutions très profondes s'attaquent à ses fondements. Ainsi, la question du découpage des objets enseignés est-elle au cœur d'une réflexion sur la relation entre géographie et identité collective, géographie et citoyenneté. Même si la géographie générale permet dans quelque classe d'échapper à son pouvoir, la référence aux États, en particulier aux États-nations, a été et reste encore pour une grande part un principe organisateur important. Sans nier ce poids, remarquons simplement que depuis déjà quelque temps, les sciences géographiques ont développé d'autres modes d'intelligibilité du monde, des lieux et des espaces. Les concepts d'analyse spatiale, la compréhension du monde en termes de réseau, pour ne prendre que deux exemples, ont profondément renouvelé les contributions de la géographie à l'intelligence du monde et de nos sociétés. A s'en inspirer la géographie scolaire resterait fidèle au lien affirmé avec la géographie-science, mais qu'en serait-il de ses finalités patrimoniales qui l'ont si longtemps invitée à privilégier une pensée en espaces prédécoupés et un inventaire de ces espaces et du monde ?

CHAPITRE 2

PLACE ET NATURE DE LA GÉOGRAPHIE SUR LES MARCHÉS CULTURELS ET PRATICIENS

La production de géographie à destination du grand public

Les recherches sur les contenus et la diffusion des revues grand public identifiées comme géographiques sont encore très peu nombreuses. Cette constatation est d'autant plus paradoxale qu'il s'agit, avec les manuels scolaires, de la principale source de sensibilisation et d'information à la géographie ou à une forme de discours reconnue comme telle. Ces publications, en France ou à l'étranger, sont à la fois fort anciennes et diversement renouvelées.

Anciennes, parce que contemporaines de l'essor de la pérégrination au siècle dernier: la multiplication et la diffusion des guides touristiques ont accompagné le développement des pratiques de voyage. Parallèlement et en relation avec les progrès techniques de l'édition, des publications dans le genre des Voyages pittoresques *ou* La France pittoresque *du Baron Taylor participent à une sensibilisation collective à la richesse patrimoniale*[1]*. La multiplication matérielle des*

1. R. FERRAS, « Les géographies universelles et le monde de leur temps », Collection RECLUS Modes d'emploi, n° 14, Maison de la Géographie, Montpellier, 1989.

supports a ainsi rendu possible, pour la première fois dans l'histoire, une culture visuelle et iconographique. L'image contribue ainsi à une pédagogie collective de l'observation. Il faut également ajouter à ces deux catégories d'ouvrages et de publications l'essor des encyclopédies dans lesquelles la géographie tient une place importante. Ces trois types de publications perdurent actuellement mais sous des formes plus ou moins pérennes, tant du point de vue formel (diversification des médias) que des contenus.

Le premier, celui des guides touristiques, a connu une très grande longévité et stabilité dans la période 1850-1970: aux Guides Joanne[2] *devenus* Guides Bleus *de la maison Hachette s'est adjointe la collection des* Guides Verts *Michelin. Après le « choc » innovant du* Guide du Routard *dans les années 1970, les années 1980 sont marquées, outre les rééditions des guides touristiques du siècle dernier, par une floraison de nouveautés. Ces publications attestent de l'investissement de certaines maisons d'éditions jusqu'alors absentes de ce domaine: Gallimard (les* Encyclopédies du voyage, Grands guides de ... de la Bibliothèque du voyageur*); Le Livre de poche avec les guides* Sélène, *mais également les éditions Hazan, Arthaud et de la Manufacture, Autrement, etc. Un grand et ancien éditeur de guides comme Hachette propose par ailleurs aujourd'hui une large gamme d'ouvrages en la matière: guides* Voir, Visa, Guide du Routard, *en plus des classiques et ancestraux* Guides Bleus. *Il faudrait également comptabiliser et rendre compte des guides de randonnées qui proposent de fait une entrée majeure de géographie et dont les publications fleurissent depuis une dizaine d'années (Éditions Franck, Solar, Chamina, IGN, Glénat, du Pélican, Édisud, Ouest-France, etc.).*

Le second type est celui des publications spécialisées dans la valorisation et la promotion des régions françaises. Le marché est aujourd'hui en pleine expansion mais leur fonds de commerce est ancien: il s'agit du panorama des curiosités et « beautés » régionales déjà évoqué. La nouveauté réside principalement dans l'adjonction d'entrées relevant du patrimoine au sens large du terme – savoir-faire de tous ordres – et de rubriques commerciales et pratiques[3]. Outre le phénoménal

---

2. D. Nordmann: « Les guides Joanne, ancêtres des Guides Bleus », *Les Lieux de mémoire, II, La Nation,* 1, Paris, Gallimard, 1986, pp. 529-567. Il est à noter que Joanne était géographe, à la fois auteur de guides touristiques et de précis de géographie.

3. Au début des années 1970, le chemin avait été (r) ouvert par les Éditions Larousse, avec la collection « Découvrir la France », dirigée par Roger Brunet, initialement diffusée sous forme de fascicules, en kiosques, avant d'être éditée sous forme de « beaux livres ». A la même époque, Larousse proposait aussi, toujours sous forme de fascicules, des publications directement centrées sur le patrimoine paysager et ethnographique.

succès éditorial que représente GÉO-Un nouveau monde: la Terre (groupe Prisma Press), des revues comme Alpes Magazine, Pyrénées Magazine, *ou* Méditerranée, le Milieu du monde *(Groupe Milan Presse) se sont multipliées et couvrent les principaux types – d'espaces ? de régions ? – du territoire national. Des géographes universitaires participent aux comités de rédaction et collaborent plus ou moins régulièrement aux numéros. Ces ouvrages et revues représentent un champ majeur de recherche pour qui souhaite identifier plus précisément la représentation civile de la géographie. La communauté des géographes ne peut continuer à faire l'économie de ce champ d'investigation. Les pistes de recherche sont nombreuses et multiformes. Les approches peuvent en être matérielles (financement, marketing), d'organisation formelle des contenus (modèles, archétypes), mais également d'analyse discursive et iconographique. Tout cela renvoie à un corpus codifié de savoirs tenus pour géographiques dont les contenus présentent au prime abord des différences fondamentales avec les discours disciplinaires, scientifique et scolaire. Cette géographie, conçue comme une enveloppe très large où prennent place des savoirs d'ethnographie, d'histoire de l'art, d'économie, etc., mérite d'être analysée de plus près[4]. On peut aussi bien y voir la persistance d'une acception désuète de la discipline que la reconnaissance d'un type de discours autonome. Seules des recherches de fond pourront apporter des clefs de lecture légitimes.*

Quelle est la place de la production géographique dans les circuits professionnels ?

Le statut de la géographie dans les circuits professionnels constitue un axe de recherche encore très ouvert. Elle contribue à former en particulier de futurs professionnels de l'aménagement ou de l'urbanisme qui reçoivent en grande partie leur formation auprès d'universitaires dont des géographes. Les articles de C. Montès et L. Coudroy apportent un éclairage sur la place du discours géographique dans ces formations. Le premier constate l'intérêt relativement médiocre que les géographes ont pu et peuvent porter à une discipline pourtant fort connexe. Le second retrace, sous forme d'historique, la place de la géographie au sein de l'Institut d'Urbanisme de Paris. Ces articles font écho à ceux de Céline Broggio et de François Audigier dans la troisième partie de l'ouvrage. Ils sont plus largement

4. Certaines de ces revues, *Pays de Bretagne, Pays de Provence, Pays basque, Massif central* sont d'ailleurs sous-titrés « magazines du patrimoine, de l'histoire et de l'art de vivre ».

illustrés par une cartographie des lieux d'enseignement et de formation en France (Géographie et Aménagement). I. Lefort fournit ensuite un bref contrepoint à ces analyses à propos d'un enseignement qui échappe grandement aux géographes, celui de la géographie dans les formations aux métiers du tourisme.

L'exemple de l'enseignement de la géographie dans le cadre du BTS Tourisme

Les modalités de cet enseignement sont révélatrices d'un usage et d'une fonction de la géographie dans le cadre d'une formation professionnalisante.

Sur 33 heures d'enseignement hebdomadaire pour chaque année, la géographie est enseignée pour 4 heures au sein d'un bloc d'enseignement intitulé « Géographie appliquée au Tourisme, Histoire des civilisations » et pour 2 heures dans un bloc centré sur les questions de « Développement et environnement touristique ». Dans l'un et l'autre de ces blocs, la géographie ne constitue qu'un sous-ensemble ou qu'une entrée de l'apprentissage. On remarquera d'emblée la persistance du vieux couple « histoire-géo » dont cet exemple n'est qu'une des figures possibles dans le système scolaire. Par ailleurs la géographie participe à l'élaboration d'apprentissage d'aménagement dans le cadre du bloc « Développement et environnement touristique ».

Les maquettes pédagogiques prévoient que la « géographie et l'histoire des civilisations appliquées au tourisme et aux loisirs s'attachent à l'étude ces activités dans leur dimension spatiale [...]. Cet enseignement a pour objectif de donner aux étudiants les compétences requises pour la pratique professionnelle : culture géographique et touristique. »

Ces enseignements comprennent un constat à l'échelle mondiale et une analyse des espaces touristiques selon des études thématiques et régionales. Pour le premier point il s'agit d'aborder les caractéristiques essentielles (centres d'émission, flux, centre de réception, hiérarchie des espaces touristiques). L'émission est abordée par les thèmes essentiellement sociologiques (disponibilité, possibilités financières et matérielles). Pour les espaces de réception, l'accent est mis sur le rôle fondamental du climat, des paysages (littoraux, montagnes, espace rural, espace urbain...) ainsi que sur les aspects culturels (patrimoine, folklore, sociétés...). Doivent également être traités, les moyens de communication, et l'émancipation des contraintes naturelles. Les cadres territoriaux sont soit la nation, soit un ensemble économique, politique, géographique ou culturel, soit enfin mis en relation avec une perspective thématique.

Cette compréhension de la géographie relève de plusieurs traditions. La première est celle de la géographie comme cadre, support d'une activité. On retrouve là la vocation de la discipline à dire où se passent des choses. L'utilisation du terme « espace » a été traduit dans les ouvrages pédagogiques à l'aval de ces programmes au sens le plus neutre possible, répondant fondamentalement à la question : où ? L'échelle et la nature des échelles territoriales considérées, en réponse à cette question, sont soit macro-géographique (le Nord, l'Ouest de la France), soit purement administratives (les régions de programmes et les départements).

La seconde exploite une typologie connue d'espaces (littoral, montagnard, rural, urbain) permettant de renvoyer à une typologie équivalente de tourisme. Ce faisant, l'activité touristique est essentiellement présentée de façon autonome par rapport aux analyses géographiques globales (concurrence avec les autres activités, jeux des acteurs, poids et rôle des structures territoriales...).

Cette discontinuité thématique a pour corollaire une discontinuité spatiale : la géographie est principalement conçue comme un apprentissage d'une nomenclature de points que relient des flux. La traduction de cette géographie proposée dans les manuels est une géographie descriptive, cumulative, fondée sur une mémorisation de sites hiérarchisés par leur nombre d'entrées.

La formation en géographie et aménagement

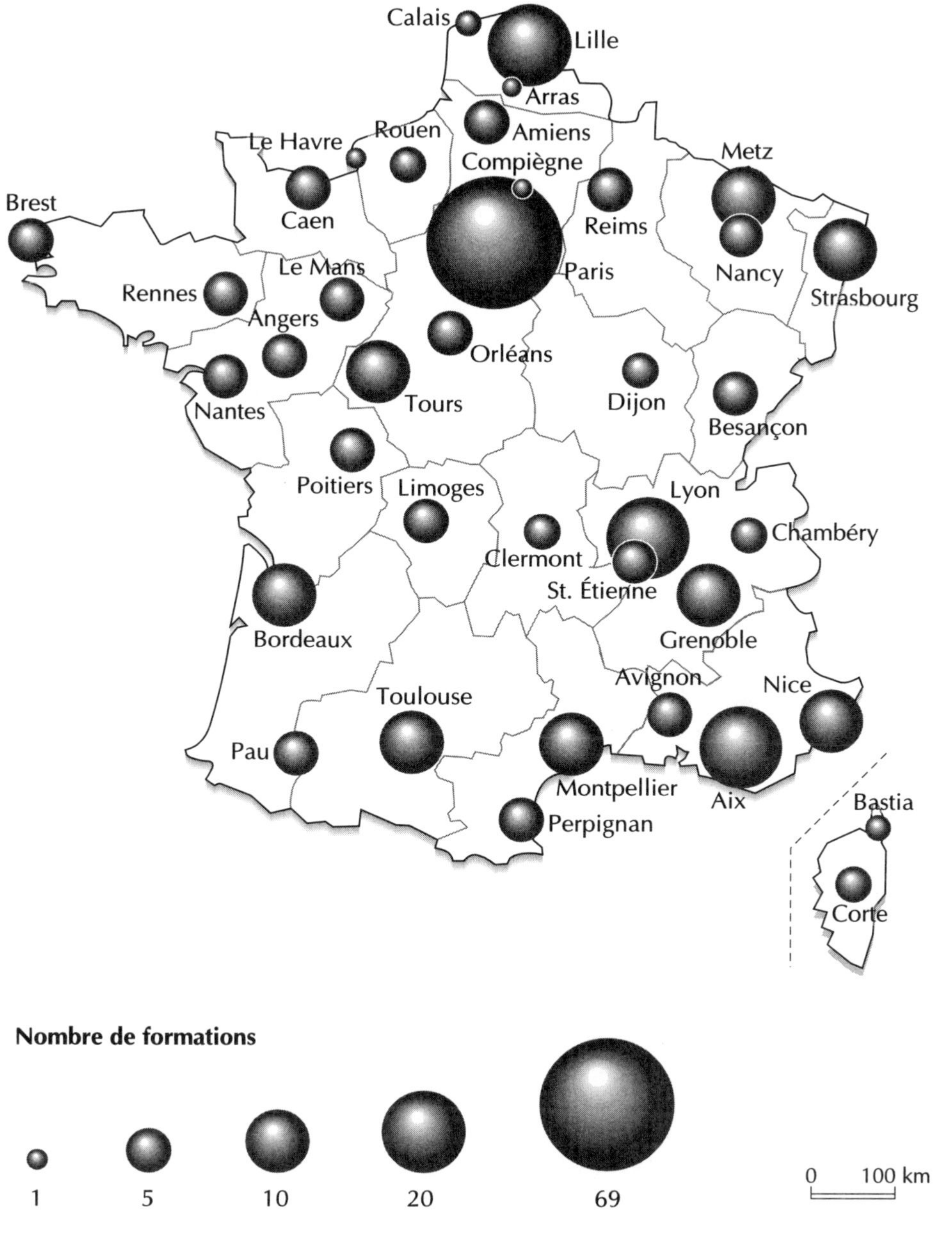

Source : *Bulletin Intergéo, 1993.*

Les diplômes en aménagement et géographie

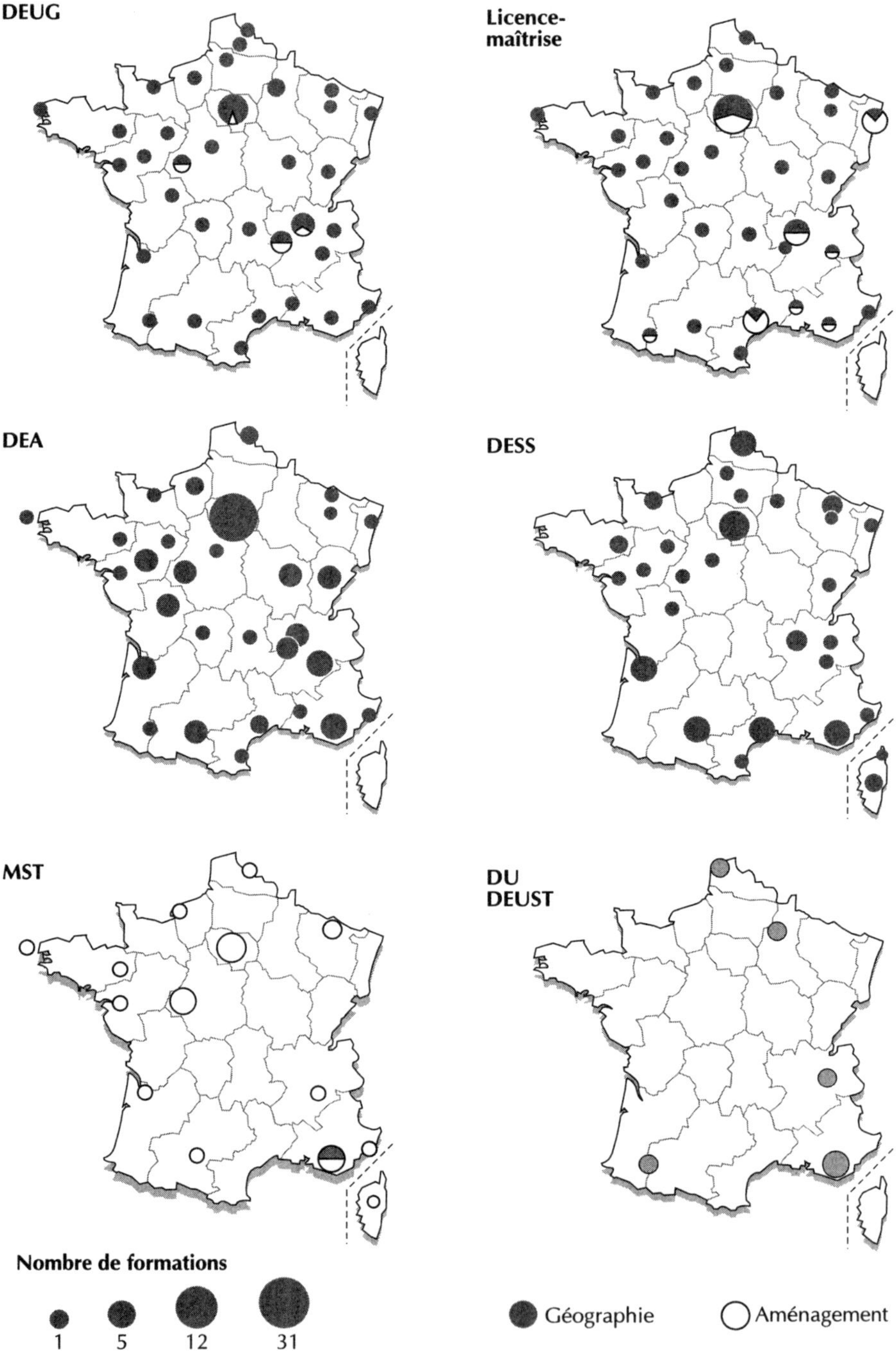

Source : Ch. Danière, URA 230.

LA GÉOGRAPHIE À L'INSTITUT D'URBANISME DE L'UNIVERSITÉ DE PARIS

Laurent Coudroy, PRAG à l'IUP

De la même manière qu'elle est présente dans la plupart des formations en aménagement et urbanisme de France, la géographie est présente à l'Institut d'Urbanisme de Paris. Présente de façon indirecte puisque l'intitulé « géographie urbaine » ne figure pas tel quel dans les programmes de cours obligatoires, mais de façon importante puisque le savoir géographique constitue un des fondements du contenu de nombre d'enseignements dispensés. Le savoir géographique constitue bien une des bases (par exemple de second cycle) à partir desquelles on peut enseigner ou étudier l'urbanisme : le recrutement des étudiants ou des enseignants de cet institut de troisième cycle en témoigne.

L'histoire de cet institut, fondé en 1919 sous le nom d'École des Hautes Études urbaines (jusqu'en 1924) par Marcel Poëte et Henri Sellier, nous montre qu'il n'en fut pas toujours de même[5]. Par rapport à des disciplines et savoirs plus régulièrement présents dans les programmes de l'Institut d'Urbanisme de l'université de Paris, comme le droit, l'architecture, l'économie et même la sociologie, la géographie connaît globalement jusqu'aux années 1960 une présence plus discrète.

Ceci étonne d'autant plus que cette discipline est partie prenante du projet fondateur de l'IUUP. Elle est tout d'abord présente à part entière à l'Institut d'Histoire, d'Économie et de Géographie Urbaines, fondé dans les locaux de la bibliothèque historique de Paris en 1916, et dont on fait l'antécédent de l'École des Hautes Études urbaines. Sa commission administrative réunit des géographes aussi prestigieux que Emmanuel de Margerie (vice-président), Lucien Gallois, Jean Brunhes, Albert Demangeon, Emmanuel de Martonne et Louis Ravenau. Sous le patronage de cette commission est publiée la revue *La Vie urbaine* à partir de 1919, première revue française d'urbanisme et d'études urbaines. Celle-ci publie plusieurs monographies relevant de la géographie urbaine, la plus importante étant celle de Gaston Rambert sur Marseille, prenant

5. Concernant l'histoire de l'Institut d'Urbanisme de Paris, voir BARDET Gaston, « Formation et évolution de l'enseignement de l'urbanisme en France », *La Reconstruction*, n° 32-33, Bruxelles, 1943.
BAUDOUI Rémi, *La naissance de l'École des Hautes Études urbaines et le premier enseignement de l'urbanisme en France des années 1910 aux années 1920*, École d'Architecture de Paris-Villemin-ARDU-Paris VIII, janvier 1988.
BAUDOUI Rémi et PICARD Aleth, « Portrait d'une école. L'Institut d'Urbanisme de Paris, 1919-1989 : 70 ans d'enseignement de l'urbanisme », *Urbanisme*, n° 228, déc. 1988.

en compte les perspectives d'extension et d'aménagement[6]. On retrouve ces préoccupations dans l'étude de Camille Vallaux consacrée aux cités dévastées par la guerre. Pierre Clerget, de l'École Supérieure de Commerce de Lyon, et surtout Raoul Blanchard proposent des réflexions à caractère méthodologique[7].

Mais la géographie disparaît de la table des matières de *La Vie urbaine* jusqu'à la fin des années 1930, même si les thèmes de nombreux articles sont évidemment géographiques : c'est dans une perspective historique (l'« évolution des villes » de Marcel Poëte) que sont en général placées les études sur l'aménagement et l'extension des villes. Parallèlement, la géographie n'est pas présente dans le programme des enseignements de l'Institut d'Urbanisme de l'université de Paris : les cinq « cours fondamentaux » des années 1920 et 1930 portent sur l'histoire des villes, leur organisation sociale, administrative (il s'agit de droit) et économique, ainsi que sur les arts et techniques de la construction des villes, cours assuré par des architectes et qui deviendra l'« art urbain ». Malgré la tendance des années 1930 à passer à une échelle de planification urbaine plus globale et la progressive émergence de la notion d'agglomération, voire de région urbaine, il faut attendre les années 1950 pour que la géographie urbaine fasse à nouveau son apparition.

Dans le programme des enseignements, c'est sous la direction de l'historien de l'urbanisme Pierre Lavedan, que Georges Chabot et René Clozier prennent en charge un enseignement de « géographie urbaine » ; Maximilien Sorre assure quelque temps la sociologie urbaine. A partir de 1962, Jacqueline Beaujeu-Garnier[8] et Philippe Pinchemel prennent le relais. C'est sous l'intitulé « Morphologie et dynamique urbaine » qu'ils proposent de rénover le contenu de cet enseignement à partir de 1965. Le contenu de ce cours, « Les fonctions urbaines, le rôle des villes dans la région et dans l'État, étude descriptive et typologique des villes dans les pays d'économie industrielle », intègre les acquis récents de la recherche géographique, notamment l'approche en termes de réseaux urbains[9]. Également en première année, consacrée à l'« étude du milieu », un cours de Jean Bastié et Girard (« Le cadre et le nombre ») propose à la fois des éléments de géographie physique (milieu naturel, situation, site...), et des éléments de démographie urbaine. La seconde année est consacrée à l'« étude de l'action » et comporte des enseignements portant sur les expériences urbaines des années récentes ou sur l'« aménagement du territoire ». Hubert Tonka assure par ailleurs des travaux dirigés d'histoire, géographie et sociologie urbaines.

---

6. RAMBERT, Gaston, « L'agglomération marseillaise, étude de géographie urbaine », *La Vie urbaine*, n° 3, 4, 1919 ; 9, 10, 1921 ; complétée par « La question des transports à Marseille et le projet de métropolitain », *La Vie urbaine*, n° 14, 1922. Vallaux, Camille : « Les cités dévastées par la guerre. Étude de géographie urbaine », I, « Péronne », n° 1-2, 1919 et II, « Montdidier », *ibid*.

7. CLERGET Pierre, « Enseignement de l'histoire, de la géographie et de l'économie urbaine », *La Vie urbaine*, n° 3, 1919. BLANCHARD Raoul, « Une méthode de géographie urbaine », *La Vie urbaine*, n° 16, 1922.

8. Dès 1939, Jacqueline Garnier publie dans *La Vie urbaine* deux articles sur Le Mans.

9. PINCHEMEL Philippe, CARRIÈRE Françoise, *Le Fait urbain en France*, Paris, Armand Colin, 1963.

Mai 1968 intervient alors que le directeur Georges Burdeau manifeste sa difficulté à mener à bien la réforme de cette vieille maison; l'Institut est rattaché à l'université de Paris VIII-Dauphine, et devient Institut d'Urbanisme de Paris. Alors que naissent d'autres formations en aménagement souvent davantage liées à la géographie, l'IUP à Dauphine donne une place faible à cette discipline. Mais elle s'y affirmera de nouveau à partir de 1973, dans le rattachement à l'université de Paris XII-Val-de-Marne, notamment par le recrutement des enseignants (Jean Steinberg, présent dès Dauphine, Pierre Beckouche, Claude Chaline, Jean Bouinot... ces deux derniers ayant été directeurs de l'IUP).

LES GÉOGRAPHES ET L'HISTOIRE DE L'AMÉNAGEMENT

Christian Montès, maître de conférence à l'université Louis-Lumière, Lyon II

La France est l'un des pays où l'aménagement du territoire est le plus complexe, le plus construit. Il procède en outre d'un fondement géographique clair, l'idée d'un territoire équilibré. Pourtant, si nombreux sont ceux qui ont voulu participer à la grande aventure de l'aménagement «à la française», rares sont les géographes qui se sont penchés sur son histoire.

Une thématique atomisée

Les géographes ont abordé l'aménagement de façon biaisée, par l'intermédiaires de questionnements de fond de la discipline: la régionalisation (de G. Chabot à P. Pinchemel[10]), la métropolisation (de M. Rochefort à D. Pumain ou Th. Saint-Julien[11]). Autre cas de figure, l'aménagement n'est qu'un aspect de leur sujet de thèse[12]. Ils se sont enfin penchés sur les logiques de l'aménagement[13], mais pas vraiment sur son histoire.

---

10. «Division régionale, régionalisation et politique régionale», *in* Clarke et Pelletier, 1978, pp. 21-31.

11. Saint-Jullien, 1982.

12. Rochefort, 1960. Bethemont, 1972. Knafou, 1978. Bonneville, 1978. Baudelle, 1984. Steinberg, 1981.

13. Frémont, 1978, t. VII, n° 2, pp. 73-84. Guérin, 1984. Théry, 1991. Gumuchian, 1991.

En fait, quand les géographes abordent de front l'aménagement, c'est soit pour prendre part à ses débats contemporains, soit pour en critiquer les actions, soit pour en faire. C'est ce qu'ont tenté, dans les années 1960 surtout, les tenants d'une « géographie volontaire ». Certains d'entre eux ont fait ensuite un retour sur leur propre action[14], ou ont fait l'objet d'études[15]. Jean-François Gravier[16] en est le père spirituel, Roger Brunet[17] le chantre actuel le plus médiatique. Dans ce type d'approche, les aspects historiques existent, mais sont loin d'être le cœur du propos, qui se veut prospectif.

Un thème individualiste ?

Les rares synthèses sont le fait d'individus atypiques, à l'image du banquier-géographe lyonnais Jean Labasse[18], ou de Françoise Choay[19]. Le seul « vrai » historien de l'aménagement parmi les géographes est Marcel Roncayolo[20] ; il se présente toutefois comme « historien-géographe » et ses bibliographies sont bien peu géographiques. Il n'a en outre pas de successeur (l'historien Bernard Lepetit aurait pu l'être s'il n'était disparu prématurément).

On ne peut toutefois omettre de mentionner les auteurs de manuels, pour qui la dimension historique est présente ; M. Michel[21] et G. Wackerman[22] ont consacré à l'aménagement un ouvrage entier, d'autres un chapitre résumé dans un ouvrage général[23]. Les autres synthèses – plus nombreuses – sont le fait d'équipes pluridisciplinaires[24], ou « d'exogènes »[25].

---

14. Phlipponneau, 1982 ou Rochefort, 1970.

15. *Cf.* Robic M.-C., « Des vertus de la chaire à la tentation de l'action », *in* Claval et Sanguin, 1996, pp. 27-58.

16. Gravier, 1947.

17. Brunet, 1994

18. Labasse, 1966. Ouvrage toujours actuel, plus de trente ans après sa parution…

19. Choay, 1965.

20. Roncayolo, « L'aménagement du territoire. XVIIIe-XXe siècle », *in* Burguièr et Revel, 1989, pp. 509-660.

21. Michel, 1994.

22. G. Wackerman a dirigé *L'Aménagement du territoire français. Hier et demain* dont on peut citer la contribution de Jean Robert « Les politiques d'aménagement depuis la dernière guerre : bilan et perspectives », pp. 27-48, ou celle de Jean Bastié, « L'aménagement avant l'aménagement », pp. 13-25. Ce dernier avait déjà publié « Réflexions sur l'aménagement du territoire », *in Acta Geographica*, n° 99, vol III, 1994, pp. 3-23.

23. Noin, 1995, pp. 161-182. Damette et Scheibling, 1995, pp. 211-235.

24. Principalement l'ouvrage de Laborie J.-P. (géographe toulousain), Langumier J.-F. (IEP Paris), de Roo P. (DATAR), 1985. Néiertz N. (historien), Zembri P. (géographe), 1995.

25. Lacaze J.-P. (X-Ponts), *L'Aménagement du territoire*, Paris, Flammarion, Dominos, 1995.

Il n'est pas étonnant dans ces conditions que nul lieu spécialisé dans l'histoire de l'aménagement ne semble exister[26]. Les laboratoires se consacrent bien plutôt aux dynamiques actuelles des territoires (de la gouvernance urbaine[27] à la gestion des risques en passant par le volet social). Toutefois, comme la plupart des universités proposent un *cursus* en aménagement parallèle à celui de géographie, on peut penser que des cours portent sur la question. Cela prouve simplement que certains géographes ont travaillé à un moment donné sur ce thème, souvent en liaison avec leur propre thématique, mais sans qu'il y ait coalescence des réflexions autour d'une thématique de recherche institutionnalisée. Elle a été laissé aux autres disciplines.

Un thème pluridisciplinaire par nature?

La pauvreté de cet axe de recherche se reflète dans les bibliographies des ouvrages de géographes, où apparaissent toujours les mêmes titres, éminemment pluridisciplinaires. On y trouve des travaux d'économistes, de juristes, de politologues, de sociologues, d'historiens ou d'acteurs de l'aménagement. Les revues utilisées sont elles-mêmes rarement géographiques: *Annales de la Recherche Urbaine, Revue d'Économie Régionale et Urbaine, Urbanisme, Cahiers de l'IAURIF*... C'est d'ailleurs la revue *Administration* qui a publié un numéro spécial (n° 164, 1995) sur les 30 ans de la DATAR.

L'histoire de l'aménagement n'est clairement pas un champ d'étude primordial pour les géographes, qui s'en préoccupent la plupart du temps sporadiquement, par raccroc. Peut-être est-ce parce que l'aménagement est considéré – à tort – par les géographes comme une notion trop récente pour mériter une étude rétrospective[28]. Ou bien est-ce dû à la trop nette démarcation entre l'histoire et la géographie en France, qui cède à la première tout thème considéré comme «passé»? Les autres disciplines remplissent toutefois aisément cette absence relative d'intérêt. La géographie serait donc une fois encore «à la poursuite de l'histoire»[29].

---

26. Les laboratoires des instituts d'urbanisme (tel L'Œil de Créteil) se préoccupent de politiques contemporaines d'aménagement et rarement de son histoire. On peut toutefois citer le – modeste – séminaire «Histoire de l'aménagement des villes 19e-20e siècle», Pôle Lyonnais du PIR-Villes, qui se tient depuis 1995 à Lyon, sous la direction d'un historien, P.-Y. Saunier, et d'un géographe, Ch. Montès.

27. Tel est par exemple le thème d'une recherche pluridisciplinaire – avec des géographes – menée en 1996-1998 à l'ENTPE de Vaulx-en-Velin, en collaboration avec Lyon II, le LATTS de Paris XII et des partenaires étrangers. Comme dans d'autres cas, l'aspect historique est présent, mais second.

28. Pourtant, pour des «grands ancêtres» comme Marcel Dubois (1856-1916), cofondateur des *Annales* avec Vidal et premier titulaire de la chaire de géographie coloniale de la Sorbonne en 1893, l'aménagement était déjà une question essentielle, bien plus que la géographie physique alors sur le devant de la scène.

29. George, 1992.

RÉFÉRENCES

CLARKE J.I. et PELLETIER J. (dir.), *Régions géographiques et régions d'aménagement*, Lyon, L'Hermès, 1978.

SAINT-JULLIEN Th., *Croissance industrielle et système urbain*, Paris, Économica, 1982.

ROCHEFORT M., *L'Organisation urbaine de l'Alsace*, Strasbourg, Les Belles Lettres, 1960.

BETHEMONT J., *Le Thème de l'eau dans la vallée du Rhône: essai sur la genèse d'un espace hydraulique*, Saint-Étienne, Le Feuillet Blanc, 1972, 642 p.

KNAFOU R., *Les Stations intégrées de sport d'hiver des Alpes françaises*, Paris, Masson, 1978, 319 p.

BONNEVILLE M., *Naissance et Métamorphose d'une banlieue ouvrière, Villeurbanne, Lyon*, PUL, 1978.

BAUDELLE G., *Villeneuve d'Ascq. Ville nouvelle. Un exemple d'urbanisme concerté*, Paris, Éd. du Moniteur, 1984, 198 p. (mémoire de maîtrise).

STEINBERG J., *Les Villes nouvelles d'Île-de-France*, Paris, Masson, 1981, 786 p.

FRÉMONT A., « L'aménagement du territoire en France, la pratique et les idées », Paris, *L'Espace géographique*, 1978.

GUÉRIN J.-P., *L'Aménagement de la montagne. Politique, discours et productions d'espace*, Gap, Ophrys, 1984, 467 p.

THÉRY H. *et al.*, *L'État et les stratégies du territoire*, Paris, CNRS Éditions, 1991.

GUMUCHIAN H., *Représentations et Aménagement du territoire*, Paris, Anthropos, Économica, 1991, 143 p.

PHLIPPONNEAU Michel, *Décentralisation et Régionalisation*, Paris, Calmann-Lévy, 1982, 244 p.

ROCHEFORT Michel, BIDAULT C. et PETIT M., *Aménager le territoire*, Paris, Éd. du Seuil, 1970, 144 p.

CLAVAL P. et SANGUIN A.-L., *La Géographie française à l'époque classique (1918-1968)*, Paris, L'Harmattan, 1996.

GRAVIER Jean-François, *Paris et le Désert français*, Paris, Le Portulan, coll. « L'Homme et la Cité», 1947, 418 p.

BRUNET Roger, *La France, un territoire à ménager*, Paris, Éditions N° 1, 1994, 328 p.

LABASSE Jean, *L'Organisation de l'espace. Éléments de géographie volontaire*, Paris, Hermann, 1966, 604 p.

CHOAY Françoise, *L'Urbanisme, utopies et réalités*, Paris, Éd. du Seuil, coll. Points, 1965, 448 p.

BURGUIÈRE A. et REVEL J. (dir.), *Histoire de France*, t. I, *L'Espace français*, Paris, Éd. du Seuil, 1989.

MICHEL M., *L'Aménagement régional en France*, Paris, Masson, 1994, 235 p.

WACKERMAN G. (dir.), *L'Aménagement du territoire français. Hier et demain*, Paris, SEDES, 1996, 467 p.23.

NOIN D., *L'Espace français*, Paris, Armand Colin, 1995.

DAMETTE F., SCHEIBLING J., *La France. Permanences et mutations*, Paris, Hachette Supérieur, 1995.

LABORIE J.-P., LANGUMIER J.-F., DE ROO P., *La Politique française d'aménagement du territoire de 1950 à 1985*, Paris, La Documentation Française, 1985, 176 p.

LACAZE J.-P., *L'Aménagement du territoire*, Paris, Flammarion, Dominos, 1995, 128p.

GEORGE P., *La Géographie à la poursuite de l'histoire*, Paris, Armand Colin, 1992.

CHAPITRE 3

LES LIEUX DE LA PRÉSENTATION SOCIALE DE LA PRODUCTION GÉOGRAPHIQUE : REVUES ET OUVRAGES

Le système universitaire et d'enseignement alimente un marché de l'édition aujourd'hui en expansion. On peut distinguer trois lieux de production éditoriale : les ouvrages scientifiques, les revues disciplinaires, l'édition scolaire et parascolaire qui ne sera pas abordée ici.

La communauté géographique sait en fait fort peu de choses sur ses organes de transmission privilégiés que sont les revues[1]*. Aujourd'hui 38 revues françaises principales animent la diffusion et la circulation de la production scientifique*[2]*. Elles sont brièvement présentées par Isabelle Lefort, à l'aide d'une comparaison avec les revues d'Europe occidentale.*

A notre connaissance, les ouvrages de géographie publiés en France n'ont fait l'objet jusqu'ici d'aucune approche globale. Il existe certes des outils de recension bien connus dont la précieuse BGI. Mais leur fonction n'a jamais été de mesurer quantitativement une production[3]*. Or il semble qu'une telle compilation constitue*

1. APRUZZESE M., « La production scientifique des géographes. Éléments à partir d'une étude bibliométrique », *Matériaux pour une sociologie de la géographie, op. cit.,* pp. 89-116.

2. *Ibid.* Une enquête menée par Intergéo en 1988-1989 fut adressée à 58 revues.

3. *Ibid.*, pp. 89-116.

réellement une condition sine qua non préalable à toute étude positive du domaine. C'est ce qu'approche l'article d'I. Lefort, qu'il faudrait compléter par une étude systématique de la production des manuels scolaires[4] *qui constituent, de très loin, la production géographique majeure, par le nombre de titres, par le nombre d'exemplaires et par le nombre d'auteurs impliqués.*

LES REVUES FRANÇAISES DE GÉOGRAPHIE

Isabelle Lefort, université Louis-Lumière, Lyon II

Ces revues ont globalement une double origine : émanation de bulletin d'association ou de société de géographie, organe de publication des lieux d'enseignement ou d'équipes de recherche. Les tableaux comparatifs proposés[5] mettent en évidence le nombre important de ces publications françaises, comparées à leurs équivalents européens ainsi qu'une chronologie de leur création.

Il en ressort que les revues scientifiques françaises vivantes aujourd'hui sont nées à trois moments forts de la vie scientifique géographique nationale. Après la création des *Annales de Géographie,* la vieille dame des revues françaises, et de la BGI en 1891, ont fleuri des revues régionales issues de l'essaimage de l'école géographique dans les facultés alors nouvellement créées en province (*Revue de géographie alpine* en 1913, *Revue de géographie de Lyon* en 1925, *Revue de géographie des Pyrénées et du Sud-Ouest – RGPSO –* en 1930) auxquelles il faut ajouter le *Bulletin de l'association des géographes Français* (1924). Des personnalités scientifiques fortes en sont à l'origine : P. Vidal pour les *Annales, A.* Cholley pour l'*Information géographique* (1936), R. Blanchard pour les *Travaux de l'Institut de Géographie alpine* ancêtres de la *Revue de Géographie alpine.*

---

4. Les articles et mémoires (de maîtrise, de DEA) sur les manuels scolaires de géographie sont très nombreux, mais il n'existe pas actuellement une analyse systématique de cette production éditoriale. Le plus souvent, le manuel scolaire est étudié afin de mesurer le cheminement des innovations en géographie ou, au contraire, les freins au changement.

5. Tableau comparatif des revues de géographie en France et en Europe d'après « Principales revues de géographie publiées en Europe », M.-M. Birot, A.-M. Briend, C. Chaline, *Annales de Géographie*, n° 561-562, 1991, pp. 797-816. Se référer également à *La géographie dans les universités françaises, op. cit.*, pp. 125-128.

Après une période tranquille d'établissement, on n'enregistre qu'à partir des années 1950 une reprise notable du rythme des créations, selon trois logiques. Ce phénomène illustre tout d'abord la volonté de créer des supports spécifiques à certains domaines de la géographie (*Revue de géomorphologie dynamique* en 1950, *Analyse spatiale quantitative et appliquée* en 1976). Il est ensuite clair que les facultés – qui se multiplient – souhaitent aussi posséder leur propre organe de communication (*Hommes et Terres du Nord* en 1963, *Cahiers nantais* en 1969, *Cahier de géographie de Dijon* en 1975, etc.). Enfin, une troisième catégorie de revues voit également le jour à partir des années 1960-1970, qui recouvre des champs non plus régionaux ni spécifiquement thématiques mais plus largement réflexifs : *Cahiers des Sciences humaines* (1963), *L'Espace géographique* (1972), autour de Roger Brunet, et *Hérodote* (1976), autour de Yves Lacoste. On retrouve dans ces deux derniers cas la logique d'influence qui amena la première vague de créations par les pères fondateurs des années 1880-1920.

La comparaison avec les autres pays européens met en évidence d'une part la supériorité en nombre des revues françaises (38 principales contre 58 pour l'Europe occidentale) mais également la spécificité des années 1970-1990.

On peut d'ailleurs légitimement s'interroger sur les conditions matérielles et financières de survie d'un tel nombre de revues de qualité dans un seul pays, confrontées de surcroît à un problème de diffusion[6]. Les calendriers de publication sont en effet parfois motivés par la nécessité d'équilibrer des budgets précaires, comme ceux de certaines revues régionales[7], qui dépendent largement de crédits alloués par le CNRS. Cet organisme exerce d'ailleurs une pression croissante en faveur de l'ouverture de ces revues vers l'extérieur, en particulier par l'implication de géographes étrangers (comités scientifiques, auteurs) et l'instauration de règles et de critères plus stricts de publication (comités de lecture et comités scientifiques). On est ainsi amené à se demander comment l'on pourra concilier la survie de cette diversité de revues et ces exigences croissantes, à l'heure où l'on demande de plus en plus aux géographes français de publier hors de l'hexagone afin d'éprouver leur surface scientifique.

Nul doute, dès lors, qu'un état des lieux systématique de ces questions serait nécessaire, enregistrant aussi bien les contributions françaises à des publications étrangères que le mouvement inverse.

6. M. Drain a abordé ce point dans « Les géographes en France », *La recherche géographique en France*, Comité national de Géographie, 1984.

7. Son ancienneté n'a pas épargné des difficultés à la *RGPSO*, qui a failli disparaître.

Tableau 1 : Chronologie décennale des créations des revues de géographie en France

Nombre	1	2	3	6	10
1870-1890	x				
1890-1900		x			
1900-1910					
1910-1920		x			
1920-1930		x			
1930-1940	x				
1940-1950		x			
1950-1960			x		
1960-1970					x
1970-1980					x
1980-1990				x	

Tableau 2 : Chronologie décennale des créations des revues étrangères de géographie

	Europe germanophone	Europe méditerranéenne	Îles britanniques	Europe du Nord
1850-1860	2	0	1 (1844)	0
1860-1870	1	1	0	1
1870-1880	0	1	0	1
1880-1890	0	0	0	1
1890-1900	1	1	0	0
1900-1910	0	0	1	0
1910-1920	0	0	0	3
1920-1930	1	0	1	2
1930-1940	0	0	1	1
1940-1950	4	1	1	1
1950-1960	1	0	1	0
1960-1970	1	2	4	0
1970-1980	2	1	10	0
1980-1990	0	5	3	0
Total	**13**	**12**	**23**	**10**

L'ÉDITION DE GÉOGRAPHIE EN FRANCE, 1980-1995

Isabelle Lefort, université Louis-Lumière, Lyon II

Tout curieux de géographie n'a pu qu'être sensible depuis quelques années à un accroissement de l'offre publiée. Cette étude s'est donc donné pour objectif de valider ce sentiment et d'approcher quantitativement cette progression. Il ne s'agit ici que d'une étude préliminaire portant sur un corpus de 1559 ouvrages répertoriés. La fabrication de ce *corpus* s'est effectuée en croisant deux ensembles de données. Un premier, extrait du CD-ROM *Électre* répertoriant les livres disponibles du catalogue des libraires ; un second tiré du CD-ROM *Bibliothèque nationale-Livres.* Désireux de recenser avant tout des ouvrages diffusés et disponibles, nous n'avons pas recherché une exhaustivité absolue, qui pourra donner lieu à des travaux ultérieurs.

Par ailleurs, nous n'avons pas retenu, d'une part les ouvrages réédités pendant la période sans indication de « nouvelle édition » ou d'édition entièrement refondue ; d'autre part l'ensemble des publications scolaires et parascolaires (manuels, annales...). En revanche, nous avons intégré les rééditions d'ouvrages anciens (XIXe, première moitié du XXe siècle).

Ce *corpus* ainsi constitué a été abordé selon trois grands axes : les thèmes (à partir des titres, des indications fournies et de la connaissance personnelle des ouvrages), la date d'édition et l'éditeur. Le présent article, qui ne constitue qu'un premier temps de l'analyse de ce *corpus,* livre des informations essentiellement globales. Il est toutefois nécessaire, avant d'entamer l'analyse de ces informations, de prendre en considération un élément essentiel : l'édition géographique française est celle de la production nationale. En effet, la part des ouvrages traduits est à ce jour quasi inexistante (hors atlas, d'ailleurs non pris en compte) et manifeste d'entrée de jeu une fermeture de l'offre éditoriale au seul champ hexagonal.

L'évolution quantitative de l'édition

Le graphique 1 met en évidence une progression effective des publications géographiques sur l'ensemble de la période : 228 ouvrages entre 1980 et 1983, 208 ouvrages entre 1984 et 1987, 448 ouvrages entre 1988 et 1991, et 583 ouvrages entre 1992 et 1995. Un moment charnière apparaît au milieu des années 1980, dessinant ce qu'on pourrait appeler un réveil (éveil ?) de la géographie dans le monde éditorial. Toutefois, cette première analyse se nuance sensiblement lorsque l'on compare l'ensemble de l'édition avec et sans les rééditions (graphique 2). Il apparaît alors que la production de nouveaux ouvrages progresse nettement moins vite que l'ensemble de la production éditoriale. En effet, à partir de 1988, se met en branle un processus de réédition porté par la reproduction de guides départementaux et touristiques du dernier tiers du siècle dernier. Ces « coups » éditoriaux doivent être pris en compte pour la justesse de l'analyse d'ensemble.

Par ailleurs le *trend* global n'est pas régulier, puisqu'on observe deux affaissements dans la courbe : l'un en 1992 et un second en 1995 dont il sera intéressant d'actualiser l'évolution. Il n'en demeure pas moins que depuis 1988, l'édition de la géographie en France connaît une montée en puissance, qui serait bien plus évidente encore si nous avions tenu compte des ouvrages réédités en l'état durant la période. Il est vrai qu'ils témoignent d'un succès éditorial que l'on pourrait prendre en compte, mais nous souhaitions nous concentrer précisément sur la seule production d'ouvrages « nouveaux ».

Les logiques économiques de l'édition conduisent à penser que cette multiplication des parutions se fonde sur une demande accrue ou nouvelle. Elle dépasse aujourd'hui très largement les seuls besoins de grands classiques constamment réédités et utilisés – avec ou sans modification.

Il est certain que cet élargissement de l'offre ne répond pas seulement à la couverture de champs scientifiques nouveaux (didactique, épistémologie, techniques nouvelles d'information...). Il nous semble en effet évident que l'explosion de la population estudiantine et des marchés nouveaux qu'elle représente a constitué un facteur essentiel. En témoigne le renouveau des collections de manuels destinés au premier cycle universitaire ainsi qu'aux étudiants préparant des concours.

L'analyse thématique

La progression éditoriale ventilée par grands thèmes met à jour des dynamiques fort variables. La sélection des rubriques demeure, à ce niveau de l'analyse, relativement globale. En effet, nous avons d'abord choisi de reprendre les entrées classiques et majeures de la discipline (régionale, humaine, physique, économique) auxquelles nous avons adjoint des thèmes « mineurs » (géographie historique, politique, culturelle, dictionnaire). Par ailleurs la production elle-même a rendu nécessaire l'introduction d'autres entrées (enseignement, épistémologie, interface). Nous avons rattaché la rubrique cartographie à cette dernière catégorie par ce qu'elle englobait des ouvrages portant essentiellement sur les nouveaux outils cartographiques et satellitaux ainsi que sur le traitement statistique des données.

Le graphique 3 fait apparaître clairement que les géographies régionale, humaine et physique conservent un poids essentiel avec 51 % de l'édition totale.

Si l'on y ajoute les publications concernant l'enseignement et l'épistémologie de la géographie on arrive à 62 %.

Le graphique 4 fait apparaître trois types d'évolution :

a. les thèmes géographiques qui connaissent une croissance relative, forte (géographie régionale et humaine, toponymie) ou moyenne (cartographie, géographies culturelle et politique) ;

b. les thèmes qui « décollent » pendant cette période : l'épistémologie, l'enseignement, la géographie économique et le thème de l'interface ;

c. les thèmes qui connaissent une certaine stabilité dans leur production : les géographies physique et historique.

Les trois types de profils mettent en évidence des tendances lourdes de la production scientifique géographique. La trilogie régionale-humaine-physique continue de constituer la charpente fondamentale de l'édition géographique nationale, comme le confirment très nettement nos résultats. Les nouveaux champs disciplinaires (réflexion d'histoire de la discipline et épistémologie, interface, enseignement et didactique), faisant une entrée en force durant la période, contribuent très largement à l'accroissement global tendanciel de la production. Ils apportent une diversification des publications disciplinaires et traduisent une évolution importante dans l'organisation des domaines de recherche. Le vif essor des ouvrages dits « d'enseignement » reflète tout particulièrement à la fois l'émergence du champ didactique et l'accroissement de la demande de la part des étudiants.

Les maisons d'édition et la géographie

Les données ont été traitées dans un premier temps de façon simplifiée afin de regrouper l'ensemble des éditeurs qui ont publié moins de dix ouvrages pendant la période. Ces derniers sont identifiés sur les graphiques par l'intitulé « Autre ». Ils sont au nombre de 157 sur un total de maisons d'édition répertoriées de 185 soit près de 85 %. Il apparaît ainsi une très grande dispersion des lieux d'édition dont il faudra ultérieurement cartographier les localisations. Cet assemblage recouvre des cas de figure très différents : il s'agit aussi bien de maisons d'édition importantes, publiant peu de géographie que de petites maisons d'édition (on compte un certain nombre de publications à compte d'auteur par exemple). En outre, nous avons regroupé les publications émanant de presses ou publications universitaires sous une même rubrique (« Université »). Cette cartographie-ci sera également intéressante à dresser, mettant à jour une hiérarchie déjà perceptible dans le dépouillement du fichier. Certains centres universitaires sont ainsi plus « éditeurs » que d'autres (Caen, Bordeaux, Strasbourg), les universités parisiennes mises à part. Enfin les publications émanant d'associations aux statuts divers ont été rassemblées sous l'étiquette « Association ».

Les graphiques 5 et 6 mettent en évidence les principaux éditeurs ou types d'éditeurs : Masson, PUF, Hachette, Université et Autre rassemblent ainsi 848 publications soit 50 % du total. Il en ressort donc une répartition bipolaire : une concentration sur un faible nombre de maisons d'éditions et par ailleurs une très forte dispersion des structures et des lieux d'édition. Plusieurs observations générales peuvent en outre être dégagées : les grandes maisons d'éditions scientifiques parisiennes sont somme toute peu présentes sur le marché de la géographie (Nathan 38 ouvrages, Fayard 18, Belin 12, Bordas 3...), tandis que les publications issues des structures publiques (universitaires, de recherche et administrative) représentent 28,5 % du total (CNRS 74, Orstom 28, Ceget 24, INRP 10, CTHS 26, RECLUS 39, Administratif 18, BRGM 7, Documentation française 35, Bibliothèque nationale 7, Université 176). Mais, au-delà de ces regroupements, on doit constater qu'existe une large palette d'éditeurs, plus ou moins ponctuels, qui contribuent à la mise sur le marché d'ouvrages géographiques qui ne trouveraient pas nécessairement accueil dans des collections reconnues. Ceci est particulièrement le cas d'auto-éditions, de travaux de géographie locale ou de toponymie régionale.

Tableau 3

Les thèmes abordés par les éditeurs de géographie

	Géographie humaine	Géographie régionale	Géographie physique	Épistémologie	Enseignement
Nombre d'éditeurs	23	26	18	18	16
% des éditeurs concernés	12,5	14	10	10	8,5
Nombre d'éditeurs de plus de 10 ouvrages	5	13	7	3	2
Nombre d'ouvrages publiés par les 4 premiers éditeurs	60 %	54 %	62 %	57 %	66 %
4 principaux éditeurs par ordre décroissant	Université Autre Masson PUF	Autre Masson PUF Université	Université CNRS Autre Association	Autre CNRS Université Économica	CRDP INRP Autre Colin
% des « Autre » dans le total des publications	15,5	26	13	23	9,5

Cette répartition duale se retrouve dans le tableau 3 qui met en évidence la concentration du pourcentage des éditeurs concernés par les thèmes les plus importants de l'édition géographique, de 8,5 à 12,5 % au maximum. La concentration est encore plus accentuée si l'on ne tient compte que des principales « maisons » concernées. En effet, pour chacun des thèmes considérés, entre 54 et 66 % des ouvrages sont publiés par 4 éditeurs ou types d'éditeurs principaux.

Les graphiques 7, 8, 9 10 et 11 révèlent une répartition des thèmes par maisons d'édition. Si les géographies humaine (215 ouvrages) et régionale (407) sont essentiellement le fait des éditions PUF, Masson, « Autre » et Presses ou publications universitaires, la géographie physique (162) est majoritairement publiée par ces dernières, le CNRS, des Associations et une très grande multiplicité de « petits » éditeurs (« Autre »). Enfin, pour des volumes bien inférieurs (87 et 95), l'épistémologie géographique fait apparaître une autre distribution Économica, Université, CNRS et « Autre »), l'enseignement étant essentiellement le fait des CRDP, INRP, « Autre » et Colin. Un clivage apparaît entre édition « publique » ou « parapublique » et édition privée : la géographie physique pour 52,5 % et les ouvrages se rapportant à l'enseignement (54,5 %) sont donc principalement d'éditeurs publics. Les rapports sont moindres, bien qu'encore importants, pour la géographie humaine (38,5 %) et l'épistémologie (39 %). Seule la géographie régionale, avec 29 % de publications « publiques » semble alimenter un marché plus rentable économiquement parlant.

Les quatre graphiques (12, 13, 14 et 15) livrent dans leur ensemble des informations sur les profils des différents lieux et maisons d'édition. Les thèmes ont été scindés pour plus de lisibilité. Dans l'ensemble aucun lieu d'édition ne présente une palette complète des thèmes éditoriaux. Seuls Masson et les PUF couvrent – différemment certes – les quatre principales entrées de la discipline (régionale, humaine, physique et économique). On ne retrouve ce *panel* que pour les universités et la rubrique « Autre », regroupements d'une grande variété de lieux d'édition, qui ne doivent pas cacher une large dispersion individuelle. Inversement certains éditeurs font la preuve d'une spécialisation thématique très nette : c'est le cas – normalement – des CRDP pour les publications d'enseignement, d'Anthropos pour les questions d'épistémologie et d'enseignement ou même de Masson pour les ouvrages identifiés par l'entrée interface.

Il peut être intéressant par ailleurs de cerner la part des « Autre » dans l'évolution de la production globale (graphique 16). Il apparaît que si tendanciellement on retrouve la progression déjà analysée, les proportions varient en fait peu. Ces lieux d'édition ont accompagné une montée en puissance de l'édition géographique sans en être toutefois le principal vecteur. En revanche, le graphique 17, qui met en valeur l'évolution des principales maisons et lieux d'édition, montre bien qu'ils sont à l'origine de l'accroissement éditorial. On nuancera cette analyse par le graphique 18 qui illustre l'émergence de nouvelles maisons d'édition qui se créent durant la période ou dont les stratégies éditoriales font une part plus grande à la géographie.

En conclusion de cette première approche de l'édition géographique en France, quelques traits majeurs se dessinent. Tout d'abord, l'accroissement de l'édition – dont il faut encore souligner qu'il correspond presqu'exactement à l'accroissement de la production nationale – étant entendu qu'il intègre une vague de rééditions en masse dans les années 1991-1993 dont les fluctuations devraient être mises en perspective par une continuation des recensements. En soi, cependant, ce phénomène devrait pouvoir être analysé comme l'expression d'une demande particulière, en ces temps de recherche curieuse de documentation « patrimoniale ». Deux maisons d'édition se sont spécialisées dans cette opération (Lacour et Bertrand Lacoste) outre la maison Hachette dont une partie du fonds Joanne a été réédité. Hormis ce dernier type d'ouvrages (guides), en fait les réédition d'ouvrages scientifiques sont fort peu nombreuses et ponctuelles : A. Humboldt, P. Vidal, J. Ancel. On ne peut donc pas en augurer une véritable stratégie de rééditions de classiques disciplinaires. En revanche, la pratique croissante d'édition de thèses (nous n'avons pas retenu la reproduction par les ateliers de Lille III), dans des délais de plus en plus courts, doit être prise en compte dans cette démultiplication des ouvrages publiés. Dans un traitement ultérieur du fichier il sera intéressant d'en cerner l'importance.

En ce qui concerne les thèmes et les registres de la géographie publiée, il est clair que ces quinze dernières années ont été le théâtre de modifications importantes : si l'architecture de la « vieille maison » perdure, de nouveaux champs disciplinaires ont vu le jour et traduisent globalement les grands axes contemporains de la recherche géographique. Les ouvrages portant sur les nouveaux outils cartographique ou de traitement de données, ou bien ceux dont les problématiques relèvent de l'interface illustrent parfaitement ces dynamiques.

Ces innovations ont contribué à créer et/ou démultiplier les collections dans plusieurs maisons d'édition. Nous n'avons pas exploité ce critère ici, mais il pourrait constituer un bon indicateur de la vitalité de certaines thématiques.

En somme, l'analyse des éditeurs et des maisons d'édition n'en est ici qu'à une première ébauche. Il sera nécessaire d'affiner le traitement des données par l'adjonction d'informations sur la date de création d'un certain nombre de maisons d'édition, sur l'implantation géographique des éditeurs et plus généralement sur les choix éditoriaux opérés. Ceci nécessite toutefois une investigation qualitative de toute autre ampleur. On rencontre d'ailleurs ici sans doute une des limites du traitement du fichier que nous avons établi. Il est en effet clair qu'au sein des grandes maisons d'édition, le choix et la personnalité des responsables de collections interviennent de façon essentielle, selon des logiques qui échappent largement à une simple approche quantitative.

Graphique 1 : L'édition géographique française : une montée en puissance (1980-1995)

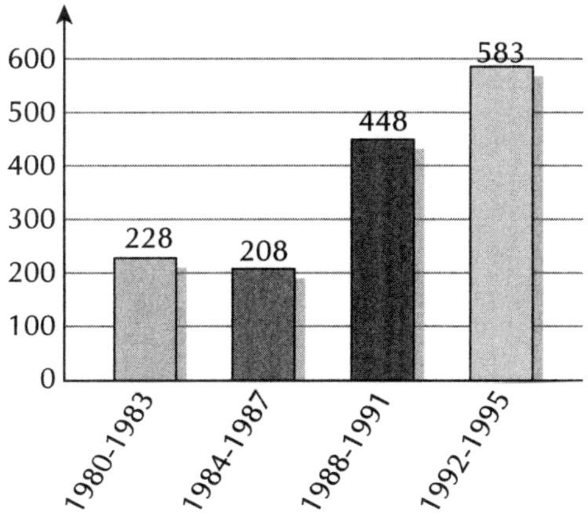

Graphique 2 : Évolution de l'édition de la géographie française

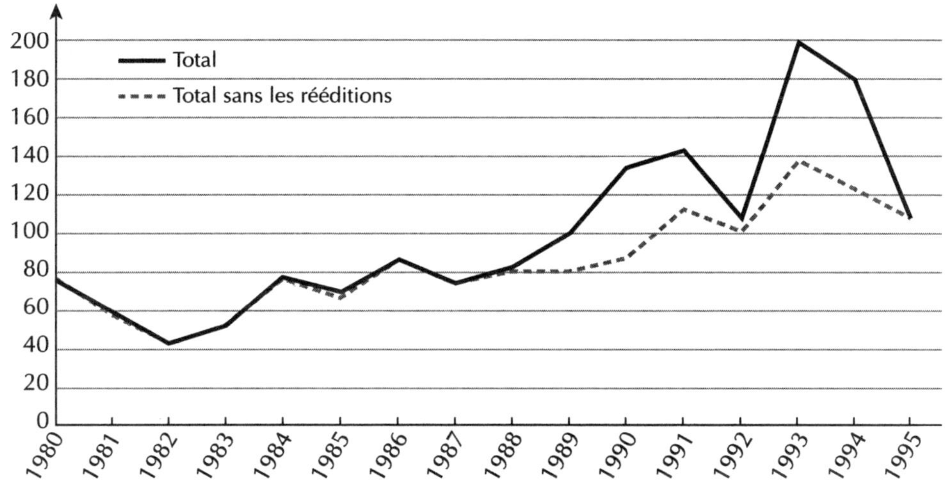

Graphique 3 : L'édition de la géographie en France par grands thèmes en 1995

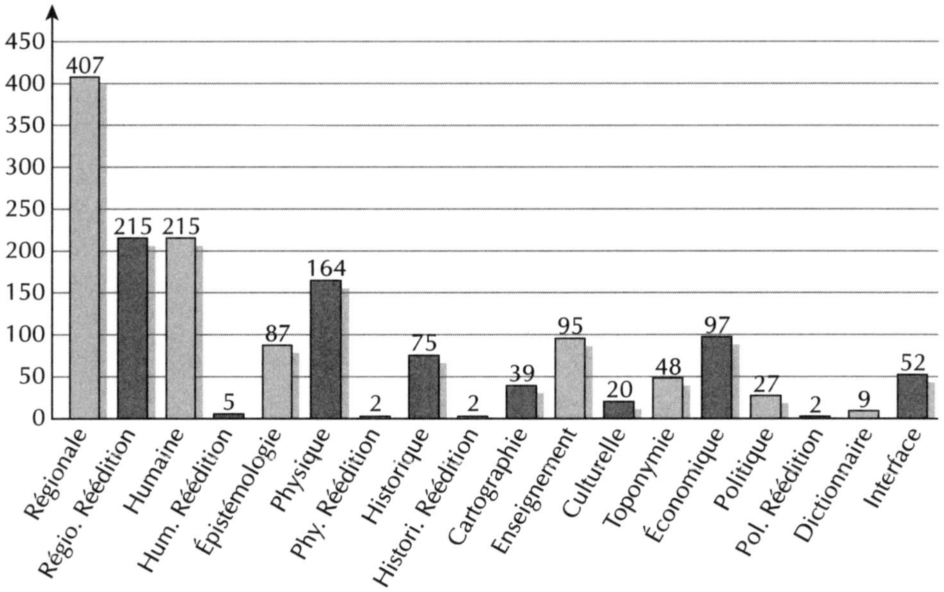

Graphique 4 : Les grands thèmes de la publication en géographie, évolution 1980-1995

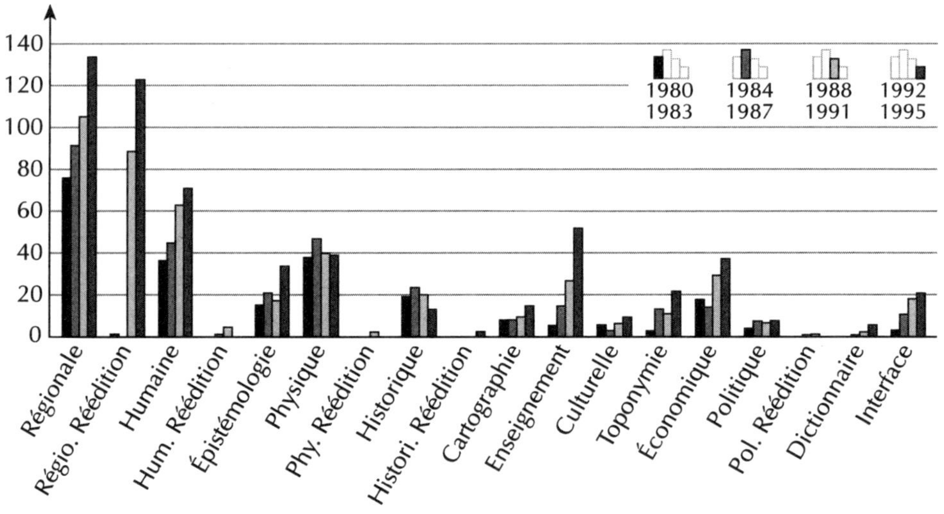

Graphique 5 : Répartition des publications par éditeurs

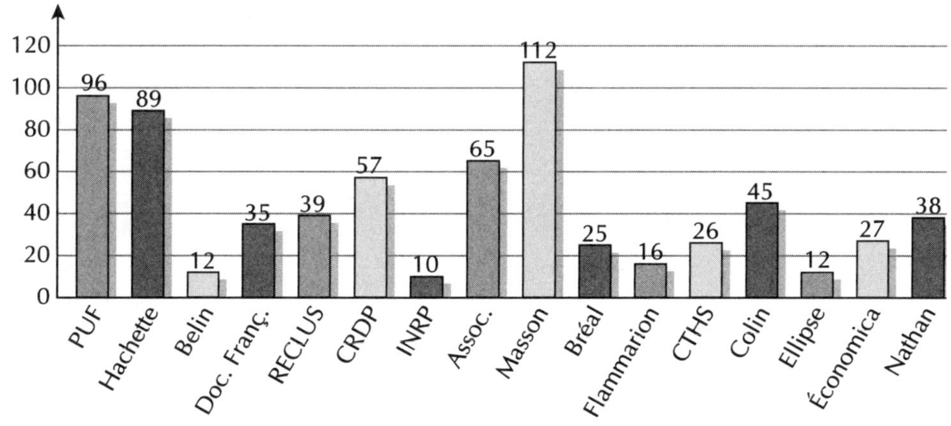

Graphique 6 : Répartition des publications par éditeurs

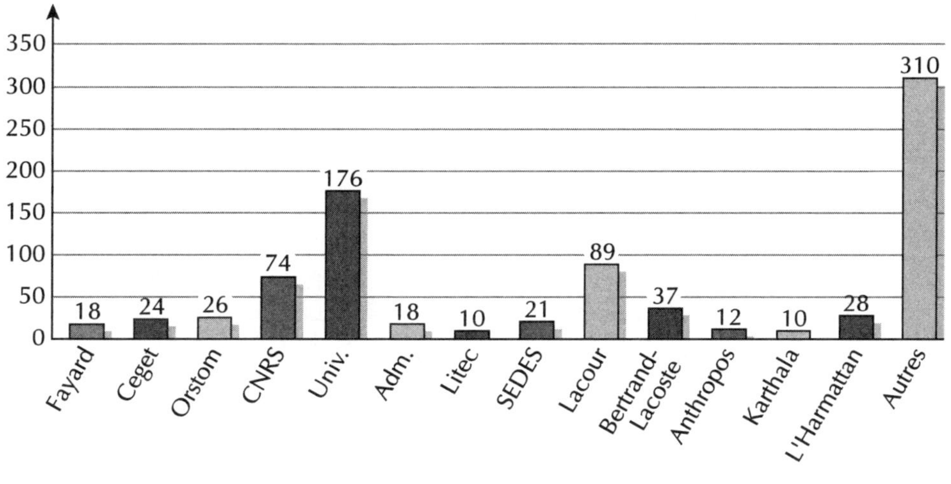

Graphique 7 : Les éditeurs et la géographie humaine

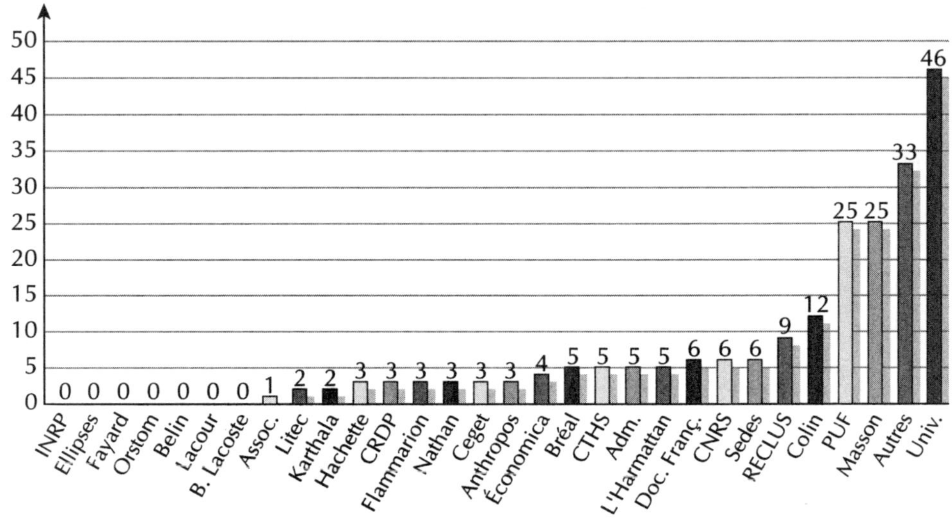

Graphique 8 : Les éditeurs et la géographie régionale

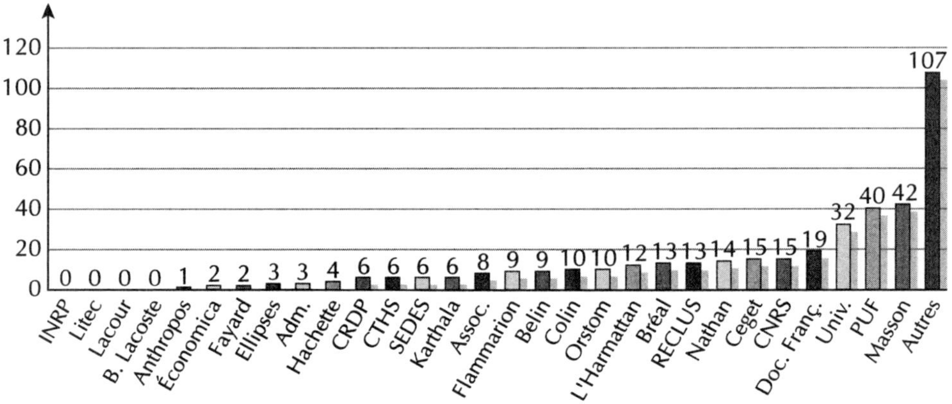

Graphique 9 : Les éditeurs et la géographie physique

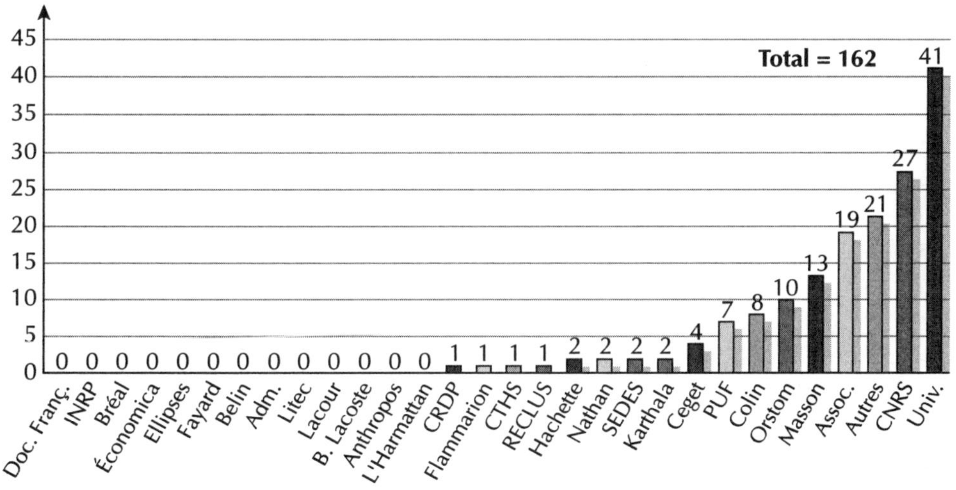

Graphique 10 : Les éditeurs et l'enseignement de la géographie

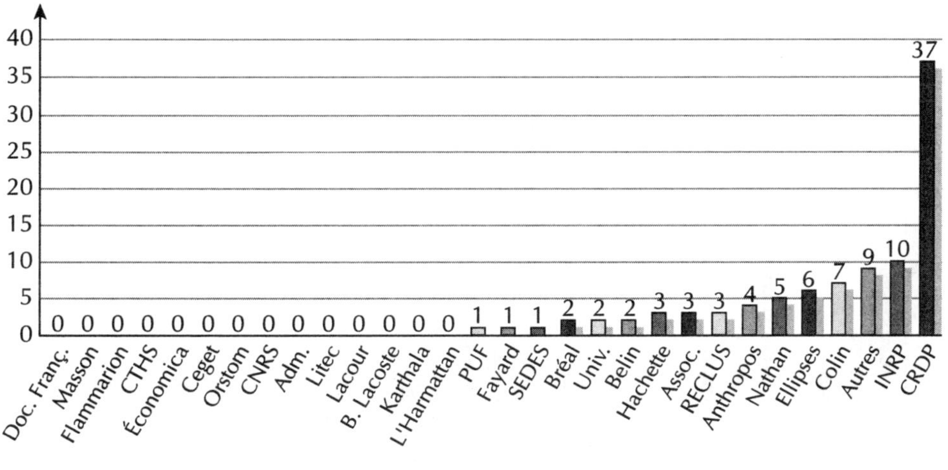

Graphique 11 : Les éditeurs et l'épistémologie de la géographie

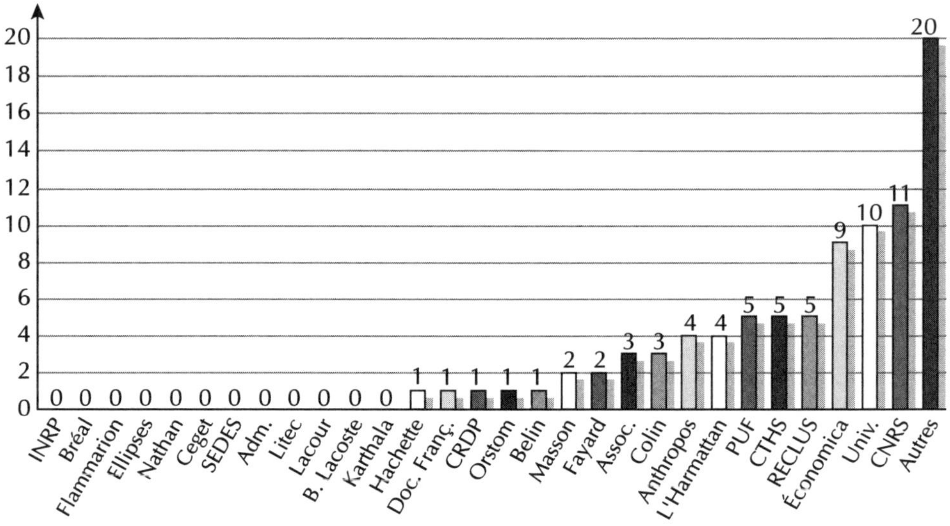

Graphique 12 : Les maisons d'édition et leurs orientations thématiques

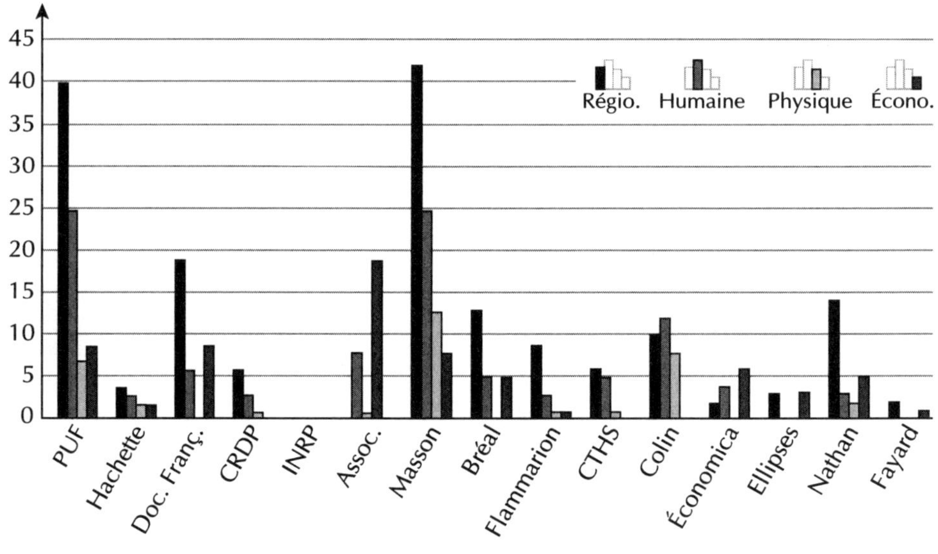

Graphique 13 : Les éditeurs et leurs orientations thématiques

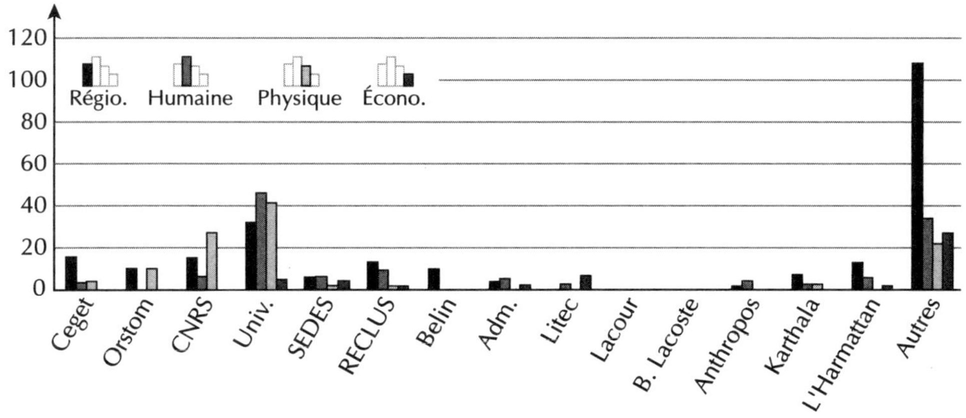

Graphique 14 : Les éditeurs et leurs orientations thématiques

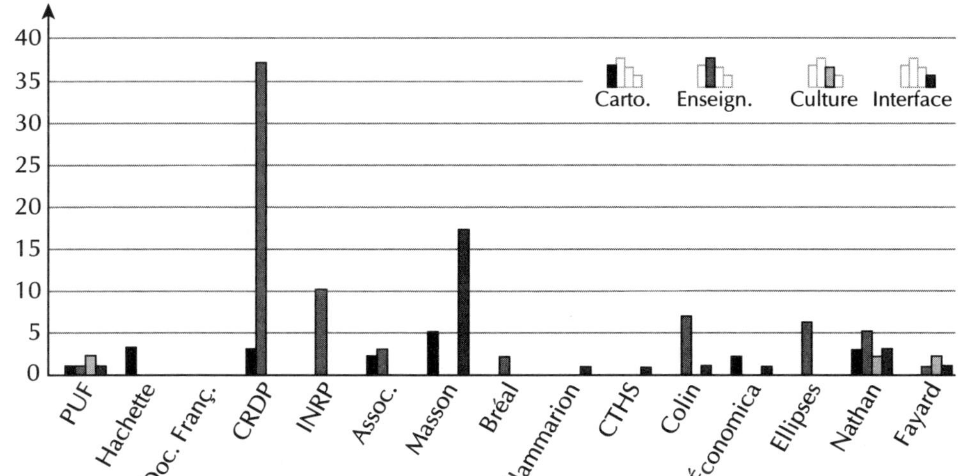

Graphique 15 : Les éditeurs et leurs orientations thématiques

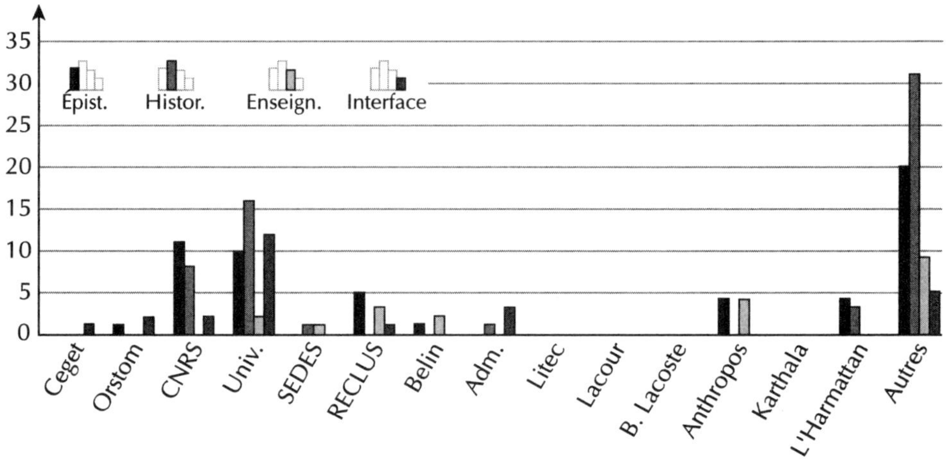

Graphique 16 : La part des « Autre » dans l'édition de la géographie en France

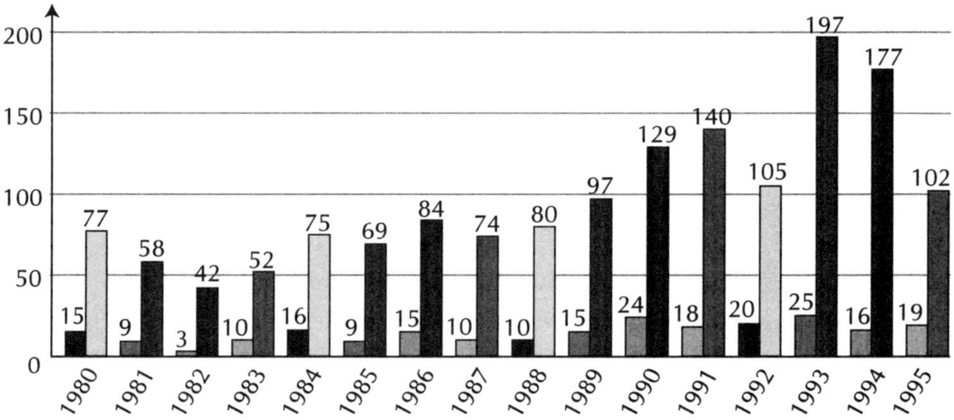

Graphique 17 : Évolution de l'édition géographique de quelques maisons d'édition

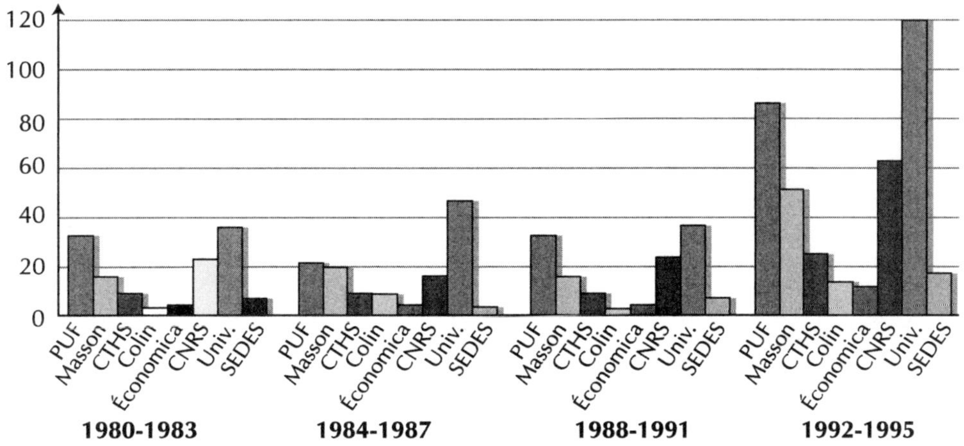

Graphique 18 : Quelques nouveaux éditeurs de géographie

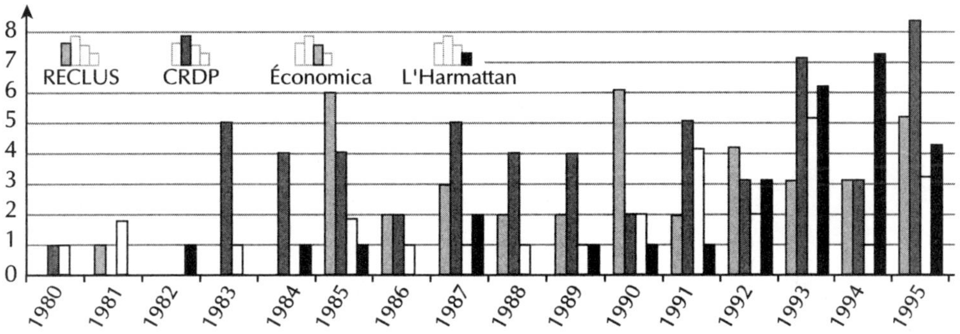

CONCLUSION DE LA PREMIÈRE PARTIE

Que dire sinon que les participations ici rassemblées ne font qu'ébaucher des jalons, pour la plus grande partie des thèmes abordés. Seules les recherches sur l'enseignement sont réellement avancées.

Que dire sinon que les thèmes qui mériteraient que des géographes s'en emparent sont encore plus nombreux. Parmi ces derniers, à tout seigneur, tout honneur, le lieu[1].

Celui que les géographes investissent et choisissent comme « terrain ». Dans quelle mesure, les champs d'investigations sont-ils soumis aux *cursus* de carrière ? Comment des chercheurs s'approprient-ils les terrains déjà investis par des géographes, surtout lorsque ces derniers sont des maîtres ? Comment arrive-t-il que ces derniers soient amenés à transformer un « terrain » en territoire au sens éthologique du terme ? Quelle(s) relation(s) s'instaure(nt) entre le géographe et « son terrain » ? Quelle géographie résultera de la tendance consistant à transformer son lieu de naissance en lieu de recherche puis en lieu d'activité professionnelle ? En effet, comme les autres activités humaines, la géographie est affectée par les dynamiques contradictoires du localisme et de la mondialisation ; mais, science de la production et de l'organisation de l'espace et des territoires, elle ne peut faire l'économie d'une réflexion collective sur les conséquences d'une tendance au provincialisme que favorise le système actuel de reproduction de l'université. Il est temps qu'émerge une interrogation sur la capacité des individus à faire de la recherche scientifique sur des terrains où ils ont de multiples intérêts, économiques, professionnels, familiaux, affectifs, etc.

Celui où les géographes travaillent. Quelles fonctions, les laboratoires et les équipes de recherche, formelles ou non, tiennent-ils dans l'orientation des recherches (incitation, encadrement, facilités matérielles) ? D'où une question fondamentale : quel impact les pressions de financement exercent-elles sur la production scientifique, la continuité et l'innovation thématiques. C'est là un champ majeur d'auto-investigation, que de multiples tabous rendent délicat voire épineux. On peut pourtant estimer qu'il serait à même d'expliciter des enjeux de pouvoir réels et opératoires dans l'analyse de la production disciplinaire.

1. Curieusement, en dépit ou à cause de la phrase célèbre de Vidal de la Blache, « La géographie est la science des lieux, pas des hommes... », la géographie s'est, jusqu'à une date récente, assez peu intéressée aux lieux et, en particulier, aux « hauts lieux ». Et l'entreprise historienne sur les « lieux de mémoire » n'a finalement eu que peu d'effet en géographie.

– Celui enfin où s'incarne et s'illustre la communauté, ses « hauts lieux » (la rue Saint-Jacques[2], le FIG[3]) comme ses « les lieux de mémoire » (le Tableau de Vidal[4], la carte au 1/50 000[5], etc.). Ces liturgies et ces mythes attendent l'exercice de la raison critique des géographes eux-mêmes comme le regard sociologique extérieur qui permettra de mieux comprendre le fonctionnement d'une « tribu » nommée « Géographie ».

2. L'Institut de Géographie de l'université de Paris est situé au 191 de la rue Saint-Jacques, en plein Quartier latin. Depuis 1969, il est partagé entre trois universités (Paris I, Paris IV et Paris VII). Il abrite la première bibliothèque de géographie française, ainsi qu'un centre national de documentation du CNRS (Intergéo, aujourd'hui intégré au sein de l'UMR Prodig).

3. FIG: Festival International de Géographie de Saint-Dié-des-Vosges, créé en 1990 et immédiatement devenu « le » lieu de rassemblement des géographes français de toutes les tendances, au sein d'un vaste public.

4. C'est un historien, spécialiste des représentations idéologiques de la nation, qui en a proposé, le premier une lecture patrimoniale : *cf.* J.-Y. Guiomar, « Le *Tableau de la géographie de la France* de Paul Vidal de la BLache », *Les Lieux de mémoire*, *op. cit.*, pp. 569-598.

5. On peut rappeler que cette échelle n'est désormais plus éditée par l'Institut géographique national dont les préoccupations ne sont pas celles des géographes, d'ailleurs fort peu nombreux en son sein…

BIBLIOGRAPHIE DE LA PREMIÈRE PARTIE

«Géographie état des lieux», *Espaces Temps,* n° 40-41, 1989.

«La fabrique des sciences sociales, Lectures d'une écriture», *Espaces Temps,* n° 47-48, 1991.

BERDOULAY V., *Des mots et des lieux, la dynamique du discours géographique*, Paris, CNRS, 1988.

BERDOULAY V., *La formation de l'école française de géographie (1870-1914)*, Paris, CTHS, 1981.

BOURDIEU P., *Homo academicus,* Paris, Éditions de Minuit, 1984.

CLAVAL P., *Table ronde imaginaire, Penser la Terre*, Éditions Autrement, Paris, 1995.

CLAVAL Paul, *Essai sur l'évolution de la géographie humaine*, Cahiers de Géographie de Besançon, 12, Paris, Les Belles Lettres, 1964, 163 p. (réédition en 1976).

Comité national d'évaluation, *La géographie dans les universités françaises, une évaluation thématique*, 1989.

DORY Daniel, DOUZANT-ROZENFELD Denise et KNAFOU Rémy, *Matériaux pour une sociologie de la géographie*, L'Harmattan, Paris, 1993.

DRAIN M., «Les géographes en France», *La recherche géographique en France*, Comité national de Géographie, 1984.

APRUZZESE M., «La production scientifique des géographes, Éléments à partir d'une étude bibliométrique», *Matériaux pour une sociologie de la géographie,* L'Harmattan, Paris, 1993.

MARCONIS R., *Introduction à la géographie*, Paris, Armand Colin, 1996.

MEYNIER A., *Histoire de la pensée géographique en France, (1872-1969)*, Paris, PUF, 1969.

PINCHEMEL Geneviève et Philippe, «Réflexions sur l'histoire de la géographie : histoire de la géographie, histoire des géographes», *in Histoire et Épistémologie de la géographie*, Bull. section de géographie, 1979, LXXXIV, Paris, CTHS, 1981.

REYNAUD A., *Épistémologie de la géomorphologie*, Paris, Masson, 1971.

REYNAUD A., *La Géographie entre le mythe et la science, essai d'épistémologie*, TIGR, 1974.

ROBIC M.-C., «Des vertus de la chaire à la tentation de l'action», *in* CLAVAL P., SANGUIN A.-L., dir., *La Géographie française à l'époque classique (1918-1968)*, Paris, L'Harmattan, 1996.

SCHEIBLING J., *Qu'est-ce que la géographie ?,* Hachette, 1994.

DEUXIÈME PARTIE

LA COMMUNAUTÉ DES GÉOGRAPHES

INTRODUCTION

DE L'OBSERVATOIRE DE LA GÉOGRAPHIE ET DES GÉOGRAPHES AU RAPPORT SUR L'ÉTAT DE LA GÉOGRAPHIE

Les géographes sont au centre de la discipline et de la science géographiques, et de ses applications. Connaître cette population avec ses caractéristiques, ses cohérences et ses diversités, c'est à l'évidence mieux comprendre ce qu'est la géographie, comment elle s'élabore, se transforme pour évoluer.

Cette approche de leur communauté par les géographes n'est pas une première. Dès 1989, Rémy Knafou, alors directeur du laboratoire Intergéo (CNRS), avait fondé un Observatoire de la géographie et des géographes, suite à un double constat: la documentation et l'information accumulées au sein d'Intergéo devaient être valorisées et il importait de comprendre la mutation que connaissait alors la géographie. A partir du postulat que «les conditions dans lesquelles la géographie est produite et se reproduit, [permettent] d'expliciter certains aspects de la production scientifique», l'objectif de cette équipe de recherche a été, résolument, de rassembler des matériaux pour une sociologie de la géographie.

Pour mener à bien ce projet, l'Observatoire s'était doté de deux principes. Le premier était que chaque chercheur se mette en position d'observateur observé, c'est-à-dire de se considérer comme membre à part entière de la communauté des géographes et donc d'être intégré à l'objet même des analyses sur cette population. Il s'agissait d'une expérience originale dans la mesure où chacun devait s'interroger sur les raisons de sa venue dans la géographie, sa place au sein de cette communauté et les modalités de sa participation à la production de la science géographique. Une telle démarche semblait le minimum à assumer dans la mesure où il est difficile de vouloir prétendre connaître et comprendre les autres géographes si l'on n'essaie pas de se penser soi-même en tant que géographe et participant à un niveau ou à un autre à la géographie.

Le second principe renforçait la volonté de ne pas rester hors-jeu de la communauté. Tous et chacun, géographe comme sociologue, s'engageaient, parallèlement à ses travaux au sein de l'Observatoire, à mener des recherches en géographie. Le but était de rester en liaison étroite avec une science en mouvement, de participer à sa production pour éviter les glissements, bien connus dans la communauté, vers la sociologie et l'épistémologie, hors de toute pratique personnelle de la géographie.

Durant quatre ans, outre de nombreux séminaires, l'Observatoire a édité différents travaux. Tout d'abord, une enquête « Vous et la Géographie » a été réalisée sur l'image de la géographie auprès des différents publics auxquels cette science et cette discipline entendent s'adresser. Puis est paru *L'Annuaire de la recherche géographique francophone*, « ouvrage qui a l'ambition d'être [...] un outil de recherche [...] également un fichier dont l'exploitation ultérieure doit permettre de mieux comprendre la géographie et les géographes. » Enfin, ces deux premiers travaux joints à d'autres entrepris au cours de ces mêmes années ont permis de concevoir un ouvrage intitulé *Matériaux pour une sociologie de la géographie*, dont le propos était de « créer les bases d'une réflexion collective sur le statut et la condition de la géographie française contemporaine ».

Aujourd'hui, *L'état de la géographie* s'inscrit en filiation avec les travaux de l'Observatoire de la géographie et des géographes[1], même s'il n'entend pas en être une perpétuation. Cependant, certains de ses acquis sont utilisés pour cette partie sur la communauté des géographes : on entend seulement rendre compte, à un moment donné, de la situation de personnes participant, à des niveaux divers, de la production et de la reproduction d'une science et d'une discipline.

Ce sont donc des géographes qui écrivent sur eux-mêmes et leur communauté et dans tous les cas, il ne s'agit pas de spécialistes de la sociologie des sciences. Ce qui peut apparaître, à première vue comme une limite et un biais, est aussi une force : celle d'une communauté d'approximativement un millier

1. Cet Observatoire a disparu en 1994, à la suite du départ de Rémy Knafou de la direction du laboratoire Intergéo et de la restructuration de ce dernier au sein d'un nouvelle UMR ayant d'autres préoccupations. Malgré un succès d'estime, la démarche n'avait pas convaincu la communauté des chercheurs, dans l'ensemble peu favorable à une telle autoscopie.

de membres qui tente de se penser elle-même en essayant de travailler le rapport entre observateur et objet. Cette situation est également liée au nécessaire aboutissement d'un ouvrage sur un temps très court et à l'appel fait aux forces en présence. Il est clair que pour de nouveaux rapports sur l'état de la géographie, il sera nécessaire d'avoir plus largement recours aux sociologues mais également à d'autres chercheurs des sciences humaines et sociales qui pourront, à leur tour, jeter un regard sur la communauté des géographes et nous apprendre en quoi, elle différerait ou non de la leur. Cela nous serait salutaire et permettrait à certains de comprendre enfin qu'il n'existe pas d'exception géographique et que les acteurs de la géographie, comme ses productions, sont à l'image des autres sciences sociales et humaines.

CHAPITRE 4

PORTRAITS DE GROUPES

Pour réaliser cette partie de l'ouvrage, nous n'avons pas procédé à la définition a priori *du géographe. Pour nous, il existe plusieurs populations constitutives de la communauté des géographes et on peut les distinguer selon leur apport respectif à la science et la discipline. On peut en identifier au moins trois catégories: ceux qui produisent la géographie, ceux qui transmettent la géographie et ceux qui diffusent et appliquent la géographie.*

Faute de données sur chacune de ces trois populations, nous avons, pour cette édition de L'état de la géographie, *concentré nos efforts principalement sur la population des chercheurs et des enseignants-chercheurs au sujet de laquelle nous souhaiterions pouvoir disposer d'informations sur ce qui constitue leur vie: leurs caractéristiques démographiques, leurs histoires et leurs itinéraires personnels, le milieu d'origine et les éventuels impacts sur leur trajectoire, l'inégal accès des femmes à la communauté des géographes selon les générations, etc.*

Pour étudier cette population, nous avons la chance de disposer d'un outil précieux: le Répertoire des géographes français, *publié par Intergéo et, depuis peu, par l'UMR Prodig. A partir de cette source unique, Gérard Joly a entrepris d'identifier les acteurs de la géographie en procédant à une analyse démographique de cette population et en illustrant ce travail de quelques étapes de leur itinéraire personnel. Malgré la faiblesse du recul dont dispose cette analyse – moins de dix ans – elle permet de distinguer des permanences et l'amorce de transformations qui, pour certaines, pourrait provoquer, à terme, un véritable renouvellement de la population des géographes.*

A l'intérieur de la population des enseignants-chercheurs en géographie, le Groupe Dupont constitua et constitue encore un groupe original, l'un des ferments du renouvellement de la géographie au cours des trente dernières années ; il nous est présenté par l'un de ses membres, Henri Chamussy.

Enfin, grâce à une enquête lancée auprès des étudiants de licence des universités de Nanterre, Paris VII-Denis-Diderot, Reims et Saint-Étienne, Christian Daudel nous montre quelles images cette population a de la géographie, entre science et discipline, et de l'enseignement qui leur est dispensé. Nous est ainsi présentée une population souvent ignorée des préoccupations scientifiques, intéressante dans ce qu'elle nous dit de la géographie en tant que science et discipline, de son enseignement, de son évolution et de sa place dans la société. Et il ne faudra pas lire les résultats de l'enquête menée sur seulement cinq universités comme représentatifs de la qualité des étudiants en géographie mais plutôt comme révélateurs de l'état de son enseignement à l'Université après trois années.

LES GÉOGRAPHES FRANÇAIS DE 1990 A 1996 : TENTATIVE D'IDENTIFICATION

Gérard Joly, CNRS, UMR Prodig, Paris

L'UMR Prodig du CNRS (laboratoire Intergéo jusqu'en 1995), possède une base de données des géographes français. Elle l'actualise régulièrement grâce aux recensements qu'elle réalise auprès des secrétariats des départements de géographie des universités françaises (liste annuelle des enseignants en géographie), aux contacts qu'elle entretient avec de nombreux géographes et plus largement lors de chaque réédition[1] de son *Répertoire des géographes français* qui fait l'objet d'une vaste enquête auprès de la communauté des géographes.

Dans un tel domaine aucune exhaustivité ne peut être envisagée, cependant cette base de données présente une couverture assez complète de la com-

1. Tous les quatre ans environ.

munauté des géographes français élargie à ceux qui contribuent au développement de cette discipline et science. Les notices enregistrées dans la base référencent les enseignants-chercheurs en poste dans l'enseignement supérieur, les chercheurs géographes appartenant aux EPST (établissements publics scientifiques et technologiques), des géographes professionnels du secteur privé, des collectivités locales, des services extérieurs de l'État ou du secteur associatif, ainsi que des personnes travaillant au service de la recherche en géographie.

Malgré les nécessités qu'impose l'actualisation permanente du produit informatique, des états ont été conservés et c'est à partir de situations relevées en 1990, en 1993 et en 1996 que sont présentés ici quelques aspects évolutifs récents des géographes français.

Les études statistiques entreprises étant de nature comparative, elles sont fondées sur des informations échelonnées dans le temps en 1990, en 1993 et en 1996. Pour ces trois dates, la base comporte successivement 1 387 notices en 1990, 1 524 notices en 1993, 1 869 notices en 1996 : *un accroissement qui correspond en partie à l'effort engagé dès 1993 pour recenser davantage de géographes professionnels.*

Les notices comportent de nombreuses rubriques, mais toutes les informations ne peuvent pour autant être traitées : certaines sont difficiles à analyser dans leur globalité et tout aussi difficiles à comparer – c'est notamment le cas des intitulés de recherches en cours, des responsabilités assumées par les géographes ou encore des intitulés de leurs thèses. Par ailleurs, en 1996 l'état de la base ne résulte pas d'une enquête globale, bien que de nombreuses fiches aient pu être introduites et des informations actualisées. Les analyses détaillées ci-après reposent exclusivement sur les informations chiffrables et fiables qui permettent de mesurer des évolutions.

Une identification démographique de la population des géographes

La pyramide des âges des géographes et le rapport hommes/femmes dans la communauté connaissent de grandes transformations. Ce phénomène illustre une identification démographique en pleine mutation.

L'âge des géographes

Dans les enquêtes réalisées auprès de la communauté des géographes, la mention de la date de naissance est facultative. Cependant, depuis déjà quelques années, la non-réponse à cette rubrique tend à disparaître et aujourd'hui 90 % des notices sont renseignées. Il est donc possible d'établir les pyramides des âges de la communauté en 1990 et en 1993 puisque, à ces dates, les informations correspondent à des enquêtes globales.

Les formes des deux pyramides (fig. 1) présentent de nombreuses différences avec notamment un accroissement de la tranche 25-34 ans et une évolution assez nette du rapport hommes/femmes. L'accroissement de la tranche d'âge peut se mesurer sur l'histogramme de la figure 2 où figurent les effectifs relevés en 1990 et en 1993 selon les années de naissance. La divergence des deux courbes se situe à partir de l'année 1954. En outre, on observe un rajeunissement de la communauté. L'âge moyen du géographe avoisine 48 ans en 1990 (50 ans, retraités compris) ; il baisse à 46 ans en 1993 (48 ans, retraités compris).

Le rapport hommes/femmes

L'autre enseignement révélé par les pyramides des âges concerne le rapport des effectifs hommes et femmes. Pour en illustrer l'importance, l'évolution différenciée hommes/femmes de la population a été faite année par année. Les diminutions et les accroissements d'effectifs recensés entre 1990 et 1993 ont été reportés sur les deux histogrammes de la figure 3. Ces graphiques révèlent un phénomène significatif pour les personnes nées depuis 1960, car, aux dates de naissance les plus récentes, les effectifs des hommes et des femmes sont à parité. En 1990, on dénombre 1 047 hommes et 340 femmes. Les femmes représentent alors un peu moins du quart de l'effectif (24,5 %) parmi les 1 387 notices recensées. En 1993, le rapport a évolué : on dénombre 1 086 hommes et 438 femmes parmi les 1 524 notices recensées. Enfin, en 1996, on dénombre 1 324 hommes et 545 femmes parmi 1 869 notices.

Sur cette période relativement courte, le pourcentage des femmes a donc progressé très sensiblement. Elles représentaient 24,5 % de l'effectif en 1990, 28,7 % en 1993 et 29 % en 1996.

Lieux de vie et formation

Les localisations des géographes français, les diplômes qu'ils ont mentionnés, les différentes équipes de recherche auxquelles ils participent constituent les sujets d'analyse privilégiés pour rendre compte de leurs implantations géographiques et fonctionnelles.

La localisation des géographes

Les indicatifs départementaux extraits des adresses personnelles ont été retenus pour l'établissement de la répartition géographique. A la différence des adresses professionnelles, cette rubrique n'est pas impérative, mais elle est très largement renseignée et, de toute façon, indispensable à la localisation des personnes retraitées. Par ailleurs, sur le plan départemental, on n'enregistre guère de différences entre adresse personnelle et adresse professionnelle.

Parmi les informations dont on dispose en 1990, 316 géographes sont localisés en région parisienne (32 %), 624 en province (64 %) et 35 dans les DOM-TOM ou à l'étranger (4 %). En 1993 et en 1996, la répartition a quelque peu évolué : 31 % résident en région parisienne, 66 % en province et 3 % dans les DOM-TOM et à l'étranger. Il faut remarquer un accroissement de la concentration à Toulouse et dans la partie ouest de la France (voir figure 4), accroissement qui est plus fort que l'extension prise de l'échantillon entre 1990 et 1996. En revanche, on enregistre un phénomène inverse à Bordeaux, à Aix et une même légère diminution de l'implantation à Strasbourg. La localisation des géographes en région parisienne demeure quant à elle relativement stable avec un rééquilibrage des départements de l'Île-de-France au détriment de la capitale.

Les diplômes mentionnés par les géographes

La formation des géographes, essentiellement universitaire, est référencée dans l'enquête par le ou les derniers diplômes qu'ils ont obtenus : indication de la nature de leur diplôme (fig. 5), de la date et du lieu d'obtention (fig. 6). Il est à noter que pour les plus jeunes enseignants ou les jeunes chercheurs la poursuite des études doctorales est de règle.

Les géographes recensés dans la base de données exercent très souvent, ou ont exercé au cours de leur carrière, une activité de recherche ou d'enseignement supérieur. Il est donc naturel que certains d'entre eux préparent encore une thèse de géographie puisque ce diplôme est étroitement lié à une activité de recherche. Les informations qui nous intéressent ici concernent exclusivement des thèses en cours de préparation, dont le sujet a été déposé. Mais cette base n'a pas pour vocation de recenser l'ensemble des thèses en géographie, celles-ci font l'objet d'une autre base de données, Géothèse, également gérée par l'UMR Prodig du CNRS.

Antérieurement, plusieurs types de thèses coexistaient : la thèse de 3e cycle, la thèse d'Université et la thèse d'État. Depuis 1984, la thèse Nouveau régime dotée d'une clause restrictive sur la durée de sa préparation, a été introduite progressivement. La période étudiée s'insère donc dans une phase transitoire ou coexistent les anciennes préparations de thèses et celles des thèses « nouveau régime ».

L'introduction de cette nouvelle thèse a contribué à réduire la durée moyenne de préparation des thèses de géographie. L'introduction de l'« Habilitation à diriger des recherches » est récente et n'influe pas sur les statistiques des thèses en préparation présentées sur la figure 7.

Les histogrammes des durées de préparation telles qu'elles ont été relevées en 1990 et en 1993 illustrent le raccourcissement des préparations tout en laissant apparaître des durées quelquefois très longues pour les anciens sujets de thèses déposés (fig. 8).

Les rattachements à des équipes de recherche

Administrativement, toutes les personnes en activité sont rattachées à un organisme. Mais certaines d'entre elles, et c'est notamment le cas des enseignants-chercheurs, mentionnent un organisme de rattachement secondaire dans lequel ils exercent une activité d'enseignement ou de recherche complémentaire à leur activité principale. Et fréquemment, on relève aussi des appartenances à une ou plusieurs équipes de recherche auxquelles ces chercheurs participent.

Il a paru intéressant de quantifier ces participations multiples et d'en symboliser l'évolution (fig. 9).

De ces études statistiques sur les évolutions de la communauté des géographes, quelques points forts méritent d'être retenus :

– le rééquilibrage progressif du rapport hommes/femmes dans la communauté des géographes du fait d'un recrutement actuel à parité,

– la localisation des géographes français subit une évolution sensible en faveur de la province,

– les préparations des thèses enregistrent une nette réduction de leurs durées,

– la nouvelle concentration des activités : les participations à deux organismes (ou équipes) se sont très largement accrues tandis que le nombre de participations à de multiples équipes tend à diminuer.

La communauté des géographes connaît incontestablement une transformation. Actuellement, une nouvelle enquête est en cours et dès que les résultats en seront connus, il sera intéressant d'en mesurer les nouvelles évolutions.

Figure 1 : Pyramide des âges des géographes

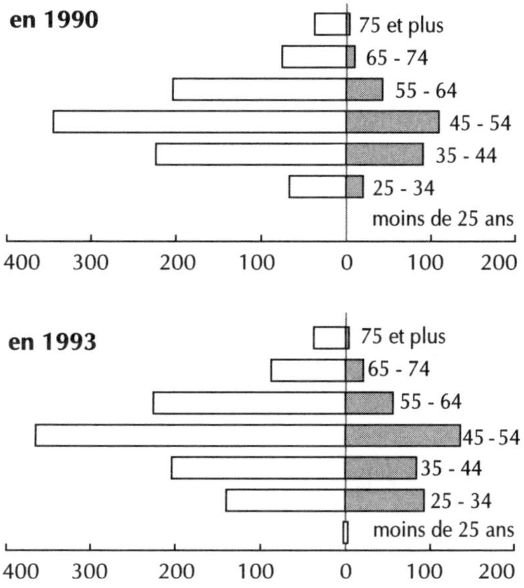

Figure 2 : La population des géographes selon les années de naissance

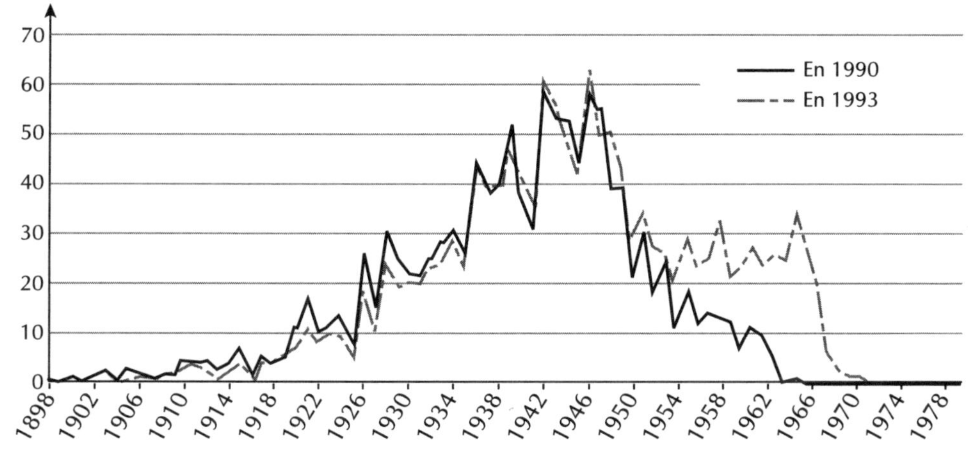

Figure 3 : Évolution de la population des géographes français entre 1990 et 1993

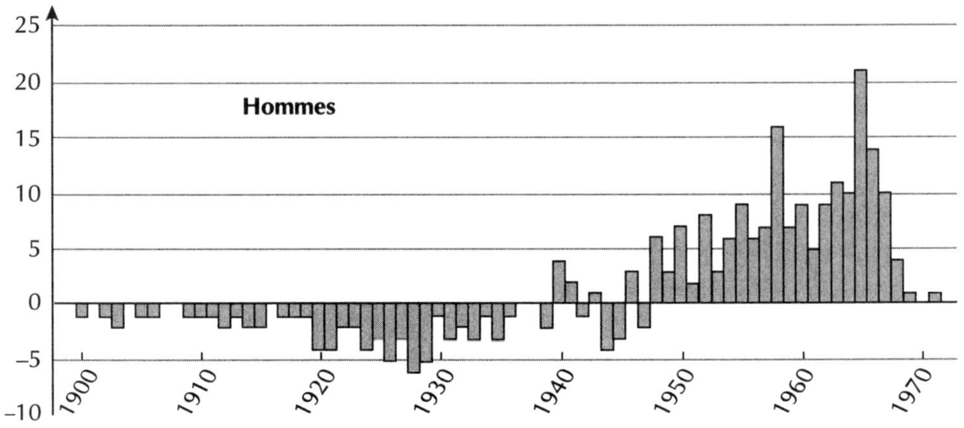

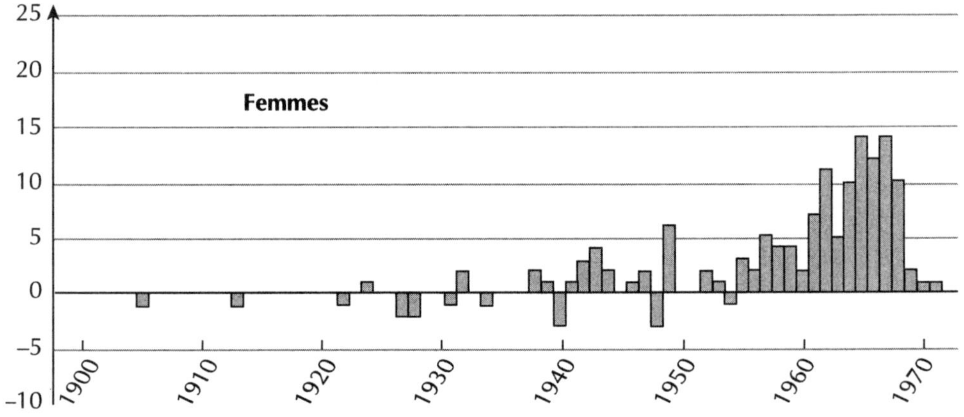

Figure 4 : La localisation des géographes

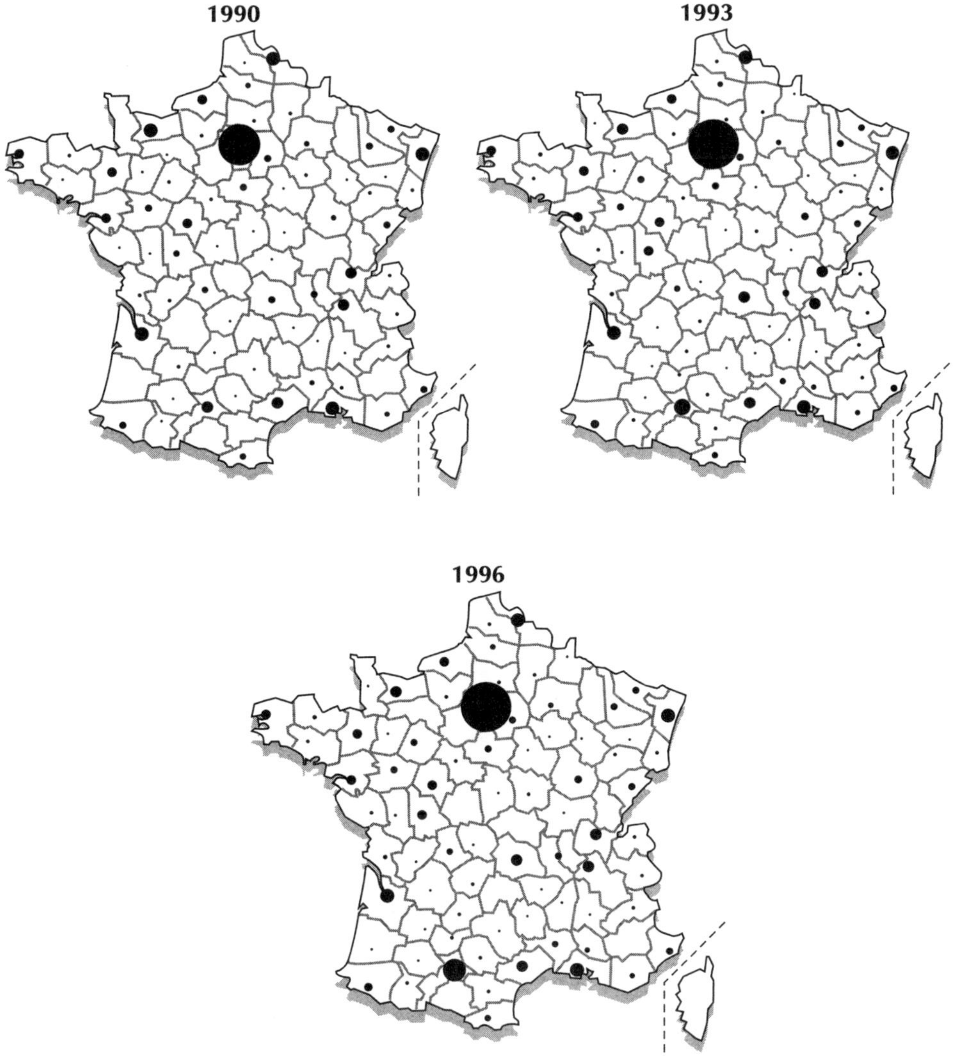

Figure 5 : Les diplômes des géographes

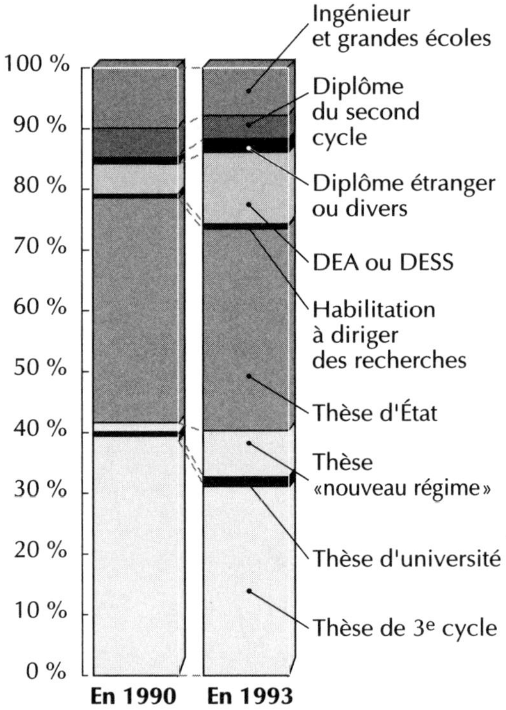

Figure 6 : Les origines universitaires des géographes

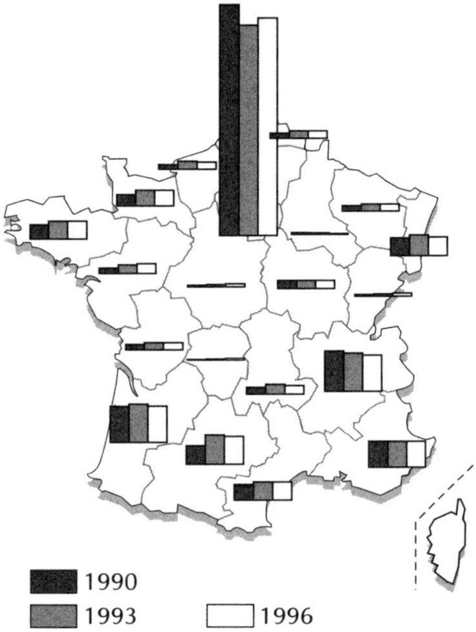

Figure 7 : Les thèses en préparation

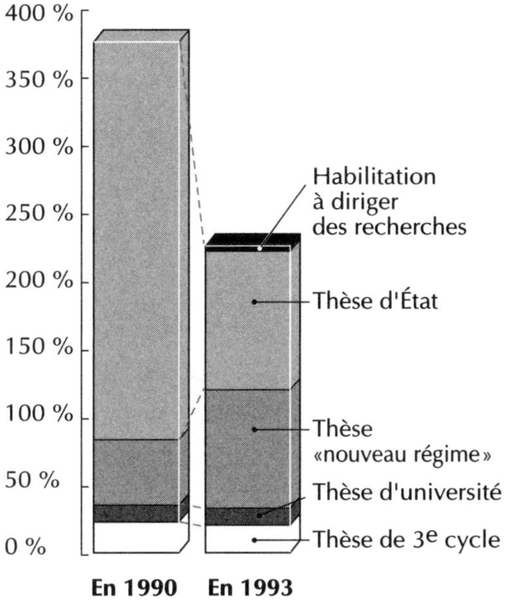

Figure 8 : L'ancienneté des thèses en préparation

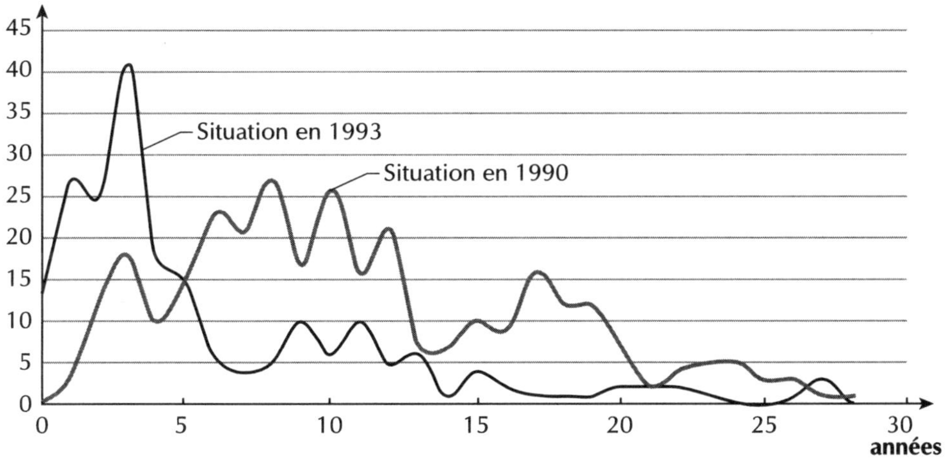

Figure 9 : Nombre de rattachements à des organismes ou des équipes de recherche

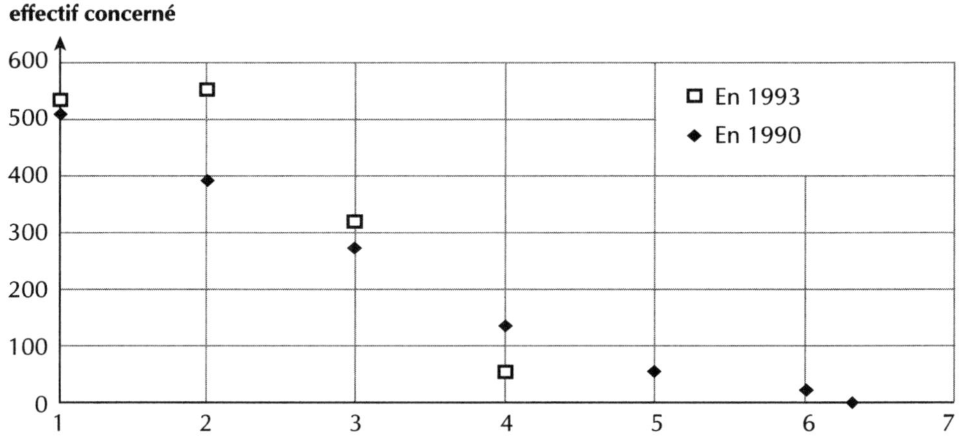

LE GROUPE DUPONT OU LES ENFANTS DU PARADIGME

Henry Chamussy, membre du groupe Dupont, université Joseph-Fourier, Grenoble

Les pages qui suivent ne sont pas une histoire du Groupe Dupont[2]. Les archives existent, un peu dispersées, un peu brouillonnes. Mais il est probablement trop tôt pour l'écrire. Et puis ce serait, penseront certains, faire trop d'honneur à ce qu'un sociologue a appelé un jour « un intellectuel collectif ».

Par ailleurs, l'histoire immédiate est un exercice difficile, truffé de pièges ; or le Groupe Dupont est toujours vivant, et bien vivant. Il ne s'agit donc pas d'une histoire, mais d'une méditation sur ses errances, ses inflexions, et le rôle qu'il a joué et qu'il joue encore dans l'évolution de la pensée géographique, sur les liens systémiques et amicaux, non exempts de crises et de discussions parfois vives nées en son sein, ou conduites avec d'autres géographes.

2. Il s'agit d'une association loi 1901, qui comprend une quarantaine de membres. La majorité de ses membres est composée d'enseignants-chercheurs ; les autres sont des chercheurs du CNRS ou de l'EPHESS. L'admission nécessite un parrainage, ainsi qu'un vote secret. Un seul « non » empêche l'adhésion.

Ces quelques pages n'ont pas été écrites par le Groupe Dupont, mais par un membre du Groupe qui a tenté de réfléchir sur un passé encore présent et, espère-t-on, porteur de futur; elles ne sont donc pas issues d'un observateur extérieur, capable d'un regard froid et distancié.

Plongée dans le passé

La scène se passe à Aix-en-Provence, aux Journées géographiques de 1970. L'époque était brouillonne, les cieux incertains. Les enthousiasmes récents, comme un soufflé refroidi, retombaient parfois, mais des mots et des idées demeuraient, des rêves s'incrustaient, et, s'incrustant, se figeaient. Et les dures réalités, parfois prises pour ces rêves, remontaient à la surface des jours.

Certains géographes rêvaient aussi. Ils n'avaient pas fait table rase du passé, car on ne fait jamais table rase du passé. Ils avaient, bien serrés dans leurs porte-documents, les dossiers de leur formation scientifique. Ils aimaient la science qu'ils avaient adoptée, ou qui les avait adoptés. Ils savaient reconnaître une cuesta ou un abrupt de faille sur une carte au 50000e, ils connaissaient la granulométrie, les maisons rurales, ferme cauchoise, mas provençal, chalet savoyard. Ils savaient la Brenne, la Champeigne, l'Auxois et la Chalosse, et aussi le bocage bamiléké et l'openfield sérère, la culture itinérante sur brûlis et la rizière inondée. Mais, ceci dit, ils souffraient un peu de devoir les dire, de la même manière qu'on leur avait dit peu avant, aux étudiants qu'ils avaient devant eux.

Or, au moment de ces Journées géographiques, ces étudiants, justement, faisaient défaut. Ils étaient en grève, depuis de longues semaines, pour des raisons certes excellentes, mais dont la raison, je dois l'avouer, s'est effacée de ma mémoire. Et quelques géographes, jeunes, trouvaient que les diverses réunions et assemblées scientifiques qui constituaient l'ossature de ces Journées, manquaient un peu de vigueur, de nouveauté, voire de rêve.

Et, au cours d'un repas, un de ces jeunes iconoclastes dit à son voisin une phrase qui fut un début: « Si nous n'avons plus d'élèves – ils sont en grève – et si nous ne pouvons plus suivre nos maîtres, serions-nous une génération perdue ? Il va falloir faire quelque chose. Mais quoi ? »

Que faire ? Tout était là, tout et rien. La réponse du voisin, belle réponse d'intellectuel, fut: « Il faut en discuter ». On en discuta. Mais avoir des idées n'est pas chose facile. Et puis des idées à deux, ça fait un peu boomerang. On contacta donc quelques amis, dont on savait qu'ils pensaient un peu de la même manière. Ainsi naquit le Groupe Dupont (encore non baptisé, bien entendu), sans idées préconçues, sans programme précis. Il fallut du temps, il fallut réunir une masse critique (dans tous les sens du mot...). Le projet prit corps aux Journées géographiques de l'année suivante, à Saint-Mandé. Du temps pour la maturation, non sans nombreux échanges épistolaires, et un lieu pour se réunir. Du temps et un lieu, belle genèse géographique...

Les futurs membres du groupe habitaient dans le Sud-Est; ils étaient pauvres et ne pouvaient s'offrir de longs trajets. On chercha un point nodal. On le trouva, proche de d'intersections d'un réseau autoroutier naissant, dans un collège littéraire universitaire. Avignon fut donc le lieu idéal pour une niche écologique, et de plus, fournit le nom de baptême, emprunt à une antique chanson.

Ce que le Groupe Dupont n'est pas

Néo-positiviste

Il était une époque où calculer un écart-type pouvait laisser supposer que celui qui le calculait était au service de la bourgeoisie et de l'impérialisme américain. Certes, dès les débuts du Groupe, nombre de ses membres s'affirmèrent « quantitativistes ». A l'époque, cela voulait dire quelque chose. Aujourd'hui, cela veut dire autre chose. Nous n'avions pas lu Kuhn, nous n'avions aucune idée de la structure des révolutions scientifiques, mais nous sentions que nous étions les enfants d'un paradigme en voie d'épuisement. La géographie dans laquelle nous avions été élevés avait certes évolué depuis Paul Vidal de la Blache, mais les grands principes demeuraient: la primauté de l'étude physique – et surtout géomorphologique – l'importance des études rurales (à l'époque de l'urbanisation galopante..., le plan à tiroirs, la tentation de l'exhaustif, le discours descriptif et le style littéraire. Je simplifie, évidemment.

Mais surtout, le paradigme nous gênait par ce que ses détenteurs nous avaient caché; nous découvrions, – ou on nous aidait à découvrir – des auteurs et des idées dont nous avions rarement ou jamais entendu parler, dont nos patrons de thèses ne nous entretenaient guère: Max Sorre et ses intuitions étonnantes, Hartshorne, Brian Berry, William Bunge, Von Thünen, Christaller, Lösch, Reilly et leurs modèles (et par la même occasion, nous découvrions les modèles...), Éric Dardel dont l'œuvre n'avait pas eu l'honneur d'une seule ligne dans les *Annales de Géographie*...

Cela n'entraîne aucun mépris pour le paradigme dont nous voulions sortir, sinon le rejet des petits épigones qui le prolongeaient par des soins palliatifs. D'ailleurs nous ne savions pas ce qu'est un paradigme... Nous connaissions mal l'histoire des sciences, nous prononcions à peine le mot d'épistémologie, mais nous sentions confusément que la construction de la connaissance progressait par grands mouvements, par périodes, au sein desquels les résultats étaient obtenus par « l'union des travailleurs de la preuve », selon la superbe phrase de Gaston Bachelard. Nous n'étions pas des mathématiciens. Grands Dieux, non! Certains d'entre nous comprenaient plus vite que d'autres les pages adornées de formules inquiétantes, mais nous comprenions tous – sans l'exprimer clairement – que les nombres pouvaient représenter une facette de cette réalité que les géographes traquent depuis l'aube de la géographie, sans la toucher jamais; nous comprenions – on nous avait dit – qu'il y avait des techniques pour torturer ces nombres et exprimer leur contenu de manière plus intéressante et plus riche qu'en les alignant en de grands tableaux qui terminaient la plupart des thèses et ouvrages de travail de l'époque. De l'autre côté de l'Atlantique, de la Manche et de l'Øresund, des géographes pratiquaient ces techniques, et écrivaient des choses intéressantes ; ils les écrivaient en anglais, mais des Québécois et des Français (ou des Suisses…) installés dans les universités francophones du Canada nous transmettaient les résultats de cette « nouvelle géographie » en français.

Mais, en France, hors de la géographie, l'époque était au structuralo-marxisme, et manipuler des chiffres, se servir de ce qu'on appelait encore parfois des computeurs, était une attitude considérée comme néo-positiviste (c'était une injure… !) Il s'agissait d'un procès d'intention. Car jamais, au cours de ce travail épuisant et souvent fastidieux qu'a été l'exploration des techniques quantitatives, de l'écart-type aux algorithmes les plus raffinés de l'analyse des données, il n'était question de réduire les sociétés à des nombres, et pas même, oserais-je dire, de réduire des anticyclones ou des biotopes à des nombres. Simplement, nous jugions qu'il s'agissait de techniques qui permettaient d'avancer un peu sur le chemin de la représentation du monde sensible, de mettre en lumière des phénomènes que le discours descriptif et explicatif en langue naturelle ne permettait pas de déceler.

Certes, mesurer est une pratique scientifique positiviste ; bien antérieure, en fait, au positivisme ; elle est galiléenne et cartésienne. Mais le positivisme est petit-fils de Galilée et des Descartes, et c'est lord Kelvin qui disait : *Science is measurement.* Mesurer, les géographes l'avaient toujours fait. A la mesure on ajoutait l'instrumentation qui pouvait faire dire à la mesure un peu plus que les dimensions d'un objet unique…

Cette polémique opposa un temps le Groupe Dupont aux géographes d'*Espaces-Temps,* qui, comme nous, enfants du paradigme, tentaient de descendre du haut des tribunes des spectateurs et de jouer leur rôle sur la scène de la recherche scientifique. A la vérité, lorsqu'on discute, aujourd'hui, de cette polémique, tout le monde convient qu'elle fut plus idéologique que scientifique. En collaboration avec les amis géographes de Suisse romande, le Groupe Dupont avait lancé les colloques Géopoint (le premier ayant eu lieu à Genève, en 1976, sur le thème : « Théories et Géographie »). Je me souviens de discussions, pendant Géopoint 78, à Lyon (« Concepts et construits dans la géographie contemporaine »). Je crois bien que le Groupe Dupont était plus ou moins accusé d'être « de droite », accusation qui fit bien rire certains membres (pas tous)… Mais pourquoi était-on « de droite » lorsqu'on essayait de comprendre ce qu'était une analyse en composantes principales ? Pourquoi certains pensaient-ils, à l'époque, que faire de la statistique et de l'analyse des données – le *nec plus ultra* de la « géographie quantitative » à l'époque – était nécessairement faire œuvre de technocrates au service du pouvoir ?

La polémique fut plus âpre et plus confuse avec les collègues du groupe *Hérodote*, et il serait intéressant, aujourd'hui, d'en démêler les tenants et les aboutissants. Puis-je écrire bien calmement que je n'ai jamais compris pourquoi les géographes d'*Hérodote* étaient si violents à l'égard des techniques quantitatives, pourquoi l'un d'eux s'écria – lors du Géoforum de l'AFDG à Bordeaux – que l'approche systémique était « de la manipulation » ?

Car aujourd'hui, quand je relis certains articles des années 1970, je me dis que les polémiques étaient un peu vaines, et qu'il n'y avait aucune opposition scientifique – je dis bien scientifique – entre les recherches faites dans l'ambiance structuralo-marxiste et celles conduites au moyen de techniques quantitatives ; mais les idéologies affleuraient, comme des récifs à l'entrée d'une passe. Yves Barel l'avait bien compris, qui, du marxisme et du structuralisme, s'avançait avec sûreté vers le systémisme sans rien renier de ses idées. Il est venu nous exposer ses recherches, à deux reprises, aux réunions du Groupe Dupont. J'en garde un souvenir lumineux.

Alors, néo-positiviste, le Groupe Dupont ? Bien sûr que non. Il y a eu, il y a toujours, au Groupe, des géographes qui ont une vision assez positive de la science ; il y a eu, il y a des marxistes ; je n'ai d'ailleurs jamais compris pourquoi « néo-positivisme » était dans la bouche des marxistes des années 1970, une injure ; il m'a toujours semblé que la science, telle qu'elle était pratiquée par les marxistes, était une science positive… mais les temps ont changé, et le marxisme qui a tant dominé les sciences sociales au point de faire craindre une pensée unique, n'est plus aussi exclusif ; il est une de ces clés qui permettent de comprendre les sociétés dans leur interminable labeur de production de l'espace.

De toute façon, le mot de la fin fut prononcé par un membre du Groupe, à l'issue d'un colloque pendant lequel le reproche de néo-positivisme fut, à plusieurs reprises, durement lancé contre nous : « Bah ! Il vaut mieux être néo-positiviste qu'archéo-négativiste... »

Monolithique

Cette image a souvent été renvoyée au Groupe depuis l'extérieur : la position scientifique du Groupe Dupont est monolithique. C'est une grave erreur de perspective. Il n'y a jamais eu, il n'y a pas aujourd'hui, de pensée unique au Groupe. Dans le panorama des sciences sociales et humaines, ce qui relève de la théorie au sens scientifique strict est parfois difficile à distinguer de ce qui relève de l'idéologie, et, au contraire de ce qui se passe dans les sciences de la matière, les convictions profondes se mêlent au raisonnement scientifique. Or les convictions profondes, disons les *Weltanschauungen* des géographes qui composent le Groupe sont variées, voire en opposition, ce qui, si l'on ajoute un certain éventail de sensibilités politiques, est aux antipodes de tout monolithisme. Mais il est vrai qu'il y a une convergence sur, pour ne pas dire une certaine unanimité pour une conception, assez large, de la géographie, et de la recherche en général. Cette conception se définit, en gros, par :

a. la conviction que la géographie est une science, l'étude scientifique de l'organisation de l'espace par les sociétés, et donc la volonté de suivre ou de tenter de suivre des démarches de recherche rigoureuses ;

b. la conviction que la géographie est donc une science sociale, ce qui n'exclut nullement la géographie physique du champ scientifique de la géographie, bien au contraire. Cependant, si l'on y regarde de plus près, on découvre dans cette dernière conviction, un concert un peu plus dissonant. Ce n'est nullement étonnant, car l'idée que l'on se fait du concept de nature influe fortement sur la conception générale de la géographie. Or ce concept est très difficile, voire impossible, à cantonner dans les strictes limites d'un concept scientifique, et entraîne nécessairement à des divergences scientifiques, philosophiques, et idéologiques ;

c. une conviction partagée que la science est en voie de sortie du paradigme classique (disons : galiléo-cartésien et positiviste, pour simplifier énormément), – ce qui prouve bien d'ailleurs, que la pensée néo-positiviste est assez éloignée de celle du Groupe – et entre dans un nouveau paradigme, qui est celui de la complexité. Ce qui signifie qu'il faut chercher de nouvelles approches pour affronter les problématiques émergentes, et valider les hypothèses. Parmi ces approches, tout ce qui gravite autour du systémisme comme mode de pensée, et comme porte d'entrée dans la modélisation de la complexité, est privilégié par le Groupe. C'est pourquoi le Groupe est devenu un lieu d'échanges sur les expériences de recherche conduites en modélisation systémique *stricto sensu,* en systèmes à base de connaissance, en « intelligence artificielle » en général, bien que l'expression ne soit pas tellement appréciée ;

d. en corollaire à ces trois points, le Groupe Dupont est traversé par une tension essentielle : l'importance de la réflexion épistémologique.

La seule pensée unique qui règne à l'intérieur du Groupe Dupont, c'est de faire de la géographie, si possible de la bonne géographie. Pourrions-nous dire, paraphrasant un peu Popper : on ne sait pas très bien ce qu'est de la bonne géographie, mais on voit bien ce qu'est de la mauvaise géographie... ?

Une franc-maçonnerie

Bien entendu, le mot a souvent été prononcé, avec des mines gourmandes. J'en suis venu à me demander si certains ne subodoraient pas des cérémonies initiatiques ; ils ont raison : il y en a...

Pour bien faire comprendre que le Groupe n'est en rien une franc-maçonnerie, on peut tout dévoiler de son fonctionnement. Voici comment se déroule une réunion « classique » ; il y a trois séances d'une demi-journée. Une demi-journée est généralement consacrée à écouter un invité et à discuter avec lui. Les deux autres demi-journées sont consacrées aux activités du Groupe « en interne » (auxquelles l'hôte de passage peut parfaitement participer ; rien n'est secret). Ces activités sont :

– le fonctionnement ; établissement du calendrier et des ordres du jour des réunions suivantes, discussions sur les invitations à venir, problèmes courants de l'administration et du fonctionnement d'une association loi 1901, voire, une fois par an, l'assemblée générale avec le renouvellement du bureau ;

– le « tour de table » est un moment important de la vie du Groupe. Les membres présents prennent la parole à tour de rôle pour communiquer des informations de tout genre : indications bibliographiques d'articles ou de livres, brefs comptes rendus de lectures ; certains arrivent la serviette gonflée et, tels Bernard Pivot, présentent les livres jugés intéressants, qui font alors le tour du Groupe. Annonces de colloques notées ici ou là, comptes rendus de colloques auxquels tel ou tel a participé, comptes rendus de réunions au CNRS, précisions sur des profils de postes vacants, etc. Ce « tour de table » dure souvent longtemps, deux, trois heures, d'autant que telle ou telle information ou présentation déclenche souvent des discussions que le malheureux président de séance a parfois du mal à gérer. Cet échange d'informations est très précieux, et je suis certain qu'il a été à l'origine des bruits accusant le Groupe d'être une société d'entraide mutuelle, voire un réseau mafieux. Il y a une part de vérité dans ces bruits ; la somme d'informations qui transitent par le Groupe est élevée, et fait de ses membres des universitaires informés, or l'information est une partie (importante) du pouvoir. Le Groupe n'a aucun pouvoir par et en lui-même, il a certainement concouru à en donner à certains membres. Et alors ? Les plus anciens ont consacré aux réunions une bonne centaine de week-ends de leur vie… Tous en ont recueilli les dividendes, dans le domaine de la connaissance scientifique, de l'aptitude à écouter, en ont gagné un enrichissement intellectuel énorme, certains ont sans aucun doute trouvé dans ces informations, et même dans la connivence qui relie de manière forte tous les membres, des accélérateurs de leur carrière. Quoi de plus juste ? Après tout, fonder un Groupe, appartenir à un Groupe, n'a jamais été interdit à personne, et le Groupe n'a jamais eu d'activités illégales !

Enfin, le reste de la réunion est consacré au travail sur le programme scientifique fixé pour l'année ; en fait, c'est cette partie des activités du Groupe qui a beaucoup évolué dans le temps. Dans les premiers temps, quand les enfants du paradigme ancien se préparaient à enjamber le vide inquiétant qui séparait le paradis des spectateurs de la scène où doit se dérouler l'action, une bonne partie des journées était consacrée à ce que l'on pourrait appeler une coopérative d'enseignement. L'un ou l'autre était chargé de présenter tel ou tel chapitre d'un manuel de statistique, d'expliquer la théorie des graphes, ou l'analyse factorielle, etc. L'ignorance de nombre d'entre nous dans ces domaines de la formalisation préalable à toute modélisation était abyssale ; nous allions partout quêter informations et explications, voire cours du soir auprès de collègues des départements de mathématiques, de statistique. Nous avancions sur la pointe des pieds, et lorsqu'ici ou là dans nos UFR, nous avons réussi à introduire un enseignement de statistique, les étudiants se doutaient-ils que nous les précédions parfois de deux semaines, au mieux de trois, dans la connaissance de ce que nous enseignions ?

Cette coopérative d'enseignement a duré quatre ou cinq ans, et puis elle a peu à peu perdu de son importance ; et ce pour diverses raisons.

Les directions de recherche des membres du Groupe n'étaient (heureusement) pas du tout les mêmes. Une fois le socle commun construit, certains jugèrent qu'ils en savaient assez pour que ces acquis deviennent une contribution à la construction d'une connaissance géographique ; ils ne souhaitaient plus continuer d'investir dans mais surtout les directions d'intérêt divergèrent : l'un voulait investir davantage dans l'informatique et la programmation, l'autre dans la théorie des graphes, ou dans les techniques de classification ; l'initiation à la systémique et à ses modèles happa nombre d'entre nous. Il n'y avait plus d'apprentissage « technique » commun à tous les membres. Cet enseignement coopératif, qui a été une des démarches fortes des débuts du Groupe, n'en est plus qu'un des aspects. Depuis quelques années, la coopérative d'enseignement a laissé place à des discussions sur les recherches conduites par tel ou tel membre du Groupe, après un bref exposé. Et, un an sur deux, à la préparation scientifique du Géopoint.

Néanmoins, on a constaté récemment une sorte de retour aux sources, qui se caractérise par un travail collectif autour d'un « marquage » clair de ce qu'est l'analyse spatiale. De jeunes membres du Groupe ayant demandé à quelques uns des plus anciens ce qu'ils entendaient exactement par « analyse spatiale », nous nous sommes aperçus qu'en fait, une fois quelques banalités exprimées, il était difficile, sinon de préciser le champ des méthodes et techniques qui permettent de faire de l'analyse spatiale, du moins de définir le *corpus* avec une bonne précision. Ces réflexions ont conduit à plusieurs après-midi de travail, parfois marquées par une certaine confusion. Devant cet état de choses, de grands projets de publication collective sont nés. On peut souhaiter qu'ils soient conduits à bien.

Ce qu'est le Groupe Dupont

Une tension essentielle vers une épistémologie

Les débuts du Groupe ont donc été, comme il a été dit plus haut, clairement orientés vers un apprentissage des techniques « quantitatives ». Mais aucun de nous ne considérait cela comme une fin en soi. Nous voulions mettre ces techniques au service de la construction d'un savoir géographique – ce que nous avons fait, soit dit en toute modestie, et les résultats (thèses, articles, livres) sont là pour le montrer[3]. Récemment, au cours d'un séminaire, une thésarde, parlant de ses recherches, a évoqué «les vieilles techniques classiques...» Il s'agissait des analyses factorielles et des régressions multiples ! J'ai alors perçu combien les anciens du Groupe avaient vieilli, car ils ont encore parfois l'impression que ce sont des nouveautés en géographie. Et, aussi, vaguement, une impression fugitive a traversé mon esprit : peut-être bien que de nouveaux enfants du paradigme vont descendre du balcon et virer les «vieux» aux oubliettes. Ce n'est pas grave : c'est ça, la progression de la science.

Quoiqu'il en soit, le travail de réflexion qui accompagna très tôt la progression commune méthodologique et technique eut une conséquence inattendue, encore qu'avec du recul, elle semble complètement évidente...

Je crois pouvoir dire que beaucoup d'entre nous ne s'étaient jamais demandé comment le discours scientifique était construit. Les règles de la classification nous étaient inconnues. La nécessaire formalisation des langages informatiques, passant souvent par le fameux *if... then... else* nous conduisit à distinguer démarche inductive et déductive, *modus tollens* et *modus ponens*. Nous découvrîmes la construction hypthético-déductive. Et cela nous conduisit à aller lire, et à mettre en discussion ce qui avait été dit par des gens dont beaucoup de nous ignoraient jusqu'au nom. Nous avons ainsi découvert l'épistémologie ; nous nous mîmes à fréquenter le positivisme logique, et Carnap et Popper, et Feyerabend, et Imre Lakatos, et Wittgenstein, et Thomas Kuhn, et bien d'autres. Nous sommes remontés aux sources présocratiques, aristotéliciennes, au nominalisme et à la querelle des Universaux, à Guillaume d'Ockham et aux deux Bacon, et puis à Hume, à Kant, etc. L'ouverture sur le systémisme nous poussa à aller regarder de plus près les démarches suivies dans d'autres domaines de la connaissance. Jean-Louis Le Moigne nous y aida ; Ilya Prigogine et Isabelle Stengers nous y conduisirent ; les rencontres avec d'autres groupes de géographes français furent un fort adjuvant. Il n'y a pas, aujourd'hui, de séance de travail du Groupe qui ne comporte plusieurs temps de réflexion sur la construction du savoir, sur la conceptualisation, la pertinence des modèles, la théorisation explicite ou implicite, sur les références sous-jacentes. Un des apports fondamentaux de ces décennies de travail commun a été de vouloir sortir la géographie de son isolement. Certes, elle a été, comme l'écrit François Dosse

3. Le Groupe ne dédaigna pas pour autant le qualitatif, et ce dès les origines. Un des membres, janséniste sans doute, avait suggéré que, le soir venu, après avoir consommé des sandwiches et bu un quart d'eau minérale, nous allions participer à quelque soirée culturelle, voire occitane (on est à Avignon ou on n'y est pas...) pour prolonger le travail de la journée. Mais une forte majorité décida qu'après des heures de réflexion sur le quantitatif, nous passions à une vérification du bien-fondé du Qualitatif (avec un Q majuscule). Ce qui fut fait. Certains membres du Groupe ayant une connaissance poussée de l'œnologie, ces «qualitatifs» sont en général bien arrosés, et l'ambiance souvent fort «troisième mi-temps».

dans son *Histoire du structuralisme,* « l'invitée de la dernière heure ». Le Groupe Dupont œuvre pour qu'elle prenne cependant sa place à table. Et il lui semble, pour cela, que la tension essentielle doit être de nature épistémologique.

Et c'est bien cela qui, au-delà du travail technique (analyse des données, modélisation formelle de tout genre, SIG, images satellitaires, etc.) conduit à cette tension essentielle sur la manière de « faire de la géographie », c'est-à-dire de construire la connaissance et le discours, et de les enseigner. Il m'apparaît que c'est aujourd'hui – et sans préjudice du reste – le ciment scientifique du Groupe Dupont.

Un forum permanent et ouvert

C'est un des aspects importants de la vie du Groupe que la réunion autour d'un géographe, d'un économiste, d'un sociologue, d'un philosophe, etc., qui est invité à présenter le point de ses recherches, ou tel ou tel aspect de son travail, ou bien un livre qu'il vient de publier. Le jeu est parfois périlleux, car il faut éviter de parodier une soutenance de thèse. Le risque n'est pas grand, car le Groupe ne ressemble pas à un jury ; il est plus nombreux, beaucoup plus agité et indiscipliné, et souvent plus impertinent. Les motivations de l'invitation sont variées : l'un de nous a rencontré tel ou tel scientifique dont les idées ont paru intéressantes. Telle publication semble bien cadrer avec les réflexions conduites par le Groupe. Ou bien il s'agit de préparer un Géopoint avec un collègue dont les préoccupations sont proches du thème choisi.

Les discussions sont longues, souvent rudes, toujours courtoises et le Président de séance a bien du mal à gérer la liste des gens qui demandent la parole.

La liste des invités, depuis vint-cinq ans, est considérable. Chacun des lecteurs de ces quelques pages sera peut-être un jour soumis au feu roulant et croisé des questions et des objections ; c'est un risque à prendre… Lorsqu'un collègue étranger est signalé quelque part en France, on s'efforce de l'attirer une fois en Avignon ; c'est ainsi qu'Alan Scott (qui participa à la fondation du Groupe), Peter Gould, David Harvey, Shalom Reichman, Roger White, Rodney White, Jean-Pierre Thouez, Éric Weiss, Marie Blais, pour ne pas citer tous nos amis belges et suisses, ont passé quelques heures à Avignon. Parmi les non-géographes, on peut signaler évidemment Jean-Louis Le Moigne, les économistes spatiaux de l'équipe de Dijon, Jean-Pierre Lugnier, Michel Marié, des historiens (avec une mention spéciale pour Yves Barel et Bernard Lepetit, aujourd'hui décédés), etc.

Par ailleurs le Groupe Dupont est mobile, et il lui arrive parfois de partir en corps constitué à la rencontre de géographes lointains. Ainsi furent organisés des petits colloques à Barcelone, à Padoue ou à Montréal. Le déplacement le plus spectaculaire eut lieu en Polynésie française, avec une rencontre à l'université du Pacifique et des TD sur le terrain, carte géologique en main, comme au bon vieux temps.

Des publications

Le Groupe Dupont a publié onze volumes des comptes rendus de Géopoint, depuis le colloque de Genève, Théories et Géographie, en 1976, jusqu'au colloque d'Avignon sur la nature, en 1996. Les quelques dizaines de numéros des Brouillons Dupont constituent une somme inégale, mais inégalée de réflexions sur la géographie et son évolution, sur la riche et conflictuelle dialectique entre géographie « humaine » (« sociale » ?) et géographie physique, sur les théories, les concepts, les idéologies qui sous-tendent le discours géographique. Certains papiers parus dans les BD sont prémonitoires. Ces Brouillons Dupont furent lancés artisanalement, comme des *discussion papers*. Ils doivent être l'unique spécimen au monde d'une publication préparée, écrite, publiée (très irrégulièrement...) et lue presque exclusivement par ceux qui l'écrivent et la publient !

QUE PENSENT-ILS DE LA GÉOGRAPHIE ET DE SON ENSEIGNEMENT À L'UNIVERSITÉ ?

Enquête auprès d'étudiants géographes

Christian Daudel, université Jean-Monnet, Saint-Étienne

> « Les idées sont tellement pliées dans l'âme qu'il n'est plus toujours possible de les développer, comme les choses elles-mêmes sont pliées dans la nature ».
>
> Gilles Deleuze, *Le Pli.*

Qui sont les étudiants en géographie d'aujourd'hui ? Que pensent-ils de la géographie dont ils ont fait leur spécialité dans leurs études supérieures ? Comment apprécient-ils leurs professeurs en particulier et les auteurs géographes en général ? De quelle manière évaluent-ils eux-mêmes leur culture géographique ? Vaine gageure sans doute que de prétendre le savoir convenablement. Pour autant que de telles questions soient récurrentes, elles n'en sont pas moins actuellement essentielles, au vu d'un contexte universitaire, disciplinaire et sociétal en pleine évolution. Car tout est pli et repli complexes chez l'individu, dans la science, dans l'institution et dans la société. Il faut en tout état de cause éviter la caricature aussi bien que le préjugé.

Cependant à l'université, le nombre croissant d'étudiants a bouleversé bien des logiques. De même, la science géographique enregistre désormais de profondes mutations de ses contenus, de ses méthodes et de ses finalités. La société et l'économie, enfin, imposent de nouvelles conditions de professionnalisation et d'emplois. Face à de telles transformations connues mais pour lesquelles on analyse peu souvent les impacts, quel profil-type de l'étudiant-géographe est-on en mesure d'établir ? Est-ce seulement possible ? Selon quelles modalités ? Et à quelles fins ? Un questionnaire soumis à des étudiants peut-il être un outil suffisant, un médiateur pertinent, dans une démarche intellectuelle qui se veut fondamentalement épistémologique quant au fond de la science qu'elle considère et méthodologique quant à la forme de la didactique disciplinaire qu'elle suppose ?

Protocole particulier pour un questionnaire ordinaire

Le questionnaire[4] établi ici est donc un prétexte à l'investigation et à la réflexion. Sa réalité et sa justification renvoient davantage à l'expression d'une préoccupation qu'à un objectif de résultat scientifique. Certes les réponses données par les étudiants se révèlent intéressantes en soi. Elles fournissent des éléments précieux sur la communauté estudiantine des géographes, et aussi en arrière-plan, de manière indirecte, des aperçus sur l'évolution de la géographie et de son enseignement. Cependant, le but premier consiste à initier une procédure de consultation et de dialogue entre les enseignants-géographes et leurs étudiants. Ainsi trois constats implicites sous-tendent ce projet. Tout d'abord, les enseignants connaissent sans doute mal leurs étudiants. Ensuite, ceux-ci sont rarement sollicités pour exprimer, de façon un peu formalisée, leurs avis et critiques sur leur discipline. Enfin, la géographie universitaire, elle-même, est animée de mouvements divers qui renouvellent sa problématique et le débat que l'on peut instaurer autour d'elle[5]. Dès lors il s'agit de pallier un manque, alors que tout bouge dans notre monde et que l'on peut craindre que l'écart ne se creuse insidieusement entre enseignants et étudiants.

La présente initiative est certes limitée, mais elle prétend avoir valeur d'exemple sinon de modèle. Le questionnaire s'organise en quatre volets principaux : le premier concerne la situation personnelle de l'étudiant, le second traite de la perception de la géographie et de son enseignement par les géographes eux-mêmes, le troisième ouvre la géographie sur l'extérieur, le quatrième envisage l'avenir scientifique, professionnel et social de la discipline. Au total, une quarantaine d'*items,* sous forme de questions ouvertes ou fermées, avec différentes possibilités de choix plus ou moins contraignants permettent

4. Le questionnaire à partir duquel cet article a été rédigé a été distribué à des étudiants géographes de licence, en fin d'année, dans les universités de Créteil, Paris VII-Denis-Diderot, Reims et Saint-Étienne. Notre réflexion sera conduite à partir de 150 questionnaires remplis.

5. Dory D., Douzant-Rosenfeld D. et Knafou R., 1993.

de balayer de multiples aspects de la problématique retenue, selon divers angles et maints croisements. L'ensemble constitue un point d'appui pour soulever des questions. Les étudiants géographes d'aujourd'hui sont-ils différents de ceux d'hier ? Quelles conclusions les enseignants peuvent-ils retirer à mieux les connaître ? Le progrès de la science géographique passe-t-il par une amélioration de la relation intellectuelle entre les étudiants et les enseignants ?

Quant au dépouillement du questionnaire, c'est une double caractéristique qui le valide. D'une part, une procédure élémentaire de comptage des choix pour chaque *item* a permis d'établir des tendances significatives dans les réponses. D'autre part, une démarche critique permanente dans l'interprétation des informations recueillies a facilité l'énoncé de quelques conclusions fortes afférentes à l'économie générale de la géographie universitaire. La place accordée à une certaine dose de provocation intellectuelle peut être interprétée, et admise par tout un chacun, comme une volonté tactique de mieux sensibiliser enseignants et étudiants géographes au devenir de leur discipline et de leur science.

Aperçu des profils des étudiants

La situation personnelle des étudiants témoigne d'une évidence, d'une confirmation et d'une information plus substantielle. Les étudiantes sont les plus nombreuses (94 personnes). Une forte majorité des étudiants et étudiantes a obtenu le baccalauréat sans mention, quelques-uns seulement affichent une mention « Assez bien ». Ce recrutement modeste, qui ne préjuge pas néanmoins de la qualité et du sérieux de nos étudiants géographes, n'est pas sans rappeler le classement des disciplines de Pierre Bourdieu, où la géographie est en position médiocre. Par ailleurs, au terme de leurs études en licence, et presque à l'unanimité, les étudiants envisagent, à court terme, de continuer leurs études. A long terme, une moitié des effectifs se destine au professorat d'école, et un tiers à celui des collèges et lycées. Quelques-uns seulement se dirigent vers la recherche. Une telle répartition des souhaits professionnels est sans doute à mettre en regard avec les *cursus* universitaires tels qu'ils sont conduits. Dans ce registre, moins d'un étudiant sur deux a suivi des cours d'épistémologie, et une proportion encore moindre, des cours d'histoire de la géographie. Les enquêtes sur le terrain concernent moins d'un étudiant sur trois. En revanche, les cours d'informatique s'imposent partout. Le profil disciplinaire évoluerait-il ainsi du géographe de terrain au géographe informaticien[6] ? Question de fond qui mérite toute l'attention.

Dans l'auto-évaluation de leur culture géographique, deux tiers des étudiants la perçoivent comme éparpillée et déséquilibrée. Ils la jugent, dans des

6. Daudel C., 1988.

proportions identiques, plutôt insuffisante voire faible. Les rubriques culture géographique « cohérente » et de « bon niveau » sont peu retenues, la seconde encore moins que la première. Ainsi le ton est donné. Les étudiants se perçoivent comme peu érudits dans leur discipline, ce qui se confirme pour d'autres *items* où sont sollicitées des connaissances précises. De manière plus ciblée, ils admettent à la fois qu'ils connaissent peu et mal les grands auteurs géographes, et qu'ils ne pratiquent pas les revues de géographie.

En revanche, leurs scores s'améliorent dans leur capacité à appréhender les différentes échelles spatiales et ils se reconnaissent comme bien informés sur le monde actuel. De plus, une bonne moitié des enquêtés s'accorde une capacité suffisante dans le raisonnement géographique et une aptitude correcte à la cartographie. Cela peut toutefois sembler faible pour un tel *panel* de géographes. De manière classique, un étudiant sur quatre se reconnaît dans la géographie humaine, un sur huit dans la géographie physique et dans la géographie régionale. De la sorte, le triptyque historique est restitué, les repères traditionnels se maintiennent avec force. En troisième rang seulement, la géographie politique et la géographie sociale sont requises par un étudiant sur quinze. Géographie quantitative et télédétection qui pourraient être des repères de modernité ne sont aucunement retenues.

Conscients de leur culture géographique hétéroclite et de leurs lacunes disciplinaires, dans l'objectif d'y remédier, les étudiants plébiscitent un approfondissement des méthodes, des techniques et des langages qu'ils jugent indispensables. En retrait toutefois de leur position précédente, ils considèrent comme souhaitables la réflexion épistémologique sur la géographie et la connaissance de l'histoire de la discipline et de son enseignement. Pour autant, bien des indices, ailleurs dans le questionnaire, amènent à conclure que la conscience de l'importance de l'épistémologie et de l'histoire de la géographie demeure faible, malgré une certaine reconnaissance scientifique de ces deux domaines. A l'université, ceux-ci sont à ce jour encore peu enseignés, bien que l'on insiste souvent sur la connaissance de l'évolution du savoir disciplinaire, la théorisation et l'approfondissement conceptuel. Au-delà des intentions, n'est-ce pas une preuve que la carence épistémologique persiste chez la majorité des étudiants[7] ?

De la géographie…

A tort ou à raison, mais tel un rituel, tout questionnaire sur la géographie sollicite une définition. L'exploitation des réponses est toujours délicate. Néanmoins, elle peut être conduite avec profit par appréciations successives. Dans l'ensemble, la géographie apparaît comme l'étude de la dimension spatiale

7. Daudel C., 1994.

des sociétés. Les idées d'articulation entre des thèmes et des lieux, de corrélation entre divers objets géographiques, de synthèse entre différentes disciplines et à plusieurs échelles sont très présentes. Elles semblent davantage être dues à une gestion superficielle des vocabulaires et des problématiques plutôt que d'une compréhension puissante d'une philosophie de l'homme et de la société dans des territoires. Est-ce par accoutumance à des phraséologies et des modes de pensées en vogue? Majoritairement, les écrits mentionnent l'inévitable interface hommes/nature ou hommes/milieux: tradition oblige (51 enquêtés). La géographie comme organisation de l'espace et étude de la Terre est en deuxième position (23 réponses). « La géographie, c'est ce que j'aime » fut sans doute la définition recensée la plus béate. Est-ce là l'indice du rapport affectif que les géographes ont fréquemment entretenu avec leur discipline, à travers la beauté des paysages, la mystique du terrain, la fascination de la cuesta, et l'ordre éternel des champs?

Conformément aux définitions élaborées, la géographie est presque unanimement désignée comme science de l'interface homme/nature. Le choix d'une science sociale est trois fois moins retenu. Celui de la science de la nature est abandonné. Par ailleurs, la géographie demeure une science de terrain (70 réponses) qui se fait davantage et contre toute attente, avec la tête (35 personnes) qu'avec les pieds (25 personnes). Le recours à l'ordinateur est globalement rejeté. Le travail en équipe et la réflexion personnelle s'équilibrent: 20 réponses chacun.

Si l'on cherche à savoir comment les étudiants positionnent la géographie par rapport à d'autres sciences, on remarque qu'elle est inscrite dans un triangle de proximité associant la géopolitique (la plus citée en priorité), l'économie (la plus souvent citée au total) et la sociologie (la plus également répartie sur les cinq ordres de proximité). L'histoire est considérée comme équidistante de la géographie avec la géologie et de l'écologie en retrait toutefois. Anthropologie et science politique décrochent. Ce canevas ne se confirme qu'en partie.

Classement éminemment partisan plutôt que conviction intime: la géographie est investie de la meilleure utilité sociale. Viennent ensuite l'économie et la sociologie, puis l'histoire et la géopolitique. On peut s'étonner de la place très moyenne octroyée à l'écologie.

Quels grands géographes les étudiants connaissent-ils et ont-ils lu? Les réponses obtenues font apparaître un grand éventail de noms cités. Dans l'ordre, Roger Brunet (72 citations), Paul Vidal de La Blache (62 citations) et Yves Lacoste (50) remportent chacun plus d'un tiers des suffrages avec des écarts assez marqués. Loin derrière, Philippe Pinchemel (16), Élisée Reclus (15), Alain Reynaud (14), Max Derruau (11) et Daniel Noin (10) atteignent ou franchissent la barre des dix citations. Puis apparaissent Paul Claval, Olivier Dollfus, Jean Demangeot, Pierre Birot et Walter Christaller sont cités entre neuf et cinq fois. 18 autres noms sont énoncés quelques fois et une trentaine d'autres une fois. Qu'en conclure? Les repères ne sont plus ce qu'ils étaient? Sans surprise, les références d'auteurs contemporains se multiplient. Hormis Roger Brunet et Yves Lacoste, aucun ne s'impose. Cette prolifération et cet éparpillement s'effectuent au détriment de grandes références plus anciennes que les étudiants ignorent manifestement tels Max Sorre, Jean Brunhes, Jean Gottmann et bien d'autres dont on pourrait penser légitimement qu'elles devraient faire partie d'une bonne culture géographique. De nombreux étudiants n'ont indiqué aucun nom, les autres en en mentionnant quelques-uns seulement, rarement cinq, n'ont pas construit de listes significatives d'une forte compréhension induite pour les auteurs choisis. Tous ont énoncé les noms qu'ils avaient à l'esprit[8], sans autre réflexion historique, épistémologique ou méthodologique. Pratiquement tous les géographes cités sont français; parmi les noms cités à plusieurs reprises, seuls l'Allemand Christaller et le Brésilien Milton Santos sont mentionnés.

Les lectures géographiques qui auraient le plus marqué les étudiants dans leur parcours intellectuel sont aussi significatives. Les ouvrages cités renvoient, de manière utilitaire, à des questions traitées dans les programmes. Aucun ne concerne à part entière la philosophie de la géographie, son épistémologie ou ses rapports avec la littérature par exemple. A l'encontre d'une absence totale de réponse originale, et comme un clin d'œil, un seul étudiant donnait une référence bien inattendue – *Les rêveries du promeneur solitaire* – faible indice peut-être d'une imagination et d'une ouverture d'esprit tellement rare qu'elle mérite d'être soulignée. Dans le registre des courants de pensée, en revanche, si un quart des étudiants avouait n'en connaître aucun, les autres plaçaient majoritairement et à égalité, le courant vidalien et celui de la nouvelle géographie. Sans aucune hiérarchisation, ils distinguaient aussi une cinquantaine d'intitulés différents, à l'unité (courants positiviste, radical, développementaliste, culturel, régionaliste...), sauf quelques-uns, cités quatre ou cinq fois (courants tiers-mondiste, déterministe, naturaliste...). Ces formulations laissent à penser que les étudiants n'identifient et ne distinguent pas toujours bien les principaux courants de pensée géographique. Ici aussi, une incontestable prolifération de réponses ne vaut pas, à tout coup, maîtrise des écoles. Reconnaissons que les étudiants, aujourd'hui sont plus sensibilisés, que dans le passé, au fait que s'il n'existe qu'une seule réalité géographique – le monde tel qu'il est dans sa diversité – il existe maints discours géographiques possibles pour la décrire selon le mode d'investigation intellectuelle utilisé pour une analyse.

Ainsi le jugement que l'on porte sur la géographie universitaire est multiple. Le « savoir penser l'espace » est autant accrédité que la « nomenclature » est marginalisée. « L'enquête sur le terrain » obtient toujours les faveurs des étudiants. La « théorisation et la conceptualisation » d'une part et le « traitement des données géographiques » sont moyennement considérés.

8. Parmi lesquels, assez souvent, leurs enseignants à l'université...

On a pu dégager ici quelques images que les étudiants de licence en géographie ont sur cette science et ces scientifiques. Si l'on s'intéresse, à présent, aux modalités de transmission de cette science, à travers son enseignement universitaire, d'autres caractéristiques apparaissent.

… de son enseignement à l'université et de son évolution

Le contenu des enseignements est apprécié pour son actualité par trois quarts des personnes interrogées, les cours de géographie sont perçus comme complémentaires les uns des autres plutôt qu'hétérogènes, éclatés et dispersés. Une moitié des étudiants considère que le savoir disciplinaire est descriptif et concret, alors que l'autre moitié le conçoit davantage théorique et conceptuel. Le discours dans l'enseignement de la discipline est majoritairement reconnu comme problématisé, cependant une forte minorité le qualifie de plutôt informatif. Deux tiers des étudiants ont une opinion plutôt favorable des *cursus* menant à l'université. Ces répartitions, à parts égales sur des choix opposés dans chaque *item,* ne seraient-elles pas significatives de clivages dans la communauté estudiantine, toute proportion gardée, comme ceux identifiés chez les enseignants-chercheurs ?

Pour l'amélioration de l'enseignement en géographie, les étudiants semblent déterminés dans leurs appréciations. De manière peut-être un peu surprenante, ils demandent avec insistance davantage de sorties sur le terrain (55 réponses). Puis leurs vœux se portent sur un plus grand nombre d'heures de travaux dirigés (15 personnes), sur une utilisation plus fréquente de matériels didactiques (cartes, audiovisuel), et sur une meilleure concertation entre enseignants dont ils jugent par ailleurs insuffisante la disponibilité à leur égard. La revendication d'interdisciplinarité est toujours présente. Il est préféré une problématisation renforcée des thèmes étudiés, une initiation plus précoce et plus poussée à la recherche, un réel souci de professionnalisation et une aspiration à s'ouvrir sur l'extérieur (échanges inter-universitaires en France et à l'étranger).

D'autre part, les étudiants pensent que les non-géographes témoignent de beaucoup d'ignorance de la géographie (65 réponses), qu'ils n'en parlent pas (27 réponses), même si, à l'occasion, ils expriment une relative curiosité à son endroit (37 réponses). Les cartes restent le symbole emblématique de la discipline (65 personnes), loin devant les reliefs et les climats (24 enquêtés). L'organisation de l'espace et des territoires ne retiendrait pas l'attention des non-géographes (3 personnes). En revanche, les références aux paysages, à la description des lieux et à la nomenclature – réminiscence d'une certaine géographie scolaire – résistent bien : une dizaine de réponses à chaque fois.

Lorsqu'ils argumentent sur la géographie en direction de non-géographes, les étudiants pratiquent le discours des dynamiques spatiales en premier lieu (86 personnes), bien avant l'évocation des grands voyages et autres explorations (27 personnes). Les registres préférés sont relatifs aux milieux naturels pour près d'un étudiant sur deux, puis sont retenus les territoires, les réseaux et les villes. Les exemples avancés pour parler de la discipline sont diversifiés, sans aucune dominante : de ceux afférents à l'aménagement du territoire, aux parcs naturels et aux transports, à la compréhension des paysages, au Tiers Monde et à l'Europe, en passant par les systèmes d'information géographique, les échelles et les répartitions spatiales des sociétés. Quant à la pertinence de la géographie, elle est souvent mal établie. Les réponses renvoient davantage à des domaines d'application utile (risques naturels, environnement, localisation, relief, aménagement) qu'à des aspects pertinents proprement dits. Seule l'évocation des niveaux d'échelle et de la problématique (discutée) de l'interface homme/nature peut être considérée comme répondant à la question de la pertinence disciplinaire. Tout se passe comme si les étudiants géographes savaient peu parler de leur discipline et mal la promouvoir dans ses développements récents, face à des perceptions très traditionnelles et autres anathèmes classiques portés sur la science géographique.

Enfin, ils estiment que l'utilité de la géographie serait plus grande, demain, dans des secteurs d'applications professionnelles, et moindrement mais à égalité dans l'enseignement et la recherche. Une pratique renouvelée de l'aménagement du territoire est sollicitée, en même temps que, paradoxalement, est écartée l'évolution de la géographie vers une discipline d'expertise derrière l'aspiration à une science plus conceptualisée et théorisée. Enfin, les étudiants croient plus que la géographie répondra aux besoins et aux aspirations de la société vers l'éducation civique et politique, et moins avec une médiatisation renforcée. Le développement des relations avec d'autres sciences sociales est massivement retenu (119 réponses), ce qui fait mieux apparaître le non-intérêt pour un renforcement des liens avec l'histoire (26 réponses). Un étudiant sur deux prône un approfondissement de l'articulation de la géographie physique avec la géographie humaine. Nouvelle confirmation, le renforcement de la théorisation et de la conceptualisation de la discipline n'est voulu que par un étudiant sur quatre. En même temps, moins d'un étudiant sur cinq souhaite le maintien des *corpus* actuels, preuve s'il en est d'un désir de changement.

Vers un dialogue épistémologique critique

Alors que des travaux conséquents[9] ont traité déjà de la géographie et de son fonctionnement universitaire dans tous ses aspects, peu de réflexions ont été conduites sur les étudiants eux-mêmes[10], leurs perceptions, leur niveaux de

9. Brunet R., 1982 et Comité national d'évaluation, 1989.

10. *Cf.* D. DOUZANT-ROSENFELD, « Géographie et professeurs du second degré. Le grand écart », *in Matériaux pour une sociologie de la géographie,* Paris, 1993, L'Harmattan, pp. 135-174.

compréhension, leurs manières d'apprendre et leurs aspirations professionnelles. La pratique de questionnaires contribue à remédier à une connaissance insuffisante de la communauté estudiantine par les enseignants-chercheurs. Dans la gestion de la science géographique, cela peut fournir l'opportunité d'un débat disciplinaire permanent. Car les étudiants semblent aujourd'hui assez désemparés. La complexité des évolutions contemporaines de la science géographique ne dépasse-t-elle pas leur entendement par un déficit d'explications approfondies et ne les met-elle pas souvent en échec, dans leurs propres études ? La réflexion épistémologique doit s'exercer davantage. Elle seule peut permettre de donner du sens aux écrits des géographes, de hiérarchiser des idées et des courants de pensée, d'établir des chronologies et des typologies pour différentes problématiques et thématiques, et non pas seulement de se contenter de citer ici quelques auteurs, là des écoles géographiques ou encore des intitulés et autres formules sans en maîtriser le moindrement les origines, les contenus conceptuels et les significations théoriques. Il y faut aussi de l'esprit critique pour mieux apprécier les évolutions de la géographie dans le temps, les mutations des méthodes dans les investigations scientifiques disciplinaires, les comparaisons dans les thèses et arguments. Sans doute, les étudiants attendent-ils cela de leurs enseignants.

«Que pensent-ils de la géographie et de son enseignement à l'université ?»
Enquête auprès d'étudiants géographes : questionnaire

• SITUATION PERSONNELLE
1. Sexe
masculin
féminin
2. Âge
3. Baccalauréat
année
section
mention
4. Lieu de résidence
ville
département
5. Avenir envisagé
à court terme
continuation d'études
vie active
à long terme
professeur d'école
professeur en lycée ou collège
DESS
DEA
autres choix
6. *Cursus* universitaire
Avez-vous suivi des cours d'histoire de la géographie ?
Oui
Non
Avez-vous suivi des cours d'épistémologie de la géographie ?
Oui
Non
Avez-vous suivi des cours d'informatique en géographie ?
Oui
Non
Avez-vous fait des enquêtes sur le terrain ?
Oui
Non
si oui, précisez lesquelles

• QUE PENSEZ-VOUS DE LA GÉOGRAPHIE ?
7. Donnez votre définition de la géographie
8. La géographie est plutôt
une science de terrain
une science théorique avec des concepts
9. La géographie ça se fait plutôt: (un seul choix)
avec les pieds (enquête sur le terrain)
avec la tête (réflexion théorique)
avec un ordinateur
en équipe
par réflexion personnelle conceptuelle
10. Citez des géographes qui vous paraissent importants

• • •

11. Peut-on dire de la géographie qu'elle est plutôt (**un seul choix**)
une science sociale
une science de la nature
une science de l'interface homme/nature
12. Selon vous, la géographie se rapprochent le plus de (**faire cinq choix par ordre de proximité de 1 à 5**)
l'économie
la sociologie
l'histoire
la géologie
l'anthropologie
l'écologie
la science politique
la géopolitique
13. Classement des diverses disciplines selon leur utilité sociale (**faire cinq choix de 1 à 5**)
écologie
sociologie
histoire
géographie
anthropologie
géologie
économie
14. Percevez-vous des courants de pensées différents en géographie ?
Oui
Non
Si oui, quels sont les courants de pensées cités ?
15. A l'université, les contenus d'enseignement de la géographie sont plutôt
d'actualité
obsolètes
16. A l'université, les cours de géographie sont plutôt
complémentaires les uns des autres
hétérogènes, éclatés et dispersés
17. A l'université, le savoir géographique est plutôt
descriptif et concret
théorique et conceptuel
18. A l'université, l'organisation du discours dans l'enseignement de la géographie est plutôt
informatif
problématisé
19. A l'université, la conduite des cursus en géographie est (**un seul choix**)
très favorable
plutôt favorable
plutôt défavorable
très défavorable
20. Quelles amélioration suggérez-vous pour l'enseignement de la géographie à l'Université ?
21. Quelles sont les lectures géographiques (**ouvrages, thèses, articles**) **qui vous ont le plus marqué dans votre parcours intellectuel, jusqu'à aujourd'hui**
la géographie régionale
la géographie politique
la géographie physique
la géographie humaine
la géographie économique
la géographie quantitative

• • •
la géographie culturelle
la géographie urbaine
la géographie rurale
la télédétection
la cartographies des représentations
la cartographie informatisée
autre (précisez)
32. Classement par l'importance que vous accordez aux expressions suivantes (**classement de 1 à 5**)
le savoir penser l'espace
théorisation et conceptualisation
enquête sur le terrain
traitement des données en géographie
nomenclature
33. Commentaire libre sur la culture géographique des étudiants géographes en général
34. Afin d'améliorer votre culture géographique, vous pensez que
la connaissance de l'histoire de la géographie et de son enseignement est
indispensable
souhaitable
inutile
une réflexion épistémologique sur la géographie est
indispensable
souhaitable
inutile
un approfondissement des méthodes, des techniques et des langages est
indispensable
souhaitable
inutile
35. Dans quel domaine prévoyez-vous une plus grande utilité de la géographie dans l'avenir? (un seul choix)
dans l'enseignement
dans des secteurs d'applications professionnelles
dans la recherche
36. Quelles sont les évolutions souhaitables de la géographie pour répondre aux besoins et aux aspirations de la société de demain? (**classement par ordre de priorité de 1 à 5**)
vers une éducation civique et politique
vers un savoir davantage médiatisé
vers une science plus conceptualisée et théorisée
vers une pratique renouvelée de l'aménagement du territoire
vers une discipline d'expertise
37. Concernant le profil de la géographie dans l'avenir, que suggérez-vous?
renforcer les liens avec l'histoire
approfondir l'articulation de la géographie physique et de la géographie humaine
maintenir les *corpus* actuels de la géographie
renforcer la théorisation et la conceptualisation de la géographie
développer les relations avec d'autres sciences sociales
38. Commentaire libre

CHAPITRE 5

GÉOGRAPHES ET GÉOGRAPHIES A PARTIR DES THÈSES DE DOCTORAT

Les données dont nous pouvons disposer ne facilitent pas le travail entrepris pour mieux connaître la communauté des géographes. Nous avons plus facilement accès à des informations sur les productions scientifiques que sur les acteurs de cette production. Tel est le cas des thèses de doctorat : faute de pouvoir bien approcher la population des doctorants, nous nous sommes intéressés aux sujets déposés par les jeunes géographes, afin d'étudier ce qu'ils nous disent du fonctionnement de la recherche géographique en France, de son ouverture sur le monde ou de sa fermeture. Ce chapitre consacré aux doctorats donne lieu à trois types de réflexions.

La première s'intéresse aux mots contenus dans le libellé des sujets eux-mêmes, de ce qu'ils évoquent tant en termes de localisation, de thématiques que de problématiques. La mise en regard de ces sujets avec les universités où ils sont déposés permet à Denise Douzant-Rosenfeld de montrer que ces institutions ont elles aussi des territoires.

Pour sa part, Jean Raison a entrepris de croiser la thématique des thèses avec le recrutement et la spécialité des enseignants montrant ainsi de fortes logiques dans certaines universités, une sorte d'auto-reproduction inscrite dans le long terme.

Enfin, il a été demandé à trois géographes, chercheurs et universitaires, d'observer et d'analyser ce corpus *des thèses: Jean-Pierre Raison, spécialiste de l'Afrique tropicale, s'est intéressé aux doctorats portant sur son domaine de compétences et se demande s'il s'agit d'un fleuron de la géographie française francophone ou d'un domaine en crise larvée. Jean-Pierre Vigneau donne quelques raisons de la prolifération des thèses sur le territoire marocain. Enfin Michel Sivignon, spécialiste de la Grèce et des Balkans, essaie de comprendre la répartition géographique des thèses, d'expliquer les fortes concentrations mais peut-être surtout la faiblesse ou l'absence de la recherche géographique dans des portions entières du monde.*

LA PRODUCTION SCIENTIFIQUE EN GÉOGRAPHIE A TRAVERS LES THÈSES

Denise Douzant-Rosenfeld, IUFM de Versailles-université Paris X et GRAL
Jean Raison, lycée Jean-Jaurès, Châtenay-Malabry

L'analyse du *corpus* des sujets de thèses nous a semblé intéressante pour aborder l'état de la production scientifique en géographie aujourd'hui. Le doctorat continue de constituer, au sein du monde de la recherche, la voie d'accès au travail scientifique reconnu, même si les modalités de soutenance et le temps consacré à la thèse ont changé. Nous ne sommes plus dans la période de «La thèse d'État»[1], chef-d'œuvre souvent d'une bonne moitié de vie professionnelle.

1. Classiquement deux thèses, une principale, une secondaire pour la géographie, la thèse principale en physique ou régionale ou humaine, l'autre secondaire dans le sous-champ non choisi: géographie physique, si la thèse principale est en humaine ou régionale et vice versa.

Le doctorat de 3e cycle, créé dans les années 1950 à une époque où la recherche scientifique s'institutionnalisait et se développait sous forme de laboratoires en dehors de l'université (CNRS, instituts spécialisés comme l'Orstom), avait pour objectif d'introduire une formation spécifique à la recherche dans la perspective de maintenir des activités de recherche au sein des universités. La thèse de 3e cycle a été remplacée par la thèse nouveau régime (d'une durée comparable, trois à quatre ans, sur le modèle du *Ph. D* anglo-saxon), quand disparut en 1984 le doctorat d'État.

Notre *corpus*[2], sur la période 1990-1994, recense 743 thèses soutenues et 2172 sujets déposés et comprend tous ces types de thèses, car la transition a duré un certain temps. L'essentiel est cependant constitué par les nouvelles thèses[3]. Il ne s'agit cependant que d'une part de la production scientifique en géographie, répertoriée par ailleurs dans les articles de revues scientifiques, les livres et les ouvrages de statuts divers, les productions informatisées et les productions cartographiques.

Ce recensement permet dans un premier temps de préciser la place respective des grands champs de la recherche en géographie, autour des catégories traditionnelles de « géographie physique » et de « géographie humaine et régionale » qui, pour un certain nombre de sujets, ne sont plus pertinentes. Le nombre et la répartition des directeurs de thèses renseignent sur les pôles majeurs et secondaires de formation de docteurs dans les universités françaises. Ceux-ci peuvent être surtout mesurés par le nombre de thèses soutenues et de sujets déposés dans chaque université pour la période. L'analyse succincte des sous-champs disciplinaires et des localisations permet de dresser des cartes des universités et de leurs territoires. Une analyse plus précise du *corpus* des titres de thèses en termes de localisation, de thématique et de problématique, donnent quelques représentations de la production géographique récente et des recherches en cours. Les sujets des thèses « innovantes » sont plus particulièrement mis en évidence (*cf. infra* la contribution de Denise Douzant-Rosenfeld, chap. 5).

2. Depuis 1987, la collecte des informations est effectuée et vérifiée au sein du laboratoire du CNRS Intergéo (intégré au sein de l'UMR Prodig depuis 1996) par Anne-Marie Briend, ingénieur documentaliste, et Gérard Joly, ingénieur informaticien, lequel nous a aidé dans le traitement des informations recueillies. La base Géothèse ainsi constituée (à partir du Service de documentation et de recherche du Fichier national des thèses à Nanterre et des secrétariats des départements universitaires de géographie), comprenait au début de 1996 (années 1987-1995 incluses) 1655 thèses soutenues et 3939 sujets déposés et thèses en cours. Bien que la base ne soit pas exhaustive, nous pouvons la considérer comme représentative pour une étude en grandes tendances. Et, pour renforcer sa fiabilité, nous avons essayé de « toiletter » notre *corpus* en retirant les sujets dont les directeurs de thèses n'étaient pas dans le Répertoire des géographes français, les doublons et les faux amis (en urbanisme et en géologie en particulier). Les informations recensées sont les suivantes : nom du docteur ou du doctorant, nom du directeur de thèse, type de thèse, titre de la thèse soutenue ou du sujet déposé, année, université.

3. Nous avons repéré 12 thèses de 3e cycle, 48 thèses d'État, 6 thèses d'université, 9 habilitations, et donc 668 nouvelles thèses.

D'autre part, le croisement de la thématique des thèses et sujets avec le recrutement et la spécialité des enseignants souligne la continuité des thèmes et lieux étudiés par universités sur le temps long, conduisant à une auto-reproduction difficile à bousculer (*cf. infra* chap. 5).

Enfin le regard croisé de trois universitaires géographes sur tout ou partie des données suggère d'autres interprétations : Jean-Pierre Raison ausculte le fichier des thèses localisées en Afrique au sud du Sahara ; Jean-Pierre Vigneau donne quelques raisons de l'abondance des thèses soutenues sur le Maroc ; enfin Michel Sivignon réfléchit sur la signification des localisations à l'échelle mondiale.

LES UNIVERSITÉS ET LEURS TERRITOIRES

Denise Douzant-Rosenfeld, IUFM de Versailles-université Paris X et GRAL

Parce que la géographie est une science qui dit pourquoi ici n'est pas ailleurs, elle est attentive aux lieux, proches et lointains, et construit sa propre observation des territoires. Cette observation peut aussi s'appliquer à elle-même ou, plus exactement, aux universités qui la produisent.

Pour montrer les territoires des universités et donc des géographes qui les composent, nous avons choisi trois modes d'approche : l'un porte sur la liaison production de thèses-université qui aboutit à une carte des pôles universitaires de géographie en France et à quelques représentations de territoires universitaires, où l'ancrage local est un trait dominant ; l'autre repose sur la liaison production de thèses-localisation et thématique qui a permis de produire quelques figures. Enfin, le dernier étudie le *corpus* des intitulés de thèses pour y déceler le modèle-type, les variantes et les innovations.

L'essentiel de nos observations porte donc sur le *corpus* des thèses soutenues entre 1990 et 1994, pour lesquels nous emploierons le terme simplifié de «thèse». Les sujets déposés pendant la même période ne seront analysés qu'en contrepoint. Nous parlerons alors de «sujets».

Production géographique et universités

La production géographique récente peut ainsi être abordée par le nombre de thèses et de sujets déposés et leur répartition. Avec 743 thèses soutenues entre 1990 et 1994, la moyenne de production des thèses de géographie dans les universités françaises s'établit autour de 150 par an[4], ce qui semble un rythme soutenu et très largement supérieur à la création des postes dans les universités et organismes de recherche pour la discipline (dont la thèse reste le passeport d'entrée).

Lieux d'investigation et structure d'accueil

Cette dynamique doit être nuancée par la proportion des étudiants provenant des pays africains, anciennes colonies de la France (Maghreb, Afrique sub-saharienne), et secondairement du Brésil, du Mexique et de Grèce, dans le nombre total. L'attraction des étudiants-chercheurs africains en France est liée aux héritages coloniaux et à la politique dite de coopération, comme le soulignent plus loin Jean-Pierre Raison, ou dans une autre partie Georges Courade.

Un comptage sommaire[5] nous conduit à avancer la proportion de 45 % de doctorants étrangers ayant soutenu leur thèse sur leur pays d'origine dans une université française, au premier rang desquelles Bordeaux, Paris, Montpellier et Tours. Compte tenu de cette particularité, il reste autour de 400 thèses soutenues sur la période, soit une moyenne plus modeste de 80 thèses par an, un rythme plus faible, semble-t-il que le développement des thèses en histoire.

50 thèses seulement ne font pas apparaître de localisation dans leur intitulé, et cette proportion se réduirait encore notablement si on disposait du résumé des thèses. La localisation incluse dans les titres des thèses, que nous commentons par ailleurs, fait apparaître les grandes proportions suivantes : au premier rang l'Afrique, surtout francophone (44 % des thèses et 32 % des sujets localisés) dont 24 % des thèses sur les pays du Maghreb et 17 % sur le seul Maroc ; ensuite la France métropolitaine (32 %) et les DOM (2 %) ; enfin le reste du monde (reste de l'Europe, 6 % des thèses mais 20 % des sujets ; Asie/Océanie, 4 % des thèses ; Proche et Moyen-Orient 4 % ; Amérique latine, 4 % ; Amérique du Nord, 0,5 %).

Les thèses se répartissent entre 38 universités et trois grandes écoles (l'ENS Fontenay-Saint-Cloud, l'EHESS et l'Inalco). L'IHEAL (Institut des Hautes Études pour l'Amérique latine), et l'IPEALT (Institut Pluridisciplinaire d'Études sur l'Amérique latine), sont intégrés respectivement aux universités de Paris III et de Toulouse-Le Mirail (Toulouse II).

4. Qu'il faudrait comparer au cru moyen d'autres disciplines en sciences sociales pour la même période, information que nous n'avons pas. En revanche, il existe un répertoire des thèses soutenues aux États-Unis, consultable par Internet.

5. Ne disposant pas de la nationalité du docteur ou doctorant, nous nous sommes fondés sur le patronyme associé au pays étranger, en ne retenant pas ceux à consonance étrangère lorsque le sujet portait sur la France. Le questionnement de quelques directeurs de thèses encadrant beaucoup de doctorants faisant leur thèse sur leur pays d'origine (Maghreb, Afrique sub-saharienne, et secondairement Brésil, Mexique, Grèce) a confirmé notre hypothèse d'une forte association entre doctorants étrangers et thèses sur leur pays d'origine soutenues en France.

Les étudiants-chercheurs : une population très masculine

Alors que nous ne disposons pas de la répartition enregistrée par sexe, nous nous sommes fondés sur les prénoms, en dépit de leur approximation (prénoms épicènes, prénoms d'origine étrangère). Cela conduit aux proportions relatives suivantes : 150 thèses ont été soutenues par des femmes, soit environ 25 % du fichier des thèses soutenues. La géographie apparaît ainsi très masculine, comparée à d'autres sciences sociales, comme l'histoire par exemple[6]. Elle l'est d'autant plus si on a soutenu sa thèse en géographie physique : 35 références de docteurs femmes en géographie physique (17 % du total des thèses regroupées dans cette rubrique) et 150 en géographie humaine (28 %). Il est possible que le caractère plus « scientifique » attribué aux disciplines de la géographie physique continue à en éloigner les femmes, comme dans les sciences exactes.

Cette proportion est plus favorable que le ratio homme/femme de 1 à 5 observé par ailleurs[7] ou la composition par sexe de la communauté des géographes telle qu'elle apparaît dans les différents répertoires d'Intergéo[8]. Il semblerait que les nouvelles femmes docteurs aient commencé à inverser la tendance[9]. Ce qui n'est pas encore le cas dans le corps des directeurs de thèse.

La primauté de la géographie humaine

Sur les 41 universités ou grandes écoles ayant formé des docteurs en géographie pour la période, 11 n'en ont pas formé en géographie physique parmi lesquelles Paris VIII, Rouen, Tours et deux grandes écoles l'ENS et l'Inalco. Ceci explique en partie que le nombre de thèses de géographie physique ne s'élève qu'à 198 (27 % du total) pour 83 directeurs (32 % du total des directeurs). Ici la géomorphologie continue à l'emporter (40 %) comme il sied dans la tradition française, mais les autres disciplines, biogéographie, climatologie et hydrologie sont bien représentées avec 50 % du total.

Alors, il n'est pas étonnant que les thèses en géographie humaine (ou économique, régionale ou aménagement) constituent les trois quarts du *corpus*. Ce rapport est encore plus écrasant si l'on regarde les sujets déposés (82 %). Nous y avons classé également une soixantaine de thèses relevant de la « géographie »,

6. Constat déjà fait chez les professeurs du second degré « géographes » de formation, surtout sensible chez les agrégés, comparé aux « historiens ». *Cf.* l'enquête « Vous et la géographie » effectuée en 1991 et ses résultats : D. Douzant-Rosenfeld, « Géographie et professeurs du second degré. Le grand écart » *in Matériaux pour une sociologie de la géographie,* Paris, 1993, L'Harmattan, p. 145.

7. M. Bruston, « Pour une connaissance des chercheurs en géographie. Première approche », *ibid.*, p. 76.

8. Béatrice Collignon, Anne Frémont-Vanacore et François Moriconi avaient déjà pressenti en 1993 ce degré de masculinité et souligné les lacunes du *Répertoire des géographes français* utilisé comme source pour leurs observations, en particulier l'absence de la mention du sexe dans les notices des géographes. Voir leur article : « Les centres d'intérêt des géographes français », *ibid.*, p. 49.

9. *Cf.* texte ci-après de Gérard Joly.

c'est-à-dire portant sur l'analyse spatiale, l'étude des concepts, des modèles, des chorèmes, des représentations, comme les travaux en didactique (tab. 1). La géographie urbaine est bien représentée, devançant largement la géographie rurale, la géographie régionale et la géographie économique où le thème du tourisme est devenu notable.

Tableau 1 : Répartition des thèses soutenues en géographie humaine dans les universités françaises entre 1990 et 1994 (en %)

Géographie urbaine		38
Géographie rurale		21
Géographie économique (diverses activités)		14
dont tourisme	3	
Géographie de la population (hors urbaine)		5
Géographie régionale, aménagement		12
Autre (analyse spatiale, concept, école, sport, santé, géopolitique, modèle, didactique, représentations...)		10
Total (= 545)		**100**

Dynamiques et recrutements

Le vivier de production de thèses reste important. 2172 sujets ont été déposés ou re-déposés dans la même période au sein de 44 universités et 3 grandes écoles, soit 6 universités supplémentaires où a été créé au moins un DEA pour accueillir les nouveaux doctorants. Le rapport est de une thèse soutenue pour trois sujets déposés en moyenne, mais des écarts notables apparaissent (tableau 2). Il est plus favorable aux thèses soutenues dans les universités les plus anciennes (Paris I, VII, Bordeaux, Nantes, Montpellier, Clermont, Strasbourg, Rouen ou Lille). *A contrario*, l'université de Paris VIII-Saint-Denis se signale par un rapport de 1 à 10 en faveur des sujets déposés : c'est le centre où l'on dépose le plus de sujets de thèses de géographie en France, dépassant largement Toulouse, Paris I, Paris IV ou Bordeaux, pourtant très attractifs. C'est probablement lié à la politique générale de l'université et au DEA de géopolitique (direction Y. Lacoste) qui attire bien au-delà du public des géographes[10]. Quelques universités, nouvellement dotées d'une école doctorale, se signalent par un nombre élevé de doctorants (Angers, La Réunion, Antilles-Guyane).

Les doctorants disposent d'une large panoplie de formations doctorales implantées dans toutes les régions, sauf en Picardie et en Corse. On dénombre au moins 65 Diplômes d'Études Approfondies (DEA) accessibles aux étudiants

10. En particulier des étudiants en science politique, sociologie politique, histoire, etc. qui peuvent décider ensuite de faire une thèse en géopolitique, comptabilisée en géographie.

géographes. Les universités les plus anciennes et les plus prestigieuses en bénéficient davantage, surtout les universités parisiennes, qui sont également celles qui ont le plus grand nombre de directeurs de thèse. Plusieurs DEA organisés en réseau profitent à plusieurs universités (en général deux ou trois)[11].

Sur 257 noms de professeurs ou directeurs de recherche[12] ayant encadré des thèses soutenues, seulement 9 en ont dirigé plus de 2 par an dans la période. Le premier a fait soutenir 23 thèses sur tous les types de sujets en géographie humaine pendant la période, suivi par 8 autres directeurs qui ont fait soutenir entre 10 et 15 thèses, soit 15 % du total des thèses répartis sur 9 « patrons »[13] ; 41 autres professeurs ont dirigé entre 1 et 2 thèses par an ; 105 ont dirigé entre 2 et 4 thèses pendant la période (fig. 1). On constate ainsi une petite concentration sur quelques professeurs qui s'oppose à l'extrême dispersion des autres docteurs entre un grand vivier de directeurs. Ces derniers sont d'autant plus nombreux qu'ils continuent à encadrer des thèses même après leur retraite. Et paradoxalement, ce n'est pas toujours là où l'on trouve le plus grand nombre de directeurs que le nombre de thèses soutenues est le plus élevé (en moyenne trois thèses par directeur sur cinq années), comme on pouvait s'y attendre. Ici se distinguent les directeurs de Bordeaux et de Tours comme les plus productifs. Trois professeurs de Tours ont fait soutenir 20 thèses et patronné 51 doctorants pendant la période. Le dynamisme du DEA, appuyé sur une forte équipe de recherche (Urbama, Urbanisation du Monde arabe) et sur l'attraction de nombreux doctorants maghrébins doit en être la cause.

11. Les plus étendus étant le DEA « Structures et dynamiques spatiales, géographie théorique et quantitative » (Aix-Marseille II, Avignon, Besançon, Dijon, Grenoble I et Nice) et le DEA « Dynamiques des milieux continentaux » (Paris I, IV, VII, X, XII et ENS).

12. On relève peu de noms de chercheurs dans l'encadrement des thèses comparés à leur place dans l'animation des DEA.

13. Michel Rochefort de Paris I, suivi par P. Barrère de Bordeaux, P. Carrière de Montpellier, P. Claval de Paris IV, J.-P. Raison pour Paris X et l'EHESS, B. Barbier d'Aix, J.-C. Bonnefont de Nancy, J.-F. Troin de Tours et C. Chaline de Paris XII.

Tableau 2 : Thèses soutenues et sujets déposés en géographie et urbanisme[1] entre 1990 et 1994

Université (classement par régions)	Nombre de thèses	Nombre de sujets	% thèses /sujets	Nombre de DEA[2]	Nb de directeurs[3]
Paris I	86	126	68	10	25
Paris IV	44	115	38	4	16
Paris VII	23	49	47	5	10
Paris X	24	81	30	5	10
Paris XII * + urba	23	85		3	7
Paris VIII *	17	193	9	3	8
EHESS-Inalco*-ENS*	17	53	32	5	10
Paris III*	3	9	33	1	2
Paris XIII*	1	1		0	1
Sous-total IDF	**238**	**712**	**33**	**36**	**89**
Bordeaux III	67	97	69	2	13
Pau	3	33	9	1	2
Grenoble (dont Grenoble II)	34	91 (18)	46	2	16
Lyon II + urbanisme[1]	14	19		3	9
Lyon III	6	23	26	2	3
Saint-Étienne*	3	18	17	2	3
Chambéry		2		0	
Aix-Marseille I (II)	21 (20)	79 (55)	26 (36)	3 (4)	9 (8)
Nice	7	34	20	1	3
Avignon	5	18	28	3	4
Toulouse II	45	148	30	3	17
Montpellier III	37	79	47	2	13
Nantes	27	42	64	2	7
Le Mans*	6	15	40	1	3
Angers		28	-	2	
Nancy II	21	50	42	1	6
Metz	7	37	19	1	1
Strasbourg I	28	67	42	1	13
Mulhouse		1		0	
Tours*	25	72	35	2	5
Orléans		6		1	
Lille I	24	50	48	2	11
Rennes II	9	28	32	1	4
Brest	14	30	45	1	4
Caen	20	42	58	1	7
Clermont-Ferrand II	15	28	53	1	6
Rouen*	13	18	72	1	5
Poitiers	12	33	36	2	5
Besançon	8	20	40	2	3
Dijon	7	32	22	2	6
Limoges	4	23	17	1	3
Reims	3	12	25	0	2
La Réunion	1	12	8	1	1
Antilles-Guyane		14		1	
Sous-total régions	**505**	**1 460**	**1**	**19**	**168**
Total = 44 universités (3e cycle)	**743**	**2 172**	**34**	**65**	**257**

Source générale : Fichiers Base Géothèse Intergéo, établis par G. Joly, revus par D. Douzant.
*Aucune thèse en géographie physique.

1. Fichier Intergéo : encadrés par des professeurs de géographie.
2. Source : Guide des formations universitaires en géographie, aménagement, urbanisme, environnement, tourisme, *Bulletin Intergéo* n° 105-106 (1992) et n° 113-114 (1994). Total sans double compte.
3. Nombre de directeurs ayant encadré les thèses soutenues. Total sans double compte.

Cette analyse peut être affinée si l'on se réfère au fichier des sujets déposés (fig. 2). On relève 38 co-directeurs de thèses (doctorants étant suivis par deux directeurs). Sur 415 directeurs environ[14], 34 encadrent 15 thèses ou plus[15] (au moins trois par an), 26 entre 10 et 14, 95 directeurs entre 5 et 9 (au moins une par an). La dispersion est encore plus grande. Elle semble s'expliquer par l'expansion des troisièmes cycles dans les nouvelles universités et le recrutement consécutif de nouveaux professeurs. En revanche la concentration sur quelques-uns peut être encouragée par la politique de l'enseignement supérieur (écoles doctorales, primes d'encadrement, etc.)

Au total, on peut dessiner le profil du directeur de thèse qui va de l'universitaire polyvalent type M. Rochefort ou P. Claval ou J. Beaujeu-Garnier en son temps, au professeur spécialiste d'une thématique, d'une région française ou d'une aire géographique (le plus fréquent) et au professeur très spécialisé donnant tous ses sujets sur la pêche (toutes les localisations peuvent alors défiler) ou sur le même pays (par exemple le Maroc). Ces spécialités professorales donnent souvent la spécialisation des universités.

Les pôles de formation : la dichotomie Paris-province

Si l'on s'intéresse à la répartition spatiale qui émerge, on voit bien apparaître les pôles majeurs et mineurs de formation des docteurs en géographie (fig. 5 et tab. 2)[16]. Le pôle parisien concentre à lui seul le tiers des thèses soutenues (et 29 % des sujets déposés). Ces proportions sont conformes aux moyennes françaises : avec 17 universités, l'Île-de-France compte 373 000 étudiants, soit un quart de la population étudiante (avec 12 000 enseignants, 1 200 équipes de recherche et 450 DEA) et 37 % des troisièmes cycles (4 000 docteurs par an). Au sein du pôle parisien comprenant 8 universités et 3 grandes écoles, les universités de Paris centre (ex-Sorbonne, Paris I, IV, VII et secondairement Paris III) concentrent 65 % des thèses soutenues dans les universités de l'Île-de-France, Paris I tenant de loin la vedette avec 86 thèses, soit 36 % des thèses soutenues dans la région.

14. Nombre probablement surévalué, par comptage de sujets non rattachés à des directeurs « géographes ». On touche à la question de la fiabilité de la base d'enregistrement des sujets déposés, plus faible que celle des thèses soutenues.

15. C'est Yves Lacoste qui arrive en tête (36 doctorants et 6 thèses soutenues pendant la période, alors que Michel Rochefort n'encadre plus que 9 doctorants) pour la raison indiquée en note 7 ; suivi par J.-C. Giacottino, G. Rossi, F. Reitel, G. Jalabert, B. Barbier, M. Roncayolo, P. Signoles, J.-P. Raison, Y. Péhaut, A. Humbert, J.-P. Frey, J.-P. Charrié, R. Ferras, B. Giblin, J.-P. Ferrier ; R. Hérin, J.-F. Troin, A. Dubresson, H. Picheral, R. Breton, R. Gaignard, J. Hubschman, C. Huetz de Lemps, C. Chaline, J. Pérard, J.-P. Pinot, R. Pourtier, P. Claval, C. Cauvin, G. Escourrou, X. de Planhol, R. Lambert, J.-C. Maillard, J.-N. Salomon, tous avec 15 doctorants au moins.

16. Cette hiérarchie se cale sur celle du poids du 3e cycle universitaire au sein des universités (voir *Géographie de l'école*, n° 5, 1997, édité par la direction de l'Évaluation et de la Prospective du ministère de l'Éducation Nationale, Tableau p. 69).

Cinq autres pôles se distinguent en région: dans l'ordre Bordeaux, Toulouse, Aix-Marseille, Grenoble et Montpellier où l'on soutient entre 13 et 7 thèses par an. La région Rhônes-Alpes jouit de la troisième place derrière l'Île-de-France et l'Aquitaine, grâce à Grenoble plus qu'à Lyon, avec le renfort de Saint-Étienne et aujourd'hui de Chambéry. Provence-Alpes-Côte d'Azur devance Midi-Pyrénées (où Toulouse trône seule) grâce au renfort que procure, à Aix-Marseille, Nice et Avignon. Dans le groupe des «5 à 6 thèses» soutenues par an, on trouve encore 6 universités dynamiques comme Strasbourg, Nantes, Tours, Lille, Caen et Lyon. Proches de ce groupe apparaissent également Clermont-Ferrand, Brest, Rouen, Poitiers. Dans les autres universités, on soutient moins de 2 thèses par an.

En général, il y a correspondance entre l'ancienneté du département de géographie, le nombre de professeurs des universités et le plus grand nombre de thèses, avec une nette sur-représentation pour l'université de Paris I. La carte ainsi produite (fig. 3) diffère peu de celle des lieux de soutenance de thèse réalisée à partir de l'*Annuaire de la Recherche Géographique Francophone*[17] (fig. 4). On constate une minoration pour Nice et Rennes, et une majoration pour Lille et Nancy, les autres pôles étant égaux par ailleurs.

A chaque université son territoire, ou comment découper le monde

Si l'on examine la spécialisation des universités provinciales, à partir du fichier des thèses soutenues (celles de l'Île-de-France offrant toute la panoplie des sujets en France, en région parisienne et à l'étranger), on remarque un double comportement dans la plupart des grandes universités: d'une part, un ancrage de l'université dans sa région avec les Alpes à Grenoble ou à Lyon, la Lorraine à Metz; et d'autre part, des spécialisations liées à la présence des grandes chaires et des laboratoires avec par exemple l'Afrique francophone à Bordeaux, Montpellier, ou Aix, l'Amérique latine à Toulouse, la géographie physique à Strasbourg ou Lille, la climatologie à Dijon, l'urbaine à Paris XII, la population à Poitiers et la mer en Bretagne et dans les Pays de Loire, etc.

Ainsi les territoires de l'université de Bordeaux s'étendent outre-mer, grâce aux étudiants africains (fig. 5). Elle reste marquée par l'importance de sa tradition coloniale puis tropicale. Les territoires de Toulouse se diversifient davantage, mais l'Amérique latine occupe une place plus faible qu'attendue (fig. 6). Le dynamisme de l'IPEALT profite davantage aux autres sciences sociales. L'université de Grenoble s'est faite, depuis Raoul Blanchard, une spécialité (un territoire réservé?) du massif alpin et de la haute montagne (fig. 7), tandis que Clermont-Ferrand veille sur le Massif central et la «diagonale du vide» (DEA «Moyennes montagnes et espaces fragiles»).

17. M. Bruston, 1993, *op. cit*, p. 81.

Concernant plus précisément l'étude du territoire français (238 thèses dont 14 thèses sur les DOM-TOM), les universités en région l'emportent sur la capitale (177 thèses contre 61), grâce à Brest, Nantes, Caen, et Besançon entre autres. La géographie physique est également majorée (76 thèses) grâce à Grenoble, Aix, Nancy ou Paris VII. La géographie urbaine est bien représentée (33 % des thèses en géographie humaine), devançant la géographie régionale et l'aménagement.

Concernant l'Afrique (305 thèses soutenues dont 125 sur le Maroc), 30 % des thèses ont des problématiques de géographie physique, et 27 % en géographie urbaine (83 thèses, contre 63 en géographie rurale). Les pôles d'élaboration de ces travaux sont surtout Bordeaux (très largement en tête, 58 thèses africanistes sur 67 thèses soutenues), Montpellier (24 sur 37), Aix, Tours (21 thèses sur 25), Strasbourg (17 sur 28), Nancy et Poitiers. Ils concentrent à eux sept 53 % des thèses africanistes et 71 % de ces mêmes thèses soutenues dans les régions. Les étudiants marocains se retrouvent dans ces mêmes pôles, et plus particulièrement à Tours, Strasbourg, Poitiers, Nancy, le pôle parisien (surtout Paris I et Paris X) ne retenant que 25 % du total des thèses africanistes.

A ce stade de notre analyse, nous pouvons tirer quelques conclusions. La géographie française reste masculine. Elle attire presque autant d'étudiants nationaux que d'étudiants étrangers, très majoritairement originaires des anciennes colonies. Est-ce un signe de bonne santé ? Faut-il y voir l'accompagnement d'une autonomie grandissante des diverses géographies africaines, par exemple, ou la continuation de l'emprise de la géographie française sur ces dernières ? Il faudrait par ailleurs examiner en détail les politiques de coopération, de bourses, l'implantation des centres de recherche français à l'étranger pour mieux comprendre certaines concentrations. La double affirmation d'une forte dichotomie Paris-province, classique dans les universités françaises, et de l'existence de pôles forts en région, liée à l'ancienneté et à l'histoire des départements de géographie dans les universités régionales, apparaissent à tous les stades de l'étude. Enfin, au sein des diverses spécialités disciplinaires, la géographie urbaine est devenue la discipline reine de la géographie.

Production géographique et localisations

L'analyse des lieux apparaissant dans le titre des thèses peut donner aussi une indication des régions du monde actuellement étudiées, en gardant à l'esprit que la géographie des grands espaces ou des civilisations demande un autre type d'approche, peu accessible à un étudiant-chercheur. Nous avons essayé de dresser ici une représentation de la répartition des thèses soutenues selon la localisation contenue dans le titre, indépendamment des universités de rattachement (fig. 8). On remarque qu'une très grande majorité de sujets associe une thématique et un ou des lieux : sur les 50 intitulés qui ne font pas apparaître de localisation, 41 sont en géographie humaine et 9 en géographie physique. Dans ces cas il s'agit de sujets liés à des questions théoriques (concepts, systèmes, etc.), à des outils ou des techniques (télédétection, SIG), ou à la didactique. Cette non-localisation croît dans les sujets déposés (15 %). En termes d'échelle, c'est davantage celle des petites unités (pour les travaux urbains très nombreux en particulier) qui prévaut. L'échelle régionale, reine dans les thèses de l'école française de géographie, est définitivement révolue. Peu d'études portent sur de grands espaces, ou sur la comparaison de plusieurs lieux, encore moins à l'échelle monde (2 thèses)[18]. Au total, les localisations montrent le prisme d'un monde en trois sous-parties, peu corrigé par la figure des sujets déposés (fig. 9) : l'Afrique francophone (les ex-colonies), puis la France et le reste du monde.

Pour l'Afrique, les pays du Maghreb l'emportent sur l'Afrique subsaharienne (24 % du total des thèses contre 20 %[19]). D'autre part, le Maroc est champion toutes catégories, comme si les universités marocaines se déchargeaient sur les universités françaises pour former leurs docteurs (ce qui semble moins le cas pour l'Algérie – 26 thèses soutenues – et la Tunisie – 13 thèses). Sur les 125 thèses soutenues sur le seul Maroc, soit une moyenne de 25 par an (et le vivier semble inépuisable puisqu'on dénombre encore 153 sujets déposés relatifs à ce pays), on relève de nets regroupements (tab. 3). On remarque, en particulier, une fixation sur Fès, Casablanca, la côte et l'Atlas, que l'on retrouve dans les sujets déposés. Ces villes et régions sont décomposées et auscultées dans les moindres recoins[20]. Longtemps les filières de formation d'étudiants chercheurs marocains en France ont été favorisées par des bourses venant du pays même et les réseaux ainsi formés continuent à fonctionner, même après le ralentissement de ces aides. La francophonie est également un élément multiplicateur. Reste à expliquer les raisons de cette prédilection pour la discipline géographique[21].

---

18. WEISSBERG Daniel, *Le Système mondial de l'informatique, acteurs et enjeux,* Toulouse (1992), R. MARCONIS (dir.) et *L'Urbanisation dans le monde de 1950 à 1990,* d'après une définition harmonisée des agglomérations urbaines, François Moriconi-Ebrard, Paris I (1993), D. Pumain (dir..).

19. *Cf. infra* la contribution Jean-Pierre Raison, chap. 5.

20. L'équipe Urbama (CNRS n° 365 et université de Tours) a fourni des documents complémentaires, en particulier l'étude récente faite par J.-F. Troin : « Thèmes et lieux de recherche chez les chercheurs français et francophones en géographie urbaine au Maghreb 1968-1990 » in Recherches urbaines dans le monde arabo-musulman (Urban Research on the Middle East), coll. Urbama, vol. 24, 1993, pp 65-76, qui donne des informations précieuses. J.-F. Troin souligne en particulier la vitalité de la filière d'étudiants-chercheurs marocaine, la plus étoffée dans les universités françaises, alors que la Tunisie a aujourd'hui son propre système de doctorat et que l'Algérie enregistre également un recul.

21. *Cf.* texte ci-après de Jean-Pierre Vigneau.

Tableau 3 : Répartition des thèses soutenues sur le Maroc (1990-1994)

Géographie physique		**39 (31 %)**
dont	géomorphologie	17
	climatologie	10
	hydrologie	8
	biogéographie	4
Géographie humaine et régionale		**86 (69 %)**
dont	urbaine	40
	rurale	20
	économique	19
	région et aménagement	7
dont Fès et sa région	11	
dont Casablanca et sa région	11	
Total thèses soutenues sur le Maroc		**125 (100 %)**

Source : Base Géothèse, Intergéo. Comptage et regroupement de l'auteur.

La France ne vient qu'en deuxième position avec 32 % des thèses localisées contre 44 % pour l'Afrique mais elle arrive en première position dans les sujets déposés (37 %). La vague des thèses africaines serait-elle en reflux (35 % des sujets déposés) ? Par ailleurs, 72 thèses sont recensées en géographie physique (30 %). En géographie humaine, il s'agit de sujets associant une thématique et une localité ou une région, davantage une thématique urbaine ou une activité économique ou un thème de population, qu'une problématique rurale ou une problématique régionale dans son ensemble. Une trentaine seulement sont à l'échelle nationale ou sur un groupement de régions. Huit seulement associent la France à un autre pays ou une autre région du monde pour effectuer une comparaison.

Les autres aires culturelles du Tiers Monde restent sous-représentées, moins pour l'Amérique latine et les Caraïbes (6 % des thèses et 6 % des sujets) et le Proche et Moyen-Orient (4 %) que pour l'Asie et l'Océanie confondues (4 % des thèses et 5 % des sujets). Parmi les pays industrialisés, l'Europe est très peu présente avec 44 thèses (toutes thématiques confondues, physique ou humaine, 6 % des thèses), même si ce déficit commence à être comblé (409 sujets déposés, 22 %). Parallèlement les universités des régions françaises limitrophes de l'Allemagne, du Benelux, de l'Angleterre, de l'Espagne, de l'Italie, de la Suisse, suscitent peu de travaux en direction de ces pays, et réciproquement. On relève une seule thèse soutenue dans la période sur la France par un Britannique[22]. Le Japon (2 thèses), les États-Unis[23] (2 thèses), le Canada ou le Québec (3 thèses) sont hors champ, comme si chaque pays développé faisait de son

22. TUPPEN J., *La Géographie de la France vue par un géographe britannique,* Lyon III (1993).

23. GRAVARI Maria, *La Mer retrouvée : Baltimore et autres reconquêtes de fronts d'eau urbains,* Paris IV (1991), B. Dézert et J. Bastié (dir..).

CLAUZEL-HUCHARD Irène, *Développement régional et haute technologie : l'exemple de la moyenne vallée de l'Hudson,* Paris IV (1990), B. Dézert (dir.).

propre territoire sa chasse gardée. En bref, s'il n'y avait pas les étudiants du Tiers Monde francophone pour alimenter les travaux sur l'Afrique, c'est la France, et surtout ses régions qui drainerait l'essentiel des sujets de thèses en géographie.

Malgré tout, les figures 8 et 9 sont cependant en partie différentes de celles produites par ailleurs (fig. 10), donne une représentation plus équilibrée du reste du monde, en dehors de la France. Les chercheurs africanistes n'écrasent pas ceux des autres aires culturelles. On n'y retrouve pas l'effet de déformation des 44 % de thèses soutenues sur le continent africain. En revanche la recherche sur le territoire français est sur-représentée. Dans la figure représentant « Les géographes français dans le monde », établie à partir de l'analyse des centres d'intérêt des géographes français (*Répertoire des géographes* de 1989) par Béatrice Collignon, Anne Frémont-Vanacore et François Moriconi, on retrouve la sur-représentation de l'Afrique, mais au profit de l'Afrique subsaharienne, et l'Amérique du Nord n'est pas délaissée, si le Japon est aussi hors champ. Scandinavie, Europe de l'Est font pâle figure comparées à l'Océanie-Pacifique et aux Antilles : l'attraction des chercheurs-géographes pour les îles y est patente (fig. 11). Enfin l'ancrage dans le terroir des différentes régions françaises est aussi souligné. La carte de l'Afrique (fig. 12), soulignant l'empreinte de la colonisation, est très comparable à celles produites par Jean-Pierre Raison dans cet ouvrage.

Au total il n'y a pas complète adéquation entre les terrains de recherche des géographes déjà en poste dans les universités ou dans les laboratoires, les patrons de thèse en particulier, et les localisations des thèses nouvelles. La sous-représentation des thèses est particulièrement nette pour l'Europe (hors la France) et l'Amérique du Nord. Pour aller plus loin dans notre investigation, il faudrait bien sûr mettre en relation ces localisations avec les dispositifs d'aide à la recherche en France et à l'étranger, les instituts français créés par les Affaires Étrangères dans certaines régions du monde, l'ancienneté des relations scientifiques avec certains pays, les *numerus clausus* existant dans d'autres pour accéder au doctorat, la nature des liens universitaires maintenus avec certaines ex-colonies..., et les obstacles dressés par la langue et la culture étrangères ou les régimes politiques des pays d'accueil[24].

Production géographique et thématiques des thèses

L'analyse plus détaillée des thématiques des thèses (et secondairement des sujets) associées aux lieux donne une autre représentation de la production géographique récente. La dispersion thématique est importante tant en

24. *Cf.* texte ci-après de Michel Sivignon.

géographie physique qu'en géographie humaine. L'archétype de l'intitulé de la thèse soutenue ou du sujet déposé est cependant aisément identifiable : un objet géographique dans un lieu, ou un lieu pris comme objet, avec une relation forte lieu-objet, à l'échelle locale. Nous allons examiner successivement le modèle-type, les variantes, les raretés et les atypiques, pour s'interroger enfin sur les innovations.

Le modèle-type : un objet dans un lieu

Abdelrahim IBRAHIM, *Les Rivages de la mer des Pertuis et des îles charentaises*, Brest (1991), J.-C. Bodéré et P. Barrère (dir.).

Yahia EL JHALKI, *Étude hydrogéomorphologique du Haut-Sébou, Moyen Atlas marocain*, Aix (1990), J. Nicod (dir.).

Michel PÉRIGORD, *Les Paysages dans le bassin de Brive. Évaluation, description, essai d'explication systémique,* Limoges (1990), G. Bouet (dir.).

Émile-Pierre GUÉNEAU, *Le Phénomène lotissement en Moselle et les bouleversements du pays messin de 1969 à 1986,* Metz (1990), F. Reitel (dir.).

Abdelhaq EL FIAD, *Loisirs et Tourisme à Fès,* Tours (1991), J. Bisson (dir.).

Philippe PELLETIER, *L'Insularité dans la mer intérieure japonaise,* Saint-Étienne (1990), J. Bethemont (dir.). Une des deux thèses soutenues sur le Japon pendant la période.

Les variantes

Un lieu-objet, assorti souvent d'une problématique

Sylvie MOUSSET, *Le Parc des Cévennes,* ENS Fontenay (1990), V. Rey (dir.).

Dheudjo NDAHORA SAVO, *Kinshasa-Ouest, Étude de la formation et de l'intégration des quartiers urbains*, Bordeaux (1990), P. Vennetier (dir.).

Amade RAMAZANI, *Kinshasa-Est : de l'habitat planifié à la croissance spontanée*, Bordeaux (1990), P. Vennetier (dir.).

Mohamed BAGHDADI, *La Médina de Fès : flux d'hommes et de produits*, Tours (1990), J.-F. Troin.

Maïté GREGORIS, *Toulouse, de la métropole à la technopole,* Toulouse (1991), J.-P. Laborie (dir.)

Pascale GOUIN, *Le Perche ornais : de la région homogène à l'émergence de pays*, Le Mans (1992), J.-R. Bertrand (dir.).

Michel ROUX, *Sahara, géographie de l'imaginaire*, Besançon (1993), J.-C. Wieber (dir.).

La problématique est plus souvent explicite en géographie humaine

Bernard DESTREMEAU, *Bacchus est-il français ? ou le rôle des étrangers dans le succès international du vin de Bordeaux, du champagne et de l'eau-de-vie de* Cognac, Bordeaux (1993), R. Pijassou (dir.).

Hervé Vieillard-Baron, *Le Risque de ghetto dans l'agglomération parisienne,* Paris I (1990), J. Beaujeu-Garnier (dir.).

Florence Ponce, *La Mise en valeur des ressources forestières en Russie. Un exemple de l'expérimentation spatiale soviétique,* Inalco (1993), J. Radvanyi (dir.).

Les raretés

La problématique est reliée à un type d'espace

Nicole Pignard-Marthod, *La Fragilité des espaces ruraux, représentations, méthodes d'approche,* Grenoble (1994), H. Gumuchian (dir.).

Nadine Cattan, *La Mise en réseau des grandes villes européennes,* Paris I (1992), T. Saint-Julien (dir.).

ou à une comparaison entre plusieurs types d'espaces ou territoires

Philippe Gervais-Lambony, *A travers images et pratiques: le fait citadin en Afrique Noire. Étude comparée de Lomé (Togo) et de Harare (Zimbabwe)*, EHESS (1993), P. Coquery (dir.).

Mohamed Hilal, *Contribution à l'étude des disparités socio-spatiales dans les pays de la CEE, en Autriche et en Suisse,* Dijon (1993), R. Chapuis (dir.).

En géographie physique, quelques variantes

Si les libellés les plus nombreux ne réservent guère de surprise, on voit apparaître dans les titres le terme d'aménagement (8 fois), la problématique des risques naturels (10 fois), les questions d'environnement et de pollution (7 fois), et plus encore la technique de la télédétection (mentionnée 26 fois, pour moitié en géographie physique) et de façon moindre les systèmes d'information géographique (SIG, 4 fois). Par exemple:

Robert d'Ercole, *Vulnérabilité des populations face au risque volcanique. Le cas de la région du volcan Cotopaxi (Équateur)*, Grenoble (1991), J.-C. Thouret (dir.).

Christine Jacqueminet, *Analyse de la structure spatiale du couvert ligneux en milieu sahélien sur images satellitaires SPOT*, EHESS (1991), M.-F. Courel (dir.).

J.-Y. Bouchardy, *Méthodologie pour la spatialisation des zones sensibles à la pollution par le phosphore à l'aide de la télédétection et des SIG*, Grenoble (1992), M. Guigo (dir.).

Hervé Cubizolle, *Le Bassin-versant de la Dore: de l'écosystème à l'aménagement agro-industriel,* Clermont (1994), B. Valadas (dir.).

La thèse régionale, la géographie historique, sont minoritaires

Richard Kleinschmager, *Contribution à l'analyse géographique de l'Alsace,* Strasbourg (1990), H. Nonn (dir.).

M.-C. Jaeger, *La Nature et les hommes dans les paysages caucasiens. L'exemple du Grand Caucase géorgien,* Grenoble (1991), M. Chardon (dir.).

Jean-François Staszak, *Météores et Climats dans la pensée grecque,* Paris IV (1993), P. Claval (dir.).

Les innovations

Nous avons regroupé sous cette appellation à la fois les outils, les nouveaux objets et les démarches nouvelles. Ils sont présents dans les intitulés, lorsqu'ils ont constitué une part essentielle du travail et des résultats : télédétection, SIG, modélisation, cartographie, concepts, etc.

La télédétection et les SIG font une percée

Renhuang Guo, *Du point à la ligne. Extraction de linéaments sur une image numérique*, Besançon (1990), J.-C. Wieber (dir.).

Cécile Clouet-Pages, *Différenciation spatiale. Télédétection et production d'information géographique*, Aix (1992), J.-P. Ferrier (dir.).

Philippe Miellet, *SIG et territoire*, Avignon (1994), F. Auriac (dir.).

Alban Bourcier, *Une Nouvelle Cartographie des données de télédétection appliquée à l'espace régional*, Rouen (1994), Y. Guermond (dir.).

J.-P. Chéry, *Modélisation d'un système spatial en zone frontalière franco-suisse, adéquation de la dynamique de système aux problèmes de la différenciation spatiale*, Grenoble (sujet déposé 1991), M. Guigo (dir.).

In Chul Jung, *Accessibilité et Représentations cartographiques. Approches méthodologiques (exemples en Corée du Sud et en France)*, Strasbourg (1991), C. Cauvin (dir.).

D'autres démarches apparaissent

Denis Eckert, *L'Évaluation prospective des territoires : méthodes, concepts, applications en Europe occidentale*, Paris I (1992), R. Brunet (dir.).

Thomas Goussu, *La Diffusion spatiale des innovations. Paradigmes, théories et modèles*, Paris I (sujet déposé 1991), Th. Saint-Hulien (dir.).

Ainsi que de nouveaux objets

Cette tendance est aussi présente dans la liste des sujets déposés : des services jusqu'alors peu travaillés (l'école, le sport, la culture, la religion), la ville vue par les théories, la nuit, le bruit, la couleur, la pollution, les représentations, les discours, la littérature, la didactique, les discontinuités dans l'espace géographique, la modernité, etc.

En voici quelques exemples :

J.-L. Poirey, *Espace géographique et réussite scolaire en Franche-Comté*, Besançon (1991), P. Dumolard (dir.).

L. Ravenel, *Géographie du football professionnel en France*, Avignon (sujet déposé 1994), F. Auriac (dir.).

J.-M. Deleil, *Lyon la nuit, espaces, pratique et représentations*, Lyon (1993), A. Vant (dir.).

Florence Deprest, *Le Tourisme de masse, approche géographique*, Paris VII (sujet déposé en 1993), R. Knafou (dir.).

O Khelfi, *L'Espace religieux musulman en France : essai d'interprétation géographique*, Aix (sujet déposé 1993), J.-C. Giacottino (dir.).

Anne LAURAS, *De la couleur en géographie à la géographie de la couleur*, Nantes (1992), B. Bousquet (dir.).

Isabelle LEFORT, *Géographie savante-géographie scolaire (1870-1970). Éléments pour une histoire de la pensée géographique*, Paris I (1990), P. Pinchemel (dir.).

Bénédicte DURAND, *La Culture géographique des historiens français*, Paris IV (sujet déposé 1994), J.-R. Pitte (dir.).

Pierre FRANCKHAUSER, *La Fractalité des structures urbaines*, Paris I (1993), D. Pumain (dir.).

D. POIRIER, *L'Influence du milieu urbain dans le discours postmoderne*, EHESS (sujet déposé 1991), A. Berque (dir.).

François BÉGUIN, *La Construction des horizons. Nature, lieux, paysages dans la littérature et la géographie,* EHESS (1991), G. Sautter (dir.).

Marc BROSSEAU, *Des Romans-géographes*, Paris IV (1992), P. Claval (dir.).

... et problématiques

Denis RETAILLÉ, *Représentation et enjeu de l'espace au Sahel,* Rouen (1993), J. Gallais (dir.).

Christian GRATALOUP, *L'Espace de la transition, essai de géohistoire chorématique,* Paris I (1994), R. Brunet (dir.).

Jean-Christophe GAY, *L'Étendue, les lieux et l'espace géographique. Pour une approche du discontinu,* Aix (1992), J.-P. Ferrier (dir.).

Paulo Cesar DA COSTA GOMES, *Géographie et Modernité*, Paris IV (1993), P. Claval (dir.).

Jacques LÉVY, *L'Espace légitime. Sur la dimension géographique de la fonction politique en géographie*, Paris VII (1993), E. Dalmasso, puis O. Dollfus (dir.).

Bien sûr, il est difficile de chercher à déceler les innovations, seulement à partir du titre. Un intitulé banalement classique peut receler une problématique riche et une méthodologie nouvelle. On peut cependant faire l'hypothèse qu'un chercheur qui veut faire ressortir une démarche originale la fera apparaître dans son intitulé de thèse, carte de visite de son travail. Les innovations semblent plutôt le fait d'un petit nombre de patrons ou d'équipes en relation avec des problématiques ou outils spécifiques, dont les noms accompagnent les intitulés « nouveaux », car la thèse reste une recherche individuelle encadrée par un patron qui souvent fournit le sujet et aide à sa réalisation, au-delà d'un taux d'abandon assez élevé[25].

---

25. R. Marconis rappelle qu'« aujourd'hui comme hier [...] l'ensemble de cette production géographique reste soumise au contrôle strict d'un très petit nombre de chercheurs chevronnés, professeurs d'université ou directeurs de recherche du CNRS, qui en définissent les sujets, en assure le suivi méthodologique et décident en fin de compte de l'attribution des titres universitaires correspondants [...]. Depuis un siècle, ce système n'a cessé de faire peser sur quelques personnalités éminentes la lourde charge de décider des grandes orientations de la recherche en géographie, privilégiant parfois des intuitions audacieuses, attentives au questionnement du monde, mais souvent trop soucieux de maintenir frileusement des traditions étriquées quand l'innovation s'imposait et profitait à d'autres disciplines... » (*op. cit.,* p 39).

Dans le flot des intitulés où la géographie urbaine tient la vedette, les différents services et activités tertiaires ont détrôné l'agriculture et l'industrie. Cette tendance est moins marquée dans les territoires du Tiers Monde. Il est logique que l'on retrouve dans les thèses soutenues et les sujets déposés les thématiques, les localisations et les démarches les plus couramment employées en géographie, comme les manifestations des divers courants qui animent la recherche. La géographie bénéficie également de la démocratisation de l'accès au troisième cycle dans les universités françaises qui explique le nombre des thèses. Le nombre favorise la diversité. Enfin les demandes des collectivités territoriales ou les appels d'offres (en particulier en aménagement) jouent un rôle dans le choix des sujets. Les recherches non financées suscitent moins de vocations.

La géographie à travers les thèses apparaît plurielle, traversée de problématiques et d'objets plus ou moins nouveaux. Le titre de la thèse peut être bien sûr trompeur. Un libellé novateur peut cacher un contenu traditionnel, ce qui n'a d'ailleurs rien de péjoratif, et inversement. La science ordinaire se nourrit de recherches nombreuses et sérieuses, avec les règles de rigueur, problématisation, démonstration et déontologie qui s'attachent à ce terme, et, çà et là, d'accélérations, d'avancées, de découvertes. La thèse entre dans ce cadre, celui de la science géographique qui se fait. Elle nous en présente une image, que l'on se doit de rendre visible et d'interroger. Celle qui nous apparaît ici n'est pas si uniforme, au delà de la répétitivité de beaucoup d'intitulés, l'endroit du genre.

L'envers révèle le foisonnement et un certain degré d'inventivité : une envie toujours active de chercher à comprendre les pays, les paysages, les villes, les réseaux, les territoires, les sociétés, bref le changement et même l'interpréter, une envie de nourrir cette curiosité sur les lieux et les gens, proches et lointains, qui est, entre autres, le propre des géographes. Mais les jeunes docteurs qui portent cette géographie sauront-ils dépasser l'autoreproduction des thématiques à l'œuvre dans les universités et ouvrir les pistes nouvelles nécessaires à toute science vivante ?

Figure 1 : Nombre de thèses soutenues et de directeurs (1990-1994)

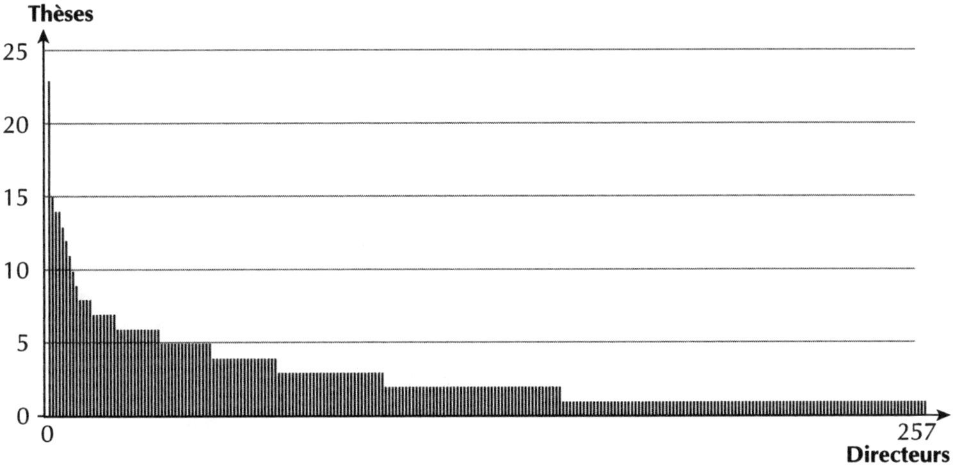

Figure 2 : Nombre de sujets déposés et de directeurs (1990-1994)

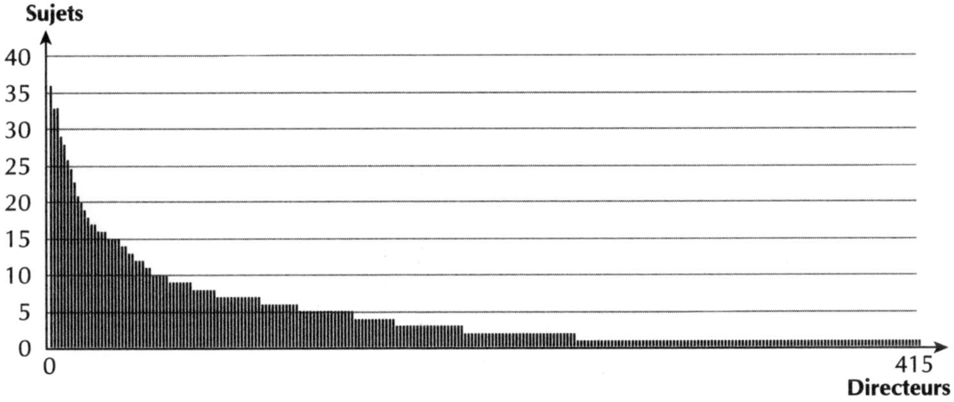

Figure 3: Les thèses soutenues en géographie 1990-1994

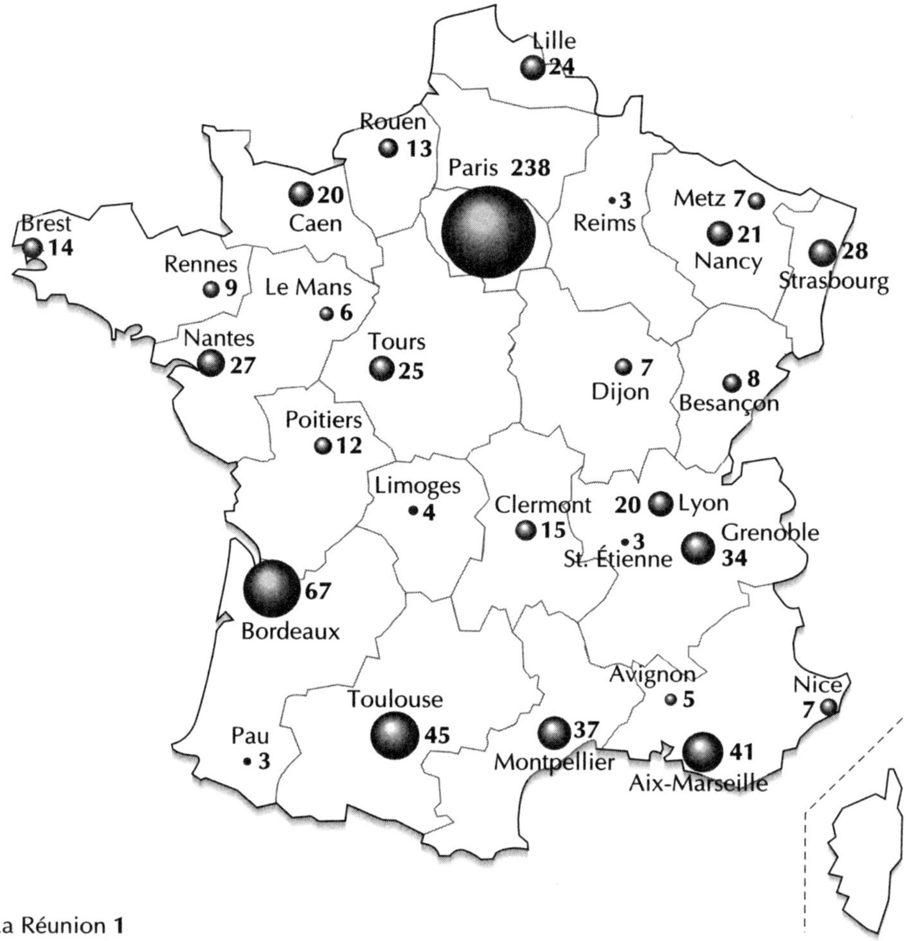

La Réunion **1**

Figure 4 : Lieux de soutenance de thèses

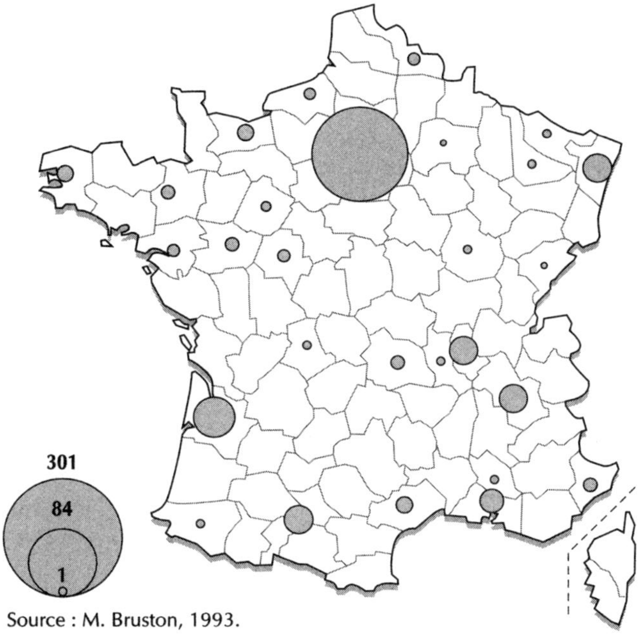

Source : M. Bruston, 1993.

Figure 5 : Les territoires de l'université de Bordeaux III : sujets des thèses soutenues, 1990-1994

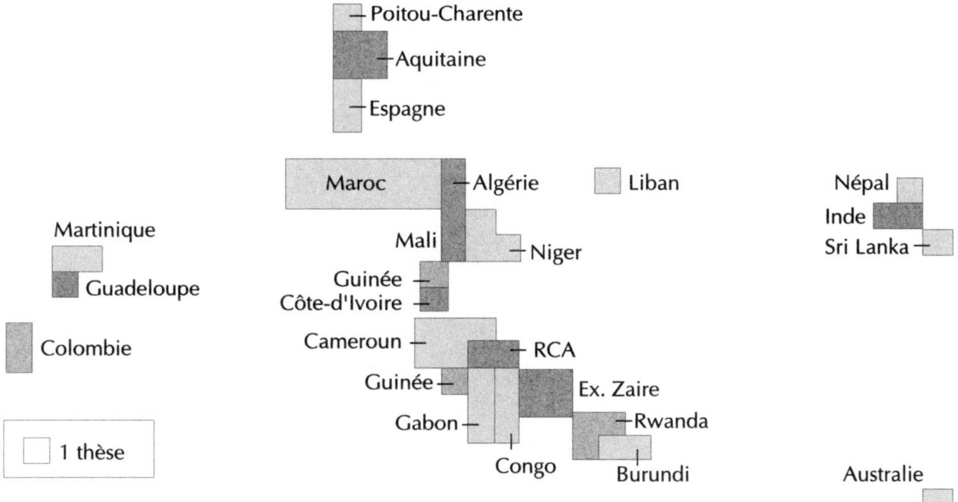

Source : Base Géothèse, Intergéo - J. Raison

Figure 6: Les territoires de l'université de Toulouse-Le Mirail

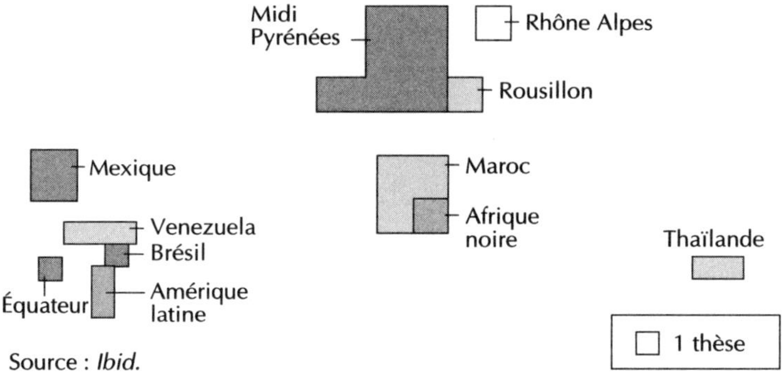

Source : *Ibid.*

Figure 7: Les territoires de l'université de Grenoble

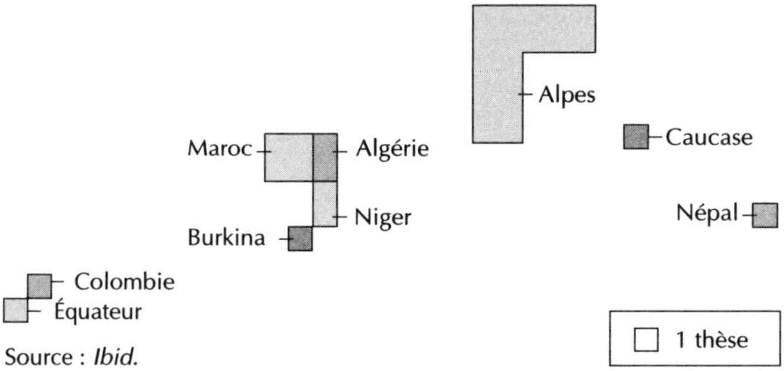

Source : *Ibid.*

Figure 8: Localisation dans les titres des sujets soutenus, 1990-1994

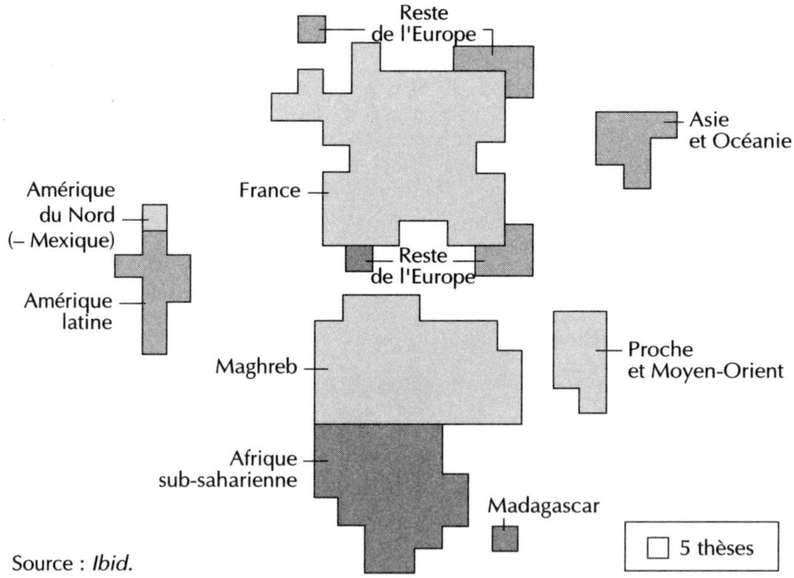

Source : *Ibid.*

Figure 9 : Localisation dans les titres des sujets déposés, 1990-1994

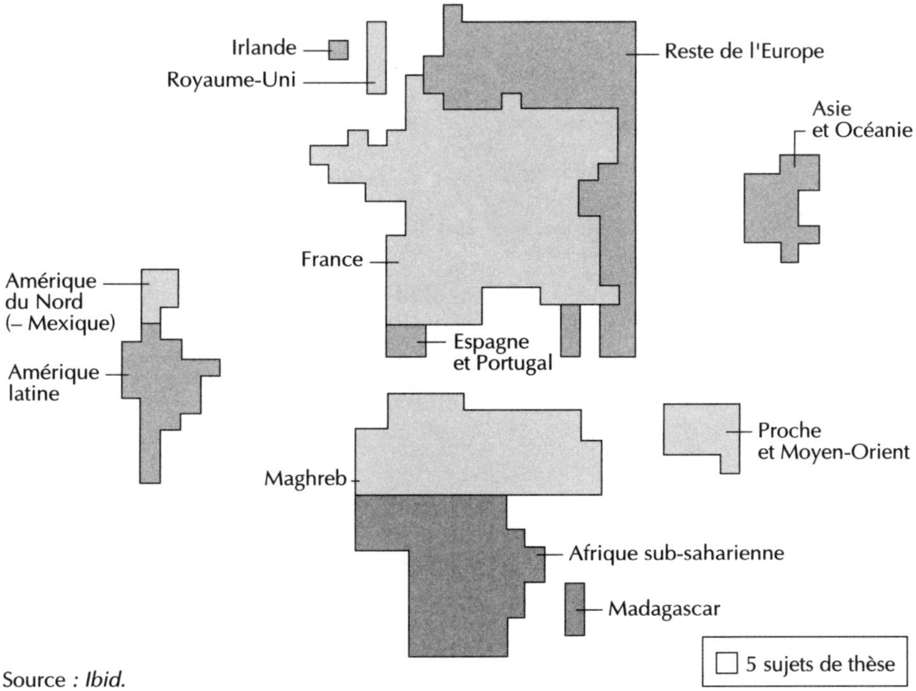

Source : *Ibid.*

Figure 10 : La carte du monde d'après les mots clés géographiques des chercheurs français

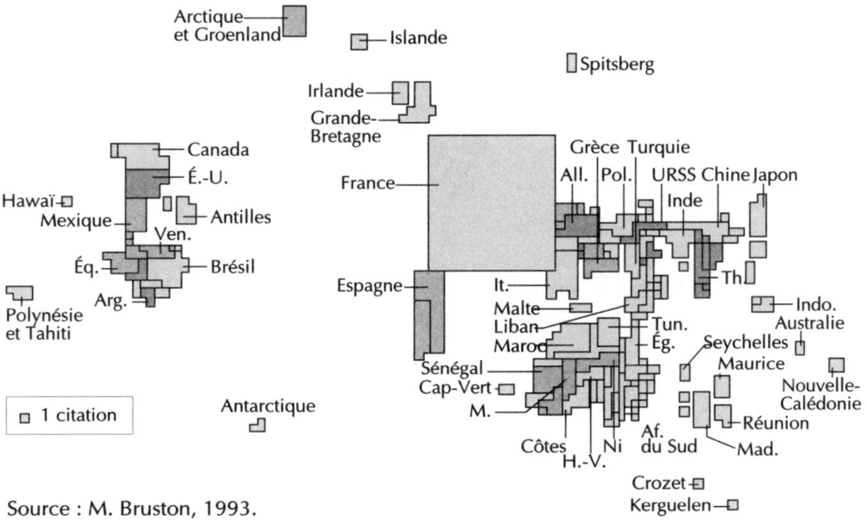

Source : M. Bruston, 1993.

Figure 11 : Nombre de géographes travaillant sur un secteur géographique

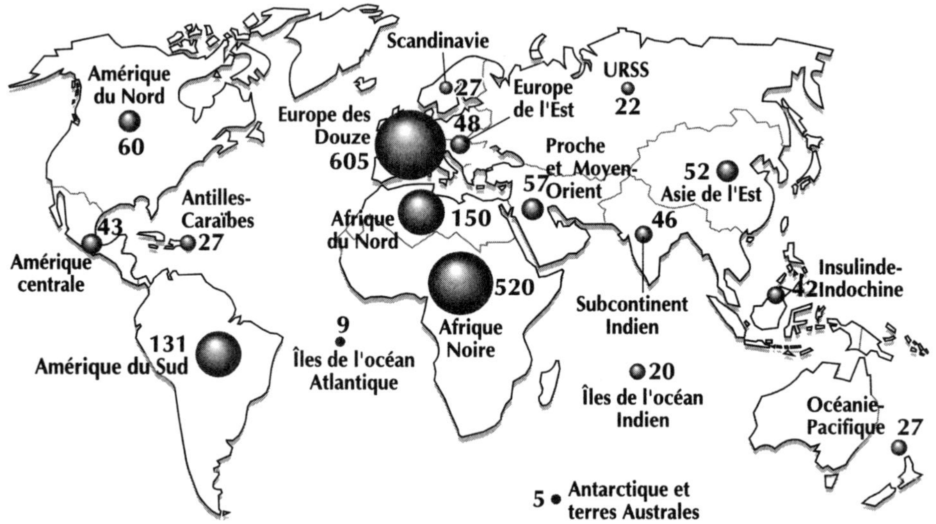

Nombre de géographes travaillant sur un secteur géographique

Source : B. Collignon, 1993.

Figure 12 : Nombre d'habitants par géographe

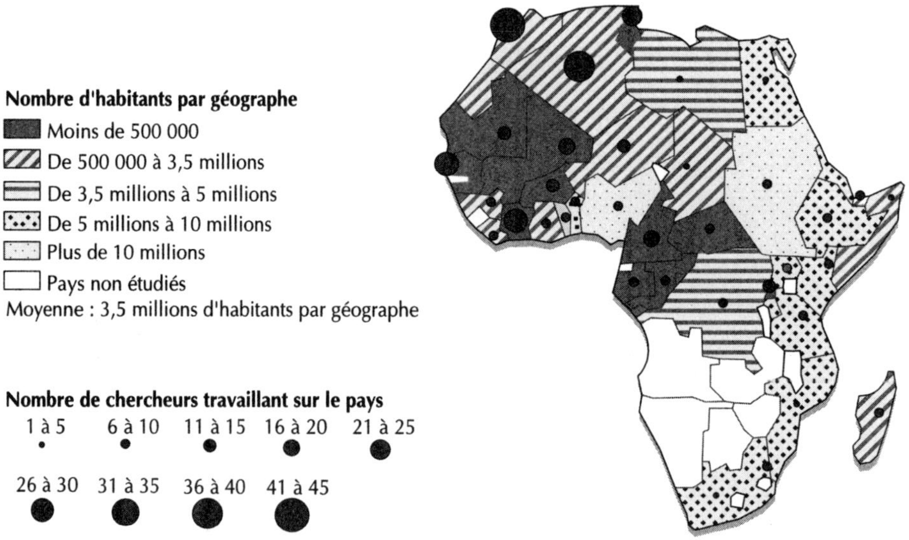

LES GÉOGRAPHES SONT-ILS DES SÉDENTAIRES ?

Jean Raison, lycée Jean-Jaurès, Châtenay-Malabry

L'analyse des intitulés des thèses soutenues dans les universités françaises entre 1990 et 1994 a mis en valeur les espaces les plus étudiés ainsi que la structure par grande branche de la géographie. Une certaine pérennité ressort de cette étude. Quelles en sont les raisons et les conséquences ?

Si les grandes tendances sont tout à fait claires au niveau national[26], une analyse de détail, université par université, montre une spécialisation poussée de chacune d'elles sur des espaces et des thématiques. Les cas de Nantes, Clermont-Ferrand et Paris X-Nanterre, représentatifs de la majorité des universités françaises, illustreront cette variété. Les thématiques et les espaces privilégiés, abordés par les travaux des doctorants de chaque université, ne sont pas le fruit du hasard mais sont orientés par les structures d'enseignement, de formation et de recherche de chaque département de géographie. L'analyse des spécialités des enseignants français, par le biais de leur propre thèse, illustrera la pérennité des thèmes géographiques abordés par les universités sur le long terme mais aussi les logiques de recrutement de ces dernières.

Des universités aux spécialisations spatiales et/ou thématiques

La part de la principale spécialité (fig. 1) dans le total des thèses soutenues dépasse dans certains cas les deux tiers et n'est dans aucun cas inférieure à 25 % et il semble qu'il y ait une relation entre la taille des universités et la part des thèses soutenues sur leur région d'implantation. Ce rapport est en effet particulièrement fort dans les universités n'ayant formé que peu de docteurs.

Les pôles universitaires provinciaux, bien plus que ceux de l'Île-de-France (en pourcentage mais pas en valeur absolue), traitent de manière privilégiée les espaces proches de l'université. Plus de la moitié des thèses soutenues à Rennes, à Besançon, à Angers et à Metz dans la période portaient sur la région même. Dans une moindre mesure, les universités de Toulouse, Lyon Caen et Lille affichent un ancrage local quant au domaine d'étude.

Par ailleurs, les pôles universitaires créés depuis longtemps, travaillant sur les terrains d'études outre-mer ont maintenu ces spécialités (tandis que de plus

26. La grosse masse des docteurs formés par certaines universités, en particulier parisiennes et Bordeaux III, sur des thématiques et des espaces communs (Maghreb et Afrique sub-saharienne) masque en partie la grande diversité des universités françaises.

récents comme Paris X-Nanterre étaient dès leur création sur ces mêmes terrains) et ne sont que partiellement tournées vers des terrains d'études locaux, du moins en valeur relative. Le partage des terrains d'étude se fait donc à l'échelle mondiale pour les universités parisiennes ainsi que pour Bordeaux et Aix-Marseille.

De nombreuses universités provinciales trouvent donc sur place des terrains d'études pour les doctorants. Une des conséquences de cet ancrage local est le peu de thèses soutenues sur une région en dehors des universités de cette région.

Il faut préciser que les universités dont la spécialité est d'ordre spatial ne sont pas dépourvues de thématiques. Ainsi l'université de Tours est spécialisée sur le monde arabe en géographie urbaine.

La spécialisation spatiale n'est cependant pas le seul type de spécialisation. Huit universités françaises privilégient d'abord un thème de recherche plutôt qu'un espace, même si dans le détail, on peut également montrer des préférences spatiales. Dijon, Strasbourg, Grenoble et Brest ont formé en majorité des docteurs en géographie physique avec des sous-spécialités thématiques bien affirmées : les aspects littoraux à Brest, la climatologie pour Dijon, la montagne à Grenoble. Enfin, trois universités forment plus particulièrement des docteurs dans diverses branches de la géographie humaine : géopolitique à Paris VIII, géographie urbaine à Paris XII, activités maritimes et littorales à Nantes.

Il y a donc des pôles de géographie physique comme il y a des pôles de géographie humaine et dans leur ensemble les universités françaises forment des docteurs sur un espace privilégié avec une ou des thématiques privilégiées, l'un ou l'autre des deux aspects étant dominant.

L'étude menée sur les titres des thèses soutenues entre 1990 et 1994 se trouve confirmée par l'analyse des sujets de thèses déposés sur la même période dans trois universités françaises, Nantes, Clermont-Ferrand II et Paris X et qui représentent donc les thèses soutenues à l'heure actuelle ou à soutenir dans les années à venir.

Figure 1 : La part de la première spécialité dans le total des thèses soutenues, par université (1990-1994)

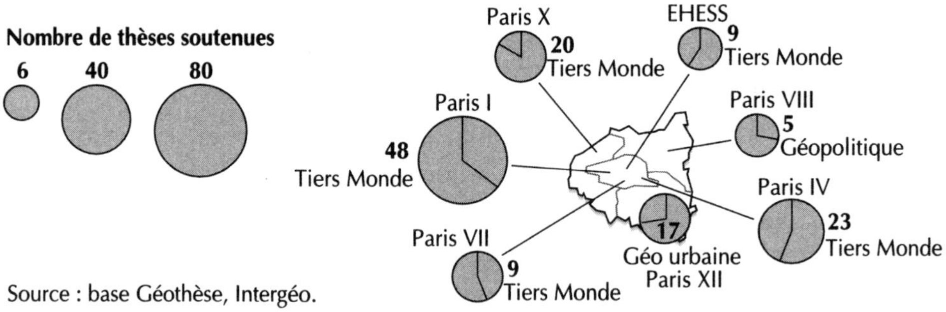

Source : base Géothèse, Intergéo.

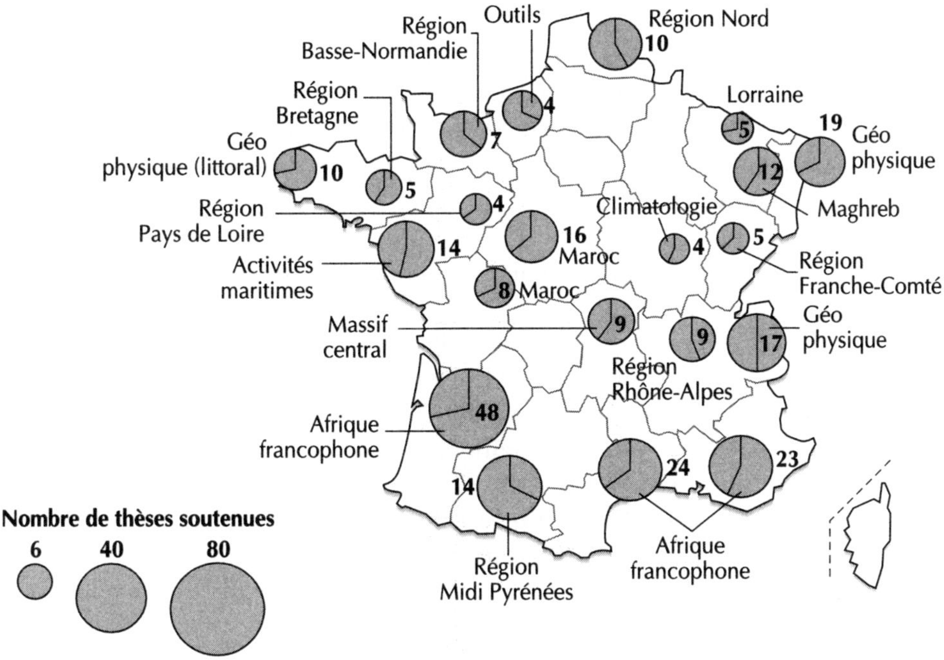

Des universités introverties

Tableau 1 : Thèses soutenues et sujets déposés à l'université de Nantes entre 1990 et 1994

	Activités maritimes	Espace littoral	Analyses régionales*	Autres
Thèses soutenues	10	5	5	6
%	38,5	19,2	19,2	23,1
Sujets déposés	18	7	8	8
%	43,9	17,1	19,5	19,5

* essentiellement sur les régions de la France de l'ouest.
Source : Base Géothèse, Intergéo.

L'étude des activités maritimes et des espaces littoraux se renforce à l'université de Nantes. La part de la géographie humaine est prédominante (37 sujets déposés sur 41) ce qui était déjà vrai auparavant (24 sur 26 pour les thèses soutenues). Nantes et Brest qui travaillent toutes deux sur les espaces maritimes et les littoraux ont chacune leur spécialité. La géographie humaine pour Nantes, la géographie physique à Brest.

Une étude qualitative plus poussée des sujets déposés montre que les activités maritimes étudiées à Nantes relèvent de deux types : les activités de la pêche (5 thèses et 8 sujets), les activités portuaires et de transport (5 thèses et 10 sujets). La thématique importe ici beaucoup plus que la localisation : 8 des 10 thèses et 14 des 18 sujets portent sur des espaces étrangers (8 pays et un espace transnational). Malgré quelques thèses sur les ports malgaches, les ports algériens, le golfe d'Aden, sur la Malaisie, une nette préférence pour les littoraux atlantiques se dégage (12 sur 18 en comptant les littoraux français), tandis que les ports japonais et Sud-américains sont hors champ d'étude.

Les études sur la région ne sont pourtant pas absentes dans les thèses soutenues et les sujets déposés mais sont le fait des autres axes thématiques. Ainsi 9 des 26 thèses et 19 des 41 sujets déposés durant ces cinq ans portent sur la France de l'ouest (dont trois seulement liés aux activités maritimes). Nantes bénéficie de l'orientation de l'université de Bordeaux III vers l'Afrique francophone et de celle de Poitiers vers le Maroc pour « coloniser » les terrains d'étude en Poitou-Charente et Aquitaine. Ces sujets sur la France de l'ouest ont des approches thématiques plus nombreuses, organisation urbaine, dynamiques territoriales, bourgs et petites villes, intercommunalité, prévention des risques (grêle, érosion) pour la géographie physique.

Une double orientation est donc assez visible quant aux thèses soutenues et aux sujets déposés ; un axe lourd, thématique, sans localisation préférentielle et un axe spatialisé (France de l'ouest) aux thématiques variées.

Des universités thématiques

Concernant l'université de Clermont-Ferrand, l'analyse des sujets de thèses soutenues et déposées entre 1990 et 1994 laisse apparaître un grand nombre de sujets sur le Massif central, principalement en géographie humaine (11 sur 17).

La cohérence existe entre les sujets portant sur l'étranger et ceux pourtant sur le Massif central ; les thématiques sont en général similaires et sont celles développées dans cette université. Ainsi trois thèses portant sur le volcanisme étaient en cours durant cette période tandis qu'en géographie humaine, on relevait trois sujets sur des moyennes montagnes européennes, les sujets sur la France concernant l'élevage, les activités agricoles, le thermalisme, la structure scolaire... Par rapport aux thèses soutenues sur la même période, on note un élargissement des domaines d'étude au travers des sujets déposés.

Ces axes thématiques, volcanisme et moyenne montagne, correspondent aux laboratoires de recherche présents sur le campus et pour le second cas à un DEA. On peut dire que la plupart des thématiques des sujets de thèses, même si elles ne sont pas spécifiquement liées au Massif central, peuvent trouver des prolongements et des applications régionales.

Ces deux centres universitaires illustrent bien la politique que semblent mener nombre d'universités françaises, à savoir un ancrage local et des thématiques propres. Cela donne aux universités un rôle d'acteur régional et permet sans doute aux étudiants de trouver des emplois sur place. Il n'est pas non plus interdit de penser que les travaux de recherche servent d'éléments d'analyse du contexte régional et les thématiques développées par les chercheurs sont d'ailleurs souvent liées aux spécificités de la région.

Ces deux axes sont fréquents dans nombre d'universités de province mais ne correspondent pas à la situation des universités parisiennes et de quelques centres en province comme Bordeaux III où le terrain local est « déserté » (5 thèses sur le Sud-Ouest soutenues sur 61, 21 sur 197 pour les sujets déposés) au bénéfice des pays étrangers et plus particulièrement des pays en voie de développement.

Tableau 2 : Thèses soutenues et sujets déposés à l'université de Clermont-Ferrand entre 1990 et 1994

	Massif central	Reste de la France	Étranger	Non spatialisé
Thèses soutenues	7	2	6	0
%	46,7	13,3	40	0
Sujets déposés	13	2	10	1
%	50	7,7	38,5	3,8

Source : base Géothèse, Intergéo.

Des universités extraverties

Le cas de l'université de Paris X-Nanterre donne une bonne illustration d'un domaine d'étude extraverti avec une sur-représentation des sujets portant sur l'Afrique sub-saharienne.

Tableau 3 : Thèses soutenues et sujets déposés à l'université de Paris X entre 1990 et 1994

	Afrique sub-saharienne	France (France)	Europe du monde	Reste localisation	Sans
Thèses soutenues	13	4	1	6	0
%	54,2	16,6	4,2	25	0
Sujets déposés	34	12	6	18	10
%	42,5	15	7,5	22,5	12,5

Source : base Géothèse, Intergéo.

Les sujets sur la France ne représentent donc que 15 % des sujets déposés dans cette université durant les cinq années étudiées soit moins de trois par an. On doit ce chiffre largement aux sujets de géographie urbaine et aux sujets de géographie physique (11 sur 12 pour ces deux pôles). Parmi les sujets portant sur des pays d'Europe, la Grèce est bien représentée (quatre sujets). En outre, si l'on procède à un classement différent des sujets il apparaît plus nettement une spécialisation poussée dans les régions tropicales, d'abord d'Afrique (33 sujets déposés) puis d'Amérique latine (sept sujets) et d'Asie (trois sujets). Ces données pour les thèses déposées sont donc comparables à ceux pour les thèses soutenues sur la même période (en dehors des sujets sans localisation qui se multiplient). Les pays en voie de développement composent le terrain d'étude privilégié des docteurs de cette université.

L'analyse par pays montre une grande diversité : 13 pays étudiés en dehors de la France pour les thèses soutenues et 18 pays pour les sujets déposés (Cameroun : cinq sujets, Sénégal, Côte-d'Ivoire, et Burkina trois sujets) et quelques sujets à plus vaste échelle. Globalement, les doctorants privilégient l'Afrique francophone et tout particulièrement l'Afrique occidentale.

Cette masse très importante de sujets de thèse sur l'Afrique tropicale et plus globalement sur le monde tropical est liée à la présence d'une forte équipe de géographes tropicalistes ainsi que de nombreux étudiants étrangers venus faire leur thèse dans une université française. On retrouve donc ici le rôle de formation des docteurs étrangers (surtout originaires des anciennes colonies) des universités françaises. Le territoire de cette université est donc d'abord lié aux spécialités des directeurs de recherche. Secondairement, les étudiants étrangers connaissent généralement bien le terrain sur lequel ils travaillent ou ont travaillé.

Paris X est symbolique des universités travaillant préférentiellement sur une aire d'étude avant de se spécialiser sur une thématique. Géographie urbaine (8 thèses et 36 sujets) et géographie rurale (9 thèses et 24 sujets) dominent au sein de cette université. Chacune de ces deux branches comptent de nombreuses thématiques : le développement urbain et l'organisation urbaine est l'axe principal en urbaine (8 sujets sur 36) mais six autres thèmes se dégagent (morphologie urbaine, population et habitat, foncier urbain...) tandis que les systèmes de production orientent de façon plus claire les sujets de géographie rurale (14 sujets sur 24).

Les universités étudiées ne représentent en rien des cas isolés ; elles sont chacune représentatives d'un type d'université : extravertie pour Paris X, introvertie pour Nantes, thématique pour Clermont-Ferrand. Chacune d'elles a son territoire privilégié, ses terrains d'étude. Une carte des aires d'étude des universités pourraient même être réalisée. Elle montrerait des espaces exclusifs ou presque, des espaces disputés là ou l'on constate un vide universitaire : Poitou-Charente ou Picardie, des espaces partagés entre plusieurs universités, souvent dans le cadre de DEA communs. Clermont-Ferrand et Limoges pour le Massif central (DEA Moyenne montagne et milieux ruraux fragiles), Nantes et Brest pour les espaces littoraux et maritimes atlantiques. Ces aires privilégiées sont valables pour les thèses portant sur la France mais aussi pour le reste du monde, même si les aires se recouvrent plus fréquemment, en particulier pour l'ancien empire français.

Ces aires sont le plus souvent doublées d'une thématique propre qui conduit à une spécialisation poussée de chaque université française imposant aux doctorants français, au moment de leur inscription, un choix spatial ou un choix thématique. L'activité portuaire n'est traitée que rarement hors de Nantes et Brest tandis qu'une thèse sur les Alpes aura intérêt à se faire à Grenoble. De même, un étudiant de Paris X ou de Bordeaux III sera orienté vers une thèse en géographie tropicale s'il ne souhaite pas s'inscrire ailleurs..

D'une certaine manière on peut donc parler de déterminisme géographique. Le choix d'une université oriente fortement la thématique et la localisation du terrain de thèse à moins que ce ne soit ceux-ci qui orientent le choix de l'université.

Structures de recherche et d'enseignement et production géographique

A quoi peut-on lier cette double spécialisation des universités françaises ? Comment chacune d'elle a déterminé et maintien son aire d'étude et ses thématiques ? Quelle est la marge de choix des doctorants pour leur thèse et quelles structures les orientent ? Deux aspects peuvent être mis en valeur.

Le rôle moteur des structures de formation

Il semble tout d'abord qu'une partie des doctorants des universités françaises travaillent sur ce qu'ils connaissent et ceci est valable aussi bien pour la France que pour le reste du monde dans la mesure où les nombreuses thèses portant sur le Maghreb ou sur l'Afrique subtropicale sont le fait d'étudiants maghrébins et africains. La proximité du terrain est un facteur de choix pour les sujets de thèses. A quoi peut-on lier cette attitude ? Contacts locaux des doctorants facilitant leurs travaux de terrain, bonne connaissance du terrain permettant une bonne compréhension des phénomènes, difficultés de financement des thèses nécessitant de limiter la distance, intérêt pour la région dans laquelle l'on vit ou dont on est éventuellement originaire ? Il y a probablement une conjonction entre ces différents éléments mais il y a sans aucun doute des effets de structure des universités qui poussent les doctorants à s'orienter vers certains terrains et certaines thématiques.

En effet, rien n'est dû au hasard dans le type de thèse déposé dans les universités françaises. La thèse, travail de recherche largement personnel, se fait cependant dans le cadre d'une université et sous la direction d'un directeur de thèse enseignant généralement dans cette université. De plus, cette thèse est fréquemment la continuation d'un DEA réalisé dans la même université. Les effets d'inertie sont donc forts. Le choix d'un sujet de thèse est un compromis entre un choix personnel et des propositions des directeurs de thèse de même que les diplômes de 3e cycle délivrés dans les universités françaises[27] sont liés aux spécialités des universités, donc de leur corps enseignant.

Pour Paris X, Clermont-Ferrand II ou Nantes, les thèmes et les aires d'étude des doctorants sont largement orientés par la présence de DEA et de laboratoires de recherche du CNRS associés aux universités. Il faut toutefois noter que la présence d'un DEA est loin d'entraîner systématiquement un nombre élevé de thèses (soutenues ou déposées) en particulier pour les DEA pluri-universitaires. D'autres critères entrent donc en ligne de compte : le dynamisme de tel ou tel DEA, l'existence de laboratoires de recherche, la masse des directeurs de recherche, le dynamisme du thème développé par le DEA, etc. Probablement faut-il aussi prendre en compte le rapport entre sujets déposés et thèses soutenues qui relativise le dynamisme de certaines universités.

Des spécialités qui sont d'abord celles des directeurs de thèses

Les structures de recherche sont sans aucun doute déterminantes pour les thématiques et les espaces de recherche des doctorants des universités françaises mais elles sont largement liées aux spécialités des directeurs de thèses. Ceci explique aussi le peu d'évolution quant aux espaces traités, par exemple l'Amérique du Nord est sous-étudiée en partie parce que peu d'enseignants-chercheurs la connaissent et l'étudient. Rares en effet sont les enseignants ayant des spécialités actuelles très éloignées de leur propre sujet de thèse. Une bonne illustration nous en est donnée par les trois universités étudiées.

Sur les 23 enseignants[28] de l'université de Nantes ayant soutenu ou réalisant encore une thèse, on retrouve deux thèses sur les ports de pêche et deux thèses sur les ports de commerce. La thématique « activités maritimes » se pérennise donc avec un phénomène de reproduction sur plusieurs générations. Sans les structures d'enseignement et de recherche présentes à Nantes, cette thématique n'aurait sans doute pas autant de poids. Par ailleurs, 12 des 24 thèses des enseignants-chercheurs portent sur la France de l'ouest, phénomène qui se confirme dans les sujets aujourd'hui déposés. Ceci n'est pas du tout spécifique de l'université de Nantes, c'est même le cas de la plupart des universités françaises. Ainsi, à l'université Paris X, sur 20 enseignants, 8 ont soutenu une thèse en géographie tropicale. Le cas de Clermont-Ferrand est presque atypique puisque, parmi les thèses faites par les enseignants, seulement 3 (sur 14) portent sur le Massif central. Ce sont les approches thématiques

---

27. Guide des formations universitaires 1994-1995, *Bulletin Intergéo* n° 113-114. CNRS, Intergéo, Paris.

28. *Répertoire de géographes français* 1994, CNRS, Intergéo, Paris, 1994. Dépouillement effectué par J. Raison. Ont été comptabilisés tous les enseignants en dehors des chargés de cours. Les notices sont fournies par les enseignants eux-mêmes. Ce répertoire n'est pas exhaustif mais peut être considéré comme très complet.

et non l'approche territoriale qui semble avoir influé sur le recrutement : le volcanisme et la montagne sont les deux thématiques majoritairement abordées par les enseignants dans leurs thèses.

Les logiques de recrutement

On peut donc conclure à une très forte permanence des structures de recherche en géographie dans les universités françaises. Les thèmes et les espaces abordés sont fixés depuis longtemps et n'évoluent que peu même si la façon d'aborder les choses évolue. La structure du corps enseignant fige en partie les axes de recherche, les choix des étudiants renforçant peut être encore le phénomène. Il y a de ce fait une certaine auto-reproduction dans chaque université et des résistances constants au changement.

Des recrutements privilégiant d'abord la recherche

Les permanences des terrains d'étude et des thèmes conduisent à des logiques de recrutement local puisque chaque université ou presque travaille sur un terrain d'étude et des thématiques qui lui sont propres. Or s'il est logique que les départements de géographie forment leur futur personnel enseignant, il ne faut pas non plus perdre de vue qu'une majorité des étudiants ne poursuivent pas jusqu'au DEA mais attendent de l'université une formation à la fois complète et généraliste. Il serait donc souhaitable que les profils des enseignants d'un département de géographie soient variés afin que tous les axes de la géographie soient abordés par des spécialistes de la question. Si la spécialisation est une bonne chose, elle doit néanmoins se faire sur de solides bases, qui n'existent que rarement à la sortie du lycée. Compte tenu de la masse d'étudiants arrivant aujourd'hui dans les universités, la formation généraliste a des chances de primer (au moins en termes d'effectif).

Cette variété, nécessaire pour un département, s'oppose au besoin de spécialisation des centres de recherche des universités qui, eux, sont efficaces et reconnus grâce à la concentration de spécialistes sur le même thème ou le même terrain. Difficile donc pour les universités d'assurer ces deux missions, surtout pour les plus petites et les plus récentes, à moins de constituer des équipes de recherche rattachées à plusieurs universités, ce que font nombre d'universités ou de rattacher des enseignants extérieurs à un centre de recherche.

Les départements de géographie, confrontés à des logiques opposées, ont indéniablement privilégié la seconde logique, à savoir la concentration de spécialistes qui est de loin la plus valorisante. Compte tenu du fort degré de spécialisation des universités, le recrutement des enseignants se fait souvent sur place, comme le montre la figure 2, mais avec toutefois de sensibles différences selon les départements de géographie en raison de leur ancienneté ou des logiques de recrutement qui les animent.

Figure 2 : Les lieux de soutenance de thèse des enseignants en géographie

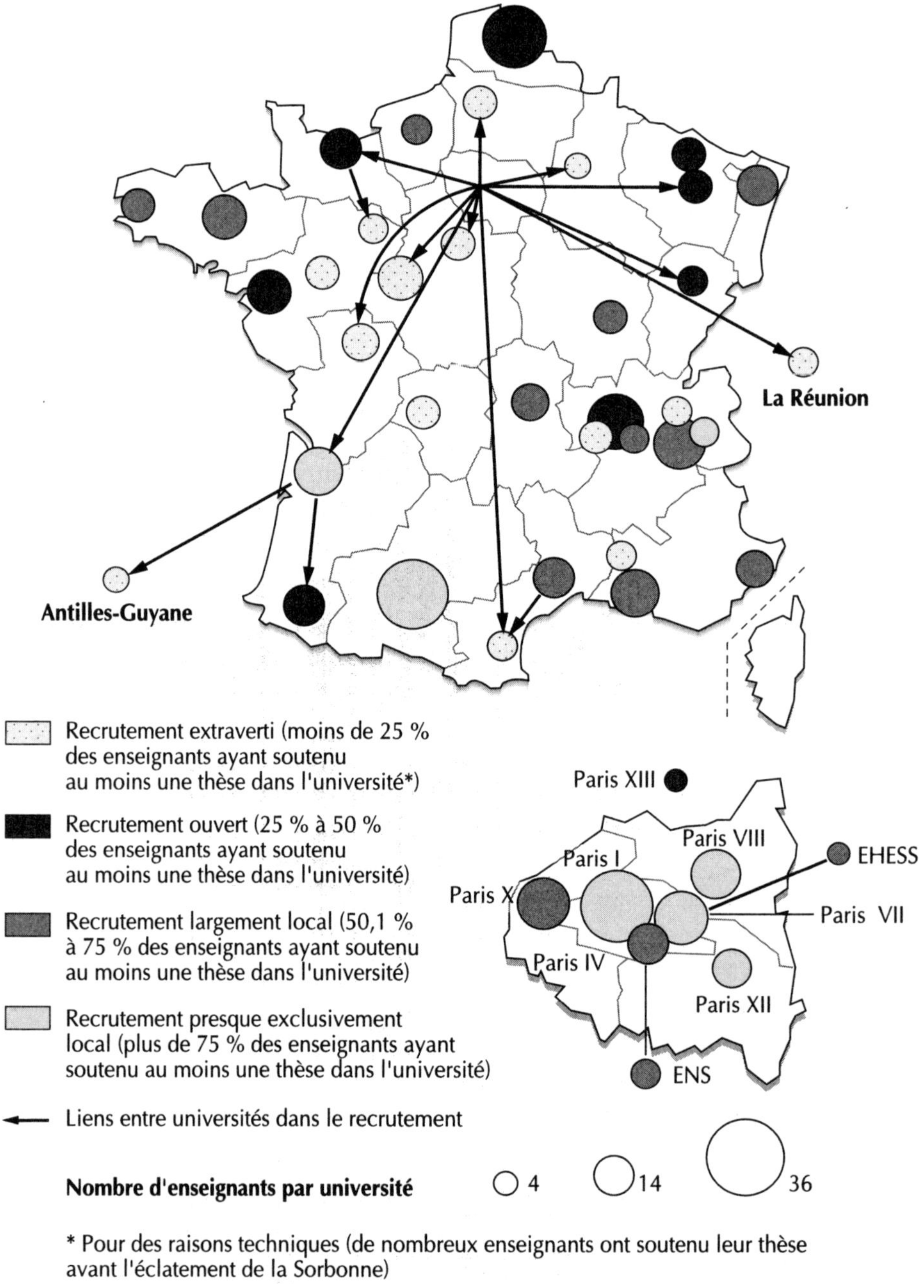

* Pour des raisons techniques (de nombreux enseignants ont soutenu leur thèse avant l'éclatement de la Sorbonne)

Un recrutement plus local dans les «vieux» départements de géographie

La situation variée des universités résulte de multiples paramètres. La masse du département de géographie des universités joue certainement sur la part des enseignants de l'université ayant soutenu leur thèse en son sein. Le nombre de DEA, de directeurs de thèses, de centres de recherche détermine en partie la masse des docteurs formés et par conséquent les possibilités de recrutement d'un candidat local. L'ancienneté du département explique par ailleurs l'origine du recrutement de nombre d'universités. Les premiers enseignants d'un nouveau département ne peuvent par définition avoir soutenu leur thèse dans celui-ci. Il est de ce fait logique que Besançon, Perpignan ou Chambéry aient des recrutements extravertis. Leurs logiques ne seront visibles que dans quinze ou vingt ans.

Beaucoup des départements créés dans les années 1960-1970 se retrouvent dans des situations intermédiaires. Les premiers enseignants venaient en effet de l'extérieur et ont formé une partie des enseignants recrutés par la suite. Les anciens pôles universitaires ont, dans l'ensemble, formé une bonne majorité de leurs enseignants, à toutes les générations. L'âge des départements de géographie influe donc sur l'origine du recrutement mais d'autres facteurs rentrent en compte. Rien n'oblige en effet les «vieux départements» à pratiquer l'auto-recrutement.

Le cas des universités d'Île-de-France est sans doute le plus délicat à analyser en raison de l'éclatement de l'ancien pôle de la Sorbonne mais également en raison des liens étroits et anciens noués entre les différents départements de géographie. Centres de recherche, DEA inter-universités sont bien plus fréquents en région parisienne qu'en province. On passe donc beaucoup plus facilement d'une université à l'autre et ce d'autant plus que thématiques et terrains d'étude sont souvent proches. En dehors des raisons techniques (les notices des enseignants ne précisent souvent que Paris, même pour les thèses soutenues après l'éclatement de la Sorbonne), le choix cartographique de prendre les universités parisiennes comme un tout se justifie aussi par la perméabilité qui existe entre elles. Outre ce schéma général où intervient l'ancienneté des départements de géographie, la masse des directeurs de thèses, et la présence de structures de recherche, on peut analyser plus finement les logiques de recrutement menées par les différents départements[29].

Parmi les universités ayant un recrutement extraverti, figurent des cas de départements récents, n'ayant pas encore eu le temps de former de nombreux docteurs. A Perpignan, Chambéry et Antilles-Guyane, tous les enseignants ont soutenu leur thèse ailleurs: Paris et Montpellier dans le premier cas, Grenoble

---

29. Le recrutement des enseignants se fait par vote au sein de la commission de spécialistes de chaque université.

dans le second et l'on peut parler d'annexe de Bordeaux III pour l'université Antilles-Guyane (cinq enseignants sur six en 1994).

Malgré leur ancienneté, certains départements de géographie recrutent toujours massivement des docteurs formés ailleurs. Parmi ceux-ci, deux types se dégagent : les départements ayant pratiqué un recrutement dans toutes les universités françaises ; on peut citer les cas d'Avignon (neuf enseignants venant de sept universités différentes) et de Limoges (sept sur sept) ; les départements dont les enseignants ont soutenu leurs thèses dans une deux universités : les deux tiers des enseignants d'Amiens ont soutenu leur thèse dans une université parisienne, plus de la moitié à Orléans, Reims et Tours. Paris a donc fait le vide autour d'elle mais il faut bien sûr tenir compte du fait que 37 % des enseignants du supérieur tous statuts confondus ont soutenu au moins une thèse dans une université parisienne. Ces mêmes relations fortes existent entre certaines universités de province : 60 % des enseignants de Saint-Étienne ont soutenu leur thèse dans une université lyonnaise et un tiers des enseignants du Mans ont soutenu une thèse à Caen.

Ces universités dont on peut parfois dire qu'elles sont des annexes de grands centres universitaires, appartiennent pour certaines au second groupe défini dans la figure 2.

Une tendance lourde dans les recrutements : la fermeture sur elles-mêmes des universités

Les relations sont fortes entre Caen, Lille, Besançon, Nancy et Paris (du tiers à la moitié des enseignants de ces universités ont soutenu à Paris), entre Pau et Bordeaux (40 %) mais il y a derrière ces chiffres un effet d'inertie. Une analyse du lieu de soutenance de la thèse en fonction du statut met souvent en lumière des recrutements qui deviennent de plus en plus locaux. Les maîtres de conférence, PRAG, ATER et moniteurs qui sont globalement plus récemment recrutés que les professeurs ont soutenu leur thèse dans l'université où ils enseignent à 67 % pour Nancy, 60 % pour Nantes, 59 % pour Lille, et 50 % pour Pau tandis que pour les enseignants ayant le grade de professeur, les pourcentages ne sont respectivement que de 0 %, 29 %, 9 % et 0 %. On peut donc parler dans ces cas-là mais aussi pour la plupart des autres facultés, provinciales ou parisiennes, d'une logique de recrutement de plus en plus locale.

C'est, semble-t-il, une tendance lourde des départements de géographie et rares sont les cas où les maîtres de conférence, PRAG, ATER et moniteurs sont moins nombreux à avoir soutenu leur thèse dans l'université où ils enseignent que les professeurs. Seuls Lyon II, Metz, Grenoble I, Montpellier III et Rennes ont un recrutement plus ouvert aujourd'hui qu'autrefois.

De nombreuses universités qui avaient autrefois des recrutements extravertis ou ouverts recrutent maintenant des docteurs ayant soutenu sur place ; les « échanges » de docteurs devenant plus rares entre les universités (sans parler des docteurs venant d'universités étrangères : 1 % du total). Chacune d'elles est aussi conduite à recruter plus localement si elle veut « placer » une partie des docteurs qu'elle forme. Il y a là assurément un cercle vicieux. Ce phénomène explique, par exemple, le fait que les universités parisiennes ne recrutent presque plus que des docteurs ayant soutenu leur thèse dans une université parisienne ; les postes en province leur étant bien moins accessibles qu'auparavant. Seuls 23 des 136 enseignants des universités parisiennes (dont la notice était disponible) ont soutenu une thèse dans une université de province et dans 20 cas il s'agit de professeurs ! En dehors du cas des professeurs agrégés (sans doute lié au fait que toutes les universités ne préparent pas au concours de recrutement des agrégés), la tendance nationale pour les jeunes enseignants est donc à un recrutement de plus en plus local.

Tableau 4 : Lieux de soutenance de thèses des enseignants selon leur statut, en 1994

Statuts	dans l'université d'enseignement	dans une autre université
Professeur	51,25 %	48,75 %
Maître de conférence	58,2 %	41,8 %
PRAG	40 %	60 %
ATER	69,4 %	30,6 %
Moniteur	84,6 %	15,4 %

Source : *Répertoire des géographes français,* 1994, Intergéo.

En conclusion, il faut bien évidemment mettre en relation cette « fermeture locale » du recrutement des départements de géographie avec les spécialisations thématiques et spatiales poussées de nombre d'entre elles.

Les logiques de recrutement des universités visent largement à renforcer les spécialités de recherche des universités et non la variété des spécialités au sein des départements. La qualité de la recherche est sans aucun doute renforcée par la concentration mais elle peut aussi conduire à une formation déséquilibrée des étudiants en privilégiant des pans de la géographie aux dépens des autres. La logique de spécialisation conduit à un recrutement local préférentiel et secondairement un recrutement de docteurs venant d'universités travaillant sur les mêmes thématiques ou espaces. La pérennité des spécialisations est ainsi assurée et entretenue. Dans ce cadre, comment les départements de géographie peuvent-ils faire émerger de nouvelles thématiques ?

C'est en bonne partie dans ce fonctionnement des universités qu'il faut rechercher la pérennité des thématiques et des espaces de recherche de la géographie universitaire française. A-t-elle intérêt à se maintenir sur ses positions fortes ou a-t-elle vocation à aborder de façon systématique tous les espaces et à multiplier les thématiques ?

LES THÈSES SUR L'AFRIQUE TROPICALE : FLEURON DE LA GÉOGRAPHIE FRANÇAISE OU DOMAINE EN CRISE LARVÉE ?

Jean-Pierre Raison, Géotropiques-CEGAN, université de Paris X-Nanterre

La recherche en Afrique tropicale est considérée comme un des points forts de la géographie française et francophone : le nombre des chercheurs et enseignants-chercheurs qui s'y consacrent est proportionnellement élevé, tout comme le nombre de thèses soutenues et de sujets déposés. Entre 1990 et 1994, 128 thèses, soit près de 17 % de la production française, ont été soutenues sur l'Afrique tropicale, ce qui la place au troisième rang derrière la France elle-même et le Maghreb (22 %). Le poids de l'Afrique tropicale est à peine moins affirmé pour les « inscriptions »[30] dans ce laps de temps : 348, soit 16 %.

Une forte relation entre recherche et coopération

Le nombre et la nature des thèses de doctorat consacrées à l'Afrique tropicale ne peuvent être considérés d'un point de vue purement français. En effet, en raison de l'héritage colonial, ce grand ensemble fait, tout comme le Maghreb, l'objet de thèses soutenues en France par des nationaux. Une analyse sérieuse implique donc que soit distinguée la part des auteurs français et celle des nationaux des pays africains. Le document dont nous disposons ne permet pas d'opérer cette distinction de façon rigoureuse : on s'est fondé sur les patronymes, ce qui n'est pas une garantie absolue, certains auteurs pouvant être des citoyens français d'origine africaine. Quoique probablement faible, la possibilité d'erreur existe.

En effet, s'agrègent dans les chiffres bruts deux éléments différents : d'une part le renouvellement, voire l'extension, de notre capacité d'analyse des réalités africaines, de l'autre la politique de coopération avec les États africains et la contribution de la France à la formation de chercheurs nationaux. Ce second élément pèse d'autant plus sur les données statistiques que les docteurs et doctorants africains sont largement majoritaires : près de 12 % des thèses soutenues en France l'ont été par des étudiants originaires d'Afrique noire qui ont

30. Dans la suite du texte, on parlera de « thèses » pour les travaux soutenus, d'« inscriptions » pour les sujets inscrits et les travaux en cours.

réalisé plus de 70 % des thèses consacrées à ce grand ensemble et le phénomène paraît s'être amplifié sur la période puisque les trois quarts des sujets déposés l'ont été par des Africains. La politique de coopération et son évolution pèsent aussi dans la mesure où une bonne part des docteurs et des doctorants français sont d'actuels ou d'anciens coopérants. Ces faits se reflètent dans la localisation des travaux, ainsi que dans la localisation des inscriptions, car une large part des doctorants africains sont ou ont été boursiers, cette part devant croître encore, voire devenir quasi exclusive en raison du durcissement de la politique d'immigration. Ces boursiers sont orientés vers certaines universités en fonction d'accords inter-universitaires, ou tout simplement... selon le nombre de places disponibles dans les cités universitaires, ce qui s'opère au détriment de la région parisienne. Dans une moindre mesure, ces faits jouent pour les doctorants français : l'octroi de postes en coopération, la disposition de moyens de travail sur le terrain sont influencés, en effet, par l'existence d'accords institutionnels.

Une géographie du « pré carré »

On comprend mieux, dès lors, l'extraordinaire concentration des « thèses » et « inscriptions » sur l'Afrique francophone, plus précisément sur les anciennes colonies françaises. Sur 128 « thèses », 122 étaient consacrées à des pays ou groupes de pays francophones et 111 à d'anciennes colonies. Cette énorme disproportion n'est pas un fait nouveau mais elle se maintient, voire s'accentue. Nous pouvons en effet esquisser une comparaison avec une période plus ancienne grâce à une étude réalisée par Yves Marguerat en 1981, que j'ai utilisée dans un précédent travail[31] : des origines à 1978, près de 85 % des thèses préparées ont été consacrées à l'ancien empire colonial.

Au sein de cet ensemble, certains pays semblent plus attirants (ou sont particulièrement attirés par nos universités). Cinq d'entre eux groupent 48 % des thèses soutenues en 1990-1994 : ce sont, dans l'ordre, le Congo, le Cameroun, et, à égalité, Madagascar, le Mali et le Sénégal (tab. 1). La concentration n'est pas moindre pour les « inscriptions » : les cinq pays de tête (Congo, Gabon, Sénégal, Cameroun et Burkina Faso) regroupent 173 sujets, soit 50 % du total. On note par contre un glissement de l'Afrique de l'Ouest vers l'Afrique centrale, que confirme l'étude de Marguerat pour la période antérieure à 1980.

---

31. MARGUERAT Y., *La géographie francophone en Afrique noire. Essai de description quantitative,* 23 p. dact., 1981, citée dans RAISON J.-P., « La géographie africaine en France », *in Études africaines en Europe. Bilan et Inventaire,* Paris, Karthala, 1981, t. I, pp. 591-629. Ne disposant malheureusement pas des documents de base, j'ai dû me couler, pour une comparaison, dans les cadres définis par l'auteur.

Tableau 1 : Les cinq pays de tête pour les thèses soutenues et déposées

Soutenues avant 1980	Soutenues 1990-1994	Déposées avant 1980	Déposées 1990-1994
Madagascar (44)	Congo (19)	Cameroun (53)	Congo (71)
Côte-d'Ivoire (34)	Cameroun (12)	Côte-d'Ivoire (51)	Gabon (33)
Sénégal (31)	Madagascar (10)	Sénégal (40)	Sénégal (28)
Cameroun (29)	Mali (10)	Bénin (28)	Cameroun (22)
Bénin (23)	Sénégal (10)	Burkina (26)	Burkina (19)

Certains pays s'effacent comme Madagascar, la Côte-d'Ivoire ou le Bénin (épuisement des « gisements » de sujets ?, saturation des institutions universitaires ? relâchement des liens de coopération ?), d'autres s'affirment vigoureusement, comme le Congo et le Gabon. On notera, non sans étonnement, que le Cameroun et le Sénégal, précocement en pointe, se maintiennent, ce qui paraît peu justifié dans la mesure où ces deux pays sont dotés d'universités confirmées où la préparation de thèses est possible ; mais les traditions sont solides...

Pour les Africains : Bordeaux-Paris

La concentration géographique s'affirme aussi dans les lieux d'inscription (tableau 4). Pour la période 1990-1994, l'université de Bordeaux III arrive largement en tête, tant pour les « thèses » (22 % du total) que pour les « inscriptions » (un tiers) ; l'agglomération parisienne, toutes universités confondues, tient tête au pôle du Sud-Ouest : elle groupe 33,5 % des thèses soutenues, mais seulement 30 % des sujets déposés. Parmi les universités parisiennes, certaines affichent une spécialisation africaniste, particulièrement Paris I et X et, pour les « thèses » du moins, l'EHESS[32], qui groupent 70 % des « thèses » africanistes parisiennes et 60 % des « inscriptions ». Peu d'autres points de spécialisation s'affirment (à l'exception d'Aix-en-Provence) et ils paraissent incertains, dans la mesure où les principaux lieux de soutenance ne sont pas, au même moment, des lieux d'inscription majeurs. Pour les « inscriptions », Dijon (4,6 %) devance Strasbourg et Montpellier, Lyon III et Nantes talonnent Montpellier.

Pour les « thèses » les « cinq grands » groupent plus de 78 % du total et les trois premiers les deux tiers, pour les « inscriptions » les parts sont de 75 et 63,5 %. Cette concentration sur quelques pôles universitaires est ancienne et stable, si l'on se réfère à l'étude d'Y. Marguerat, qui ne prend en compte que les thèses d'État, sans doute encore plus groupées sur quelques villes. La seule nuance, est le recul relatif du pôle rouennais.

32. L'EHESS, depuis 1990, n'inscrit plus de thèses en géographie de l'Afrique. On peut regretter cette exclusion dans un établissement qui dispose d'un important Centre d'études africaines.

Tableau 2 : Les cinq principales localisations des thèses soutenues de 1990 à 1994

	% des « thèses »	% des « inscriptions »
Bordeaux III	21,9	33,3
Région parisienne	33,6	30,2
Aix I et II	11	4,6
Strasbourg	6,25	4
Montpellier	5,5	2,9

Tableau 3 : Les cinq principales localisations des thèses d'État soutenues avant 1980

	% des thèses
Paris	34
Bordeaux	25
Strasbourg	7
Rouen	6
Montpellier	6

Pour les Français aussi, la francophonie

Le tableau est quelque peu différent si on opère une distinction entre doctorants français et africains. La masse de doctorants africains, aujourd'hui prépondérante, alors qu'elle a peu pesé jusqu'en 1974 du moins[33], parce qu'elle se concentre en quelques lieux, en fonction des contingences matérielles (le coût de la vie, qui dissuade d'aller à Paris) et des relations internationales formalisées, donne en effet une image biaisée de la hiérarchie et de la spécialisation des pôles africanistes en France.

On s'attendrait à ce que la concentration sur le « pré carré » francophone soit moins marquée parmi les seuls doctorants français. Il n'en est rien. Pour ce qui est des « thèses » (37 au total entre 1990 et 1994), si l'on fait abstraction des quatre travaux transversaux (qui concernent tous l'univers francophone), trois seulement portent sur des pays non francophones. Circonstance aggravante, ces trois thèses ont été réalisées dans le cadre de la même formation doctorale[34] ! En revanche, Burkina Faso, Cameroun et Mali, à eux seuls, rassemblent un tiers des « thèses ». La situation n'est pas meilleure en ce qui concerne les « inscriptions ». On note une recrudescence des thèmes transversaux, concernant plusieurs pays, mais, dans le lot des sujets situés à l'intérieur d'un pays (69 sur

33. Jusqu'à cette date, d'après Marguerat, près des deux tiers des thèses sur l'Afrique avaient été soutenues par des Français.

34. « Géographie et Pratique du Développement dans le Tiers Monde », commune aux universités de Paris X et Paris I.

89), il n'en est que 11 qui concernent des pays non francophones. Cette minime ouverture tient surtout à l'apparition de thèmes de géopolitique, portant sur l'Afrique du Sud (trois sujets). Les équipes concernées par les États non francophones restent des pionnières isolées: DEA « Géographie et Pratique du Développement » (six sujets) et DEA de Géopolitique (trois sujets) sont un involontaire oligopole (82 % des « inscriptions »). Rien n'a vraiment changé depuis les années 1970. Certes, l'obstacle de la langue existe; certes, il est plus difficile de se faire sa place dans les institutions anglophones, mais les remarquables efforts du ministère des Affaires étrangères pour promouvoir la recherche française hors de ses domaines courants ne sont guère récompensés[35].

… mais Paris-Bordeaux

Pour ce qui concerne les lieux de dépôt et de soutenance des thèses, la prise en compte des seuls doctorants français marque par contre de fortes différences avec le bilan général.

Tableau 4: Les principaux lieux d'inscription des thèses déposées par des Français de 1990 à 1994

	Nombre	% des sujets déposés
Région parisienne	41	45,5
Bordeaux III	21	23
Rouen	4	4,5
Strasbourg	3	3
Montpellier	2	2

La place du pôle bordelais est nettement moindre, puisque la seule université de Paris X (19 « inscriptions ») le talonne de près. Globalement, une prééminence parisienne s'affirme. Le poids des relations internationales donne donc bien à la province une importance que ne ratifient pas les doctorants français. En province, la part de doctorants africains est supérieure à 80 % (avec l'exception de Rouen et Clermont-Ferrand où les Français sont majoritaires); dans la région parisienne elle est de 60 % seulement. Ceci renforce évidemment la concentration des intérêts scientifiques sur certains pays: 54 % des doctorants congolais et 71 % des doctorants gabonais, 50 % des étudiants burkinabé sont inscrits à Bordeaux, le phénomène étant moins marqué pour le Cameroun (moins d'un tiers à Paris IV) et insensible pour le Sénégal, dont les étudiants sont très dispersés.

35. On soulignera la très grande utilité de l'Institut français de Recherche en Afrique, centré sur Nairobi, avec des antennes à Ibadan et Harare, et du tout nouvel Institut français d'Afrique du Sud.

L'exploitation de « gisements » de thésards, des effets d'entraînement collectif paraissent conduire à une multiplication de doctorants dans des proportions discutables, voire déraisonnables : 66 Congolais, 29 Gabonais, 23 Sénégalais ont inscrit des sujets dans des universités françaises en 1990-1994 soit un sujet déposé pour 40000 Congolais et 48000 Gabonais, contre un sujet pour 86000 Français. On souligne ailleurs le nombre étonnant d'« inscriptions » opérées par des Marocains, mais il reste comparativement modeste : au taux congolais, on compterait 690 « inscriptions » de thèses sur le Maroc et non 153 ! On peut donc s'interroger sur l'avenir des doctorants (et parfois sur le sérieux de leurs travaux) comme sur la redondance et le recouvrement des études, problème qu'on abordera plus loin.

La macrocéphalie universitaire

Un début de typologie des pôles universitaires français concernés par l'Afrique tropicale peut ici être esquissé. On relèvera des absences parmi les établissements les plus importants : pour les seules universités où plus de 30 sujets ont été inscrits, l'Afrique noire est absente à Poitiers, à peine représentée (moins de 5 %) à Grenoble, Toulouse II, Nancy II, Lille I, Caen, et représente moins de 10 % des « inscriptions » à Paris VIII, Pau, Nice, Metz, Tours.

A l'autre extrême, les deux « métropoles » sont Bordeaux et la région parisienne, où se distinguent les universités de Paris X et Paris I. A Bordeaux prédominent les Africains (plus de 80 %) et particulièrement ceux originaires d'Afrique centrale ; à Paris, la part des Français est beaucoup plus grande (ils sont même majoritaires à Paris X), les terrains d'étude plus variés, la capitale jouissant d'un quasi monopole pour les recherches sur les pays non francophones.

L'écart est très grand avec les « centres secondaires » que sont Aix-Marseille, Dijon, Montpellier, Strasbourg, voire Lyon III et Nantes. Aucun d'entre eux n'a de spécialisation territoriale, ce qui les distingue des centres de troisième rang (statistique...) que sont Rouen et Tours, spécialisés dans les régions arides. Par contre, la proportion d'Africains conduit à distinguer des autres les villes où ils sont très fortement majoritaires (plus de 80 % des « inscriptions »), Aix-Marseille, Dijon et Nantes. Les dix villes citées concentrent près de 90 % des « inscriptions », 88 % des « thèses » : c'est dire que la nébuleuse des autres universités ne se prête pas à une analyse statistique.

Des institutions de recherche peu sollicitées ; quelques « patrons » trop chargés

On peut, à ce stade, s'interroger sur les rapports entre la répartition des thèses dans les villes universitaires et l'organisation spatiale de la recherche africaniste française. La forte présence de Bordeaux et de Paris est logique : on y trouve en effet tant des enseignants-chercheurs spécialistes de l'Afrique que des laboratoires spécialisés. Aix-Marseille et Strasbourg sont également des centres anciens et réputés. Mais cette localisation n'a pas encore pris acte de mutations dans la répartition du potentiel de recherche ; on s'étonne en particulier de ce que Montpellier ne s'affirme pas quand on songe au remarquable environnement qu'offre la forte présence des institutions de recherche spécialisées que sont l'Orstom et le CIRAD.

On est d'ailleurs frappé par la faible participation des chercheurs à plein temps à la direction de travaux : pour les « thèses », nous n'en avons recensé que trois, ayant dirigé dix jeunes chercheurs, et si, selon un processus logique, tenant à l'ouverture des formations doctorales aux chercheurs habilités, leur nombre est plus élevé pour les « inscriptions », leur participation moyenne régresse : 19 thèses, réparties entre 11 chercheurs, ce qui est bien modeste. A ceci s'ajoute le fait que des enseignants-chercheurs de haute qualité, peut-être volontairement, mais souvent aussi parce qu'ils sont en poste dans des universités « périphériques », peu engagées dans les relations internationales, n'ont qu'un nombre très limité de doctorants.

La conséquence, qui est certes en partie un corollaire de la répartition par universités, est l'existence de deux traits contradictoires. Le premier est une forte concentration sous un très petit nombre de patronages. Six professeurs ont fait soutenir 41 thèses, près d'un tiers du total, les cinq suivants, avec trois à quatre travaux, n'en ayant dirigé que 8 %, le reste se dispersant entre 53 directeurs. La concentration est plus flagrante encore pour les « inscriptions » : elles se répartissent entre 101 personnes, mais 11 « patrons », ayant accepté plus de 10 doctorants entre 1990 et 1994, contrôlent 46,5 % de l'ensemble et deux d'entre eux 13 % à eux seuls. Si l'on peut extrapoler des thèses soutenues aux « inscriptions », il semble que le taux d'achèvement soit plus bas pour les enseignants-chercheurs les plus chargés. L'auteur de ces lignes, membre du *top ten* est plus que quiconque conscient de la nécessité d'un redéploiement ! A l'autre extrême, nombre de thèses sont éparpillées entre un grand nombre de directeurs : ceux qui en ont pris en charge une ou deux assurent un quart des directions[36].

Le nombre de 90 enseignants-chercheurs dirigeant des thèses sur l'Afrique tropicale est très sensiblement supérieur au nombre d'« africanistes » patentés. Il n'y a pas lieu de s'en étonner ni *a fortiori* de s'en indigner. Certes, des collègues dirigent certaines thèses par devoir (présence épisodique d'une vocation tropicaliste dans une ville sans spécialiste) ou par curiosité, mais plus nombreux sont ceux qui acceptent des directions de thèse africanistes par intérêt thématique et/ou comparatiste. Ceci devrait apparaître dans l'analyse des

36. Ceux-ci sont évidemment plus chargés en général, car ils dirigent des thèses sur d'autres régions, tropicales ou non.

axes dominants et de leur évolution, que nous nous efforcerons d'étendre dans le temps, quitte à en réduire la précision, en utilisant une fois encore le travail d'Yves Marguerat. Les grandes catégories adoptées sont évidemment assez arbitraires, et la classification est souvent incertaine, étant fondée exclusivement sur le titre du travail ou le libellé inscrit.

Des thématiques peu renouvelées… sauf en géographie physique

Tableau 5 : Répartition par grands axes des thèses soutenues et/ou déposées (en %)

	A	D	E	P	R	S	U
Déposées avant 1977	26	2,3	10,9	16,6	13	8,8	22,4
dont de 1970 à 1974	26,1	3,4	12,6	14,2	11	10,4	22,3
Soutenues 1990-1994	25,8	6,25	7,8	25,8	3,9	4,7	26,6
Déposées 1990-1994	19,7	9,4	12,9	19,1	8,8	6,5	23,5

A : Géographie rurale ; **D :** Thèmes divers (dont Géopolitique, Pêche et Transport) ; **E :** Géographie économique ; **P :** Géographie physique ; **R :** Géographie régionale ; **S :** Géographie « sociale », dont Santé ; **U :** Géographie urbaine.

Quelques points retiennent l'attention. Le premier est la progression de la géographie physique : elle occupe une place majeure pour les thèses soutenues entre 1990 et 1994 et, même pour les « inscriptions », elle se place à un niveau plus haut qu'il y a vingt ans. Ceci est l'effet d'un renouvellement : la morphologie a cédé la première place à l'étude globale de l'environnement, parfois, mais encore rarement, étayée par l'usage de la télédétection[37], cependant que la climatologie tient une place notable. Le thème « Divers » est aussi en progression : ceci correspond à la percée de la géopolitique, mais aussi à la multiplication de travaux sur le domaine halieutique, ce qui répond bien à l'importance croissante de ce secteur en Afrique tropicale. Par contre deux axes sont en baisse : la géographie régionale, ce qui reflète une tendance générale en France, mais aussi, ce qui étonne plus, la catégorie, d'ailleurs fort composite, de la géographie « sociale ». Bien rares sont les études en géographie de la santé et de la population, comme celles qui prennent en compte la place des femmes dans l'utilisation et la gestion de l'espace, la géographie du travail, etc. A en juger du moins par les titres, l'analyse de la crise économique et sociale que connaît le continent africain n'intéresserait guère les géographes. Ceci paraît confirmé par la stagnation de la géographie économique, qui est vue en général comme une géographie de la production et rarement comme une géographie de la difficile insertion du continent dans le système mondial.

37. Le recul parmi les inscriptions paraît tenir à la baisse de l'intérêt pour le Sahel, qui a fait l'objet de maintes thèses soutenues, inscrites dans les années 1980.

Domaine traditionnel (mais jamais prédominant) de la géographie africaine, la géographie rurale, qui s'était bien maintenue jusqu'au début de la décennie, paraît en perte de vitesse dans les « inscriptions ». Si l'on se limite aux titres, point forcément révélateurs, il ne semble pas, en particulier, que la géographie de la modernisation agricole (qui n'est pas seulement une géographie des grands aménagements) soit réellement prise en compte. Le recul du ruralisme ne profite pas à la géographie urbaine, stable en effectifs, malgré l'ampleur de la croissance et de la crise urbaines. N'est-ce pas, là encore, faute d'un renouvellement des thèmes ? Les possibilités d'études monographiques se réduisent et, si l'on multiplie les travaux sur les transports dans les villes congolaises, rares sont les recherches sur les problèmes fonciers, les infrastructures et leur gestion par exemple.

Il est plus délicat d'esquisser une analyse des rapports entre thématiques, pays étudiés et centres universitaires de rattachement. Un tableau établi pour les pays les plus étudiés permet toutefois quelques remarques.

Tableau 6 : Répartition par grands axes des « inscriptions » pour les principaux pays, 1990-1994

	A	D	E	P	R	S	U
Burkina Faso	26,3		5,2	21,1		21,1	26,3
Cameroun	18,2	4,6	18,2	13,5	7	4,6	40,9
Congo	15,5	2,8	16,9	12,7	12,7	5,6	33,8
Côte-d'Ivoire	14,3	14,3		14,3	7,1	7,1	42,9
Gabon		15,1	27,3	18,2	12,1	6,1	24,2
Madagascar	27,8	22,1	11,1	16,7	11,1	5,6	5,6
Mali	10	10		50	10	10	10
RCA	50			20	10		20
Sénégal	26	11,1	7,4	18,5		3,7	33,3
Togo	30			30	10	10	20

Compte tenu des caractères de ces pays, on ne saurait s'étonner de voir une prime aux études urbaines pour le Congo, la Côte-d'Ivoire, le Cameroun, le Sénégal, ni s'offusquer de l'absence de travaux sur l'agriculture au Gabon, où elle est presque inexistante, et où prime en revanche la géographie économique, que peut expliquer l'importance des investissements miniers (tab. 6). L'importance de la géographie « sociale » au Burkina tient sans doute au poids qu'y ont de longue date les ONG. L'importance de la population rurale justifie le nombre de travaux sur l'agriculture de ce pays comme sur celle de Madagascar ; on le comprend moins pour la République centrafricaine... Certaines spécialisations, enfin, ne peuvent être expliquées que par l'action de « patrons » de thèse ; ainsi pour la géographie physique au Mali et au Togo.

Le rôle des individualités incite à penser qu'il existe quelques rapports entre thématiques et lieux d'inscription des thèses. Ceci introduit quelques nuances dans la typologie initiale des centres universitaires.

Un faible degré de spécialisation des centres universitaires

Tableau 7 : Sujets déposés, par centres majeurs et par grands axes (en %)

	Nombre total	A	D	E	P	R	S	U
Bordeaux III	112	19,6	3,6	17,9	19,6	8	7,1	24,1
Paris	105	22,9	12,4	8,6	9,5	8,6	4,8	33,3
Aix-Marseille I-II	16	12,5	6,25	18,75	12,5			50
Dijon	16	6,25			81,25	6,25		6,25
Strasbourg I	14	14,3		7,1	57,1		7,1	14,3
Montpellier III	11	27,3	18,2			27,3	18,2	9,1
Lyon III	9	11,1			55,6	22,2		11,1
Nantes	9		55,6	44,4				

Les pôles majeurs sont polyvalents, mais la géographie physique est sensiblement plus présente à Bordeaux qu'à Paris, où la géographie urbaine est de plus de poids (malgré l'affluence des Congolais et Gabonais à Bordeaux !). Dans la nébuleuse parisienne, des spécialisations sont bien marquées : géographie rurale et urbaine à Paris X, géographie physique et urbaine à Paris I, géopolitique à Paris VIII. Deux types de pôles secondaires se dégagent : des pôles polyvalents comme Aix-Marseille et Montpellier, des pôles spécialisés comme Dijon (climatologie), Lyon III et Strasbourg (géographie physique), Nantes (pêche et économie des transports maritimes), à quoi s'ajoute la spécialisation sur les pays arides de Rouen et Tours. Ces orientations sont assez logiques, correspondant peu ou prou aux potentialités scientifiques des villes, même si les contraintes des relations internationales, accentuant les contrastes d'effectifs, amènent certains centres à déborder quelque peu de leurs compétences.

Faute d'un renouvellement, demain, la crise ?

Cette note d'optimisme ne doit cependant pas leurrer : l'avenir de la géographie africaniste en France, vu à travers les thèses soutenues ou inscrites, est moins brillant qu'il n'y paraît. D'un simple point de vue quantitatif, qui est loin d'être le principal, la spécialité est en stagnation globale et en recul pour ce qui concerne les jeunes chercheurs français : 318 sujets de thèses avaient été déposés entre 1970 et 1974 et la progression des effectifs de thésards (moins de 10 %), faible, est uniquement due à l'afflux de doctorants africains, tandis que le nombre de doctorants français est, lui, en recul.

Or tout donne à penser que, pour des motifs qui relèvent non du scientifique mais du politique et de l'économique, les effectifs africains vont baisser. Ne nous leurrons pas : nombre de sujets de thèse étaient déposés par des ressortissants d'Afrique noire, comme du Maghreb, pour justifier un séjour en France : les restrictions à l'obtention de visas et de titres de séjour vont réduire, voire faire disparaître, ce contingent et ne s'inscriront plus guère que les boursiers. La réduction du nombre de doctorants africains ne serait pas un mal – j'ai dit plus haut combien me paraissait suspecte l'inflation de candidats chercheurs dans certains pays – si elle était conduite selon des critères scientifiques ; mais, État patrimonial oblige, les boursiers ne sont pas toujours, loin de là, les meilleurs étudiants... De surcroît, l'approfondissement de la crise en Afrique, l'absence de moyens de recherche, et tout simplement de documentation fiable, ne peuvent que provoquer un accroissement du taux d'abandon, ou, ce qui n'est pas mieux, une forte baisse de la qualité des travaux. Ceux-ci, d'autre part, même s'il faut rendre hommage au souci de novation de certaines équipes, ne semblent pas toujours en prise sur les réalités africaines contemporaines.

Côté français, les perspectives ne sont guère plus encourageantes. Les doctorants français, eux aussi, souffrent de la réduction des moyens, et de la dégradation des « encadrements » en Afrique qui rendent les travaux plus incertains, voire plus périlleux, alors que le nombre de points d'accueil équipés et de postes de coopérants se réduit rapidement. Surtout, là encore, et la responsabilité du monde universitaire est grande, la recherche française n'a pas su s'ouvrir à l'ensemble du continent, elle continue de jauger l'Afrique à l'aune d'une francophonie de plus en plus mise à mal par le poids croissant du monde anglo-saxon et la crise des relations franco-africaines. L'actuel « effet Afrique australe » qu'on a noté après la chute du régime d'*apartheid*, limité d'ailleurs en géographie, ne saurait suffire à redresser la balance. Or, sur un continent qui change violemment et rapidement, tout passéisme peut être fatal.

LES THÈSES DE GÉOGRAPHIE SUR LE MAROC : UNE ABONDANCE ASSEZ FACILEMENT EXPLICABLE

Jean-Pierre Vigneau, université de Poitiers

L'abondance des thèses de géographie traitant du Maroc, 125 dénombrées (pour l'essentiel dues à des étudiants marocains), le pourcentage notable qu'elles représentent dans l'ensemble de thèses soutenues (17 % du total) méritent quelques explications.

On pourrait, certes, prendre le problème sous un autre angle et se demander, pour la période considérée, pourquoi, parmi les candidats à l'admission à un DEA, les Marocains n'ont pas eu davantage de concurrents français (faible nombre des allocations, difficultés pour les lauréats aux concours de l'enseignement à s'insérer dans la filière recherche, etc.) ; mais là n'est pas la question. Quels facteurs ont donc contribué (et contribuent encore, à un moindre degré) à ce que les Marocains constituent une composante notable des écoles doctorales et des effectifs de thésards en France.

Un premier facteur réside dans ce qu'on pourrait appeler un « effet en retour ». Pendant de longues années, le Maroc a été un objet d'étude privilégié pour maints géographes français qui y ont trouvé de beaux et fructueux terrains de recherche (pour des thèses d'État) et en sont devenus les spécialistes incontestés ; beaucoup de ces chercheurs y ont enseigné, formant ainsi de nombreux étudiants et doctorants, et nouant des rapports « privilégiés ». Ces relations scientifiques et amicales entre chercheurs marocains devenus enseignants et leurs anciens patrons, ont permis à ces derniers de continuer à « travailler », fût-ce par personne interposée, sur un espace géographiquement fort riche.

Un deuxième facteur consiste en un « effet de francophonie ». Longtemps au Maroc, une partie des études supérieures a eu le français pour véhicule, de façon orale aussi bien que livresque. Comment les meilleurs n'auraient-ils pas alors songé à aller chercher les « derniers degrés du savoir » directement à la source ? Les filières qui le permettaient étaient en place. L'accueil a été d'autant plus aisé que l'intérêt pour le Maghreb (mais le créneau algérien s'est peu à peu rétréci) est resté bien vivace. Le nombre d'équipes (et d'enseignants-chercheurs) affichant le thème méditerranéen – qui englobe la rive sud – ainsi que l'existence d'un DEA spécialisé dans le monde arabe en sont la meilleure preuve. Une fois le mouvement amorcé, il s'est trouvé amplifié par une nouvelle donne.

En effet, l'ampleur des besoins de l'Université marocaine a joué un rôle. Dans une société en état de mutation rapide (croissance démographique soutenue, urbanisation massive...), le supérieur a cessé de concerner une minorité. Pour accueillir des effectifs étudiants multipliés, tant dans les centres universitaires « anciens » que dans les facultés ouvertes dans toute ville de quelque importance, il a été procédé à un recrutement massif de maîtres-assistants, c'est-à-dire de titulaires de thèses (de niveau 3e cycle). Et ce, dans toutes les spécialités ; ainsi la géographie physique a, elle aussi, offert de beaux débouchés. Pendant plusieurs années, ce doctorat a constitué un sésame efficace ; encore fallait-il le posséder.

Cette question de la formation amène justement à un quatrième facteur. Dans une université devant accueillir le flot des nouveaux étudiants et, par ailleurs, peu fournie en professeurs titulaires, l'encadrement de nombreux jeunes chercheurs posait problème. D'où la solution d'envoyer de nombreux « aspirants au doctorat » en France – où les structures d'accueil ne demandent qu'à fonctionner – d'abord selon les filières éprouvées, ensuite de façon plus large et massive. Une vague désormais distribuée dans toutes les universités, en dehors de toute filière « traditionnelle », mais en créant de nouvelles. Ainsi, pratiquement toutes les équipes et beaucoup de professeurs français ont « produit » des diplômés qui constituent l'ossature des départements de géographie marocains ; ce qui n'a fait que renforcer les liens.

La question du coût de ces études de troisième cycle, loin d'être négligeable, peut être tenue pour un cinquième facteur. On sait l'Université française assez peu gourmande en frais d'inscription ; s'y inscrire n'est pas insurmontable lorsque l'on dispose d'une bourse (modeste certes), d'une endurance à la frugalité, d'une famille et/ou d'amis secourables et que l'on peut espérer compléter avec de petits boulots – les anglophones ont d'autres opportunités… à condition d'être nantis. L'origine sociale de ces doctorants est fort variée, parfois modeste. La perspective d'un avenir meilleur a permis à beaucoup de survivre chichement, mais dans un environnement qui, pour être différent, ne manque pas d'agréments !

Il faut enfin évoquer divers aspects de l'« ouverture » de l'Université française. L'objectif d'une éventuelle insertion en France, dans les organismes de recherche ou l'enseignement supérieur, que la loi rend possible, a pu être caressé par certains de ces diplômés marocains : quelques-uns y sont parvenus, mais le fait reste marginal. Pour tous les autres, la possibilité subsiste de maintenir et développer les relations avec leurs anciennes équipes d'accueil : séjours et recherches communes trouvent un soutien, dans les actions intégrées par exemple. Du côté français, beaucoup de professeurs pensent assurer une « mission » de rayonnement, au mieux scientifique, au pire linguistique. D'ailleurs, ils sont loin, dans leur majorité, de dédaigner aller sur le terrain, un plaisir qui compense un investissement souvent plus lourd dans l'encadrement. Et puis, en partie grâce à cet investissement, l'apport scientifique est loin d'être négligeable : à côté d'un lot de productions ternes, certaines thèses ont donné lieu à brillantes réussites.

Ce tableau décrit une situation dépassée. La période choisie pour l'enquête correspond déjà à un certain reflux, et assurément à la fin d'un « âge d'or ». Les raisons doivent en être cherchées du côté du partenaire marocain. Le montant des bourses (en nombre d'abord croissant, puis stagnant) n'a pas augmenté, subissant même les effets de l'érosion monétaire et rendant les conditions matérielles des doctorants de plus en plus précaires. L'arabisation croissante, puis totale, de l'enseignement supérieur marocain a sérieusement compliqué la tâche des candidats : arriver à se faire comprendre en français est une chose ; penser, construire, rédiger une tout autre. Cet effet semble plus important que le passage de la thèse de troisième cycle à la thèse nouveau régime (le niveau se serait élevé de l'une à l'autre ?). Et c'est plutôt au niveau du DEA que la sélection s'est accrue. La suppression de la thèse d'État en France n'a pas été suivie par le Maroc qui continue d'exiger ce titre pour l'accès aux fonctions de professeur des universités. D'où un mouvement récent d'inscriptions de maîtres de conférence marocains dans des universités de pays francophones ayant conservé le doctorat d'État ou son équivalent: en Belgique, en Suisse ou au Canada. Enfin, la multiplication des diplômés a fini par couvrir les besoins tels qu'ils avaient été définis. Et la situation est devenue telle qu'une pléthore de docteurs désespère de trouver un poste; la qualité des travaux ne constituant pas en la matière un atout supplémentaire. Nombre de thèses sont encore en cours. Leur réalisation ne garantira nullement l'emploi de leurs titulaires. Mais en va-t-il différemment pour les autres doctorants français?

RÉFLEXIONS SUR LA PLANÈTE DES THÈSES

Michel Sivignon, université de Paris X-Nanterre

On se propose ici d'avancer quelques hypothèses pour expliquer la répartition des thèmes traités dans les thèses de géographie, en se limitant aux résultats qui nous ont paru inattendus et sans s'appesantir sur la France, ni sur l'Afrique francophone traitées par ailleurs.

Thèses localisées et thèses sans localisation

Dans l'analyse des sujets de thèse, on note d'abord un certain nombre de sujets qui ne mentionnent pas de localisation du tout. Elles ont de ce fait un aspect théorique. Toutefois, dans cette catégorie comme dans les autres, le *corpus* des thèses soutenues pendant la période considérée ne présente pas exactement les mêmes caractéristiques que celui des thèses déposées.

Les thèses sans mention de localisation du sujet étudié représentent 7 % des thèses soutenues et 15 % des thèses déposées. Il existe donc une forte tendance à l'augmentation de ce type de thèses. Cette augmentation provient pour une large part du développement de la didactique de la géographie, de la réflexion épistémologique et de l'intérêt croissant pour l'histoire de la spécialité. Elle provient aussi des progrès des techniques, et le maniement de la télédétection ou des SIG donnent lieu à des thèses de plus en plus nombreuses.

Mais les progrès des thèses sans mention de localisation reflètent aussi une orientation profonde: on souhaite suggérer par là que l'important réside dans le thème, ou dans la méthode et pas dans le lieu d'application. Il y a au demeurant belle lurette que les thèses de géographie régionale ont disparu. Toutefois cette absence de localisation peut être trompeuse. L'habitude d'un titre beaucoup plus théorique rejette la localisation dans un sous-titre, qui ne figure pas dans les listes analysées ici. Dans la réalité, un titre du type « Modélisation des phénomènes complexes basée sur les connaissances : application aux incendies de forêts » n'est peut-être pas très différent d'un autre « les incendies de forêt dans le Var, étude géographique ». Lorsqu'on voit une thèse déposée à la Réunion, avec comme titre « développement et environnement en milieu insulaire », on peut supposer que la thèse a quelque chose à voir avec les îles de l'océan Indien. Toutefois, comme on n'en a pas de preuve, on classera cette thèse dans les thèses sans mention de localisation. La géographie suit une voie illustrée par d'autres sciences sociales comme la sociologie, où un titre comme la pauvreté dans le monde rural peut plus simplement dissimuler l'analyse sociale d'un canton de la Corrèze.

On a été contraint de classer ces thèses sans mention de localisation. Pourtant, ce parti pris, auquel il a fallu se résoudre, contribue à fausser la statistique : on a toutes les raisons de penser que les thèses de didactique, les thèses d'histoire de la discipline et même probablement les thèses sur les systèmes d'information géographique mobilisent des données qui intéressent dans leur grande majorité, l'espace français, les auteurs français ou le système éducatif français. On a surtout toutes les raisons de penser que, en sens inverse, les thèses sans mention de localisation ne s'attachent pas à telle ou telle aire culturelle exotique, parce que, si tel était le cas, le fait aurait été mentionné, dans la mesure où il contribuerait à valoriser le travail.

Faut-il couvrir le monde entier ?

La tradition française de géographie régionale conduit à penser que la géographie doit rendre compte de l'ensemble de la planète, dans sa diversité. Les géographies universelles sont de surcroît une tradition assez bien établie chez nous pour qu'on se soucie de décrire l'ensemble de l'écoumène. On pourrait donc s'attendre à une répartition qui couvre, inégalement sans doute, le monde entier. Bien entendu, la recherche géographique française ne se résume pas aux thèses, qui ne résument pas la production scientifique. On peut même dire que depuis l'instauration de la thèse dite « nouveau régime », et l'abandon de la thèse d'état, elle n'est plus l'œuvre d'une vie. Cette dernière, de surcroît, conduisait d'abord à une carrière universitaire ou de recherche. Ce n'est plus le cas aujourd'hui. Enfin les thèses sont loin d'être toutes imprimées, ce qui limite leur diffusion. Toutefois c'est tout de même par la thèse que, la plupart du temps, s'établit une relation privilégiée avec un thème donné et bien souvent, l'auteur d'une thèse garde par la suite un intérêt pour le sujet qu'il a traité dans le cadre de son doctorat.

A la recherche d'une logique de la répartition

L'examen des cartes de répartition des thèses montre qu'on est loin de l'ambition d'un déchiffrement complet du monde. La France d'une part et l'Afrique francophone d'autre part se taillent la part du lion, avec 80 % du total. Le reste de la planète compte peu, avec des scores particulièrement faibles pour l'Amérique anglo-saxonne et l'Asie. Cette inégalité dans la répartition n'est pas en soi une faiblesse. On peut soutenir au contraire l'idée d'une nécessaire spécialisation dans les domaines où la géographie française est institutionnellement bien placée.

La prééminence du monde francophone s'explique, comme on l'a noté par ailleurs, par les avatars post-coloniaux de la coopération française : beaucoup de ceux qui ont soutenu des thèses sur l'ancien domaine colonial français ont bénéficié de postes (enseignement ou autres) gérés par le ministère de la Coopération. Plus généralement, la France entretient des liens privilégiés avec les États issus de son ancien domaine colonial ; on peut donc y bénéficier des avantages liés à la présence de réseaux variés. En outre, la France continue d'attirer les ressortissants des États issus de l'ancien empire, qui entreprennent des thèses dans leur pays d'origine.

Mais on doit aussi se demander s'il n'existe pas, chez les géographes français, une réticence à travailler dans les régions non francophones. En d'autres termes, l'obstacle des langues étrangères reste malaisé à franchir et beaucoup de géographes français renâclent devant cette difficulté supplémentaire.

Le choix d'un sujet de thèse peut du point de vue de la connaissance linguistique procéder de deux attitudes d'esprit opposées. Ou bien la préoccupation primordiale est d'ordre méthodologique et le choix d'un lieu d'application est une affaire relativement aléatoire. Dès lors, la connaissance de la langue peut apparaître superflue. Le cas est clair en géographie physique : Pierre Birot conseillait à ceux qui entreprenaient une thèse de géomorphologie en Grèce sous sa direction d'apprendre l'allemand plutôt que le grec, parce que la littérature scientifique intéressant la Grèce est beaucoup plus abondante dans la première langue que dans la seconde. Ce qui, au demeurant, n'a pas empêché quelques spécialistes de géographie physique d'acquérir une connaissance très honorable du grec moderne.

Ou bien dans le domaine de la géographie humaine, le choix du terrain peut être dicté par une autre attitude d'esprit : celle qui voit dans le lieu de réalisation de la thèse un investissement intellectuel dans une aire culturelle dont, à coup sûr, le géographe n'a pas le monopole de la connaissance. Dans ce dernier cas, la connaissance de la langue et de l'histoire du pays devient indispensable et l'investissement linguistique un préalable. Or s'il s'agit d'une langue rare, non enseignée dans l'enseignement secondaire, et qu'on ne connaisse pas *a priori* à cause de son histoire personnelle ou familiale, les quatre années de préparation de la thèse sont bien courtes pour mener à bien, à côté du travail de documentation, un apprentissage linguistique suffisant.

Ces raisons peuvent expliquer pour une part la répartition géographique des thèses. Elles contribuent à rendre compte de la rareté des thèses sur l'Europe orientale où, en outre, la plupart des langues ne sont parlées que par un nombre réduit de locuteurs et où la pratique – difficile à acquérir – d'une langue n'est utile que dans le pays même, la langue en question n'ayant pas de statut de langue de communication internationale.

Mais si ces difficultés peuvent expliquer l'absence des géographes français en Europe orientale et en Extrême-Orient, elles ne suffisent pas à justifier le très petit nombre de thèses sur le monde germanique, les pays scandinaves et le monde anglo-saxon, où il faut invoquer l'importance des productions autochtones à partir de données abondantes, classées, répertoriées. En outre, comme la « nouvelle géographie » s'est développée d'abord dans les pays anglo-saxons et scandinaves, l'absence de la géographie française traduit aussi une timidité et un doute. Pourtant, les approches successives de la géographie anglo-saxonne quantitative, radicale, humaniste ont certainement influencé la géographie française à partir de 1960. Le géographie française peut-elle avoir l'ambition de réaliser un « déchiffrement du monde » sans qu'un nombre raisonnable de géographes français aient une connaissance de première main de l'Amérique anglo-saxonne ?

On peut en dire autant pour l'Allemagne. Pour ce dernier pays, on pourrait supposer que les universités de Strasbourg, Nancy et Metz sont bien placées pour tourner leurs regards de ce côté, à la fois du fait d'une pratique journalière de la proximité avec ce pays et du fait d'une proportion non négligeable d'étudiants germanophones. Or si l'on considère les thèses déposées, la situation est tout autre : sur un total de 60 thèses pour les trois universités, il y a seulement 2 sujets intéressant l'Allemagne (à Metz), pour 11 sur le Maroc (dont 9 à Nancy), 9 sur l'Algérie et 7 sur le Congo.

Il existe donc un paradoxe de la coopération universitaire européenne. D'une part, les échanges se sont développés (programmes Erasmus et autres) Mais, ils n'ont apparemment pas suscité d'intérêts scientifiques assez puissants pour attirer de jeunes chercheurs en mal de thèse. Les questions que pose l'Europe développée du Nord-Ouest manqueraient-elles de piquant et ne procureraient-elles pas le dépaysement souhaité ?

En revanche, les langues espagnole et portugaise ne paraissent pas être un obstacle à la recherche en Amérique latine. Il faut dire que les réseaux de chercheurs tout comme les institutions françaises y procurent les soutiens indispensables à la recherche, le dépaysement climatique, politique, culturel, faisant le reste.

La Grèce propose une autre situation intéressante. Paradoxalement ce pays européen enregistre 12 thèses soutenues (chiffre obtenu après correction) dans la période considérée. Cette relative abondance procède de plusieurs raisons cumulées. Le système universitaire grec fonctionne avec un *numerus clau-*

sus sévère ; beaucoup de jeunes Grecs vont donc faire des études supérieures à l'étranger. A l'intérieur de l'Union Européenne, les Grecs fournissent l'effectif le plus important des étudiants qui accomplissent une part de leurs études supérieures à l'étranger. Il n'existait pas jusqu'à une période récente d'enseignement supérieur de la géographie en Grèce et ceux qui désiraient faire des études supérieures dans cette spécialité devaient les faire dans un autre pays. Beaucoup venaient en France, parce que le français est avec l'anglais une des deux langues étrangères enseignées dans l'enseignement secondaire. Enfin, dans les années 1960, la coopération française a envoyé pendant dix ans des géographes français auprès du Centre des sciences sociales d'Athènes, ce qui a contribué fortement à nourrir la connaissance géographique du pays. On retrouve à travers cet exemple le rôle des points d'ancrage institutionnels dans la création et le développement des réseaux qui structurent les relations intellectuelles durables. Mais il faut toutefois ajouter que ces conditions favorables ont surtout attiré de jeunes Grecs vers la géographie française ; elles ont été beaucoup moins efficaces pour convaincre des doctorants français de travailler sur la Grèce. Il est vrai que les conditions politiques (la dictature des colonels) ont pu avoir un effet dissuasif.

Finalement, les pays en développement continuent de faire recette. La volonté de comprendre des sociétés différentes, le désir d'être utile, l'attrait du dépaysement semblent être des moteurs puissants dans le choix d'un sujet de thèse pour un étudiant français. Les motivations sont différentes pour un étudiant originaire du pays considéré. Cette sélection n'est pas nouvelle. Dans l'avant-propos de sa thèse, *Pâtres et paysans de la Sardaigne*, Maurice Le Lannou explique qu'il va rencontrer un maître, Jules Sion, pour s'enquérir d'un sujet de thèse : « Je suggérai que la plaine du Pô m'apparaissait riche en problématiques géographiques. M. Sion me répondit que je m'y ennuierais et m'assura que, si je ne craignais pas les enquêtes mouvementées, c'était en Sardaigne que je devais aller. » (Arrault, Tours, 1941).

Mais l'attrait du dépaysement ne suffit pas à convaincre. L'existence de réseaux, d'institutions qui peuvent jouer le rôle d'appui décident à entreprendre. Pensons à la Casa Velasquez en Espagne, au Centre d'Études mexicaines et centraméricaines (CEMCA) de Mexico. Inversement, c'est peut-être l'absence de réseau qui explique le vide Nord-américain.

La géographie et les régimes totalitaires

Les conditions politiques expliquent elles aussi pour une part la répartition des thèses. On a noté que l'accès libre à la carte et à la photo aérienne est une des marques de la démocratie. Sur ces questions, les pays autoritaires et nationalistes sont particulièrement sourcilleux et celui qui est trouvé en possession d'une carte à grande échelle est volontiers soupçonné d'espionnage. Un pays comme la Turquie n'a jamais vu d'un bon œil les chercheurs étrangers qui prennent son territoire comme objet d'étude.

La présence de régimes totalitaires en Europe orientale, en Union soviétique ou en Chine, a constitué un obstacle considérable : l'accès au terrain y était difficile, toujours contrôlé, limité aux échanges prévus dans les accords bilatéraux et l'accueil des collègues étrangers constituait en fait une des formes de la propagande politique. Ceux qui ont travaillé sur l'URSS savent bien que dans un séjour d'étude de plusieurs semaines, les visites sur le terrain pouvaient se limiter à quelques heures. On ne choisissait pas les terrains et on n'était jamais sûr de la représentativité des exemples imposés par les autorités locales. Les communes populaires chinoises visitées par des étrangers étaient bien peu nombreuses et toujours les mêmes : des géographes s'y sont laissé piéger et ont cru qu'on pouvait fonder sur ces visites une connaissance scientifique. La plupart de ceux qui avaient envisagé de travailler en Europe orientale dans le cadre d'une thèse y ont renoncé. Et tous ceux qui ont tenté de travailler dans ces pays ont eu le sentiment d'être souvent manipulés et d'effectuer un travail de recherche qui confinait à celui d'un détective.

L'exemple de l'Europe orientale est particulièrement éclairant parce que les régimes totalitaires de type communiste étaient bien mieux organisés et beaucoup plus fermés que les dictatures d'Afrique ou d'Amérique du sud et que ces dernières ne pouvaient se couper des pays européens comme la France qui jouaient le rôle de bailleurs de fonds. Les chercheurs étrangers y étaient donc plus ou moins tolérés. En outre l'Europe orientale offre un contre-exemple, puisqu'après 1990, l'effondrement des régimes s'est traduit par un accès beaucoup plus facile aux données et aux terrains. C'est sans doute ce qui explique la progression du nombre de thèses déposées sur ces pays, dans la période qui nous intéresse.

Une coordination inexistante et cependant souhaitable

S'il existe des blancs sur la carte des thèses, il existe à l'inverse des régions où la densité des thèses est surprenante. Entre 1990 et 1994, on a soutenu 11 thèses sur Casablanca et sa région, et autant sur Fès. Brazzaville n'est pas mal placé non plus. On ne voit guère de coordination dans le choix des sujets. On a déposé 27 sujets sur le Sénégal, sans compter 6 sujets sur la vallée du fleuve Sénégal, sans mention du pays concerné. Or la majorité des sujets porte sur la vallée et plus précisément sur l'hydraulique. On voudrait être sûr que tous les directeurs de thèse qui donnent leur aval à ces choix savent que la vallée est depuis longtemps la partie la plus étudiée du pays, et que, grâce à l'Organisme de mise en valeur du fleuve Sénégal et à diverses ONG, les divers rapports disponibles couvrent des milliers de pages. Ces rapports sont-ils sans lien avec la multiplication des sujets de thèses sur des sujets voisins ?

Sans doute pourra-t-on toujours dire que les connaissances ne sont jamais acquises définitivement, qu'on peut toujours reprendre un sujet déjà connu sous un autre angle et que le temps est passé où les maîtres divisaient les territoires entre leurs élèves et les attribuaient comme autant de fiefs.

Finalement, le fichier central des thèses, qui a le grand mérite d'exister, ne peut jouer un rôle que s'il est consulté et analysé. L'est-il par les directeurs de thèse quand ils acceptent de diriger un doctorant? Rien n'est moins sûr. Il peut servir à dresser l'état des lieux, comme on a tenté de le faire ici. On peut souhaiter aussi que ce recensement des ombres et des lumières puisse éclairer les décisions qui pèseront sur l'avenir de la géographie.

CONCLUSION DE LA DEUXIÈME PARTIE

Ces différentes contributions constituent de nouvelles avancées dans une réflexion déjà entreprise par ailleurs. Tous les thèmes abordés sont autant de pistes de recherche à poursuivre. Par exemple, le travail sur les thèses a permis de formuler des questions et des hypothèses mais l'ensemble de nos analyses ne parvient pas à y répondre. D'autant plus que celles-ci se placent sur un temps très court (quatre années) et dans une période très récente (1990-1994). Il serait alors intéressant d'avoir une vision plus diachronique afin d'identifier les ruptures et les permanences dans les logiques spatiales et thématiques des doctorats en géographie.

Par ailleurs, il serait également intéressant d'approfondir la réflexion en essayant de mieux connaître les itinéraires des géographes : lieu de naissance, de formation, d'exercice professionnel, etc., et de relier ces itinéraires et donc ces pratiques de la géographie à l'idée qu'on peut se faire de la géographie. En effet, on peut émettre l'hypothèse qu'il n'est pas indifférent à l'évolution de la science géographique qu'un grand nombre de chercheurs choisisse comme terrain de travail leur lieu de naissance qui se trouve assez souvent être aussi leur lieu d'exercice professionnel.

« Naître, vivre, travailler et mourir au pays » est un slogan qui ne peut laisser sans réflexion approfondie la communauté des géographes.

De même, on pourrait essayer de comprendre comment des étudiants décident de s'inscrire en géographie et si les raisons invoquées au début de leur *cursus* sont les mêmes ensuite.

Tout cela montre qu'un vaste champ de recherche en géographie reste à couvrir. Pour l'instant, il s'agit encore de véritables fronts pionniers.

Après avoir abordé la question des doctorats en géographie et tenter d'en apprécier les caractéristiques, les logiques qui sont autant de facteurs de dynamiques et de blocages de la production scientifique, nous allons, à présent, approcher la communauté des géographes sous un angle différent.

BIBLIOGRAPHIE DE LA DEUXIÈME PARTIE

BERDOULAY V., *La Formation de l'école française de géographie (1987-1914)*, Paris, CTHS, 1981.

BRUNET R., « La géographie » *in Rapport Godelier, Les sciences de l'homme et de la société en France*, Paris, La Documentation française, 1982.

BRUSTON M., *L'Annuaire de la Recherche Géographique Francophone*, Paris, CNRS-Intergéo, 1992, .

CHOLLEY A., *Guide de l'étudiant en géographie*, Paris, PUF, 1942.

CLAVAL P., *La Géographie comme genre de vie. Un itinéraire intellectuel*, Paris, L'Harmattan, 1996.

CLAVAL P. et SANGUIN A.-L. (dir.), *La Géographie française à l'époque classique (1918-1968)*, L'Harmattan, Paris, 1996.

CLAVAL P., *Histoire de la géographie*, PUF, Que-sais-je ? Paris, 1995.

INTERGÉO, 1994, *Le Répertoire des géographes français*, Paris, CNRS.

COMITÉ NATIONAL D'ÉVALUATION, *La Géographie dans les universités françaises : une évaluation thématique,* Paris, 1989.

DAUDEL C., « Le savoir géographique sur écran : réflexions théoriques sur l'usage de nouveaux outils dans l'enseignement de la discipline », *in Revue de géographie de Lyon, Les nouveaux outils dans l'enseignement de la géographie*, vol. 63, n° 2-3, 1988, pp. 3-14.

DAUDEL C., « Nouveaux enseignements en géographie : perspectives et développements », *in L'enseignement de la géographie après le baccalauréat,* Actes du 119e Congrès national des sociétés historiques et scientifiques, REGRAIN R. (dir.), Amiens, CTHS, 1994, pp. 101-112.

DORY D., DOUZANT-ROZENFELD D. et KNAFOU R, (dir.), *Matériaux pour une sociologie de la géographie*, Paris, L'Harmattan, Géotextes, 1993.

GEORGE P., *Le Métier de géographe. Un demi-siècle de géographie*, Paris, Armand Colin, 1990.

MARCONIS R., *Introduction à la géographie*, Armand Colin, Paris, 1996.

PINCHEMEL P., ROBIC M.-C., TISSIER J.-L., *Deux siècles de géographie française. Choix de textes*, CTHS, Paris, 1984.

SANGUIN A.-L., *Vidal de la Blache, un génie de la géographie*, Belin, Paris, 1993.

TROISIÈME PARTIE

LA GÉOGRAPHIE FRANÇAISE EN RELATION

INTRODUCTION

ISOLAT OU CARREFOUR ?

En juin 1997, le Français le plus célèbre dans le monde meurt. Parmi les nombreux qualificatifs que la presse attribua au Commandant Cousteau, il n'y eut jamais celui de géographe et cela vaut qu'on s'en étonne. Aux yeux d'un vaste public international, le *Captain Planet* est bien un explorateur, qui permit à tout un chacun, en restant dans son fauteuil, d'accéder aux derniers espaces vierges (et silencieux) du monde. Alors qu'aux États-Unis les activités de l'homme de la *Calypso* s'insèrent tout naturellement dans les préoccupations de la *National Geographic Society*, l'organisme éditeur du *National Geographic Magazine*[1], il ne viendrait à personne en France l'idée de lui supposer un lien institutionnel ou informel avec un organisme français qualifié de géographique. La vieille dame du boulevard Saint-Germain (elle est née en 1821), la Société de Géographie, pourtant également nommée « Club des explorateurs », n'est en rien l'éditrice du magazine *Géo* ou la productrice des émissions de Nicolas Hulot. De fait, pour le grand public national, la géographie reste confinée à l'école. Lointaine est l'époque où Albert Kahn s'associait avec Jean Brunhes pour constituer les *Archives de la Planète*[2].

Cette situation, les membres de la « Communauté des géographes », dont le portrait vient d'être brossé dans la deuxième partie, la vivent mal, la dénoncent fréquemment comme le symptôme d'une injuste méconnaissance. D'autant plus que ce peut être également ressenti comme une forme d'isolement

1. Sans doute la publication la plus diffusée internationalement, qui soit dans son titre-même qualifiée de géographique.

2. *Jean Brunhes. Autour du monde. Regards d'un géographe/regards de la géographie,* Catalogue de l'exposition Jean Brunhes, Musée Albert-Kahn, 1993. J. Bruhnes assura la direction des *Archives de la planète* d'A. Kahn de 1912 (année de son élection au Collège de France) à 1930 (date de son décès).

scientifique. Car le « grand public » est vaste et les diverses pratiques scientifiques se connaissent mutuellement d'abord par des travaux un tant soit peu vulgarisés. Cette impression d'isolement peut paraître d'autant plus paradoxale que la géographie s'est longtemps proclamée discipline carrefour, de synthèse, etc. Entre des affirmations pessimistes sur la marginalisation, par scolarisation (Durand, Roumegous, 1996), et des proclamations d'une universelle transversalité, souvent les deux faces d'un même plaidoyer corporatif, il y a place pour pour une analyse des relations intellectuelles qu'entretient la géographie française.

Comme dans tout système, la description des inter-relations diverses de la géographie française ne pouvait être faite suivant un ordre idéal. On est donc parti des relations entre géographies nationales, pour aborder ensuite les échanges interdisciplinaires, où un sort particulier est logiquement fait à la relation avec l'histoire. L'ordre aurait pu être inverse. Une place à part est faite aux travaux menés dans le cadre des « aires culturelles », puisque les spécificités nationales s'y confrontent, alors que les spécificités disciplinaires semblent s'y affaiblir au profit de la communauté de terrain. Enfin, les deux grands domaines d'application « professionnelle » et didactique, ont été rassemblés pour mettre en parallèle ces deux champs de confrontation et de transferts conceptuels selon des usages sociaux différents.

Aucune de ces quatre approches ne peut prétendre être entièrement balayée par les textes présentés. Mais ils représentent des silhouettes furtives, des évocations qui, comme pour le personnage d'Orson Welles dans *Le Troisième Homme*, permettent de dessiner progressivement un acteur des sciences sociales moins bonasse qu'on a pu le croire, plus incisif qu'il n'y paraissait peut-être.

CHAPITRE 6

LA GÉOGRAPHIE ET LES AUTRES SCIENCES SOCIALES

La balance des échanges conceptuels

Les géographes ont développé depuis quelques années l'usage de la notion de champ. Les sociologues également, en particulier ceux de la revue Actes de la recherche en sciences sociales, *mais dans une acception qui devrait rester métaphorique. En restant dans le sens figuré, s'interroger sur les relations de la géographie revient à tenter de la situer, de la placer dans les différents champs sociaux qui la légitiment. Pour comprendre, c'est-à-dire justifier et relativiser à la fois, la production géographique et ses responsables analysés dans les deux premières parties, il faut esquisser une mise en relation de la géographie française avec tout ce qui n'est pas elle-même. Une image en creux, en quelque sorte, qui esquisse une silhouette peut-être assez différente de l'autoportrait.*

Les géographes savent bien que pour comprendre un lieu il faut l'analyser en relation à la fois horizontale avec d'autres lieux, lui donner une position (toujours relative), et verticale avec d'autres caractéristiques semblablement localisées. Métaphoriquement, il en va de même pour toute construction intellectuelle. La géographie ne prend sens que par rapport à d'autres discours et pratiques scientifiques d'une part, par mise en relation avec ses divers usages sociaux, appliqués ou symboliques, d'autre part. La géographie en tant que science ne peut se comprendre que située relativement aux autres sciences sociales qui lui sont transversales. Mais l'efficacité interscientifique n'est qu'un des usages sociaux d'une communauté intellectuelle. Elle se positionne (et se légitime) également par ses applications, qui en géographie ne se réduisent pas au champ de l'école, même si l'enseignement reste un domaine important de « géographie appliquée ». On peut donc s'interroger sur deux types d'échanges : interconceptuel dans le champ scientifique, et entre théorie et application dans les utilisations sociales qui sont faites du discours géographique, ce qu'on nomme couramment les « débouchés » (métiers de la formation, de l'aménagement, de l'environnement, etc.).

La première impression, celle que procure par exemple le relevé des comptes rendus et références d'ouvrages de géographie dans des revues d'autres sciences sociales, est celle d'un net isolement. Les travaux des géographes sont peu utilisés et, semble-t-il, peu lus par d'autres qu'eux-mêmes. La situation n'est plus celle de l'entre-deux-guerres où d'autres approches scientifiques, celle des historiens en particulier, étaient fortement marquées, jusque dans leurs problématiques, par les travaux géographiques. L'œuvre de Braudel[1] n'est, à cet égard, que la partie émergée de l'iceberg. Pour rester dans notre mode d'approche, la discipline géographique donne ainsi l'impression d'avoir lentement dérivé d'une position relativement centrale dans le champ des sciences sociales vers des lointains incontestablement périphériques, d'avoir subi une déchéance en terme de capital social, d'avoir perdu en légitimité sociologique (Bourdieu, 1984). Cependant, si cette perception repose sur une tendance effective, c'était sans doute plus vrai naguère que ce ne l'est aujourd'hui. Si l'on tient compte du fractionnement des travaux, de la spécialisation croissante qui rend les transferts interdisciplinaires de plus en plus rares en dehors des marges et des fronts pionniers, l'analyse d'un isolement croissant pourrait être également faite dans d'autres sciences sociales. Les champs de références scientifiques sont à la fois en extension interne et en fermeture croissante, dynamique causée et causante comme dirait Charles-Pierre Péguy citant Pascal (Péguy, 1996). L'économie ou la science politique ne sont finalement guère mieux loties que la géographie dans les références des anthropologues, l'anthropologie ou la sociologie dans celles des sciences politiques, etc. C'est donc plutôt pour l'interdisciplinarité générale qu'il y aurait lieu de s'inquiéter. D'autant plus qu'un recentrage de la géographie semble se percevoir depuis une dizaine d'années

1. Surtout, bien sûr, *La Méditerranée* (BRAUDEL, 1949).

(Grataloup, 1996) dont témoignent la présence retrouvée de géographes dans des débats transdisciplinaires comme la relation écologique (Berque, 1996), les identités (Retaillé, 1997), la citoyenneté (Brunet, 1997), la mondialisation (Dollfus, 1997), etc.

LES HISTORIENS FRANÇAIS ET LA GÉOGRAPHIE (1950-1995)

Bénédicte Durand[2]*, doctorante, université de Paris-Sorbonne*

Qu'en est-il des historiens et de la géographie ? Pourquoi s'intéresser aux rapports anciens, riches et complexes entretenus par les historiens avec la géographie ? La légitimité d'un tel questionnement se trouve naturellement dans la réalité du duo scolaire « histoire-géographie ». En effet si, à l'école, l'histoire est inévitablement liée à la géographie, dans le temps – un même volume horaire théorique pour les deux disciplines – dans l'espace – la salle des classes – et surtout dans la tête du professeur plus que jamais bicéphale, il faut bien se demander à quoi tient ce couple voulu et construit dans une large mesure par les historiens qui prétendent – aussi – former des professeurs d'histoire et de géographie.

On nous objectera peut-être l'autonomie des savoirs scolaires que la transposition didactique éloigne des « savoirs savants » ; il n'en reste pas moins que la discipline justifie dans une certaine mesure la science et que la science, réciproquement, légitime le corps disciplinaire. La géographie scolaire a partie liée avec l'Université de géographie mais aussi d'histoire, elle-même productrice de savoirs scolaires.

En France, ce sont essentiellement d'anciens étudiants d'histoire qui enseignent la géographie. Il est donc naturel de voir les géographes s'inquiéter : qu'est-ce que la géographie pour un historien ? Le sait-il toujours lui-même ? La considère-t-il comme un partenaire obligé ? La respecte-t-il comme une science autonome et valide ? En connaît-il les évolutions ? Voilà autant de questions qui mettent en jeu la place même de la géographie dans le paysage éducatif français.

2. Actuellement en préparation d'une thèse de doctorat intitulée : *Les Historiens français et la géographie,* sous la direction de J.-R. Pitte.

En 1950, Fernand Braudel prend la présidence du jury de l'agrégation masculine d'histoire. Depuis peu à la direction des *Annales*, le fondateur de la « géohistoire » milite alors pour une interdisciplinarité poussée entre historiens et géographes. De ce moment clé pour les deux disciplines jusqu'à nos jours, la géographie continue d'avoir affaire aux historiens. La question est maintenant de savoir ce que ces derniers pensent et font de la géographie.

La géographie dans la revue des Annales

La revue des *Annales* constitue une tribune de référence pour plusieurs générations d'historiens français. Il est intéressant de commencer par ce champ d'étude de la culture des historiens – auteurs mais aussi lecteurs de la revue – pour y chercher quelle place ces historiens ont laissé aux géographes et à la géographie, partenaire originel du projet interdisciplinaire des *Annales*. Les *Annales*, à partir du moment où là encore, et de manière significative, F. Braudel en prend la direction auprès de L. Febvre – 1947 –, laissent deviner les grandes évolutions de la place faite par les historiens français à la géographie, à ses interrogations épistémologiques et ses évolutions.

K. Pomian rappelle qu'avec la naissance des *Annales. Économies, Sociétés, Civilisations* en 1929, s'affirme une histoire spatialisée, dans la plus pure tradition vidalienne, poussant des géographes à étudier « une longue histoire de la population, de l'économie, de l'habitat, des techniques [...] pour autant que cela influence l'utilisation par les énergies que recèle la nature[3] ». La géographie prend en effet une place respectable au sein des *Annales*, jusqu'à la fin des années 50, dans l'esprit défini par K. Pomian. Ses interrogations sur elle-même, les interpellations des historiens inquiets de la voir s'éloigner d'eux, nous informent sur la manière dont le milieu des historiens reçoit les géographes chez lui et édifie par ailleurs, sur la base de ce dialogue, une certaine culture géographique.

De nombreux articles de géographes paraissent tout au long des années cinquante. Les thèmes d'actualité sont privilégiés : le Tiers Monde et la géographie rurale[4]. Certains géographes, certains historiens s'interrogent sur les évo-

3. POMIAN K., « L'heure des *Annales* », *Les Lieux de mémoire, II. La nation*, vol. 1, Gallimard, 1986, pp. 377-429.

4. Quelques articles significatifs : R. DION étudie « les métropoles et les vignobles en Gaule romaine » (*Annales ESC*, 1952, janv.-mars, n° 1, pp. 1-12.), R. LIVET : « quelques origines de l'habitat dispersé en Provence » (*Annales ESC*, 1954, janv.-mars, n° 1, pp. 101-105), J. BRELOT : « Les facteurs historiques et géographiques de l'implantation humaine en Bresse comtoise » (*Annales ESC*, 1954, oct.-déc., n° 4, pp. 505-512.) J. DESPOIS : « la culture en terrasses en Afrique du Nord » (*Annales ESC*, 1956, janv.-fév. n° 1, pp. 42-50). Dans une étude du front pionnier brésilien, J. ROCHE propose l'analyse d'un « exemple » d'instabilité de la population rurale dans un pays neuf (*Annales ESC*, 1954, oct.-déc., n° 4, pp. 481-504). Ces thèmes d'économie rurale notamment appliqués au Tiers Monde continueront d'être les domaines réservés des géographes alors que leurs voix s'affaibliront dans la revue.

lutions de la géographie contemporaine. Étienne Juilliard récuse ainsi régulièrement la distinction géographie physique/géographie humaine qui apparaît clairement et va à l'encontre selon lui de la géographie synthétique vidalienne plébiscitée par les historiens. Par ailleurs les historiens restent durant ces années attachés à la collaboration des géographes, suivant l'avis de Braudel selon lequel « tout cloisonnement des sciences sociales est une régression »[5].

Au fil des années 1960, les géographes se font de plus en plus discrets, pour laisser les historiens et les sociologues parler seuls d'espace, munis d'une culture géographique dont ils témoignent et qu'ils proposent à leurs lecteurs. Peu à peu, la tension monte entre les historiens et la géographie. A l'occasion du dixième anniversaire de la mort de L. Febvre, Braudel précise : « Bien entendu les voies nouvelles nous obligent à des oublis. Nous parlons beaucoup moins de géographie qu'hier[6]. » Les géographes, dans les pages de la revue font part de leurs interrogations épistémologiques[7] : dans quelle mesure l'économie peut-elle enrichir la géographie ? La géographie ne doit-elle pas s'efforcer d'être une science résolument appliquée ? Le géographe M. Philipponneau répond par l'affirmative à cette question en ajoutant qu'il n'est nul besoin pour un géographe de posséder une bonne culture historique. Ces questionnements explicites auxquels les historiens sont pris à témoin, les déconcertent voire les inquiètent. *Les Annales* acceptent encore quelques articles de géographes « classiques », qui proposent des études de milieux de vie traditionnels et se font l'écho des avancées de la géographie appliquée[8]. Les historiens semblent pourtant prendre leurs distances à l'égard de la géographie contemporaine même si l'interdisciplinarité est toujours prônée avec une géographie du terroir, du concret, qui s'épanouit pleinement dans le cadre de la monographie régionale. L'histoire rurale et le Tiers Monde restent les terrains d'expression réservés à quelques géographes autorisés. Ceux-là même qu'Olivier Dollfus, à l'occasion

5. *Annales ESC,* 1951, oct.-déc., n° 4, p. 492.

6. *Annales ESC,* 1966, nov.-déc., n° 6, p. 1187.

7. Dans le numéro de novembre-décembre 1996 du *Débat*, Jacques Lévy en faisait récemment le constat : « Il y a bien eu à partir des années 60, un changement de paradigme en géographie, qui porte sur chacun des trois pôles dont la mise en tension fonde le travail à visée scientifique : la cohérence (la rigueur des énoncés), la pertinence (la relation du discours à la réalité extérieure) et l'accessibilité (la communication avec les connaissances déjà produites). La géographie a changé de méthodes, changé d'objet et changé d'interlocuteurs » (p. 48). Voilà en effet de quoi perturber le contrat passé avec les historiens des *Annales* qui réservaient jusque là à ces derniers l'exclusivité d'un compétence clairement limitée au champ du milieu.

8. R. Chevallier consacre en 1963 un article aux applications possibles de la photographie aérienne. Il se place dans la perspective globale de la nécessité d'un aménagement de la planète que pourra utilement servir cette nouvelle technique (*Annales ESC,* 1963, juillet-août n° 4, pp. 677-698). E. Juillard, qui dès 1960, dans une défense de la géographie volontaire, affirmait l'orientation nécessaire de la géographie vers les problèmes d'aménagement, dresse en 1967 un bilan de la réflexion sur l'aménagement du territoire en France et rappelle le rôle que doit tenir le géographe dans cette discipline d'action (*Annales ESC,* 1967, mars-avril, n° 2, pp. 412-418).

d'un hommage rendu à Pierre Gourou, oppose à la géographie naissante du début des années 1970 : « Il y a donc une antinomie radicale entre les analyses déductives de P. Gourou, qui sont particulièrement bien adaptées aux paysanneries du domaine tropical et une géographie qui se dit nouvelle et qui s'appuie sur une logique et la formalisation des systèmes »[9].

Désormais les historiens font sans complexe la géographie qui leur convient. L'incompréhension s'accroît pourtant, mettant même en question le duo scolaire, ce dont les *Annales* se font l'écho. Les années 1970 sont pauvres en articles ayant pour objet l'espace : plus de géographes pour les assumer, mais des historiens, des anthropologues, des sociologues qui annoncent pourtant à certains égards un certain renouveau de la réflexion géographique qu'il faudra encore attendre plus de dix ans pour voir vraiment se réaffirmer.

C'est toujours sous la plume d'historiens que la géographie, au milieu des années 1980, retrouve donc une place dans les pages des *Annales*. En 1986, dans un numéro consacré à la géographie historique en hommage à Fernand Braudel, les historiens affirment avec force la géographie qu'ils veulent faire. En constatant l'éclipse de la géographie dans le ciel universitaire français, pour cause d'éloignement des géographes de leur père spirituel Vidal de la Blache, les historiens des *Annales* réaffirment, eux, leur fidélité à la conception braudélienne de la géographie structurée sur deux axes : l'étude du rapport de l'homme à la nature et la mise en valeur de vastes systèmes spatiaux. Philippe Leveau évoque les principes de cette géographie historique revendiquée : « L'heure est donc aux études de détail, mettant en œuvre des collaborations interdisciplinaires, seules susceptibles d'appréhender l'interaction entre un système social caractéristique d'une période déterminée de l'histoire et un système combinant des données géologiques, pédologiques, climatiques et écologiques, le géosystème »[10]. Fragile lien entre histoire et géographie, les études au passé des rapports réels ou imaginaires des hommes avec leur milieu de vie, qui se multiplient, permettent en tout cas une valorisation de l'espace par le discours historique. L'interdisciplinarité continue d'être de mise mais toujours sans que les géographes en décident les termes. La géopolitique reste cependant un domaine d'intérêt pour *Les Annales* qui voient dans les travaux de Lacoste une réflexion ouverte à l'histoire. En 1989, Marcel Roncayolo appelle à un renouveau de l'interdisciplinarité histoire-géographie, qu'il conçoit comme une rencontre de deux sciences humaines aux identités claires et non comme une illusoire fusion[11]. L'histoire urbaine doit être pour lui le creuset de la réunion de l'histoire et de la géographie.

---

9. *Annales ESC,* 1972, janv.-fév., n° 1, pp. 175.

10. *Annales ESC,* 1986, nov.-déc., n° 6, pp. 1356.

11. *Annales ESC,* 1989, nov.-déc. n° 6, pp. 1427-1439

De fait, *Les Annales* s'ouvrent à l'histoire urbaine: des historiens, plus libres à l'égard de la tradition vidalienne, affranchis de la tentation du déterminisme naturel, s'attachent à penser en termes géographiques. L'espace urbain est analysé, ses logiques sont mises en valeur sous le magistère grandissant de Bernard Lepetit qui rejoint le travail des géographes dans leur entreprise de modélisation de l'espace. Pour la première fois depuis cinquante ans d'histoire des *Annales,* on se réjouit des avancées de la géographie. François Walter accueille avec enthousiasme *Espaces, Jeux et Enjeux* codirigé par F. Auriac et R. Brunet, il prend à témoin les historiens: « Voilà un livre essentiel aux historiens. Et c'est une majorité de géographes qui l'on écrit, bien qu'il soit question de territoires cela ne va pas de soi [...] La géographie, pourtant objet prédestiné à nous dire la configuration des lieux, s'est mise tardivement à parler d'espace »[12] .

Aujourd'hui encore, c'est sur ce chemin tracé que se réaffirme la voix des géographes désireux de participer à la construction de l'histoire au sein des *Annales*. Les derniers numéros des *Annales* accueillent timidement quelques tenants de la géographie modélisante.

Des historiens parlent de géographie

Le plus souvent, les historiens parvenus au sommet de leur carrière, n'hésitent pas à faire l'apologie de la géographie, comme une expérience culturelle du début de leur cheminement intellectuel. A les lire[13], on perçoit que leur intérêt pour la géographie se fonde sur deux principes majeurs, la passion de « l'ailleurs » d'une part et le souci de la localisation d'autre part.

Premier point, les historiens ont le goût de l'évasion. Dans le temps et l'espace, ils se souviennent avoir eu des envies d'« ailleurs » précoces. La vocation de l'historien semble trouver ses sources dans le goût premier porté à l'autre, tant et si bien que la recherche du passé le conduit à s'intéresser aux espaces inconnus. R. Rémond s'explique : « l'histoire nous découvre des ailleurs et des autrefois. Le goût de l'histoire s'apparente à l'amour des paysages lointains: il n'est pas substantiellement différent dans son principe de la passion qui jette les hommes sur les chemins de l'aventure et qui fait les explorateurs »[14]. Presque sentimentalement, les historiens trouvent dans la pratique même de leurs recherches un désir premier d'espaces, à l'instar des explorateurs. On ne saurait s'étonner de lire chez G. Duby la légitimation suivante de ses premières amours: « ce qui m'attache étroitement à la géographie, ce fut

12. *Ibid.*, p. 1372.

13. . NORA P., *Essais d'ego-histoire,* Gallimard, 1987.

14. *Ibid.,* p. 299.

l'attention nécessairement portée au plus tangible, l'obligation d'ouvrir les yeux »[15]. Portés peut-être plus que d'autres à l'évasion, rejoignant en cela sans doute les états d'âme de bien des géographes, les historiens se voient naturellement attirés par la démarche géographique, dans la conduite de leurs propres travaux. C'est là le deuxième aspect de leur attitude : l'intégration de leur culture géographique dans la pratique historique.

R. Rémond est, dit-il : « reconnaissant à la géographie de ce qu'elle lui a appris à attacher du prix à la position dans l'espace »[16]. Pour l'historien, l'espace est d'abord un décor que l'on dresse avant d'examiner le fonctionnement des phénomènes qui s'y développent. Le souci de l'historien de replacer ses objets d'étude dans un cadre spatial, le conduit naturellement à plus de profondeur dans son appréhension de l'espace : « Le fonctionnement d'une société s'inscrit dans l'espace et dans le temps, dans un espace et un temps liés, et c'est artificiellement que nous séparons l'espace et le temps saisis comme des données matérielles et comme des éléments conçus et imaginés »[17]. Cette affirmation de J. Le Goff justifie ainsi la nécessité pour l'historien de comprendre et d'analyser l'espace. G. Duby y croit aussi, distinguant en cela la raison simple d'une connivence intellectuelle naturelle entre historiens et géographes « Le but vers lequel l'historien tend ne diffère en rien de celui du géographe : comprendre de mieux en mieux le jeu des rapports que la personne humaine entretient avec ce qui l'environne, avec d'autres personnes, avec ce qu'elles ont dans l'esprit et le milieu naturel qu'elles ont façonné »[18].

Les plus grands noms de l'école historique française semblent donc vouloir parer la géographie de vertus nombreuses, comme une discipline nécessaire à la pratique de leur métier d'historien, une culture que P. Nora définit parfaitement : « héritée de la géographie vidalienne et sa perception très française, terrienne, charnelle, paysanne et presque patriotique du rapport des hommes à l'espace et au temps »[19]. On peut facilement penser que beaucoup d'historiens aujourd'hui encore, de quelque génération qu'ils soient, partageraient bien volontiers la sympathie envers cette géographie plébiscitée. Reste à savoir si une telle attitude suffit toujours à nourrir une véritable culture géographique – fût-elle traditionnelle – perceptible dans la pratique même de l'histoire. R.A. Butlin dans un ouvrage récent est assez pessimiste sur la question et note : « Souvent le lecteur d'histoire est laissé sans cadre spatial de référence adapté dans lequel situer l'explication historique[20] ».

15. *Ibid.* p. 146.
16. *Ibid.* p. 309.
17. *Ibid.* p. 220.
18. *Ibid.* p. 120.
19. *Ibid.* p. 360.
20. Butlin R.A., *Historical Geography, through the Gates of Space and Time*, Londres, 1993.

Une enquête menée en 1995, par courrier, auprès de 50 universitaires de Paris I, Paris IV, Lyon II nous apprend que la géographie a une identité incertaine, aux yeux de ceux qui ont pris la peine de nous répondre. L'histoire-même de la discipline géographique rend dubitatifs beaucoup d'historiens – « depuis les années 1960 : reconversion de la géographie dans le magma des sciences sociales au risque de perdre son identité », nous dit un professeur. La géographie est le plus souvent considérée comme l'étude du cadre naturel qui fait en partie l'histoire des hommes. Si elle aspire à un statut différent et témoigne d'autres ambitions, elle devient mystérieuse, voire suspecte. La géographie modélisante, lorsqu'elle est connue, reste assez peu courue hors du cercle restreint des *Annales.* Elle est au mieux considérée comme un mode de compréhension de l'espace intéressant. De manière constante en tout cas, les historiens regrettent les lacunes géographiques de leurs étudiants. Les propos des professeurs à ce sujet sont d'ailleurs assez révélateurs à la fois de la réputation dans le supérieur de la qualité de l'enseignement secondaire mais aussi de l'idée que se font les historiens de la « connaissance » géographique – connaissance des grands fleuves, les sources du Nil, la mousson, etc. Pour les historiens que nous avons contactés, la géographie est nécessaire à tout étudiant en histoire digne de ce nom : outre le fait qu'il se destine souvent à l'enseignement, la géographie lui permet aussi de manière nette de voir, de comprendre où se passe l'histoire qu'on lui enseigne.

La place que les historiens interrogés assignent à la géographie se rapproche-t-elle de celle qu'ils lui accordent dans leurs ouvrages ? En tentant de répondre à cette question, notamment par l'étude des grandes thèses d'histoire régionale parues depuis 1950, on cerne davantage encore ce qu'est la géographie pour les historiens qui la mettent en œuvre.

La pratique géographique des historiens

L'arrivée de Braudel à la tête des *Annales* et de la VIe section de l'EPHE (École Pratique des Hautes Études), son passage à la présidence de l'agrégation masculine d'histoire – de 1950 à 1955 – marquent un incontestable ravivement de la présence de la géographie dans le paysage historique – universitaire et secondaire – français. L'entreprise de géohistoire menée inlassablement par Fernand Braudel témoigne à la fois d'une certaine conception de la géographie et inaugure une manière nouvelle de traiter historiquement l'espace. Dans l'œuvre de Braudel, l'espace appartient au temps long. A l'affût du cadre de vie intemporel, l'historien traque les rapports structurels de l'homme à son milieu. La géographie se fait avant l'histoire : le décor se pose. Dans une perspective sensible au poids du déterminisme – « il y a certains déterminismes, sinon l'espace serait comme privé de sa réalité vivante »[21] – Braudel est cependant, et de manière constante dans ses œuvres majeures, davantage sensible aux fonctionnements des espaces qu'à leur réalité matérielle. Braudel s'intéresse en effet au climat lorsqu'il est lié à l'histoire, aux volumes d'espace disponibles, aux problèmes de circulation, aux réseaux urbains, à l'espace vécu ou imaginé, bien plus qu'aux contingences physiques qu'il ne fait le plus souvent que survoler. Attaché à l'héritage de Vidal et de Febvre, mal informé de la géographie de son temps – de moins en moins en accord avec elle au fil des années –, il use à l'occasion d'outils conceptuels que lui procurent les géographes – notamment en histoire urbaine. La géographie offre le moyen de décrypter l'histoire : « elle aide à retrouver les plus lentes des réalités structurales, à organiser une mise en perspective selon une ligne de fuite de la plus longue durée »[22]. De l'espace vécu à l'espace vivant, Braudel glisse facilement, notamment lorsqu'il évoque les centres urbains : la ville affamée, la ville malade, la ville dominante, apparaît comme un moteur du récit historique.

Modèle plus ou moins suivi, la géographie braudélienne est en tout cas emblématique de la manière dont les historiens contemporains considèrent la géographie. En premier lieu, la seule géographie qui vaille est celle d'avant-guerre. Ensuite armés de la nostalgie du temps béni de Marc Bloch, les historiens déçus ou désorientés par les géographes de leur temps apprennent à penser et dire l'espace de manière indépendante et autonome.

La lecture d'œuvres historiques contemporaines susceptibles de présenter une étude spatiale poussée, nous dit en effet beaucoup sur la pratique géographique des historiens. Premier constat : le mot « géographie » appartient au champ lexical du milieu naturel, du cadre de vie. Lorsqu'explicitement les historiens parlent de géographie, ils le font en préambule de leur travail. La longue série de monographies régionales que nous avons étudiées[23] montre en effet qu'au moins jusqu'aux réflexions de Georges Duby, les deux obsessions géographiques posées comme fondatrices de leurs œuvres sont, d'une part, le souci de définir les limites naturelles d'une région et, d'autre part, celui de retrouver dans le paysage présent, les traces du passé. L'espace pétrifié au-delà des siècles, présenté comme un décor immuable, donne pendant longtemps aux spécialistes d'histoire rurale l'occasion de faire de la géographie. Faire de la géographie, c'est alors dessiner un paysage, définir les atouts et les contraintes naturels d'un espace livré au travail des hommes.

Georges Duby insuffle à l'histoire rurale une orientation nouvelle, qui s'exprime notamment dans son travail auprès de géographes – *Études rurales, Histoire de la France rurale*, etc. – même si sa propre sensibilité géographique reste tradi-

21. Daix. P., *Braudel*, Paris, Flammarion, 1995, p. 57.

22. Braudel F., *La Méditerranée et le monde méditerranéen à l'époque de Philippe II, t.* I, *La part du milieu* [1949], Paris, Armand Colin, 1990, p. 27.

23. Voir bibliographie à la fin de cette contribution.

tionnelle. Le «géographique» est pourtant le plus souvent premier pour l'historien. Faire de la géographie historique, c'est fixer les limites d'un cadre, définir un espace clairement déterminé. Il s'agit de mettre en place le décor. A. Saint-Denis introduit sa thèse de manière paragdimatique par une présentation du «milieu laonnois»[24]. Un historien comme Jean-Marc Moriceau, dans son ouvrage, *Les Fermiers généraux en Île-de-France* paru en 1994, intitule certes de manière académique son chapitre I «le temps de la géographie» mais l'Île-de-France est présentée comme un espace produit complexe et non comme un théâtre immobile. Les historiens des campagnes n'ont cependant pas tous fait leur chemin de Damas.

Même s'ils ne se dispensent que rarement de l'exercice de style géographique qui consiste à une présentation du site de la ville, les historiens des villes ont été beaucoup plus profondément marqués par les apports de la Nouvelle Géographie. On les trouve plus attentifs aux notions de réseaux, d'armatures urbaines, de centralité au sens de l'espace, jusqu'aux travaux de nature tout à fait géographique de Bernard Lepetit qui constitue cependant une exception notable par la fréquence et l'étroitesse de ses rapports avec la pensée géographique de son temps[25]. Plus généralement, des historiens aujourd'hui font sans complexe de la géographie historique – Jean Heffer, *Le Pacifique, histoire d'une frontière* (Albin Michel, 1995); Elizabeth Crouzet-Pavan, *La mort lente de Torcello* (Fayard, 1995); Jean-Marie Bertrand, *Cités et royaumes du monde grec: espace et politique* (Hachette, 1995) –, sans se référer explicitement à une géographie théorique à laquelle ils empruntent pourtant de manière plus ou moins intuitive des outils conceptuels. C'est cependant sur le terrain de la géopolitique qu'historiens et géographes travaillent aujourd'hui de la manière la plus concertée et ouverte. Autour d'Yves Lacoste et de la revue *Hérodote* s'est construit un espace où le travail interdisciplinaire veut faire oublier les étiquettes respectives.

Le souci de quelques historiens contemporains de construire une véritable réflexion spatiale ne suffit pourtant pas encore aujourd'hui, pas plus d'ailleurs que les efforts des géographes sans cesse renouvelés, à garantir l'harmonie de la discipline histoire-géographie. La géographie reste à 80% enseignée par des historiens et s'en trouve malmenée.

Les enseignants du secondaire et la géographie

Le problème de la formation des futurs enseignants d'histoire-géographie se pose d'abord de manière évidente. En étudiant quarante ans de rapports d'agrégation, depuis l'accession de F. Braudel à la présidence du jury en 1950,

24. Saint-Denis A., *Apogée d'une cité, Laon et le Laonnois aux XIIe et XIIIe siècles*, Nancy, PUN, 1994.

25. Lepetit B., *Chemins de terre et voies d'eau. Réseaux de transport et organisation de l'espace,* Paris, EHESS, 1984 et *Les Villes dans la France moderne (1740-1840),* Paris, Albin Michel, 1988.

on constate toujours les mêmes angoisses exprimées par les membres du jury de géographie, témoins parfois exaspérés des performances des agrégatifs d'histoire. Ces constats – souvent amers – nous apportent bien plus que des réponses sur les déficiences de formation, ils offrent également l'occasion de réfléchir aux rapports de l'histoire et de la géographie dans le milieu universitaire. Les jurys déplorent à de nombreuses reprises l'absence de familiarité des candidats historiens avec la géographie.

Mal saisir les enjeux scientifiques de la géographie conduit inévitablement les candidats à malmener les sujets qui leur sont proposés, à l'écrit comme à l'oral. Les membres du jury de géographie s'attardent de manière récurrente sur le déficit de formation géographique. Les enseignants du supérieur eux-mêmes, aussi bien que les filières trop tôt spécialisées, sont constamment mis en cause dans la mesure où l'objectif final reste pour tout le monde de conserver l'alliance originelle de l'histoire et de la géographie. A partir des années 70, les responsabilités sont clairement désignées. Ce qui était un regret dans les années 50, devient au fil des ans une sonnette d'alarme tirée avec insistance par les jurys de géographes : « La formation géographique des étudiants en histoire est à améliorer ou à revoir [...] la tendance à la spécialisation dans le second cycle amène l'étudiant en histoire à négliger deux ans durant la géographie »[26]. Le système universitaire français est régulièrement remis en cause jusqu'à nos jours. Le message des géographes à l'intention des historiens est clair : la géographie ne sera pas mieux enseignée tant qu'elle ne sera pas davantage considérée par ces derniers.

Les IUFM (Instituts Universitaires de Formation des Maîtres), dont la raison même d'exister est de préparer au terme d'un cursus universitaire à l'enseignement conjoint de l'histoire et de la géographie, sont un lieu de rencontre obligatoire des historiens avec la géographie. Les formateurs – comme les professeurs stagiaires – ont à réfléchir sur les moyens d'acquérir une véritable bivalence qu'un passage plus ou moins long à la faculté n'a pas suffi à assurer. Le passage à l'IUFM est l'occasion d'un état des lieux peu optimiste. Les déficiences universitaires des professeurs stagiaires apparaissent. Des remèdes sont proposés, comme à l'IUFM de Lorraine où le recrutement des candidats se fait aux conditions d'une bivalence minimale, mais le plus souvent les formations complémentaires n'apportent aux jeunes professeurs que des solutions d'urgence pour la mise en œuvre dans les classes de programmes de géographie.

Une enquête menée auprès des professeurs de collège et lycées en 1994 confirme les données recueillies par le laboratoire Intergéo[27], lorsqu'en 1991, il dressait un portrait de l'enseignant d'histoire et de géographie. Les professeurs – historiens de formation – n'ont pas une idée nette de cette deuxième

26. *Historiens et Géographes*, n° 250, décembre 1974, p. 180.

27. *Bulletin Intergéo*, numéro spécial 104 (25e année, 1991).

discipline qui est à leur charge. Désorientés par ses évolutions, ils tiennent néanmoins à lui garantir sa place auprès de l'histoire ; une géographie qui sert l'histoire : localisation, explication du rapport homme/milieu, etc. Leur formation géographique, le plus souvent faible, voire inexistante, n'a pas laissé de fortes marques – sinon parfois de très mauvais souvenirs. Chez les plus jeunes – notamment ceux qui ont bénéficié d'une formation à l'IUFM –, la géographie chorématique suscite un vif intérêt parfois cependant teinté d'inquiétude – une géographie trop immatérielle est jugée difficile à enseigner. En matière géographique, la géopolitique continue de remporter les suffrages chez les professeurs d'histoire-géographie lecteurs d'*Hérodote*. Sans prétendre évaluer la géographie qui se fait aujourd'hui dans les classes, l'écoute du professeur nous confirme le poids de leur formation dans sa manière de considérer la géographie.

Des bancs de l'université, aux salles de collégiens, des *Annales* aux programmes officiels de l'enseignement secondaire, le discours géographique navigue encore aujourd'hui, pour une large part, dans les canaux tracés pour lui par la corporation des historiens. Les historiens, chercheurs, formateurs de futurs enseignants de géographie, rédacteurs de programmes – lorsqu'ils accordent quelque considération à la géographie – accueillent avec circonspection toute vague géographique qui pourrait mettre en péril les termes du contrat originel. Cette alliance dont les historiens sont les plus ardents défenseurs, rendue légitime par l'inévitable identité disciplinaire, semble en tout cas ne plus satisfaire grand monde.

Le bien des enfants ne suffit plus à garantir la sérénité des partenaires animés d'incompréhensions et de méfiances réciproques qui n'ont cessé de grandir depuis cinquante ans. Les responsabilités sont certainement partagées, mais se placer du point de vue de l'histoire, c'est inévitablement constater un attachement – exceptionnellement et seulement rarement démenti – à nourrir, encourager, diffuser une géographie d'hier. Les historiens, aux prises avec leurs propres débats épistémologiques ont largement choisi de s'installer dans le confort d'une relation connue, et insatisfaisante pour les géographes.

L'enseignement de la géographie dans le secondaire est le lieu d'éclatement du malaise. Les géographes, même les moins soucieux de la reconnaissance des historiens, ne se satisfont en tout cas pas de ce qu'une assignation forcée à un rôle d'entreprise de description – plus ou moins poussée – ait conduit la géographie à être malmenée par les professeurs « d'histoire-géo ». Pour que la géographie existe et soit légitime, il est en effet impérieux qu'elle soit maîtresse de contenus, d'apprentissages, pertinents et valides sur le plan scientifique. Jusqu'ici, une formation de professeurs bidisciplinaires faisant la part belle à l'histoire ne l'y a pas aidé. Tant que la géographie continuera d'être enseignée par d'anciens étudiants en histoire, elle aura besoin pour tenir son rang, que les géographes se donnent à voir et à comprendre aux historiens.

Déjà Braudel invitait les historiens à renoncer au concours des géographes de leur temps. Lui-même et beaucoup de ses contemporains n'acceptaient de géographie que celle d'avant-guerre. Depuis peu, les historiens, réfléchissant sur les problèmes spatiaux, semblent avoir renoncé à ces références archaïques, mais restent très peu nombreux à fonder leurs propos géographiques sur les travaux récents de la recherche universitaire. Les historiens au cours de ce demi-siècle ont bâti leur propre réflexion géographique, loin des débats vifs qui animent alors la planète géographie, en s'émancipant très lentement du modèle vidalien.

Aujourd'hui les géographes font à nouveau fortement entendre leur voix, interpellent vivement les historiens sur les terrains de la géographie historique et de la géopolitique, osent même des modélisations spatiales de l'événement historique[28]. Un frémissement d'écoute se manifeste chez les historiens : des géographes recommencent, très ponctuellement, à publier dans les *Annales*, des historiens usent des compétences de géographes pour leurs propres travaux. Ce respect en voie de reconquête, atteint lentement les sphères de l'enseignement secondaire. Les derniers programmes du Collège, qui font du patrimoine et du paysage leurs chevaux de bataille, favorisent encore une géographie du décor tandis que l'histoire a le rôle – le beau rôle – de l'action.

RÉFÉRENCES

Les thèses régionales françaises, parues de 1950 à nos jours, ont été pour nous un terrain privilégié d'étude du traitement de l'espace par les historiens, du rapport que ces historiens entretiennent avec la géographie. En voici quelques-unes parmi les plus importantes de ces cinquante dernières années.

BARDET Jean-Pierre, *Rouen aux XVIIe et XVIIIe siècles, les mutations d'un espace social,* Paris, SEDES, 1983, t. 1 : 421 p, t. 2 : Documents, 197 pages.

BARTHÉLEMY Dominique, *La Société dans le Comté de Vendôme de l'an Mil au XIVe siècle,* Paris, Fayard, 1993, 1 118 pages.

BOUTRUCHE Robert, *La Crise d'une société. Seigneurs et paysans du Bordelais pendant la guerre de Cent ans*, Paris, Belles Lettres, 1947 (2e édition 1963), 595 pages.

CHEVALIER Bernard, *Tours, ville royale (1356-1520). Origine et développement d'une capitale à la fin du Moyen Âge*, Louvain, Paris, Nauwelaerts, 1975, 634 pages.

CORBIN Alain, *Archaïsme et modernité en Limousin au XIXe siècle 1845-1880,* 2 volumes.

DUBY Georges, *La Société au XIe et XIIe siècles dans la région maconnaise*, Paris, Jean Touzot, 1971, 525 pages.

28. GRATALOUP Christian, *Lieux d'histoire. Essai de géohistoire systématique*, Paris, RECLUS, 1996.

DUPÂQUIER Jacques, *La Population rurale du Bassin Parisien à l'époque de Louis XIV*, Lille, PUL, 1979, 440 pages.

FARCY Jean-Claude, *Les Paysans beaucerons au XIXe siècle*, Chartres, Société d'Archéologie, 2 volumes, 1 229 pages.

FOSSIER Robert, *La Terre et les hommes en Picardie jusqu'à la fin du XIIIe siècle*, Louvain, Paris, Nauwelaerts, 1968, I, 435 pages.

FOURQUIN Guy, *Les Campagnes de la région parisienne à la fin du Moyen Âge*, Paris, PUF, 1964, 585 p.

GOUBERT Pierre, *Cent mille provinciaux au XVIIe siècle, Beauvais et le Beauvaisis de 1600 à 1730,* Paris, Flammarion, 1968 (réed 1988), 439 pages.

JACQUEMET Gérard, *Belleville au XIXe siècle, du faubourg à la ville*, Paris, Éditions EHESS, 1984, 452 pages.

LE ROY LADURIE Emmanuel, *Les Paysans du Languedoc*, Paris, Éditions EHESS, 1966 (réed), 2 volumes, 1 034 pages.

MORICEAU Jean-Marc, *Les Fermiers généraux en Île-de-France*, Paris, Fayard, 1994, 1 069 pages.

PERROT Jean-Claude, *Genèse d'une ville moderne, Caen au XVIIIe siècle,* Paris, Mouton La Haye, 1975, 2 tomes, 1 157 pages.

ROUCHE Michel, *L'Aquitaine des Wisigoths aux Arabes 418-781, naissance d'une région*, Paris, Édition EHESS, 1979, 776 pages.

LES GÉOGRAPHES SONT-ILS LUS PAR D'AUTRES QU'EUX-MÊMES ?

Pernette Grandjean, Christian Grataloup, Jacques Lévy, université de Reims

Jadis, Louis Althusser comparait les grands secteurs de la connaissance à des *continents*. En regardant de plus près, mais tout en restant dans les métaphores géographiques, il serait peut-être plus précis de parler d'*archipel*. Les disciplines sont comme des îles, chacune dotée d'une évidente individualité donc en partie isolée, mais aussi plus ou moins rapprochée ou éloignée des autres. Certaines forment un groupe central serré au sein duquel d'intenses relations se tissent. D'autres peuvent être marginales et associées au reste de l'archipel par des liens modestes et ténus, dans des échanges souvent inégaux. Cette image ne peut être fixe. Les positions relatives des disciplines scientifiques dans leur champ de légitimité sociale, comme dans leur système d'échange de concepts, de modèles et d'informations, sont en constante recomposition. Dans cette dérive des sciences certains s'éloignent du centre, d'autres peuvent y revenir[29].

Pour esquisser un bilan des « exportations » de notre île, la géographie, et contribuer ainsi à la situer au sein de l'ensemble des sciences sociales – appartenance dont la revendication est d'ailleurs assez récente et parfois encore contestée –, il nous a semblé significatif de traquer les références que des revues d'autres disciplines pouvaient éventuellement importer de la géographie. Trois revues de disciplines diverses (histoire, anthropologie et science politique) ont été retenues :

– *Les Annales. Histoire, Sciences sociales*
– *L'Homme. Revue française d'Anthropologie*
– *La Revue Française de Science Politique.(RFSP)*

Chacune de ces trois publications est, dans sa propre science, dotée d'un fort capital de respectabilité. Leurs livraisons sont copieuses, régulières et dotées d'un solide appareil critique, ce qui donne au sondage quelque pertinence. Deux années de publications, 1994 et 1995 ont été dépouillées[30]. L'objectif n'était pas de tracer une évolution mais seulement de faire le point aujourd'hui. Le bilan est bien maigre, nous allons le voir.

Présentation des trois revues

« Les Annales. Histoire, sciences sociales »

• Éditeur : Armand Colin (organisme gestionnaire : l'EHESS).

• Année de création : 1929 (1995 est la cinquantième année effective).

• Comité de direction : Charles Morazé, André Burguière, Jocelyne Dakhlia, Marc Ferro, Jacques Le Goff, Bernard Lepetit, Emmanuel Le Roy Ladurie, André Orléan, Jacques Revel, Pierre-François Souyri, Laurent Thévenot, Lucette Valensi, Michaël Werner. *(Essentiellement des historiens, éventuellement des sociologues, des économistes ou des anthropologues, mais aucun géographe – à la différence des* Annales *de 1929).*

• Périodicité : 6 numéros par an, soit 1550 pages ou 6 millions de signes.

• La présence des comptes rendus est régulière. Ils sont organisés en rubriques thématiques généralement associées à un dossier d'articles. Ils sont nombreux, assez volumineux et toujours signés. On trouve parfois des « notes critiques » : des articles entièrement consacrés à la discussion d'une publication

29. Grataloup Christian, « Où est la géographie ? L'espace des échanges entre disciplines », *Le Débat*, n° 92, nov.-déc. 1996, Gallimard, 1996, pp. 68-77.

30. La *RFSP* a été étudiée aussi pour 1996.

considérée comme particulièrement importante ou d'un ensemble bibliographique ; la présentation est celle d'un article et non d'un compte rendu (pleine page et non deux colonnes).

• Nombre de pages consacrées annuellement aux comptes rendus : 455 en 1994, 471 en 1995 (soit 29 % du volume total en 94 et 30,4 % en 95, donc environ 30 % chaque année.

• Taille moyenne d'un compte rendu :

– Pour les « comptes rendus » au sens strict : une page (de une à trois), soit de 3 000 à 8 000 signes (la consigne donnée par la rédaction est : de deux à cinq feuillets).

– Les « notes critiques » varient de 8 à 22 pages (30 000 à 80 000 signes).

– Le « choix des *Annales* » présente des notices de quelques lignes (8 à 12), soit 750 signes environ.

• Nombre de comptes rendus réalisés :

– En 1994, 179 ouvrages ont fait l'objet d'un compte rendu et 48 d'un « choix des *Annales* ».

– En 1995,181 comptes rendus et 45 « choix des *Annales* ».

Les articles sont généralement suivis d'une bibliographie en sus des références en notes. Mais, sur la période, il n'y a pas de bibliographie par dossier.

« L'Homme. Revue française d'anthropologie »

• Éditeur : Éd. du Seuil (organisme gestionnaire : l'EHESS).

• Année de création : 1961.

• Conseil de rédaction : Marc Abélès, Nicole Belmont, Carmen Bernand, Christian Bromberger, Jean-Pierre Digard, Daniel Fabre, Françoise Héritier-Augé, Gérard Toffin *(essentiellement des anthropologues et ethnologues. Dans l'équipe fondatrice – Émile Benveniste, Pierre Gourou, Claude Levi-Strauss – il y avait un géographe, comme dans les* Annales *de 1929).*

• Nombre moyen de pages : 230 pour un numéro, 870 pour l'année.

• Il existe des comptes rendus d'ouvrages dans tous les numéros. On en trouve de simples, assez courts (1 ou 2 pages), signés, mais également des articles « A propos » (d'un ouvrage) moins nombreux et plus longs.

• Nombre de pages consacrées annuellement aux comptes rendus :

– en 1994 : 252 pages pour les comptes rendus (27 % du volume total) et 135 pour les « A propos » (14,6 %) ;

– en 1995 : 197 pages pour les comptes rendus (24 % du volume total) et 34 pour les « A propos » (1,8 %).

• Taille moyenne d'un compte rendu : 1,5 page et 20 à 35 pages pour les « A propos ».

• Nombre de comptes rendus réalisés :

– En 1994, 124 comptes rendus et 15 « A propos »

– en 1995 = 108 comptes rendus et 4 « A propos ».

Les articles comportent tous des références en notes et sont généralement suivis d'une bibliographie. De plus, 3 sur 8 des numéros analysés étaient thématiques et comportaient une bibliographie générale.

«Revue Française de Science Politique»

• Éditeur : Les Presses de Sciences Po.

• Année de création : 1951.

• Directeur : Jean-Luc Parodi, assisté d'un comité de rédaction.

• Périodicité : 6 numéros par an.

• Nombre moyen de pages : 180 pour un numéro simple, 1 080 pour une année (soit 4 320 000 signes).

• La présence des comptes rendus est régulière, avec un rythme de 50 à 60 par numéro. Ces comptes rendus sont organisés en rubriques thématiques selon trois niveaux hiérarchiques : « Lecture critique » (15 pages, 60 000 signes), « Compte rendu » (3 pages, 12 000 signes) et « Informations bibliographiques » (1 paragraphe, 1 000 signes). Le nombre de pages consacrées annuellement aux comptes rendus est de 216 pages, soit 20 % du volume total.

• Soit les articles ont des références en notes, soit ils sont suivis d'une bibliographie, au choix des auteurs. Il n'y a pas de bibliographie par dossier.

Nous disposons donc d'un *corpus* assez copieux pour dépister des traces éventuelles de lectures géographiques chez nos cousins de sciences sociales. Le moins que l'on puisse dire, c'est que le résultat est inquiétant. Nous avons, sans doute pour n'être pas trop déprimés, non seulement répertorié les ouvrages dont les auteurs sont définis comme géographes, mais également tous ceux dont la thématique recoupait quelque peu les préoccupations habituelles de notre corporation (économie spatiale, géographie historique, environnement, etc). Malgré ce filet à mailles très serrées, la pêche est bien pauvre.

Références à la géographie dans les revues

«Les Annales»

La géographie dans les comptes rendus

• Nombre de comptes rendus d'ouvrages de géographie : un seul en 1994 ; deux en 1995 + un dont le coauteur est une géographe .

• Pourcentage sur l'ensemble des comptes rendus : 0, 44 % et 1,32 %.

• Liste des ouvrages (l'auteur du compte rendu est indiqué entre parenthèses) :

– 1994 : Numa Broc, Michel Brunet, Sylvie Caucanas, Bertrand Dessailly et Jean-Pierre Vigneau, *De l'eau et des hommes en terre catalane,* Perpignan, Éditions El Trabucaïre, 1992 (Alain Musset).

– 1995 : Augustin Berque, *Du geste à la cité. Formes urbaines et lien social au Japon,* Gallimard, 1993 (Bernard Lepetit).

– 1995 : Paul Vidal de la Blache, *Principes de géographie humaine,* Éd.Utz, 1995 (« choix des *Annales* »).

– 1995 : P. Leveau et Mireille Provansal (dir.), *Archéologie et Environnement : de la Sainte-Victoire aux Alpilles,* Aix-en-Provence, université de Provence, 1993 (Jean-Luc Fiches).

• Nombre de comptes rendus d'ouvrages de géographie au sens large : 5 en 1994 et 12 en 1995.

• Pourcentage sur l'ensemble des comptes rendus : 2, 2 % en 1994 et 5,3 % en 1995.

• Liste des ouvrages :

– 1994 : Isabel Montes Romer-Camacho, *El paisage rural sevillano en la Baja Edad Media,* Séville, Diputación provincial, 1989 (Christian Guilleré).

– 1994 : Elisabeth Crouzet-Pavan, *« Sopra le acque salse ». Espaces, pouvoir et société à Venise à la fin du Moyen Âge,* Rome, École française de Rome, 1992 (choix des Annales).

– 1994 : Paul Zunthor, *La Mesure du monde,* Éditions du Seuil, 1993 (« choix des *Annales* »).

– 1994 : Alain Contis, Francine Montangon, Muriel Dagens, *Eyrans-en-Blayais, commune viticole de la Gironde,* Éditions de la Maison des Sciences de l'Homme d'Aquitaine, 1993 (Marcel Lachiver).

– 1994 : Michel Colardelle et Eric Verdel (éd.), *Les Habitants du lac de Paladru dans leur environnement. La formation d'un terroir au XI*[e] *siècle,* Éditions de la MSH, 1993 (« choix des *Annales* »).

– 1995 : Walter Nugent, *Crossings : The Great Transatlantic Migrations, 1870-1914,* Bloomington, Indiana University Press, 1992 (Jean Heffer).

– 1995 : James R. Gibson, Otter Skins, *Boston Ships and China Goods. The Maritime Fur Trade of the Northwest Coast, 1785-1841,* Montréal, MacGill University Press, 1992 (Paul Butel).

– 1995 : «Le bois et la ville, du Moyen Âge au XXe siècle», *Actes du colloque Le bois et la ville,* Éditions ENS de Fontenay, 1991 (André Corvol).

– 1995 : John Day, Serge Bonin, Itria Calia, Aline Jelinski, *Atlas de la Sardaigne rurale aux XVII*[e]*-XVIII*[e] *siècles,* Éditions de la MSH, 1993 (Jean-René Trochet).

– 1995 : Jean Pouchepadas (dir.), *Colonisations et Environnement,* Doc. française d'histoire d'outre-mer, 1993 (André Corvol).

– 1995 : J.R. MacNeill, *The Mountains of the Mediterranean World. An Environmental History,* New York, Cambridge University Press, 1992 (Alain Musset).

– 1995 : Dominique Bourg (dir.), *Les Sentiments de la nature,* La Découverte, 1993 (Augustin Berque).

– 1995 : Miriam R. Lowi, *Water and Power. The Politics of a Scare Resource in the Jordan River Basin,* Cambridge University Press, 1993 (Alain Musset).

– 1995 : P. N. Doukellis et L. G. Mendoni (éd.), *Structures rurales et sociétés antiques,* Les Belles Lettres, 1994 (Michèle Brunet).

– 1995 : P. Sillières, *Les Voies de communication de l'Hispanie méridionale,* Publication du centre Pierre Paris, 1990 (Jean-Marie Pailler).

– 1995 : Jean Peyras, *Le Tell Nord-Est tunisien dans l'Antiquité. Essai de monographie régionale,* CNRS, 1991 (Philippe Leveau).

– 1995 : Paul Van Ossel, *Établissements ruraux de l'Antiquité tardive dans le nord de la Gaule,* CNRS, 1992 (Christine Delaplace).

Le fait que les comptes rendus soient traités presque uniquement par dossiers thématiques rend très variable la présence de telle ou telle discipline (en 1993 la géographie était beaucoup plus présente).

La géographie dans les références bibliographiques

Le pourcentage de références à des ouvrages géographiques *stricto sensu* est très faible, pour la même raison (thèmes de la dizaine de dossiers thématiques traités en une année).

Auteurs géographes	Travaux cités	dates de citation
Augustin Berque	*Vivre l'espace au Japon* (1982)	1994-3 (autocitation)
Pierre Deffontaines	*Les Hommes et leurs travaux dans les pays de la moyenne Garonne*	1995-3
Pierre Flatrès	*Les Terres communes*	1995-3
André Fel	*Les hautes terres du Massif central*(1962)	1995-3

On peut *in fine* remarquer que parmi les nombreux sommaires d'autres revues présentés en fin de volumes (une douzaine en moyenne), il n'y en a aucune de géographie.

« L'Homme »

La géographie dans les comptes rendus

• En 1994, il n'y a eu aucun compte rendu d'ouvrage de géographie ! Il y en eu deux en 1995 (1,8 %) – en trichant un peu, puisque l'un des deux est un travail pluridisciplinaire. Aucun ouvrage géographique n'a fait l'objet d'un « A propos ».

• Liste des ouvrages (l'auteur du compte rendu est indiqué entre parenthèses) :

– Chantal Blanc-Pamard (coord.), *Histoires de géographes,* Paris, Éditions du CNRS, 1991 (Claudine Vidal).

– Marie-Noëlle Chamoux, Danièle Dehouve, Cécile Gouy-Gilbert, Marielle Pépin-Lehalleur, *Prêter et emprunter. Pratique du crédit au Mexique (XVIe-XXe siècles),* Éditions de la Maison des Sciences de l'Homme, 1993 (Hélène Rivière d'Arc, géographe).

• Comptes rendus d'ouvrages de géographie au sens large : 1 en 1994 (un ouvrage de géopolitique analysé par un anthropologue) + le compte rendu d'un article à tendance géographique ; 1 en 1995.

• Liste des ouvrages analysés (l'auteur du compte rendu est indiqué entre parenthèses) :

– Paul Charnay, *Stratégie générative de l'anthropologie à la géopolitique*, 1992 (David Rigoulet-Roze).

– article de G. Sheridan dans le numéro 2-3 de 1991 de la revue *Le Monde alpin et rhodanien*, consacré aux filières de la soierie lyonnaise (Françoise Clavairolle).

– Robert Galois, *Kwakwaka'makm Settlements, 1775-1920. A Geographical Analysis and Gazetteer*, 1984 (Marie Mauzé, anthropologue).

La géographie dans les références bibliographiques

• Elle est très discrète :

– (1994) Xavier de Planhol, *Les Fondements géographiques de l'histoire de l'Islam*, 1968.

– (1994) P. Shar, *Société, agriculture et alimentation en Inde méridionale*, thèse de 3e cycle, Université de Bordeaux, 1987.

– 1995) Pierre Gourou, *Les Paysans du delta tonkinois*, 1936.

– Xavier de Planhol, *Le Monde islamique : essai de géographie religieuse*, 1957.

• Comme on peut aisément le remarquer, cette rare géographie citée est spécifiquement liée à des aires culturelles, ce qui n'est pas troublant dans une revue d'anthropologie. Mais surtout elle est très ancienne : trois ouvrages sur les quatre sont antérieurs à 1970.

On peut également remarquer que la géographie est très peu présente parmi les livres reçus : 6 sur 503 en 1994 (1,2 %), 4 sur 342 en 1995 (1,2 %). Enfin parmi les encarts publicitaires (*Revue de l'histoire des religions, Annales, Cahiers d'Etudes Africaines*, etc.), il n'y a aucune revue de géographie.

« Revue Française de Science Politique »

La géographie dans les comptes rendus

• Sur les trois années étudiées, il y a eu 7 ouvrages de géographie qui firent l'objet d'un compte rendu, tous dans la rubrique la plus modeste (« Informations bibliographiques »), soit 0,7 % des comptes rendus.

• Liste des ouvrages :

– R. Kleinschmager, *Éléments de géographie politique*, 1993.

– R. Brunet, *La France, un territoire à ménager*, 1994.

– J. Brun, C. Rhein, *La Ségrégation dans la ville*, 1994.

– G. Courade, *Le Village camerounais*, 1994.

– Y. Lacoste, *Dictionnaire de géopolitique*, 1994.

– O. Dollfus, *La nouvelle carte du Monde*, 1995.

– N. Mathieu (dir.), *L'Emploi rural*, 1995.

Nombre de comptes rendus d'ouvrages de géographie au sens large : 55 (6 %). Ce sont surtout des ouvrages de géographie électorale, sur les espaces des relations internationales, la ville, l'aménagement ou les espaces sociologiques et anthropologiques. On peut noter qu'il n'y a pas de compte rendu des ouvrages de géographie des Presses de la Fondation Nationale des Sciences Politiques ou des géographes liés à l'Institut d'Études Politiques de Paris.

Enfin, la géographie représente au mieux 0,1 % des références bibliographiques, dans une dizaine d'articles sur des thèmes spatiaux (ville, identité spatiale, géographie électorale). Les auteurs cités sont David Harvey (deux fois), Georges Benko (*Les Régions qui gagnent*), Raymonde Séchet-Poisson, André Siegfried (*Tableau politique de la France de l'Ouest*) et Jacques Lévy (*Géographie du politique*).

La sévérité du constat pourrait se passer de commentaires. On peut cependant se demander si la même démarche appliquée à d'autres disciplines n'aurait pas donné de semblables résultats. Nous n'avons pas, avec le même corpus, mesuré le nombre de références d'anthropologie ou de science politique faites par les historiens des *Annales* ou celles d'histoire ou d'anthropologie par les politologues de la RFSP, etc. Mais, empiriquement, nous percevons bien que les pourcentages seraient à peine plus importants (les historiens lisent plus les anthropologues et les spécialistes de science politique ceux d'histoire – essentiellement contemporaine). Très probablement, le splendide isolement serait encore plus net (et le constat encore plus rude pour les géographes), si nous avions choisi une revue de science économique. Bref, c'est l'idée même d'archipel avancée en introduction qui pourrait être remise en cause, puisqu'il présuppose une proximité, une parenté entre les îles.

Chaque discipline, la géographie comme les autres, donne d'abord l'image d'un isolat intellectuel. Les liens s'établissent davantage avec les autres écoles nationales (*cf.* les articles de Paul Claval et Christian Girault ci-dessous). Les chemins interdisciplinaires passent également par des diffusions plus grand public. L'étirement de l'archipel se mesure bien à la faiblesse éditoriale française de niveau interdisciplinaire. Rares sont les revues qui tentent de ne pas être ramenées à un champ disciplinaire[31]. Pourtant, en choisissant les *Annales*, nous avons pris une revue dont les sous-titres successifs témoignent d'une volonté d'ouverture ; mais c'est une interdisciplinarité à partir de l'histoire placée en position centrale. *Sciences humaines* est peut-être la revue qui a le plus réussi la coprésence des différentes approches. Mais, outre qu'il s'agit

31. *L'Homme et la société* est tiré du côté de la sociologie. *EspacesTemps* poursuit l'effort transdisciplinaire le plus persévérant, mais reste marqué par ses origines géographes et historiennes…

d'un magazine de vulgarisation et non d'une revue scientifique, elle a le plus grand mal à juxtaposer deux lectorats, celui intéressé par la société et celui focalisé par la réflexion sur l'individu.

Si le constat n'est pas réjouissant pour la compréhension globale de la société – qui, elle, forme bien un tout –, il a cependant le mérite de banaliser la situation de la géographie. On peut, pour aller dans le même sens, ne pas négliger le fait qu'il s'agit justement de revues scientifiques, c'est-à-dire dont la fonction est, au moins autant que de donner à lire, de publier (pour éviter aux auteurs de « périr », suivant le vieil adage universitaire anglo-saxon). Mais cette remarque concerne d'abord les articles, surtout destinés à la communication entre spécialistes d'une problématique précise. On pourrait sans trop de risque affirmer que les comptes rendus sont parmi les textes les plus lus des revues, bien au-delà des auteurs concernés. Ce qui renvoie la géographie à son isolement.

Un témoignage, à la charnière de la communication scientifique et de la circulation des idées dans le public cultivé, serait la présence de textes de géographie ou sur la géographie dans les « revues littéraires et de sciences humaines » comme *Esprit* ou *Les Temps Modernes*. ou, autrefois, le *Mercure de France*. Elles sont très loin de jouer le rôle qui fut le leur dans la première moitié du XXe siècle. Mais elles représentent encore, avec les pages « idées » des journaux, un lieu de réflexion et de passage entre différents domaines de la vie intellectuelle. Là encore, à la différence des historiens ou des économistes de façon régulière, des anthropologues parfois, des sociologues lorsque se produisent des « mouvements sociaux », les géographes ne sont guère présents. Espérons que la récente publication par *Le Débat* d'un dossier sur les nouvelles géographies[32] ne soit pas la fameuse hirondelle qui ne fait pas le printemps.

32. *Le Débat*, n° 92, Gallimard, nov.-déc. 1996, pp. 43-126.

CHAPITRE 7

LA GÉOGRAPHIE ET LES « AIRES CULTURELLES »

Géographie de la géographie française

L'usage du champ employé pour cette analyse de la géographie au sein des sciences sociales était, jusque là, purement métaphorique. Ce paradoxe pour une discipline spatiale ne peut être maintenu jusqu'au bout. Il est, en effet, une géographie de la discipline française du même nom. Elle se situe dans un commerce international des idées, entre écoles nationales de géographie en particulier, de même qu'elle étudie inégalement les différentes parties du monde. Cette géographie des sujets d'étude, des thèses en particulier, a déjà été abordée dans la deuxième partie ; mais un fait marquant est son plus ou moins grand degré d'intégration à d'autres approches scientifiques selon les lieux étudiés.

Il est des lieux sur lesquels la géographie représente une approche largement autonome. On a vu plus haut le cas des études sur le Maroc où l'abondance des recherches produit finalement un sous-champ autonome, dans lequel les travaux géographiques peuvent presque se contenter de se situer les uns par rapport aux autres. A l'inverse, la réflexion géographique sur beaucoup d'autres régions du monde se trouve fréquemment associée à des perspectives scientifiques complémentaires. Le cadre d'étude est alors « l'aire culturelle », notion incontournable mais dont la pertinence intellectuelle fait l'objet de chaudes polémiques. Ce type d'approche globalisante représente un bon terrain pour tester à la fois l'efficacité des concepts et des méthodes propres aux géographes, leur capacité à rester eux-mêmes et l'importance de leur participation au dialogue interdisciplinaire. Le bilan est nuancé mais ne donne aucunement une vision frileuse de la discipline. Si les géographes publient plutôt moins que d'autres dans un cadre interdisciplinaire, ils sont, en revanche, souvent concepteurs ou maîtres d'œuvre des programmes de recherche. Les champs scientifiques de l'analyse de l'ailleurs, des sociétés non européennes, en relation avec l'exploration du monde par les Européens[1], sont nés du même mouvement de description raisonnée de la planète que la géographie institutionnalisée, en France comme dans d'autres pays. Cette origine commune, dont témoignent encore les liens officiels des organismes gestionnaires des recherches avec les Affaires étrangères ou la Coopération, explique la persistance de ces champs interdisciplinaires particuliers qui représentent un bon terrain pour l'étude des relations de la géographie.

LES GÉOGRAPHES ET LES AIRES CULTURELLES

Denise Douzant-Rosenfeld, IUFM de Versailles, GRAL-CNRS
Pernette Grandjean, université de Reims-CREDAL-CNRS

Que signifie, pour un géographe, travailler sur une aire culturelle, c'est-à-dire, si l'on suit Paul Claval, sur « un ensemble territorial homogène par un, plusieurs ou la totalité de ses traits de culture » (Claval, 1991)? Les africanistes, les asiatisants, les latino-américanistes et autres spécialistes de la « recherche lointaine » ont-ils une démarche singulière, font-ils œuvre à part dans la communauté des géographes? La question ainsi posée renvoie à des interrogations que les géographes concernés n'ont soulevées qu'assez récemment, même si les travaux portant sur les aires culturelles ne datent pas d'hier. Interrogation sur la défini-

1. Le terme « orientaliste » apparaît en 1799 (l'École des « Langues O » est d'ailleurs créée par la Convention en 1795), celui d'« américaniste » prend son sens scientifique en 1875 et le mot « africaniste » naît en 1908. La chronologie trahit une certaine idée de la hiérarchie implicite des civilisations...

tion même d'une aire culturelle, car l'apparente simplicité de celle donnée ci-dessus laisse entier le problème des limites, des superpositions de faits de culture sur un même espace, des emboîtements d'échelle... Interrogation sur la notion même de « culture » (Breton, 1991), ce mot si peu utilisé par les chercheurs français qui lui ont souvent, et encore maintenant, préféré celui de « civilisation »[2]. Interrogation surtout sur le sens que l'on peut donner à un travail mené dans une aire culturelle. S'agit-il d'utiliser le fait culturel comme une des entrées possibles, ou même essentielles, pour l'analyse des espaces en question? (Travailler sur une aire culturelle reviendrait alors à faire de la géographie culturelle[3] sur certains espaces, notamment ceux n'appartenant pas à la culture occidentale.) Ou s'agit-il de mettre en avant la spécificité de l'organisation de certains espaces modelés par des traits culturels, en utilisant pour ce faire une problématique adaptée à ces espaces? (Bien différente de la géographie régionale classique, cette démarche érigerait l'aire culturelle au rang d'objet scientifique.)

Les débats qui ont lieu depuis quelques années à ce propos ouvrent le chemin d'une réflexion féconde, qui ne va pas sans remises en cause. Même si les questions formulées restent souvent sans réponses, elles permettent de poser de façon explicite la question d'une pratique de recherche (son objet d'étude, ses méthodes) jusqu'alors menée, par la plupart des géographes concernés, de façon implicite[4].

L'aire culturelle, un objet scientifique?

Si le mot « culture » (dans le sens moderne donnant l'adjectif culturel) apparaît en France au début du siècle des Lumières, son usage se confond d'abord avec le terme de « civilisation », employé comme le premier au singulier: « culture » évoque davantage les progrès individuels, « civilisation » les progrès collectifs. Ce n'est pas le cas en Allemagne où *kultur*, au sens figuré, lié au concept de nation (comme expression de l'âme profonde d'un peuple particulier), s'oppose à la civilisation (idée plus universelle) et à l'état de nature.

2. Les auteurs de la *Géographie Universelle* présentant la Chine ou le Japon emploient davantage le terme de civilisation que celui de culture.

3. La géographie culturelle analyse « les relations entre phénomènes géographiques (espace, milieu, territoire, paysage, régions...) et phénomènes culturels (identité, valeur, mémoire, représentation...) » *in Présentation de la revue* Géographie et Culture, L'Harmattan, P. Claval (dir.), depuis 1992.

4. Les sociologues avaient, dès 1983, mené une réflexion sur la notion d'aire culturelle et ses dangers, en particulier pour l'Amérique latine. Voir Daniel Pécaut: « La référence à une aire culturelle ne peut tenir lieu de définition scientifique et le brevet de latino-américaniste ne vaut que s'il est soutenu par l'excellence dans un champ disciplinaire ou interdisciplinaire; l'ère de la découverte de l'Amérique latine est derrière nous... Il n'est de recherche sur l'Amérique latine qui ne doive s'étayer sur des thématiques rigoureuses » (Chonchol et Martinière, 1985).

La genèse du concept

Pour les fondateurs de l'ethnologie et donc du concept de culture en sciences sociales[5], comme l'anthropologue britannique Edward Burnett Taylor (1832-1917), la culture est l'expression de la totalité de la vie sociale de l'homme. Entre primitifs et civilisés, il n'y a pas de différence de nature, mais simplement un degré d'avancement dans la voie de la culture. Ancêtre de l'anthropologie culturelle américaine, Franz Boas (1858-1942), à l'origine géographe allemand, mène les premières enquêtes d'ethnographie chez les peuples primitifs (Esquimaux, Indiens d'Amérique du Nord) jusqu'à s'établir aux États-Unis. Toute son œuvre est une tentative pour penser la différence entre les groupes humains, qui est d'ordre culturel et non racial; il étudie les cultures plutôt que la culture. Il estimait que seul l'examen méthodique d'un système culturel pour lui-même pouvait venir à bout de sa complexité. Dans la mesure où chaque culture exprime une façon unique d'être homme, elle a droit à l'estime et à la protection si elle est menacée.

Chez les fondateurs de l'ethnologie française (Émile Durkheim, Marcel Mauss, Lucien Lévy-Bruhl, Paul Rivet, etc.), le concept de civilisation l'emporte. Dans la propre revue de Durkheim (*L'Année sociologique*), « culture » en langue étrangère était le plus souvent traduit par civilisation[6]. Dans la « Note sur la notion de civilisation » écrite avec Mauss, Durkheim indique qu'il faut entendre par civilisation un ensemble de « phénomènes sociaux qui ne sont pas attachés à un organisme social particulier; ils (ces phénomènes) s'étendent sur des aires qui dépassent un territoire national, ou bien ils se développent sur des périodes de temps qui dépassent l'histoire d'une seule société »[7]. Cette définition empruntait tant à la théorie diffusionniste la notion d»aire culturelle » qu'à la théorie évolutionniste la notion de « période », même si Durkheim s'opposait par ailleurs aux reconstitutions historiques hasardeuses de ces deux écoles.

C'est au sein de l'anthropologie nord-américaine dans l'entre-deux-guerres que le concept de culture va connaître l'approfondissement théorique le plus remarquable. Il sera adopté rapidement par les disciplines voisines, comme la psychologie et la sociologie. Comparés à l'Europe, les États-Unis se présentent eux-mêmes comme un pays d'immigrants de différentes origines culturelles. Pour les mêmes raisons historiques, la sociologie américaine naissante privilégie la recherche sur le phénomène de l'immigration et des relations interethniques

5. L'essentiel des informations qui suivent dans cette partie est tiré de la remarquable synthèse de Denys Cuche (1996).

6. Mauss, qui partageait la pensée de Durkheim avec qui il collaborait étroitement, était encore plus explicite dès 1901 : « La civilisation d'un peuple n'est rien d'autre que l'ensemble de ses phénomènes sociaux ; et parler de peuples incultes, « sans civilisation », de peuples « naturels » (*naturvölker*), c'est parler de choses qui n'existent pas » (*L'Année sociologique*, tome IV, 1901, p. 141), cité par D. Cuche, p. 24.

7. Durkheim, 1913, p. 47 ; cité par D. Cuche, p. 25.

(école de Chicago). Qualifiée de façon péjorative de « culturaliste », l'anthropologie américaine et ses principaux courants[8] influence alors toutes les sciences sociales. En particulier les disciples de Boas, Alfred Kroeber et Karl Wissler, vont s'efforcer de rendre compte du processus de distribution dans l'espace des éléments culturels. Ils empruntent aux diffusionnistes allemands du début du siècle une série d'outils conceptuels qu'ils vont affiner, dont la notion d'« aire culturelle » et celle de « trait culturel ». L'idée est d'étudier la répartition spatiale d'un ou plusieurs traits culturels dans des cultures proches et d'analyser le processus de leur diffusion. Dans le cas où il apparaît une grande convergence de traits semblables dans un espace donné, on parle alors d'aire culturelle. Au centre de l'aire se trouvent les caractéristiques fondamentales d'une culture ; à sa périphérie, ces caractères s'entrecroisent avec des traits provenant des aires voisines (Kroeber et Kluckhohn, 1952). Cuche dit que l'on a parfois été sévère pour les schémas théoriques et conceptuels de ces anthropologues, alors que la plupart des disciples de Boas, formés à sa rigueur méthodologique empirique, se sont montrés prudents dans leurs interprétations. Ils sont à l'origine du développement des *area studies* dans les universités américaines, surtout après 1945.

En France, l'anthropologie culturelle américaine n'a pas fait beaucoup d'adeptes, mais le concept d'aire culturelle a été largement adopté, voire anticipé par les institutions. L'anthropologie structurale de Claude Lévi-Strauss s'en démarque en cherchant à dépasser l'approche particulariste des cultures. Par delà les variations culturelles, Lévi-Strauss entend analyser l'invariabilité de la culture, ce capital commun de l'humanité dans lequel les peuples puisent pour élaborer leurs modèles spécifiques. La réflexion sur la notion de culture s'est ainsi approfondie en se concentrant sur l'étude des cultures singulières et sur celle des principes universaux de la culture.

Le renouvellement du concept de culture au sortir de la Seconde Guerre s'est fait à travers l'étude des phénomènes dits d'« acculturation », qui ont permis de mieux comprendre les mécanismes de la culture, tant aux États-Unis (le *Memorandum pour l'étude de l'acculturation* date de 1936) qu'en France (Roger Bastide, Georges Balandier). En mettant en rapport le social et le culturel[9], Bastide replace les faits de syncrétisme, de métissage culturel, voire d'assimilation, dans leur cadre de structuration ou de déstructuration sociales, et donne de nouvelles interprétations des faits de colonisation, en particulier en Afrique. Il contribue à donner une définition dynamique de la culture. Aucune culture

---

8. L'histoire culturelle (héritage de Boas), l'analyse fonctionnaliste de la culture (Bronislaw Malinovsky), l'école « culture et personnalité » (dont Ruth Benedict et les types culturels, Margaret Mead et la transmission culturelle, Ralph Linton, Abram Kardiner et la personnalité de base).

9. Relation absente dans le culturalisme américain, d'où le risque de réduction des faits sociaux à des faits culturels, l'inverse peut aussi être vrai concernant le « sociologisme » (un risque de réduction des faits culturels à des faits sociaux).

n'existe à l'état pur, identique à elle-même depuis toujours, sans avoir connu la moindre influence extérieure. Le processus d'acculturation est un phénomène universel, même s'il connaît des formes et des degrés divers. Il y a souvent plus de continuité entre deux cultures qui sont en contact prolongé qu'entre deux états d'un même système culturel pris à des moments distincts de son évolution historique. L'approfondissement de l'idée anthropologique de culture conduit ainsi à relativiser le « relativisme culturel ». Cela conduit à étudier toute culture quelle qu'elle soit sans *a priori,* sans la comparer et encore moins la mesurer prématurément à d'autres cultures, à privilégier l'approche compréhensive. Ces conceptions vont largement influencer les chercheurs en sciences sociales travaillant dans les différentes aires culturelles, en particulier les géographes, qui utilisent largement les travaux des anthropologues[10].

Les dispositifs institutionnels

Le ministère des Affaires étrangères, soucieux de comprendre les particularités culturelles ou ethniques, en particulier celles des pays où la France a des intérêts, a mis en place très tôt des instituts[11], souvent structurés autour d'une bibliothèque, des humanités (langues, art, archéologie, philosophie, histoire, puis ethnologie) et de la connaissance du passé : en Orient avec l'École française d'Extrême-Orient qui fournira un appui aux orientalistes dès la fin du XIXe siècle, dans les pays du Machrek (Liban, Syrie...), puis en Amérique latine, etc. Il soutiendra les activités des musées (Musée de l'Homme, Museum...) en relation avec les sociétés de spécialistes (orientalistes, américanistes, africanistes...), tandis que ceux-ci se forment aux Langues O (INALCO : Institut National des Langues et Cultures Orientales).

Mais c'est davantage dans les colonies françaises, sous la houlette du ministère des Colonies, puis de la Coopération, que s'est déployé ce dispositif institutionnel, dans ce cas plus tourné vers le présent, la mise en valeur des économies locales et des investissements français. Aujourd'hui ces deux dispositifs ont tendance à se confondre.

Ces instituts établis dans les grandes aires culturelles, comme les lycées et alliances français, fourniront bourses et postes à des générations de chercheurs, en particulier en Afrique coloniale puis francophone. La réouverture d'instituts français pour les sciences sociales, humaines, juridiques et de gestion dans les pays de l'Europe de l'Est, après la chute du mur de Berlin, atteste de la volonté et de la nécessité de comprendre ce qui s'y passe aujourd'hui.

---

10. N'oublions pas que le Centre d'Études Africaines à l'EHESS (qui comprend aussi des géographes) a été créé en 1957 par Georges Balandier. En 1967, il est devenu un laboratoire associé au CNRS sous la présidence de Fernand Braudel, à l'initiative de Georges Balandier et Gilles Sautter, sur les conseils de Pierre Monbeig, alors directeur scientifique au CNRS.

11. Pour l'Europe existaient déjà les Écoles françaises de Rome, Athènes, Madrid, etc., structurées également autour de l'art et des humanités classiques.

Les institutions de recherche ou d'enseignement supérieur ont également investi des régions géographiques ou des aires culturelles. L'Orstom, qui pratique les recherches en sciences sociales, agronomie, sciences naturelles, dans les pays dits d'outre-mer, a des bases scientifiques non seulement dans les anciens pays coloniaux, mais dans toutes les aires culturelles non occidentales. Cependant ses chercheurs sont regroupés par grands programmes thématiques plus que par régions géographiques (voir chap. 7). Le CNRS a créé dans les années 1960 des laboratoires propres ou des équipes associées à des aires culturelles spécifiques: Amérique latine – version parisienne et version toulousaine –, Études africaines, Asie du Sud-Est et monde insulindien, monde iranien, villes arabes, centre d'études japonaises, centre d'études de l'Inde. Comme le dit Hélène Rivière d'Arc, tous ont une histoire, un héritage, mais surtout ont largement anticipé sur l'interdisciplinarité[12]. L'EHESS a deux types de centres de recherche: ceux définis par un thème disciplinaire (par exemple Centre de Recherches Historiques, Laboratoire d'Anthropologie Sociale), ceux définis par une grande aire culturelle (Centre d'Études Africaines, devenu laboratoire associé au CNRS, par exemple). La Direction de la recherche du ministère de l'Éducation nationale, de l'Enseignement supérieur et de la Recherche (DRED) a un programme d'appels d'offres pour séjours d'études à l'étranger ciblé « Aires culturelles » pour les disciplines relevant des sciences humaines et sociales, juridiques, économiques, politiques et de gestion. Les aires géographiques retenues sont les suivantes: Europe centrale et orientale; Europe occidentale; Pourtour méditerranéen; Amérique latine; Amérique du Nord; Extrême Orient, Asie du Sud-est (incluant la Chine, la Corée, le Japon).

De la géographie coloniale aux aires culturelles

Les géographes français ont un long héritage d'études dans les pays lointains, mais la problématique aire culturelle, créée et définie par d'autres, n'est prise en compte que depuis peu. La « géographie coloniale » s'est développée en effet avant la mise en place de l'École française de géographie, en relation avec les Sociétés de géographie (chaires, financement d'expéditions, relations étroites avec les pouvoirs économique, militaire, politique). Le développement de cette dernière (grâce à Paul Vidal de La Blache et ses élèves) valorise les « genres de vie » dans une optique non « culturaliste » mais de relations d'explication verticales avec le milieu. Une branche, la « géographie tropicale », où Pierre Gourou joue un rôle pionnier (Bruneau et Courade, 1984), cherche à s'émanciper de la géographie coloniale et à unifier les problématiques autour, non d'un déterminisme des milieux tropicaux (la géographie physique n'est pas

12. Débat « Aires culturelles », colloque de la section 39 du CNRS de novembre 1993, rapporté dans *Bulletin Intergéo*, n° 118, 1995, pp. 71-93.

l'explication des différences constatées), mais des civilisations (relations civilisation-milieu). Les géographes « tropicalistes » accordent de l'importance au « terrain », deviennent ethnologues par goût ou par nécessité et sont « sensibles aux valeurs historico-culturelles qui définissent des sociétés qui perdent leur identité face à l'État et au Capital » (Bruneau et Courade, 1984, p. 307).

Ce même concept de civilisation était développé à la même époque par l'École des *Annales* en histoire[13] (voir chap. 7). Puis, ou en parallèle, s'affirme une « géographie du développement » (ou du Tiers Monde), sous l'impulsion des économistes et des sociologues. Les enjeux de la tropicalité comme les héritages coloniaux sont soumis à discussion (Bruneau et Dory, 1989 et 1994), des problématiques nouvelles appliquées à ces espaces voient le jour : villes et représentations, analyse spatiale, « modèle » (du Brésil de Hervé Théry, de l'Équateur de Jean-Paul Deler...), problématique espace et culture, etc.

Les aires culturelles comme enjeu

La géographie des sociétés est courante et relativement aisée à l'échelle des petites unités : régions, villes, quartiers..., ou de l'État-nation (voir chap. 5). Mais si l'on se tourne vers les grandes unités sociétales, – c'est à dire les unités majeures de la société globale : ethnies, civilisations – la tâche se complique de nécessaires définitions et délimitations, intégrant des caractères multiples aux répartitions souvent divergentes, comme le souligne Roland Breton[14].

Quel découpage ?

Breton, après avoir rappelé l'histoire des civilisations (divergence externe et unité interne), distingue une douzaine de grandes aires de civilisation actuelles[15] : l'Orient est divisé entre l'aire de civilisation indienne (unifiée par l'hindouisme), l'aire de civilisation chinoise (et des pays sinisés), le Sud-Est asiatique fragmenté où coexistent une dizaine d'États-nations, fondés sur des cultures marquées différemment par les influences successives ou concurrentes (chinoise, indienne, islamique et européenne) ; les archipels océaniens relèvent de deux civilisations (Nouvelle-Guinée, Mélanésie) et l'Australie est à part. L'aire

13. Braudel, 1979. Voir également l'historien anglais Arnold Toynbee (1889-1975) ; dans son immense œuvre devenue classique (*A study of History*, 12 vol., 1934-1961), il a élaboré une classification des civilisations qu'il présente comme autant d'entités sociétales de grande taille ayant une originalité sociale, politique, culturelle et religieuse (38 entités au total dans *L'Histoire*, 1975).

14. Breton R., 1991, page 3 : « La géographie des civilisations supposerait que l'on sache vraiment ce qu'est une civilisation, que la définition du terme soit universellement admise et, par conséquent, connu le nombre d'entités ainsi délimitées. Mais il n'en est rien ; chacun, en chaque langue, de chaque discipline, de chaque école, chaque peuple a son idée là-dessus ».

15. Breton R., 1991, deuxième partie, pp. 51-117.

de civilisation arabo-islamique inclut le Maghreb, le Machrek, les nations iranienne, afghane comme les ethnies kurde, turque, berbère. Les aires de civilisation européenne et occidentale se subdivisent en Europe occidentale, Amérique du Nord, Amérique latine et Caraïbes. L'aire de civilisation est-européenne comprend la Russie et l'Europe de l'Est (longtemps sous influence soviétique). Enfin l'aire de civilisation négro-africaine se développe au sud du Sahara.

On a vu plus haut que la section 39 du CNRS reconnaissait aujourd'hui huit laboratoires ayant comme définition thématique une aire culturelle, où les Europes et l'Amérique du Nord n'apparaissent pas. Les découpages adoptés dans la *Géographie Universelle*, présentés par Roger Brunet dans le tome I (chapitre 19), sont centrés sur « les œuvres humaines et les organisations de l'espace », selon « un parti pris aussi géographique que possible », présentant les grandes « régions du monde telles qu'elles se laissent voir maintenant ». Une place de choix a été accordée aux plus grandes puissances qui mènent le monde, en se fondant sur les États. Tous les grands États ont une place majeure. De plus petits États ont été regroupés en régions. L'ensemble du monde islamique a été supposé en faire une (mais « la pièce la plus lourde, l'Indonésie » a été placée dans le volume consacré à l'Asie du Sud-Est et au Pacifique). L'Europe est traitée dans trois volumes : la France et l'Europe du Sud, L'Europe du Nord et l'Europe médiane, la Russie et les pays proches. Brunet le justifie en disant : « il est vrai que cette *Géographie Universelle* est "européenne". Le principal déchirement a sans doute été de devoir en extraire l'Europe orientale, et de l'associer à l'Union soviétique. Quelque regret que l'on en puisse avoir sur le plan culturel, nous n'avons fait que constater un état de fait, qui dure. Chaque découpage est déchirement ; nous veillerons à reconstituer les grands systèmes chaque fois qu'il sera nécessaire » (p. 270). Si les faits culturels et de civilisation ne sont pas majoritairement à la base de ce découpage, ils sont en revanche largement présents dans les explications.

Quel débat ?

A sa manière un peu caustique, Roger Brunet dans *Les Mots de la géographie* a critiqué la façon timorée dont les géographes se servaient du fait culturel dans leur grille d'analyse de l'espace, lui réservant une place résiduelle[16]. Ce n'est heureusement pas le cas de tous et certains géographes ont largement intégré le fait culturel dans les explications qu'ils proposent du modèle spatial du pays ou de l'aire sur lesquels ils travaillent. Ils sont amenés, parfois, à faire tomber des clichés, transmis de générations en générations, y compris au sein

16. « Le géographe [...] conserve même l'idée que le culturel intervient en "dernier ressort", quand on a épuisé toutes les autres explications possibles : si une distribution ne semble pas relever du naturel, de l'économique, du social, du politique, à la suite de la vérification de séries d'hypothèses d'abord avancées dans ce domaine, il conclut, comme en renonçant à comprendre que "c'est culturel", c'est-à-dire mystérieux » (Brunet, Ferras, Théry, 1992).

des institutions de recherche, et qui tiennent lieu de savoirs. C'est à quoi l'auteur du livre sur le Japon dans la *Géographie Universelle*, Philippe Pelletier, s'est employé avec talent[17]. En présentant ce pays, « archipel unique en son genre [...] où le temps semble peser plus lourd que l'espace », l'auteur s'inscrit dans le débat sur la place du fait culturel dans l'explication d'un modèle spatial. Mais il considère aussi le Japon comme un espace dont on ne peut comprendre l'organisation qu'en la replaçant dans une culture, bref une aire culturelle.

A ces contributions individuelles et éparses, peuvent s'ajouter les interventions qui ont eu lieu lors du colloque organisé, en 1993, par la nouvelle section 39 (Espaces, Territoires, Sociétés) pour discuter des implications scientifiques du remaniement des sections du secteur Sciences Humaines et Sociales du CNRS. Le thème des aires culturelles constituait l'une des cinq entrées retenues[18]. La notion même d'aire culturelle a été approfondie, aboutissant chez certains à une définition très influencée par les anthropologues, telle celle avancée par Anne-Marie Pillet-Schwartz qui y voit une « combinaison de référents et de pratiques indissociables » (p. 75). D'autre part, l'aire culturelle peut être abordée selon bien des critères, de l'extérieur « la culture constitue des territoires » ou de l'intérieur « la culture constitue des représentations de territoire » (Chantal Blanc-Pamard, p. 72). Le problème des emboîtements d'échelles et de la pluriculturalité a aussi été discuté.

L'essentiel du débat a cependant porté sur la question de fond : est-il pertinent de raisonner en termes d'aire culturelle ? Un élément de réponse a suscité un certain consensus chez les chercheurs qui reconnaissent que le domaine culturel est porteur d'enjeux essentiels et constitue une entrée primordiale dans la problématique de la territorialité : « c'est en ces termes que se posent aujourd'hui de nombreux conflits ou la restructuration de nombreux espaces sur la planète » (Bernard Hourcade, p. 81). Cependant, la discussion a opposé ceux qui considèrent l'aire culturelle comme une notion pertinente, opératoire, et ceux pour lesquels elle reste un concept flou et inopérant. Dans ce deuxième cas, Yves Guermond fait remarquer que la problématique de l'aire culturelle consiste à « isoler, dans l'organisation de l'espace, ce qui est lié à des facteurs culturels », ce qui implique d'« éliminer les autres facteurs... faute de quoi on risque de porter au compte des influences culturelles des attitudes qui ont plus à voir avec le fond commun de l'humanité » (p. 88). D'ailleurs, souligne Franck Auriac, l'approche par le culturel ne s'applique-t-elle pas à l'analyse de tout espace géographique, en Europe, en France...? Bref, on retrouve ici l'op-

---

17. Remettant en question les clichés rebattus sur le Japon (petitesse, manque d'espace, surpeuplement, milieu hostile...), utilisés dans l'explication de l'organisation de l'espace « suivant une grille axiomatique qui ne change pas du XIXe siècle à nos jours » (Gentelle, Pelletier (dir.), 1994, p. 220).

18. Les exposés et les interventions ont été publiés dans le *Bulletin Intergéo*, n° 118, 1995, *op. cit.*

position, qui n'a pas été tranchée, entre une géographie des aires culturelles et une géographie culturelle appliquée à certains territoires.

La géographie des aires culturelles pourrait-elle trouver sa justification dans une pratique de recherche particulière? Plus que l'interdisciplinarité, jugée tellement nécessaire par tous (mais est-elle propre à la recherche sur une aire culturelle?), c'est l'emploi d'une grille d'analyse et d'un cadre conceptuel spécifiques qui peuvent être mis en avant. « Analyser l'organisation interne d'une aire culturelle, ses limites, sa mobilité et ses rapports avec les autres ensembles implique l'élaboration et/ou la maîtrise de méthodes d'analyse et d'outils spécifiques, ou du moins adaptés à l'objet étudié », affirme Bernard Hourcade (p. 80), ce qui pose une question fondamentale reprise par Jean-Luc Racine, celle du positionnement scientifique du chercheur qui doit échapper au risque inconscient de l'ethnocentrisme: « Dans quelle mesure les théories scientifiques qu'on retient, les outils méthodologiques, voire les problématiques mêmes relèvent-elles de l'aire propre au chercheur et sont-elles adaptables à l'aire qu'il étudie? « (p. 83). C'est toute la question de l'universalité des concepts et de la transposition de ceux-ci d'une aire culturelle à l'autre qui est ici posée. De même que la capacité du chercheur à mettre son propre système de valeurs entre parenthèses: comme le souligne Pierre Gentelle, qui présente la Chine comme un pays offrant une forte résistance à une action modernisatrice destructrice de son modèle culturel et social, « il suffit de n'être pas Européen ni Américain pour ressentir ce que l'action de l'Occident peut avoir de violent et de dominateur » (Gentelle et Pelletier, 1994, p. 7).

La compréhension d'une culture qui n'est pas la sienne demande au chercheur un investissement important, un « effort initiatique » selon l'expression de Jean-Luc Racine, qui, s'il constitue un préalable essentiel à toute recherche, comporte cependant un risque, celui de pousser à l'enfermement dans un savoir spécifique. Ce risque fut souligné par plusieurs chercheurs soucieux de « s'enrichir d'une recherche comparative » (Chantal Blanc-Pamard, p. 74). Autrement dit, travailler sur une aire culturelle, c'est également savoir en sortir. C'est aussi savoir se servir de connaissances sur des espaces particuliers pour mener une réflexion géographique plus globale. Universalisme scientifique et relativisme culturel s'opposent (la science perdrait-elle son universalité dans les pays chauds?) N'est-ce pas ce qu'ont fait des chercheurs comme Claude Bataillon (approfondissant les concepts de région et de mégalopole à partir du Mexique) ou Augustin Berque pour la géographie des représentations et la redécouverte des paysages (à partir d'un travail sur l'espace au Japon), pour ne citer qu'eux? Ils répondent ainsi à la belle définition donnée par Jean-Luc Racine des « observateurs du lointain »: « comme tous les autres chercheurs dont rien de fondamental ne les distingue, ils doivent être aussi des analystes de la relation et de la globalité, apportant leur pierre au grand œuvre de la communauté scientifique » (Racine, 1995).

Les textes qui suivent contribuent, chacun à leur manière, au débat qui se poursuit sur cette question, en présentant la géographie qui se fait dans trois aires culturelles distinctes. Michel Bruneau présente les tendances de l'évolution de la géographie française sur l'Asie des moussons. Georges Courade donne son point de vue sur l'évolution de la géographie dans l'aire culturelle africaine. Denise Douzant-Rosenfeld et Pernette Grandjean l'observent à travers l'étude d'une revue spécialisée sur l'Amérique latine.

LES GÉOGRAPHES FRANÇAIS ET L'ASIE

Michel Bruneau, CNRS, UMR 6588, Bordeaux

Bien que l'Asie soit le plus vaste continent et le plus peuplé, il a été, si l'on excepte le Moyen-Orient, le moins étudié par les géographes français au cours du XXe siècle, comparativement à l'Afrique, l'Amérique latine ou l'Europe. On considérera ici l'Asie des moussons de l'Inde au Japon, la partie la plus peuplée du continent.

Le cadre politique et institutionnel

Comme ailleurs, le développement de la géographie française a été au début du siècle lié à l'empire colonial français et à ses institutions (lycées, École Française d'Extrême-Orient). L'Indochine française a donc été jusqu'au milieu du siècle le terrain privilégié des recherches géographiques françaises, avec, en particulier, les premières grandes thèses de géographie régionale (C. Robequain, P. Gourou) des années 1930. Plusieurs livres qui ont fait date, ont été également publiés par les mêmes auteurs dans les années 1940. Dans la période précédente (années 1920), les deux tomes de la *Géographie Universelle* de Vidal de La Blache et Gallois consacrés à l'Asie des Moussons étaient dus à un auteur, Jules Sion, qui avait travaillé uniquement à partir de données bibliographiques sans jamais être allé en Asie, ce qui ne l'a pas empêché d'écrire un ouvrage de référence.

Au cours de la période de décolonisation qui a suivi la Seconde Guerre mondiale, les géographes français ont travaillé dans les pays de l'Indochine alors préservés de la guerre : essentiellement le Cambodge (J. Delvert et thésards), à moindres égards le Laos. L'Institut Français de Pondichéry en Inde (J. Dupuis et thésards), celui de Kyoto au Japon (F. Ruellan) ont également servi de base à des chercheurs qui ont travaillé sur les régions environnantes. La Chine maoïste est restée très longtemps fermée à la recherche de terrain. Deux géographes du CNRS et de l'Inalco (P. Gentelle et P. Trolliet) ont cependant publié régulièrement sur ce pays grâce en particulier à leur connaissance de la langue. Les recherches pouvaient se développer plus facilement au Japon où la Maison franco-japonaise, dirigée un temps par A. Berque, offrait un appui décisif aux jeunes chercheurs, le CNRS pouvant éventuellement prendre le relais. Il s'est donc créé une recherche géographique francophone sur le Japon dont l'expression la plus récente est le volume «Chine, Japon, Corée» écrit par P. Pelletier (1994) dans la *Géographie Universelle* Belin-RECLUS.

La géographie francophone, longtemps peu présente ou absente de la Chine et du Viêt-nam (jusqu'en 1990), où les recherches étaient devenues très difficiles voire impossibles, s'est redéployée à partir des années 1970 dans quelques pays dont elle avait jusqu'alors été quasiment absente : la Thaïlande, la Malaisie, Singapour, la Birmanie et surtout l'Indonésie. Elle continuait à progresser dans le subcontinent indien à partir de sa base pondichérienne. Le CNRS d'abord, l'Orstom ensuite, ont joué un rôle fondamental pour rendre possibles ces recherches, alors que l'École Française d'Extrême-Orient s'était fermée aux géographes, ne recrutant plus que des orientalistes *stricto sensu*.

Les chercheurs du CNRS et des Universités se sont rattachés et ont été soutenus par des laboratoires pluridisciplinaires (Unités de Recherche associées), qui avaient une approche du type « aire culturelle », et dans lesquels les géographes ont toujours été minoritaires au profit de l'anthropologie, l'ethnologie ou l'histoire. Les principaux de ces laboratoires ont été et sont encore : le Centre d'Études de l'Inde et de l'Asie du Sud (URA 118 de l'École des Hautes Études en Sciences Sociales, Paris), le Centre d'Études et de Recherches sur l'Asie du Sud-Est et le Monde Insulindien ou Cedrasemi (EHESS) qui a éclaté en plusieurs laboratoires plus petits dont celui qui abrite le plus de géographes actuellement est le Lasema (UPR 297 du CNRS, Paris), le Centre de Recherches sur le Japon Contemporain (EHESS, Paris), l'Institut d'Asie Orientale (Lyon), l'unité de recherche « Milieux, sociétés et cultures en Himalaya » (UPR 299 du CNRS). On voit le rôle considérable joué par l'École des Hautes Études en Sciences Sociales à côté du CNRS.

Parallèlement à ces centres « aires culturelles », un laboratoire propre du CNRS, le Centre d'Études de Géographie Tropicale (Ceget, Bordeaux) a abrité des chercheurs et financé des recherches sur des terrains de l'Asie tropicale (monde indien et Asie du Sud-Est) de 1968 à 1992. L'Orstom a envoyé une mission permanente en Indonésie à partir des années 1980 au sein de laquelle des géographes ont jusqu'à aujourd'hui principalement travaillé sur des programmes de transmigration à Kalimantan et Sumatra-sud, parfois en collaboration avec des chercheurs du CNRS. Il a ensuite étendu ses activités à la Thaïlande et au Viêt-nam. Au Québec (Université Laval, R. de Koninck) des recherches sur l'Indonésie, les Philippines mais surtout sur la Malaisie et Singapour se poursuivent et se sont étendues récemment au Viêt-nam.

Depuis 1990, des recherches de terrain ont pu reprendre en Chine et surtout au Viêt-nam dans le cadre de coopérations entre instituts de recherches locaux et unités de recherches du CNRS. Quelques thésards français travaillent actuellement au Viêt-nam (nord, centre et sud). Des financements du ministère des Affaires Étrangères et de la Communauté Européenne facilitent ces travaux. Le CEGET (Bordeaux) puis l'unité mixte Orstom-CNRS-Regards qui lui a succédé ont engagé une coopération depuis 1987 avec une équipe de recherche en télédétection (Institut de Géologie du CNRS Viêt-nam, Hanoi). Le LaSema a également lancé un programme sur l'urbanisation dans le Centre-Viêt-nam.

Les thèmes de recherche

Jusque dans les années 1960, l'approche a été celle d'une géographie régionale et rurale classique, en particulier dans le cadre des grandes thèses tropicalistes (Ch. Robequain, P. Gourou, J. Dupuis, J. Delvert), des deux tomes de la *Géographie Universelle* de Vidal de La Blache et Gallois (J. Sion) et des livres de P. Gourou (*La Terre et l'Homme en Extrême-Orient*) ou de Ch. Robequain (*Le Monde malais*). Cette tradition de géographie régionale s'est perpétuée jusqu'à nos jours, mais profondément renouvelée par les progrès méthodologiques de la recherche géographique francophone, avec en particulier les quatre volumes de la *Géographie Universelle* Belin-RECLUS (1993-1995) qui concernent au moins en partie l'Asie: « Chine, Japon, Corée », « Asie du Sud-Est, Océanie », « Europes orientales, Russie, Asie centrale », « Afrique du Nord, Moyen Orient, monde indien ». Un autre ouvrage plus classique *L'Asie du Sud-Est* de R. de Koninck (1994) présente une synthèse régionale des dix États de cet « angle de l'Asie ».

L'approche ruraliste s'est orientée de plus en plus vers les effets de la révolution verte sur les économies et sociétés paysannes de l'Inde du sud comme de l'Asie du Sud-Est. La géographie s'est rapprochée de l'économie (comptabilités villageoises) et de l'agronomie (systèmes agraires et/ou systèmes ruraux). Elle a pris en compte de plus en plus la diversification des activités ou l'urbanisation des campagnes, en analysant les stratégies des acteurs, que ce soient les petites entreprises industrielles en zone rurale ou les politiques publiques de développement. Les fronts pionniers ou la colonisation des terres neuves encadrée par l'État en Malaisie, Indonésie ou Thaïlande ont suscité de nombreuses recherches, souvent liées à celles sur les effets environnementaux de la déforestation. La télédétection et les systèmes d'information géographiques sont devenus des outils essentiels de ces recherches qui s'étendent maintenant de plus en plus au Viêt-nam.

La métropolisation s'est traduite par la croissance rapide de mégapoles dans toute cette Asie des fortes densités démographiques et par la constitution de la mégalopole japonaise. Les recherches des géographes ont donc porté sur l'extension de ces très grandes villes, en particulier sur les problèmes fonciers en relation avec la construction de logements, l'aménagement de centres commerciaux et d'infrastructures de transport. Calcutta, Bangkok, Singapour, Djakarta, Canton-Schenzen-Hong Kong ont plus particulièrement retenu l'attention des géographes et urbanistes francophones.

L'approche géopolitique a également fait l'objet de plusieurs numéros de la revue *Hérodote* (notamment le n° 49, 1988, *Géopolitiques en Asie des moussons*) consacrés à l'Asie du Sud-Est, au monde indien ou au Japon, et de nombreux articles dans le *Dictionnaire de géopolitique* (Flammarion) dirigé par Y. Lacoste.

On assiste de plus en plus à un décloisonnement géographique des communautés scientifiques qui, jusqu'à une période récente, fonctionnaient principalement par pays ou aires culturelles (monde indien, Asie du Sud-Est, monde chinois, Japon, Corée). Face à la mondialisation et aux regroupements en grandes régions, les chercheurs ont de plus en plus tendance à confronter leurs recherches et à collaborer en interdisciplinarité dans le cadre de deux grands ensembles : Asie Orientale (Asie du Sud-Est, Chine littorale, Corée, Japon) et monde indien.

GÉOGRAPHIES CFA : DE L'UN AU MULTIPLE

Georges Courade, Orstom, IEDES, université de Paris I

Aujourd'hui, l'Afrique des géographes français reste, plus que jamais le « pré carré » de la France, si l'on excepte quelques incursions en Afrique australe Et la définition géographique de cette aire d'expansion coloniale française se trouve être avant tout une zone monétaire, la zone CFA, ces Colonies Françaises d'Afrique devenues Communauté Financière Africaine qui a fait l'objet d'un atlas géographique[19].

19. POURTIER R., *Atlas de la zone franc en Afrique sub-saharienne*, Paris, Mincoop/Doc. française, 1995, 112 p.

Dans ce contexte, trois questions préalables méritent attention : est-il encore pertinent de parler d'aire culturelle, quand bien des ethnologues africanistes se replient sur l'anthropologie du quotidien en Europe et que nombre d'économistes récusent l'économie du développement ? Les intellectuels africains ne vont-ils pas, à la suite de Cheikh Anta Diop[20], et pour retrouver une dignité, inventer une géographie spécifiquement «nègre» avec tous les effets de cette quête ? Alors que notre discipline tente de se donner un statut scientifique universaliste, peut-on se prêter au jeu du relativisme culturel qu'induirait cette notion-valise d'« aire culturelle », située entre civilisation et genre de vie ?

La distance culturelle qui nous sépare de plus en plus de l'Afrique, sa faible adhésion à une modernité capitaliste à prétention mondiale, la résurgence de conflits précoloniaux qualifiés de tribalistes autorisent bien des manipulations d'une identité culturelle ou nationale, qui reste virtuelle parce que multiple.

A regarder prosaïquement le « milieu », on constate que nombre de géographes se retrouvent dans des groupes de recherche organisés institutionnellement, sur la base d'aires culturelles créées par affinités de terrain. La pluridisciplinarité y reste le plus souvent proclamée, sauf exceptions. On construit ici les « lieux de mémoire » que l'Afrique a du mal à s'inventer ou à conserver intacts. L'idée de « sciences pour le et/ou du développement » n'étant pas évidente, beaucoup de collègues redécouvrent l'intérêt d'une organisation de ce type qui donne à une organisation disparate de chercheurs isolés un semblant de cohérence ! Par ailleurs, au sein de l'Orstom, l'Institut Français de Recherche pour le Développement en Coopération, l'organisation thématique transversale qui subsiste à travers réformes et contre-réformes, organise la confrontation quotidienne entre chercheurs de différentes disciplines avec des affinités électives. Les équipes, très mouvantes, ne se rattachent pas à une aire donnée. Le travail peut y être collectif dans des institutions locales, sans y associer structurellement des équipes de partenaires, ce qui n'est pas recommandé par les commissions scientifiques. Comment s'étonner, de ce fait, du nombre insignifiant de géographes africains francophones reconnus internationalement ?

Difficile d'avoir une vue complète de l'état de la géographie dans les « tropiques africains » sans multiplier les coups de sonde et sans faire jouer sa subjectivité, son expérience et ses choix.

---

20. Fauvelle F.-X., *L'Afrique de Cheikh Allt Anta Diop,* Paris, Karthala, 1996, 237 pages (préface d'E. M'bokolo).

Faut-il que tout change pour que tout reste pareil?

La multiplicité des outils concurrents de la coopération française, une contestation africaine francophone inexistante, une absence de rayonnement de l'école géographique nigériane et une congélation raciste du système sud-africain donnaient à ce système une solidité telle qu'il ne pouvait se réformer que de l'extérieur.

Un modèle ruraliste descriptif[21] a longtemps imprégné et dominé. Nombre d'études urbaines ont été, jusqu'à une date récente, des études de terroir transposées. Parmi les «pères» de la géographie africaniste contemporaine, c'est sans doute Gilles Sautter qui a le mieux préparé et anticipé la situation actuelle. Aujourd'hui, nombre de géographes travaillent en symbiose avec épidémiologistes et agronomes, politologues ou macroéconomistes. Des travaux comparatifs de géographie économique sur les économies de plantation se mettent en place pour étudier les effets de la crise et de l'ajustement. L'anthropologie économique marxiste qui fut un temps attractive est aujourd'hui délaissée.

Et la géographie quantitative fait une entrée remarquée avec les thèses des années récentes. La citadinité africaine fait l'objet d'études poussées qui dépassent le fonctionnalisme: géographie des pratiques et des perceptions.

Le renouvellement n'est pas forcément venu des thèses, même si certaines ont marqué, plus que d'autres, le milieu dans l'étude du monde rural, l'industrialisation ou le fait urbain. Si le thème des rapports ville-campagne n'a pas été aussi fécond qu'attendu, les géographes ont étudié la sécurité alimentaire à travers l'approvisionnement des villes. Il n'en reste pas moins que d'importants travaux collectifs ont vu le jour sur le foncier, la construction territoriale, l'approche écologique intégrée ou la géopolitique. L'empreinte d'une revue comme *Politique Africaine* a été décisive pour de nombreux géographes.

La «régionale» et la «physique» sont restées longtemps dominantes dans la géographie africaniste et africaine. Recyclage et maintien d'une ouverture internationale sont devenus indispensables pour éviter les naufrages de maints instituts de géographie en Afrique.

Malgré résistances et contraintes, Gardiens du Temple et pratiques rentières, on peut avancer que la géographie CFA s'est transformée. On le perçoit à travers le volume «Les Afriques au sud du Sahara» de la *Géographie Universelle,* les revues de géographie de l'Afrique francophone ou les thèses africaines les plus récentes, qui gagnent en originalité et en profondeur. Les trajectoires des géographes sont devenues multiples.

21. Ce modèle est explicité et interprété par J.-P. Raison dans «Trente ans, trois phases de la géographie rurale dans les pays tropicaux», *in État des savoirs sur le développement,* Paris, Karthala, pp. 135-157.

La fin de la logique de la termitière

Pourquoi ces changements inattendus dans la Françafrique de la géographie ?

Crise et dévaluation du franc CFA ont fait bouger les choses côté africain. Côté français, le système de pouvoir académique et financier est devenu polycentrique avec l'alternance politique et les « héritiers » n'ont ni la prestance, ni l'autorité des pères.

Jusque dans les années 1980, l'auto-contrôle disciplinaire se réalisait selon les canons de la logique coutumière : les « aînés » contrôlaient des « cadets » par des systèmes croisés de pouvoirs comme par l'intériorisation d'un seul modèle. Cela faisait de cette géographie africaine ou africaniste une citadelle longtemps imperméable aux autres géographies (modélisatrices, quantitatives ou de la modernisation), américaine notamment. Sûre de ses méthodes, fière de ses thèses-fleuves (Sautter, Pélissier, Gallais, Cabot, Vennetier, Mondjananni, Seck, etc.) et de ses rituels de reconnaissance (colloque de Ouagadougou de 1978), elle a intégré lentement de nouveaux thèmes. Alors que Rochefort et Lasserre lançaient, au début des années 1970, le thème urbain, ce thème avait déjà permis à un géographe nigérian, Mabogunje, de figurer parmi le gotha de la géographie internationale.

En fait d'aire culturelle, nous avions une termitière, une micro-ethnie fondée plus sur une socialisation clientéliste-verticale que sur une socialisation horizontale-démocratique. Cette géographie avait ses rites initiatiques : il fallait connaître l'Afrique profonde des terroirs et villages avant d'aborder différentes formes de modernité. L'économie s'était faite anthropologie économique alors que la science politique restait formelle et étatiste. Balandier avait pourtant ouvert la voie dans laquelle s'engouffreront les créateurs de *Politique Africaine*.

La géographie politique, la géopolitique de la construction territoriale africaine, la modélisation spatiale, la géographie de la perception, de l'imaginaire, la recherche des bases territoriales de l'ethnicité, de la citoyenneté et de la citadinité sont en train de conquérir la juste place qu'elles méritaient. Non sans mal, cependant. Les géographes de terrain participent enfin à l'étude des effets de la crise et de l'ajustement structurel : notamment avec le programme Observatoire du Changement et de l'Innovation Sociale au Cameroun (Ocisca).

L'immobilisme de l'Afrique des terroirs n'était en fait qu'une apparence. Depuis quinze ans, le « continent noir » bouge, vite, à sa manière, chaotique, libérée de ses tuteurs fatigués : le système fait eau de toute part laissant aux Africains le soin d'écrire leur histoire, sanglante sans doute, mais de manière autonome enfin. On assiste cependant au retour de l'ethnoculturalisme dans les sciences sociales pour comprendre cette Afrique difficile à déchiffrer aujourd'hui. Les ouvrages sur l'ethnie se sont multipliés avec une absence remarquée des géographes dans ce débat capital. La construction territoriale des nations est un thème qui commencent à être exploré. La marginalité économique africaine a mobilisé économistes et géographes sur des comparaisons Afrique-Asie, qui n'ont fait que répéter souvent que ce qui se disait aux débuts de la « mise en valeur » des territoires coloniaux. La critique de la théorie dépendantiste, si facilement ânonnée par les élites rentières africaines a mobilisé des géographes. Ces discours n'ont finalement pas concerné les géographes africains francophones. Et c'est là que le bât blesse dans cette aire culturelle.

Quarante ans après les indépendances, les acteurs de la production géographique francophone restent les mêmes, tout en étant dans un rapport de force intellectuel légèrement changé. Les Africains qui devaient être le fer de lance d'une géographie africaine autonome n'ont pu ou n'ont pas voulu s'émanciper des tutelles. La fragilité des multiples pistes ouvertes est évidente. Reste au continent à penser sa géographie en s'intégrant dans le concert international. Ce ne sera pas facile.

LES GÉOGRAPHES DANS L'AIRE CULTURELLE LATINO-AMÉRICAINE, LEUR PLACE DANS LA REVUE *CAHIERS DES AMÉRIQUES LATINES*

Denise Douzant-Rosenfeld, IUFM de Versailles, GRAL-CNRS
Pernette Grandjean, université de Reims-Credal-CNRS

Depuis quelques années déjà, une réflexion critique est menée par des géographes dont les travaux de recherche portent sur une « aire culturelle » non occidentale. Ce concept, qui désigne des espaces « définis par l'extension d'un ensemble d'éléments culturels donnés »[22], peut-il influencer les pratiques de recherche des chercheurs en sciences sociales, notamment des géographes ? Un travail sur le monde arabe, l'Amérique latine ou l'Asie du Sud impliquerait-il des outils d'analyse particuliers, une approche spécifique, ne serait-ce que par

22. *Dictionnaire de l'ethnologie et de l'anthropologie,* Paris, PUF, 1991.

l'investissement préalable et constamment renouvelé que doit fournir chaque chercheur pour en comprendre la civilisation (apprentissage d'une ou plusieurs langues, de l'histoire et des mentalités, des idées et des comportements culturels) ? Ce questionnement sur « la géographie d'une aire culturelle » a été clairement posé lors du débat organisé par le CNRS en novembre 1993 à la suite de la réorganisation des sections de recherche[23]. « Y a-t-il des traits culturels différentiels de la structuration de l'espace ? » se demande Hélène Rivière d'Arc, question à laquelle fait écho le problème posé par Jean-Luc Racine : « Dans quelle mesure les théories scientifiques qu'on retient, les outils méthodologiques, voire les problématiques mêmes relèvent-elles de l'aire propre au chercheur et sont adaptables à l'aire qu'il étudie ? ».

Au-delà de ces interrogations sur les pratiques de recherche, on peut se demander quelle place occupent ces géographes dans leur communauté disciplinaire et quels rapports ils entretiennent avec les chercheurs d'autres disciplines au sein des laboratoires spécialisés sur une aire culturelle donnée, dans lesquels ils sont généralement regroupés. La pratique de l'interdisciplinarité est considérée par tous comme allant de soi[24]. A-t-elle un effet en retour sur les thématiques choisies ?

Loin de prétendre aborder l'ensemble de ces points, notre propos est d'apporter une modeste contribution au regard porté dans cet ouvrage sur la communauté des géographes, par l'intermédiaire de l'analyse des publications spécialisées sur une aire culturelle : l'Amérique latine. Encore ne s'agit-il pas de passer en revue l'ensemble des publications consacrées à l'Amérique latine[25], mais d'en examiner plus particulièrement une, *Cahiers des Amériques latines* (*CAL*), revue de l'Institut des Hautes Études de l'Amérique Latine (IHÉAL) à Paris, l'une des revues de référence de cette aire culturelle en France, que nous serons amenées à comparer à d'autres revues. On peut en effet penser que l'analyse d'une revue spécialisée sur une aire culturelle peut être une entrée pertinente pour définir la pratique de recherche des géographes dont il est ici question. Elle peut, en tout cas nous l'espérons, ouvrir quelques pistes de réflexion.

---

23. La nouvelle section 39 (Espaces, Territoires, Sociétés) a regroupé la majorité des géographes avec une minorité de sociologues, d'architectes et d'urbanistes. D'autres ont choisi la section 31 (Milieux et sociétés). D'autres enfin, « géographes physiciens » plus spécialisés, ont rejoint la section 12 en Sciences de la terre. Le débat organisé par la jeune section 39 en 1993 a été publié dans *Bulletin Intergéo,* n° 118, en 1995. C'est à ces réflexions que nous faisons référence.

24. Hourcade B., « La collaboration avec des spécialistes d'autres disciplines est toujours indispensable » ; Blanc-Pamard C., « La problématique de l'aire culturelle est le lieu d'une interdisciplinarité active ou encore l'interdisciplinarité appliquée à une meilleure connaissance des aires culturelles » ; Rivière d'Arc H., « Le passé montre que les recherches portant sur des territoires appréhendés comme des aires culturelles faisaient, plus que d'autres, appel à l'interdisciplinarité » *in* « La problématique des aires culturelles », *Bulletin Intergéo,* 1995, *op. cit.*

25. Ce que fait M. Huerta dans sa thèse récente (1996).

Des années 1950 aux années 1970 : l'âge d'or du latino-américanisme français

La création des *Cahiers des Amériques Latines* en 1968 s'inscrit dans le contexte de la très forte vitalité manifestée par les études latino-américaines universitaires en sciences sociales, à partir des années 1950.

L'Amérique latine à la mode : une ou des Amérique(s) latine(s) ?

Il s'agit de considérer « l'Amérique latine pour elle-même »[26], dans son existence propre. Cette Amérique, qui a reçu durant trois siècles l'empreinte spécifique des colonisations ibériques et de l'Église catholique romaine, se distingue, voire s'oppose par cette histoire même à l'autre Amérique, anglo-saxonne et protestante, dont l'ambition est, dès le XIXe siècle, de régner sur tout le continent : une Amérique « latine », « métisse », « Extrême-Occident inachevé » ou « Tiers Monde imparfait » (ces deux dernières expressions étant d'Alain Rouquié), mosaïque d'États-nations (d'où l'emploi du pluriel) marquée par le fait urbain et le binôme fatal latifundio-minifundio, de criantes inégalités sociales et spatiales et une culture si vivante (le roman « tropical et baroque », la poésie, la musique créatrice et tous les arts, y compris celui du football) [27]. Ces nouvelles études en sciences sociales (ethnologie, archéologie, histoire, sociologie, géographie, économie, sciences du politique) s'autonomisent de la vieille tradition universitaire des études hispaniques qui parlent encore d'une Ibéroamérique enserrée dans les liens coloniaux. Elles témoignent aussi d'une tentative de réparation à l'égard des victimes du « plus massif et du plus délibéré des ethnocides dont ait pu souffrir l'humanité »[28]. Les civilisations précolombiennes, réhabilitées et mieux connues ont engendré des vocations. Claude Bataillon, qui a connu les débuts de l'IHÉAL, témoigne :

«Se souvient-on à quel point était alors difficile en France de constituer des études sur l'aire culturelle et politique latino-américaine hors de la tutelle d'un système rigide : langue-littérature-civilisation ibériques dans lequel la troisième

---

26. « Jadis l'Amérique latine, sa littérature et sa production artistique, ses sociétés et ses économies, n'intéressaient qu'un petit nombre de pionniers. Nul n'ignore que les temps ont changé. Les Latino-Américains puisent dans la connaissance de leur passé et de leur présent, les raisons pour leurs espérances, tandis qu'au travers de leurs œuvres littéraires et artistiques, ils affirment leurs génies nationaux. Ailleurs en Amérique du Nord comme dans les démocraties populaires en Europe, la littérature et l'art des pays latino-américains ont conquis droit de cité. Les vocations de chercheurs se multiplient qui, sans méconnaître ce que la Péninsule ibérique a apporté outre-Atlantique, s'attachent à l'Amérique latine pour elle-même. Notre entreprise s'inscrit logiquement dans un tel courant de pensée ».
Éditorial de Pierre MONBEIG, *Cahiers des Amériques latines,* n° 1, 1968, p. 1.

27. *Cf.* « Ce que latine veut dire » dans BATAILLON C.,. DELER J.-P, THÉRY H. (dir.), « Amérique latine », *Géographie Universelle*, Belin-RECLUS, 1991, p. 9 et suiv.

28. BRETON R., *Géographie des civilisations,* Paris, PUF, collection « Que sais-je ? », 1991, pp. 98-99.

était appendice de la seconde, elle-même fille de la première ? Sans caricature on peut comparer cette situation à celle de la géographie française dans les années 1950 où le fonctionnement régional était appendice d'un paysage fils de la structure géologique[29]. »

Dans les années 1950 se fait pleinement sentir l'héritage des grands chercheurs qui, en donnant des cours et en faisant leurs travaux de thèse dans différents pays d'Amérique latine, entre les deux guerres, ont fait, selon le mot de Pierre Monbeig, « œuvre de pionniers ». Cet héritage s'inscrit dans les liens économiques renouvelés et dans la longue tradition de l'influence culturelle française en Amérique latine (dont témoignent encore les Alliances et les Lycées français). On sait par exemple combien la présence de professeurs français de haut niveau (parmi lesquels les géographes Pierre Deffontaines et Pierre Monbeig) fut importante dans la fondation de l'université de São Paulo et contribua à son rayonnement. La création par le ministère des Affaires Étrangères, entre 1945 et 1948, de quatre Instituts français à vocation universitaire dans ce sous-continent (Mexico, Port-au-Prince, Santiago du Chili, Lima) fournit bourses et postes à plusieurs générations de chercheurs. Il en est de même pour les programmes de soutien du CNRS. Après les travaux précurseurs de Jacques Soustelle, ceux de Claude Lévi-Strauss (*Tristes Tropiques*), Roger Bastide, Marcel Bataillon, Paul Rivet, Fernand Braudel (suivi de Pierre Chaunu et François Chevalier), Pierre Monbeig (dont la thèse *Pionniers et Planteurs de l'État de São Paulo* fut publiée en 1952), marquèrent de leur sceau les générations montantes de chercheurs latino-américanistes (Chonchol et Martinière, 1985).

La création de l'IHÉAL en 1954 sur l'initiative du recteur Jean Sarrailh répond à cet élan nouveau. Ce centre de la rue Saint-Guillaume restera pendant quelques années l'unique centre de formation français spécialisé sur l'Amérique latine et deviendra rapidement, sous l'impulsion de Pierre Monbeig qui en restera le directeur jusqu'en 1975, un lieu essentiel de rencontres et de débats, d'autant qu'il accueillera dans les années 1960-1970 un grand nombre d'intellectuels émigrés politiques (Celso Furtado, Milton Santos, Luciano Martins, Fernando Henrique Cardoso[30] entre autres, sans oublier Jacques Chonchol qui deviendra par la suite directeur de l'IHÉAL). Mona Huerta souligne ce rôle :

« L'exil des Latino-Américains, commencé par celui de quelques intellectuels paraguayens en 1954, fut suivi par celui des Brésiliens en 1964, et devint un phénomène de masse entre 1974 et 1978 avec l'arrivée des Argentins, des Uruguayens et des Chiliens… »[31]

---

29. BATAILLON Claude, « L'Amérique latine hispanophone », *in* H. THÉRY, M. DROULERS (dir.), *Pierre Monbeig, un géographe pionnier*, collection « Travaux et Mémoires de l'IHÉAL », n° 55, IHÉAL, Paris, 1991, p. 149.

30. Sociologue, actuellement président du Brésil.

31. HUERTA M., « La mise en place du dispositif français d'information scientifique et technique sur l'Amérique latine », *CAL,* n° 20, 1995, p. 153. Voir également p. 154, le graphique n° 1 : « Nombre de Latino-Américains en France. Évolution de 1946 à 1990 (source INSEE) ».

En 1958, Pierre Monbeig met en place au sein de l'IHÉAL un centre de recherches, le CEPES – Centre d'Études Économiques et Sociales pour l'Amérique latine – qui, comme le souligne Jean Revel-Mouroz, « enracine une pratique de réflexion et de recherche sur l'Amérique latine »[32]. Il se transforme en 1968 en un centre de recherche au personnel permanent, le Laboratoire associé 111 du CNRS dont la structure est pluridisciplinaire[33]. A la même époque, est créé par Claude Bataillon le Centre de documentation de l'IHÉAL (idée qu'il poursuivra ensuite à Toulouse en 1980).

L'engouement intellectuel pour l'Amérique latine, qui répond à l'enthousiasme de la jeunesse européenne pour le mouvement libertaire de la révolution cubaine et des guérillas sud-américaines (le portrait du Che est alors sur les murs de beaucoup de chambres d'étudiants), suscite de nombreuses vocations qui aboutissent, dans les années 60-70, à la publication d'un nombre significatif de thèses, aussi bien en géographie physique qu'en géographie humaine. Le catalogue des thèses, publié dans le n° 4 des *CAL* en 1969, donne la mesure de cette production foisonnante[34]. C'est dans ce contexte stimulant que naissent trois grandes revues spécialisées sur l'ensemble de l'Amérique latine : *Caravelle* à l'université de Toulouse (1963), *Problèmes d'Amérique latine* (*PAL*) à la Documentation Française (1965) et les *CAL* à l'IHÉAL (1968) [35].

Les «Cahiers des Amériques Latines» au temps de Monbeig

La création des *CAL* par Pierre Monbeig répond au désir de combler une lacune car il n'existe, à l'époque, aucun périodique exclusivement consacré à « l'Amérique latine pour elle-même ». C'est une revue qui se veut « scientifique

32. REVEL-MOUROZ J., « Le laboratoire associé 111 : du Cepes au Credal » *in*. THÉRY H et DROULERS M., *op. cit.*

33. « Pierre Monbeig a constitué le LA 111 en quatre groupes à dominante disciplinaire : Sociologie-Démographie, Géographie, Économie, Histoire moderne et contemporaine. Un cinquième groupe, apparu plus tard, celui d'Ethnohistoire, dura deux ans, disparut par suite de divergences scientifiques entre les membres et de la médiocrité des crédits alloués par la Commission du CNRS ; il devait renaître sous forme d'une équipe dans les années 1980 » (REVEL-MOUROZ J., *op. cit.*, p. 184).

34. Parmi les thèses soutenues entre 1954 et 1968, on peut citer, entre autres, celles de C. Bataillon (1967), P. Moral (1961), O. Dollfus (1966), P. Pagney (1967), G. Lasserre (1961), M. Santos (1958), M. Rochefort (complémentaire, 1958) et une pléthore de DES (Diplômes d'Études Supérieures) et articles dans les revues de géographie (P. Pinchemel, J. Beaujeu-Garnier, R. Paskoff, H. Enjalbert, G. Viers, M. Pebayle, E. Dalmasso, J. Dresch, etc.).

35. Tandis que se développent ou se développeront d'autres revues plus spécialisées : *Amérique latine* (revue du Cetral, 1980-1985), *Perspectives latino-américaines*, *Bulletin de l'Institut Français d'Études Andines*, *Bulletin du Centre d'Études Mexicaines et Centre-Américaines* (devenu *Trace* en 1984), *Espace Caraïbe*, *Revue du Centre d'Éudes et de Recherches de la Caraïbe*, *Annales d'Amérique latine et des Caraïbes* (IEP d'Aix), *l'Ordinaire du Mexique* (Perpignan puis Toulouse, devenu *l'Ordinaire latino-américain*), *Les cahiers du Brésil contemporain* (EHESS), et nous en oublions, sans compter la revue centenaire de la Société des Américanistes (*Journal de la société des américanistes,* éditée au Musée de l'Homme). Les informations sur l'histoire des revues spécialisées sur l'Amérique latine sont tirées de la thèse très documentée de Mona Huerta, *op. cit.*

mais vivante », comportant deux séries lancées la même année, l'une consacrée aux « Arts et littératures » (dont la durée de vie sera brève, seulement quatre numéros, car elle faisait double emploi avec la revue *Caravelle*), et l'autre consacrée aux Sciences de l'Homme qui « s'attachera aux problèmes politiques, économiques, démographiques et sociaux, tout comme aux analyses géographiques et aux études historiques qui contribuent à leur compréhension »[36]. La pluridisciplinarité de la revue est donc d'emblée revendiquée, en écho à la structure pluridisciplinaire de l'IHÉAL, comme elle sera plus tard confirmée lors des restructurations de la revue et d'ailleurs pratiquée par tous les géographes travaillant sur les aires culturelles.

Cette première série des Sciences de l'Homme comprend trente numéros sur la période s'étendant de 1968 à 1984. Deux géographes sont présents dans le comité de rédaction : Guy Lasserre et Pierre Monbeig[37]. Sans prétendre rentrer dans le contenu des textes publiés dans ces trente premiers numéros, l'analyse rapide des thématiques développées appelle quelques remarques, concernant notamment la pratique de publication des géographes latino-américanistes. Il est en effet frappant de constater qu'en dépit de la présence importante de géographes dans les institutions (P. Monbeig, en particulier, est directeur-adjoint chargé des Sciences Humaines au CNRS), et du nombre important de thèses et d'ouvrages publiés dans les années 1960-1970[38] qui témoigne de la vitalité de la production géographique sur cette aire culturelle, les géographes publient assez peu dans les *CAL* : 43 articles sur 30 numéros, mais 10 seulement si l'on retire les numéros spéciaux, liés à des programmes de recherche dans lesquels les géographes sont largement impliqués. Le poids des auteurs historiens et économistes est nettement plus important. Qu'en déduire ?

Il semblerait que les géographes latino-américanistes publient plus volontiers les résultats de leurs travaux dans des revues disciplinaires (*Bulletin de l'Association des Géographes Français BAGF, Annales de géographie, Cahiers d'Outre-mer, Revue de géomorphologie dynamique*, *L'Espace géographique*, etc.) ou pluridisciplinaires générales (*Études Rurales, Revue Tiers Monde*), voire dans les *PAL*. Est-ce à dire qu'ils cherchent avant tout, pour être reconnus par leurs pairs, à éviter l'enfermement dans une aire culturelle ? Si l'on s'appuie sur le nombre d'articles publié dans cette première série des *CAL*, le conseil de Christian Taillard, qui

---

36. Monbeig P., *CAL*, n° 1, *op. cit.*, p. 1.

37. Le comité de rédaction comprend 7 chercheurs : François Bourricaud, Jacques Lafaye, Denis Lambert, Guy Lasserre, Frédéric Mauro, Pierre Monbeig auxquels il faut ajouter le secrétaire de rédaction, Jean-Pierre Berthe.

38. On relève entre 1969 et 1974 une trentaine de thèses de 3e cycle en géographie et une thèse d'État ; la moisson est aussi fructueuse entre 1975 et 1978, au milieu d'une grande quantité de thèses en histoire, sociologie, éthnologie, économie, etc.

souligne que « les chercheurs travaillant sur les aires culturelles doivent veiller, notamment au niveau des publications, à un double ancrage, à une double reconnaissance, par les spécialistes de l'aire étudiée comme par ceux de leur propre discipline »[39] aurait donc déjà été suivi.

Les travaux des géographes sont en revanche largement présents dans une autre publication de l'Institut, les *Travaux et Mémoires*, collection créée en 1957 dont l'objectif premier était la publication de grandes thèses ou de grands classiques du latino-américanisme[40]. Dans la première série des *CAL*, les articles de géographie se retrouvent, en fait, principalement regroupés dans des numéros spéciaux portant sur des thématiques ayant fait l'objet de recherches coopératives sur programme (RCP) dirigées par des géographes. Cinq numéros répondent à cette définition et présentent des problématiques concernant l'ensemble latino-américain ou certains territoires[41]. Les préoccupations de la recherche française du moment se retrouvent dans certains thèmes comme celui de la région, envisagée comme un espace polarisé. Ainsi le numéro sur « Villes et régions d'Amérique latine » constitue-t-il une tentative d'application à l'Amérique latine de l'hypothèse énoncée par Étienne Juillard, selon laquelle la région est organisée par un centre qui polarise les flux. Il s'agissait de confronter des études de cas (régions en Équateur, Brésil, Mexique, Chili, Argentine), auparavant isolées les unes des autres dans une approche monographique, afin de mesurer et discuter la pertinence du concept.

Le thème de la frontière, abordé dans le numéro 18-1978 qui présente les résultats d'une RCP dirigée par Pierre Monbeig, sera retravaillé à plusieurs reprises, l'Amérique latine constituant un terrain de recherche particulièrement riche dans ce domaine. Il donne lieu à des analyses concernant les types d'intégration des espaces frontaliers aux économies nationales, les fronts pionniers ou les stratégies frontalières développées par les États, ainsi que les tensions et conflits qui les sous-tendent[42].

---

39. « La problématique des aires culturelles, interventions dans le débat », *Intergéo Bulletin, op. cit., 1995*, p. 91.

40. Ont ainsi été publiées les thèses de J. Roche, *La Colonisation allemande et le Río Grande do Sul*, 1959 (n° 3), celle de P. Chaunu, *Séville et l'Atlantique* (n° 4), celle de F. Bourricaud, *Changement à Puno, étude de sociologie andine* (n° 11), celle de O. Dollfus, *Le Pérou, introduction géographique à l'étude du développement* (n° 22), etc. ou de grands classiques comme *Les Pages choisies de Simon Bolivar* (n° 17) ou le livre de Antonil André Joao, *De l'exploitation des richesses du Brésil en drogues et en mines* (n° 21).

41. RCP Villes et Régions en Amérique latine (O. Dollfus et C. Bataillon, dir., 11 géographes, *CAL*, n° 7, 1973) ; RCP 294 Guatemala (4 géographes, *CAL*, n° 11,1975) ; Colloque franco-mexicain sur les migrations au Mexique (5 géographes, *CAL*, n° 12, 1975), Table ronde Régionalisme et frontières nationales en Amérique latine (8 géographes, *CAL*, n° 18, 1978) ; RCP 633 Hommes et milieux au Mexique et en Amérique Centrale (P. Usselmann, dir., 5 géographes, *CAL*, n° 25, 1982).

42. Ce numéro compte 8 auteurs géographes sur 11, géographie et histoire se répondant au sein même des articles écrits par les géographes. Voir l'article de H. Théry, « Les conquêtes de l'Amazonie : quatre siècles de luttes pour le contrôle d'un espace » ou celui de H. Rivière d'Arc, « La formation du lieu Amazonie au XIXe siècle ». Ce thème de la frontière est aussi présent dans le numéro de *Travaux et Mémoires* consacré aux Amazonies Nouvelles.

La liste des auteurs publiant dans cette première série des *Cahiers des Amériques latines* comporte certains noms que l'on ne retrouve plus par la suite, alors que d'autres apparaîtront avec la nouvelle génération des *CAL*[43]. C'est que l'évolution de la recherche en France, avec la création de centres spécialisés sur l'Amérique latine dans plusieurs universités de province[44] et de Paris (chaires d'histoire de l'Amérique latine à Paris I, Paris X, etc.) ainsi qu'à l'EHESS[45], entraîne une certaine dispersion des chercheurs et par là-même une évasion des auteurs qui utilisent alors d'autres supports de publication et élargissent également leur champ d'investigation (Olivier Dollfus élargit son champ à l'Himalaya, au système-monde ; Michel Foucher à l'observation des frontières dans le monde et à l'observatoire de l'Europe). La liste des auteurs publiant dans les *CAL* finit par se réduire singulièrement à des chercheurs débutants (éventuellement originaires d'un pays latino-américain) ou à celle de chercheurs rattachés au Credal, les *CAL* se transformant peu à peu en une revue maison. Remarquons que cette pratique n'est pas propre à l'IHÉAL. Les géographes de l'Orstom font de même : par exemple, une bonne quinzaine, spécialisés dans l'aire latino-américaine, publient prioritairement dans des revues de leur institution. Très peu semblent apparaître dans l'une des trois grandes revues latino-américaines de sciences sociales[46].

Les géographes et les CAL *nouvelle série*

Les « États Généraux de la recherche et de l'enseignement sur l'Amérique latine en France » qui regroupèrent en 1983 à l'IHÉAL plus de 850 spécialistes marquèrent l'apogée du latino-américanisme. La relance des *CAL* dont les

43. Une trentaine de géographes latino-américanistes français ou travaillant en France ont au moins une fois publié aux *Cahiers d'Amérique Latine*. Différentes générations se sont succédées. Les pratiques éditoriales des géographes sont révélées : en général, on publie aux *CAL* à ses débuts, puis on n'y revient plus guère. Pierre Monbeig lui-même n'a signé que l'éditorial du premier numéro. Seuls six chercheurs ont trois références et six autres plus de trois, la palme revenant à J. Revel-Mouroz (huit références).

44. Après les Travaux de l'Institut d'Études Latino-américaines de Strasbourg qui existaient depuis 1961, sont créées des équipes à Genoble (Gresal), Aix en Provence (IEP), Toulouse (qui deviendra le grand pôle provincial spécialisé), Lyon, Montpellier, Poitiers, Bordeaux (au sein du CEGET ; également Maison des pays ibériques), etc.

45. Nathan Wachtel en ethnologie, Alain Touraine en sociologie, Ignacy Sachs en économie (*Cahiers du Brésil contemporain*), etc.

46. Si l'on se fie aux notices incluses dans l'enquête de l'*Annuaire de la recherche géographique francophone* réalisée en 1992 et publiée par M. Bruston, « Los anuarios. Concepción de una encuesta sobre investigación », *Redial* n° 3, junio de 1994 (application aux géographes latino-américains). Sur 87 chercheurs ayant mis au moins une référence sur l'Amérique latine, 44 en font leur domaine principal de recherche, dont dix sont membres de l'Orstom. Seize géographes (CNRS, université) ont publié dans les *CAL* et/ou dans les *PAL*.

crédits et le rythme de publication s'étaient épuisés depuis 1982, s'appuie sur cette dynamique, déjà enclenchée par la politique de réseau documentaire Amérique latine mise en place dès 1980, avec l'appui du CNRS à l'université de Toulouse.

Une revue plus ambitieuse

En 1985, une réorganisation de la revue aboutit à la création d'une nouvelle série. Mona Huerta qui accompagne les *CAL* à partir de cette époque en tant que membre du Comité de rédaction et qui participe activement à leur réalisation, présente la nouvelle mouture structurée autour de trois rubriques principales[47] : « Frontière » est conçue comme un espace de débat scientifique sur un sujet d'actualité ; Le « Dossier » réunit quatre à cinq articles complémentaires sur un thème ou un pays confié à un coordinateur chargé de sa constitution ; « Information scientifique et coopération » rend compte enfin de l'activité des centres de recherche, des résultats de colloques, de l'actualité bibliographique.

La revue devient exclusivement de langue française et les articles étrangers seront dorénavant traduits. Elle est dirigée par deux directeurs : le géographe Claude Collin-Delavaud, qui est à la tête du CREDAL, et le sociologue Jacques Chonchol, qui dirige l'IHÉAL. Cette nouvelle série comprend un conseil scientifique de 25 membres (ce qui n'était pas le cas de l'ancienne formule), dont cinq géographes, et un comité de rédaction de sept membres, dont deux géographes[48]. Le rédacteur en chef de la revue est un historien : Guy Martinière. Les géographes sont donc, on le voit, bien présents dans les instances éditoriales (1/4 au conseil scientifique et 1/3 au comité de rédaction), proportion qui n'évoluera guère lors des remaniements de 1991 et 1994[49].

L'examen du contenu des numéros de la nouvelle série amène d'autres remarques. La place des géographes continue à être moins importante que celle qu'ils occupent dans les instances ; comme dans la période précédente, ils ont tendance à utiliser davantage d'autres publications de l'IHÉAL, en particulier les *Travaux et Mémoires* dont un nombre important de titres est dirigé

---

47. Huerta M., *op. cit.*, p. 401.

48. Les géographes membres du conseil scientifiques sont : C. Bataillon, B. Bret, R. Gaignard, P. Monbeig et P. Usselmann. Les géographes présents au comité de rédaction sont J. Revel-Mouroz et G. Schneier.

49. En 1991, la direction de publication est assurée par J. Chonchol et J. Revel-Mouroz, qui est devenu directeur du Credal. Le géographe B. Bret assume la charge de rédacteur en chef. Le conseil scientifique de 26 membres comprend cinq géographes : C. Bataillon, C. Collin Delavaud, R. Gaignard, H. Rivière d'Arc et P. Usselmann. On trouve enfin trois géographes parmi les dix membres du comité de rédaction : B. Bret, J. Revel-Mouroz et G. Schneier. En 1994, ces deux derniers sont remplacés par M. Droulers et M. Pépin-Lehalleur.

par un géographe[50]. De plus, les chercheurs du Credal disposent d'un outil de publication à usage interne, les *Documents de recherche du Credal*, pour présenter les recherches en cours et les résultats des différentes équipes. Cette « littérature grise » jouera parfaitement ce rôle pendant les années 1980, publiant de nombreux textes de géographes participant aux sous-équipes « Brésil » et « Aménagement en Amérique latine ». Les *Documents* disparaîtront au début des années 1990.

A travers l'analyse des thèmes abordés dans la nouvelle série des *CAL*, particulièrement ceux de la rubrique « Dossier », on peut tenter de repérer les influences qui ont pu marquer la pratique des chercheurs travaillant sur l'aire culturelle latino-américaine. Les thématiques abordées peuvent, dans cette optique, être classées en trois grands types : les thèmes directement influencés par les questions d'actualité ; ceux qui s'inscrivent dans les préoccupations des chercheurs latino-américains en Sciences sociales et qui font l'objet de grands débats dans ces pays ; enfin les thèmes de géographie, en discussion en France, appliqués à l'Amérique latine.

Des thématiques variées

Dans le premier type, se trouvent des textes centrés sur des faits qui ont fortement marqué la vie politique de certains pays. N'est-ce pas, d'ailleurs, l'objectif premier de la rubrique « Dossier » que de faire le point sur des événements, politiques ou autres, car « l'aire culturelle est fécondée par des questions d'actualité »[51] ? C'est ainsi que le dossier présenté dans le n° 1 de 1985 consacré à l'Amérique centrale fait une large part à l'impact de la guerre sur les États. Michel Foucher y participe avec un article consacré aux problèmes des frontières[52]. Les questions d'actualité sont très présentes également dans le dossier du n° 11 consacré à l'Amérique centrale et aux Caraïbes dans lequel un géographe, Roberto Santana, fait un diagnostic de l'état de la construction de la nation hondurienne dans le contexte de la guerre en Amérique centrale.

50. La publication *Travaux et Mémoires de l'IHÉAL* est réorganisée en 1986, à la même époque que les *CAL*, dans le sens d'une plus grande ouverture de la politique éditoriale : sont publiés des essais, des travaux spécialisés sur une recherche en cours ou achevée, des thèses et des ouvrages de synthèse faisant le point sur une question ou un pays donnés. Les géographes sont très présents dans cette nouvelle série. Ils coordonnent ou sont associés à 10 numéros sur les 24 publiés de 1986 à 1996. Parmi ceux-ci, les n° 42 (coordonné par B. Bret, « Les hommes face aux sécheresses : Nordeste brésilien/Sahel africain », 1989), 43 (coordonné par J. Revel-Mouroz, « Venezuela : centralisme, régionalisme et pouvoir local », 1989), 47 (coordonné par J. Revel-Mouroz, « Pouvoir local, régionalisme, décentralisation. Enjeux territoriaux et déterritorialité en Amérique latine », 1990), 53 (coordonné par M.-F. Prévot-Schapira et J. Revel-Mouroz, « Le Mexique à l'aube du troisième millénaire », 1993).

51. *CAL*, n° 1, 1985, p. 50

52. Dans « Problèmes stratégiques et politiques de la frontière Nord du Nicaragua », M. Foucher montre que la guerre de guérilla n'est pas une arme seulement utilisée par les mouvements révolutionnaires traditionnels latino-américains (cas ici de la « contra »).

Certaines des grandes questions débattues par les chercheurs en sciences sociales des pays latino-américains ont été intégrées dans des recherches menées par des équipes françaises (comme la réforme agraire par exemple). Parmi celles-ci, deux prennent un relief particulier: la question des mouvements sociaux et celle de la démocratisation, des nouveaux enjeux qu'elle met à jour et du rôle de l'État dans ce processus. Le premier thème, si important en Amérique latine où les luttes sociales apparaissent comme « l'une des caractéristiques essentielles de la vie sociale »[53], est un thème récurrent qui a fait l'objet de maints articles dans les revues nationales ou disciplinaires[54]. Ce thème est évidemment traité par des sociologues (comme Yvon Le Bot ou Christian Gros qui étudient particulièrement les luttes indiennes) mais les géographes l'ont également investi en s'intéressant, par exemple, à l'ancrage territorial de certains groupes sociaux et à l'action des groupes de pression, à la ville comme à la campagne. Ainsi les articles réunis dans le dossier des *CAL* n° 2-3 de 1985 présentent-ils un résultat partiel des recherches menées dans le cadre de l'ATP (Action Thématique Programmée) du CNRS « Bases territoriales et socio-culturelles des pouvoirs en Amérique latine ». Après une brève introduction de Jean Revel-Mouroz évoquant les conséquences de la crise sur l'évolution des systèmes de pouvoir, Noëlle Demyk présente, dans un article de réflexion générale, les différents types de bourgeoisies locales, les configurations territoriales sur lesquelles elles assoient leur pouvoir et les modalités possibles de conflit entre celles-ci et le pouvoir central. Suit ensuite une série d'articles exposant des études de cas: au Nordeste brésilien (M. Droulers, A-M. Galano, H. Rivière d'Arc, H. Théry, pp. 65-77) et au Mexique (G. Fourt pour la ville industrielle de Monclova, pp. 53-64; H. Rivière d'Arc et M-F. Prévot-Schapira pour l'isthme de Tehuantepec, pp. 86-95).

Le retour à la démocratie est abordé par le biais des changements que ce processus politique peut entraîner sur le plan des rapports de pouvoir entre un État et des groupes de pression, en particulier ceux qui ont un fort ancrage local (voir le n° 2-3 sur État et pouvoir local). De même, les rapports de pouvoir entre l'État fédéral et les territoires sont abordés dans le *CAL* n° 14 dans lequel M.-F. Prévot-Schapira analyse les effets du retour à la démocratie sur la question de la décentralisation en Argentine, si sensible dans un pays où la relation entre le « centre » et les périphéries a toujours été conflictuelle. La question des intégrations au sein de grands marchés régionaux, placée au cœur des débats entre économistes latino-américains des pays concernés, est un thème de recherche qui réunit évidemment les économistes (voir le n° 12 entièrement consacré à ce thème), mais les géographes se sont également intéressés à ces dynamiques

53. Zapata F., « Le nouveau caractère des mouvements sociaux en Amérique latine » *in CAL* n° 2-3, été-automne 1985.

54. Voir en particulier les travaux d'Alain Touraine et de son équipe CADIS-EHESS, dont Touraine Alain, *La Parole et le Sang*, Paris, O. Jacob, 1988.

récentes et aux effets spatiaux qu'elles peuvent entraîner. C'est d'ailleurs Jean Revel-Mouroz qui présente le Dossier «Amériques latines: quelles intégrations?» dans le n° 12.

Enfin, certains thèmes appartiennent aux grandes problématiques du moment en géographie: les questions urbaines[55] (centralité, gestion urbaine, crise urbaine), rurales[56], l'industrialisation[57] ou l'analyse des disparités spatiales, appliquées à des espaces particuliers: l'Amazonie, le Brésil[58].

Les pratiques des géographes

L'énumération des thèmes traités dans les articles des géographes appelle certaines remarques concernant, en premier lieu, les pratiques de recherche. La grande majorité des thèmes abordés est définie dans le cadre des RCP et ATP du CNRS et des axes de recherche du laboratoire Credal-CNRS. La revue, qui ne publie qu'assez peu d'auteurs n'appartenant pas à ce laboratoire, peut donc être considérée comme le reflet de la recherche du laboratoire installé à l'IHÉAL, même si des membres de celui-ci y publient peu ou pas. Les chercheurs de l'Orstom sont hors champ.

La question de la pluridisciplinarité peut être aussi abordée. Les géographes développent certains thèmes qui sont marqués par une très forte spécificité disciplinaire. C'est le cas, par exemple, des dynamiques territoriales au Brésil (n° 20, 1995), abordé par le biais de l'outil cartographique laissant peu de possibilité de dialogue avec d'autres disciplines[59]. D'autres thèmes traités par des géographes s'inscrivent, au contraire, dans le champ de recherche des sociologues et politologues (les mouvements sociaux et les conflits, la démocratisation) ou des économistes (les grands marchés). Ce recouvrement a-t-il permis des collaborations, a-t-il entraîné des influences réciproques dans le traitement de ces thèmes? Collaboration, certainement: la composition des membres des équipes de RCP l'atteste. Influence sans doute, perceptible dans l'approche du thème ou l'emploi d'un vocabulaire spécialisé, mais qui, pour être mesurée, impliquerait une analyse précise des textes.

---

55. *CAL*, n° 8, 1989 «Repenser l'urbain» coordonné par G. Schneier, relatif à la crise urbaine qui résulte de la croissance démesurée; n° 18, 1994 «Centres-villes, centralité, décentralisation en Amérique latine», coordonné par B. Bret, où la gestion urbaine est de nouveau abordée.

56. Un seul article de R. Santana sur l'organisation des paysanneries en Amérique latine dans le n° 2-3, 1985.

57. Deux numéros font le point sur cette question: le n°5 coordonné par B. Bret, «L'industrialisation au Brésil», 1978; le n° 7 coordonné par G. Fourt, «Analyse de la politique industrielle au Mexique et de la privatisation», 1988.

58. «Les Amazonies andines», n° 7, 1988; «Les dynamiques territoriales au Brésil», n° 20, 1995.

59. Le dossier du n° 20 des *CAL* coordonné par Martine Droulers, qui réunit un collectif de géographes, est consacré à l'observation des dynamiques territoriales au Brésil. Les données socio-économiques utilisées sont traitées et cartographiées à l'aide de la chaîne statistique et cartographique Samba/Cabral (base de données géoréférenciées riche de milliers de variables).

D'autres thèmes paraissent relever, de façon plus exclusive, du champ de recherche de certaines disciplines et les géographes ne s'y aventurent pas. Ainsi ceux liés à l'ethnologie, à l'histoire coloniale, à la politique électorale, à l'économie de la dérégulation. Rien d'étonnant alors à ce que des dossiers entiers sur ces thèmes, dirigés par des spécialistes historiens ou économistes, ne comportent aucune participation de géographes. C'est peut être plus étonnant pour le dossier concernant les élections présidentielles en Amérique latine qui ne comporte que des articles de politologues sans que la géographie électorale trouve ici une place[60].

Enfin, certains sous-espaces sont mieux traités que d'autres, comme le fait ressortir le tableau établi par Mona Huerta[61]. Brésil et Mexique surpassent les autres territoires. Il faudrait mettre cette géographie des espaces étudiés en rapport avec les structures de recherche, en particulier sur le terrain.

***Cahiers des Amériques Latines*:**
provenance et répartition des articles publiés de 1985 à 1995 par discipline

Disciplines, auteurs	Histoire	Économie	Sociologie	Science po	Géographie	Autres*	Total
Credal, IHÉAL	13	3	11	9	16	5	**57**
CNRS, universités	15	14	6	11	7	2	**55**
Europe	3	1	1	-	1	1	**7**
Amérique latine	12	7	3	6	2	1	**31**
Autres	2	1	-	-	-	-	**3**
Total	**45**	**26**	**21**	**26**	**26**	**9**	**153**

* démographie, génie urbain, littérature, ethnologie, anthropologie
Sources : M. Huerta, *op. cit.*, pour la période 1985-1992. Comptes des auteurs pour la période 1993-95.

Si, comme dans la période précédente, les auteurs historiens l'emportent (27 %), les géographes occupent le même rang que les économistes et les politologues. Ces derniers ont gagné leur place récemment depuis l'arrivée de Georges Couffignal à la direction de l'IHÉAL (18 références supplémentaires depuis 1993).

60. Pratiquée par certains géographes comme H. Théry ou B. Bret. Voir par exemple le commentaire des cartes électorales brésiliennes pour l'élection à la chambre des députés du 15 novembre 1982 fait par B. Bret (*TIGR*, n° 61-62, 1985).

61. Dans la thèse de M. Huerta, *op. cit*, pp. 413-415, le tableau II, 1-7 (*CAL* : provenance et répartition géographique des articles publiés de 1985 à 1992) fait état de 16 % de textes sur le Mexique, 21 % sur le Brésil, 13,5 % sur l'Argentine, 18,5 % sur les divers pays d'Amérique centrale et 31 % sur ceux des pays andins. L'Amérique latine dans son ensemble représente un tiers de l'ensemble (40 articles sur 121 publiés dans la période). La répartition géographique des articles publiés de 1965 à 1991 dans les PAL (Tableau II, 1-8) fait état d'une distribution comparable.

CAL et PAL, regards croisés

La nouvelle série de la Documentation Française, les *Problèmes d'Amérique latine,* commence en janvier-mars 1991. Cette publication, qui existe depuis 1965, était jusqu'alors intégrée à la série des Notes et Études Documentaires. Cette revue, très centrée sur l'analyse des conjonctures politiques et économiques, publie principalement des articles de politologues ou d'économistes, les thèmes revenant le plus fréquemment étant la transition démocratique et ses avatars, le problème de la dette et les solutions qui lui sont données. Les géographes ne sont présents qu'épisodiquement (sur 25 numéros de la nouvelle série de janvier-mars 1991 à janvier-mars 1997, on peut dénombrer 6 articles de géographes, si l'on retire le numéro 14 de juillet-septembre 1994 sur « la ville et l'Amérique latine » dans lequel la participation des géographes est très importante : 14 articles de géographie). Cet imposant numéro, dont les différentes parties sont dirigées par des géographes (Olivier Dollfus, Jean-Paul Deler, Jean Revel-Mouroz et Claude Bataillon), dresse un bilan complet des thèmes spécifiques de l'étude des villes latino-américaines, y compris la nouvelle « gouvernance » des métropoles au moment où se développe la privatisation des services urbains.

Au terme de cette étude, se posent à nous beaucoup de questions qui restent sans réponse. Il est difficile de mesurer aujourd'hui la place des géographes français dans le latino-américanisme en France et dans le monde[62]. Au sein de la communauté géographe francophone, on peut l'estimer à une bonne soixantaine de spécialistes au-delà du doctorat[63]. C'est à la fois peu en regard du nombre de géographes actifs (plus de 1 000), mais c'est une place qualitativement significative dans les sciences sociales de l'aire concernée : ces géographes jouent un rôle certain dans la direction des programmes collectifs pluridisciplinaires, la direction de thèses et l'édition. Leur place au sein de la revue des *CAL* est également significative, mais l'analyse d'une seule revue n'est à l'évidence pas suffisante pour apprécier le poids des géographes dans le latino-américanisme. Il eût fallu également l'analyser dans d'autres revues, tenter de mesurer leur influence en étudiant les citations des articles, en observant les

62. Peut-être la place de ces derniers au sein des participants et contributeurs au 49e congrès international des Américanistes qui s'est tenu à Quito en juillet 1997 pourrait permettre de le faire, mais nous ne disposons pas d'un document exhaustif pour l'analyse. Notons toutefois que sur les 156 symposia acceptés, 45 sont répertoriés en anthropologie, 18 en archéologie, 4 en art et esthétique, 4 en philosophie, 6 en études féministes, 9 en géographie, écologie et développement, 39 en histoire, 14 en langue et litttérature, 3 en santé, 11 en sciences du politique et 3 en urbanisme, ce qui place la géographie à une place modeste. On relève cependant parmi les noms des organisateurs de symposia 15 géographes (pas tous répertoriés en géographie, ce qui montre leur pratique interdisciplinaire), dont 4 français.

63. Le *Répertoire des géographes français* de 1994 d'Intergéo en répertorie environ 110, celui de l'annuaire de la géographie francophone (M. Bruston, 1992, *op. cit.*) 87 dont 44 en font leur domaine principal.

échanges inter-disciplines sur tel ou tel thème (les travaux des géographes sont-ils cités, et si oui lesquels, combien de fois et par quelle discipline ?) à l'égal de l'étude faite sur trois revues de sciences sociales (voir chap. 6).

Le latino-américanisme français s'est-il dispersé, après l'âge d'or de la période Monbeig ? Comment l'analyser aujourd'hui ? Si l'Amérique latine reste à la mode en Europe, n'est-ce pas davantage dans le domaine culturel au sens large (controverses sur la célébration du Ve centenaire de la « rencontre des deux mondes », musique et rythmes, cuisine, romans, etc.) que dans celui des sciences sociales ? Encore que les différents pays qui la composent continuent de fonctionner comme des laboratoires politiques : de la dictature à la démocratie, du tout-État au néolibéralisme triomphant, de la disparition des peuples autochtones à la promotion des Nations Indiennes...

Enfin la problématique de l'aire culturelle est-elle encore féconde ? Faut-il penser comme Guy Martinière (éditorial du n° 1 des *CAL*, 1985, nouvelle série) que « le latino-américanisme est devenu plus qu'une juxtaposition de disciplines, plus qu'une addition de ces mêmes disciplines ». Que penser alors de la pratique actuelle qui conduit à un éclatement, au sein d'une aire culturelle donnée, en sous-ensembles régionaux ? Ainsi certains géographes de l'IHÉAL ne se considèrent-ils pas plus comme des « brésilianistes » que comme des latino-américanistes, communiquant peu avec les « mexicanistes » ou les « andinistes » ? Plus le nombre de chercheurs s'accroît, plus les études s'approfondissent (avec la bibliographie volumineuse qui les accompagne), plus la spécialisation (classique de tout travail scientifique) a tendance à confiner les chercheurs dans une sous-région plus que dans une thématique. Comment, par ailleurs, organiser la connaissance réciproque sur les autres aires culturelles, pour favoriser une démarche comparative ?

Enfin, la problématique de l'aire culturelle n'est-elle pas devenue un refuge pour éviter d'affronter les grandes questions posées dans les champs disciplinaires ? Le travail pluridisciplinaire qui en est le fondement est-il encore justifié ? Faut-il répondre comme Christian Taillard : « c'est la condition pour que les interrogations des uns puissent nourrir les réflexions des autres et réciproquement, en évitant le risque de l'enfermement dans une aire culturelle qui est beaucoup plus fréquemment dénoncé que celui, tout aussi réel, de l'hyperspécialisation disciplinaire »[64] ? Peut-être l'étude plus approfondie des apports réalisés par la multitude de travaux, notamment de géographes, qui ont pris les territoires de l'Amérique latine comme objet depuis cinquante ans, apporterait-elle quelques éléments de réponse.

---

64. Et qui poursuit : « ils [les géographes] doivent savoir que leurs recherches comme les formations se heurtent inévitablement, dans les instances d'évaluation, à la logique des disciplines et des champs scientifiques, tant il est vrai que les pratiques pluridisciplinaires, incontournables dans le domaine des aires culturelles, sont encouragées dans le discours de l'institution, mais pas dans ses pratiques », *Bulletin Intergéo, op. cit.*, 1995, p. 92.

CHAPITRE 8

LA GÉOGRAPHIE FRANÇAISE ET LES GÉOGRAPHIES ÉTRANGÈRES

La dernière école nationale ?

Ce que trahit clairement, entre autres, l'importance plus ou moins grande des champs d'étude analysés dans le chapitre précédent, ce sont des permanences, des héritages, des résurgences de l'histoire de la place de la France dans le monde : faiblesse de l'Extrême-Orient (en dehors d'un passé indochinois dont témoigna l'œuvre de Pierre Gourou) – ce qui ne sera pas sans poser problème compte tenu de l'influence croissante de cet élément du système-monde –, poids considérable des aires africaines, noire et blanche, position non négligeable de l'Amérique latine. Ces études du lointain renvoient ainsi, en la situant, la géographie française à son caractère national.

En effet, les références sont largement françaises. S'il est des travaux étrangers cités, utilisés (et ils sont normalement de plus en plus nombreux), ce ne sont pas particulièrement ceux de géographes. Réciproquement, les travaux des Français qui sont pris en compte à l'étranger sont rarement ceux de géographie. Ce constat des échanges intellectuels internationaux établit la persistance d'une « école française » en géographie, d'une façon hexagonale de penser et de pratiquer la discipline. C'est peut-être la dernière école nationale, dans la mesure où les travaux perçus comme anglo-saxons en France sont de plus en plus ceux d'une science géographique mondialisée. Même si cette exception nationale est toute relative, elle découle largement des usages particuliers qui sont faits de la discipline, dans son association scolaire (inégalitaire) avec l'histoire et dans ses difficultés d'affirmation professionnelle hors de cette application pédagogique.

LES RAPPORTS DE LA GÉOGRAPHIE FRANÇAISE ET DES AUTRES GÉOGRAPHIES

Paul Claval, université de Paris-Sorbonne

Les rapports entre la géographie française et les autres géographies seront ici évoqués en trois points. Le premier sera consacré à quelques considérations générales sur les mécanismes en œuvre, et à leur transformation. Le second évoquera, à travers l'analyse des relations entre la géographie de langue française et les géographies de langue anglaise, les formes d'emprunt, le sens de ces emprunts et les tendances au rapprochement ou à l'éloignement. Le troisième développement insistera sur l'idée que tisser des liens plus étroits est certainement un objectif capital.

Les mécanismes des relations entre la géographie française et les autres

Les rapports au sein d'une même discipline entre des pays différents peuvent être de nature très variable. Dans certains cas, on se contente d'aller chercher une information, une statistique, chez un auteur étranger. Dans d'autres cas, on va chercher un modèle. Les conditions dans lesquelles s'opèrent ces échanges ne sont pas les mêmes. Il suffit d'un minimum de compétences linguistiques pour aller relever des données. Il s'agit d'un travail de compréhension en profondeur de la discipline et, au-delà de la discipline, du contexte dans lequel elle se développe, si l'on veut entrer dans la logique des modèles qui dominent une géographie étrangère pour essayer de se les approprier.

Dans la période de l'immédiat après-guerre, le regard de la géographie française était encore surtout tourné vers la géographie allemande. La plus grande transformation de ces cinquante dernières années vient de l'orientation de nos regards vers le monde anglo-saxon. Des rapports plus irréguliers existent avec les autres écoles. Il y a eu de temps en temps des essais pour mieux connaître la géographie soviétique ou russe. Dans l'ensemble, il n'y a pas eu pour les autres aires linguistiques d'effort aussi systématique qu'à l'égard de la géographie de langue anglaise.

Ces rapports entre la géographie française et les géographies de langues étrangères s'inscrivent dans un contexte de déclin général de l'influence du français, et de l'influence du français dans la géographie. Jusque dans les années 1950, en Grande-Bretagne, on utilisait comme manuel, dans beaucoup de classes de géographie, la traduction de l'ouvrage d'Albert Demangeon sur *Les Îles Britanniques*. Le français était une langue dont la connaissance était obligatoire si l'on voulait devenir géographe aussi bien à Oxford qu'à Cambridge. La révolution quantitative a eu raison de cette situation : les étudiants ont désormais eu le choix entre les statistiques et le français – et le français a disparu.

Il convient d'insister aussi sur les conditions dans lesquelles les échanges ont lieu. Ils sont plus faciles que par le passé à cause des voyages qui coûtent moins cher, à cause des progrès de l'apprentissage des langues, à cause de la multiplication des séjours à l'étranger, dans le cadre des accords Erasmus et dans celui des préparations de thèses. Cela reste insuffisant. Les remarques précédentes l'ont rappelé pour les rapports noués en dehors du monde anglophone, mais cela existe.

Bilan des relations entre la géographie de langue française et les géographies de langue anglaise

Quel bilan peut-on dresser des relations entre la géographie de langue française et les géographies de langue anglaise ? Premier point : il y a une fréquentation beaucoup plus générale des auteurs de langue anglaise que dans le passé, mais elle n'est pas parfaite. On sait que cette fréquentation est systématique chez un petit nombre de nos collègues qui font l'effort de suivre l'ensemble des publications, ou l'ensemble des publications de leur domaine, et se tiennent à jour du mouvement des idées. On sent aussi que cette fréquentation est épisodique, portant sur quelques titres seulement, chez la plupart des auteurs. Cela tient en partie au manque de traductions. Alors que les Espagnols et les Italiens ont très largement traduit dans leurs langues les ouvrages anglais, nous ne l'avons pas fait, ou ne l'avons fait que très rarement, et cela gêne les gens pour lesquels l'anglais présente encore des difficultés.

Bien souvent, les mouvements qui caractérisent l'ensemble de la géographie anglo-saxonne ne sont cités que de seconde main, ce qui veut dire qu'ils ne sont connus qu'avec un certain décalage : le temps qu'une première génération de lecteurs aient écrit des mises au point et les aient publiées, ce qui représente au moins cinq ans.

Ces lacunes tiennent à l'obstacle linguistique. Je crois qu'elles résultent plus fondamentalement d'une attitude scientifique qui n'accorde pas assez de place aux états de la question et à l'importance de l'érudition dans la recherche. La connaissance de la géographie anglo-saxonne la plus récente échappe en conséquence à un assez grand nombre de géographes français. Or il se trouve que les changements d'attitudes, de modes, d'épistémés, de paradigmes, etc. ont été plus fréquents dans le monde anglo-saxon qu'en France au cours des vingt-cinq dernières années. Le résultat, c'est que l'on cite volontiers les travaux anglophones sur les espaces économiques, qui datent des années 1960, les recherches sur les approches radicales et humanistes, dont l'essor caractérise les années 1970 ; on ne sait pas grand-chose sur la vague post-moderniste, sur la critique post-impérialiste de la géographie, sur les épistémologies critiques modernes. Des auteurs comme Francis Fukuyama, qui n'est pas géographe mais que les auteurs anglophones citent volontiers, ou Edward Said, n'ont guère d'écho chez les géographes français, malgré une traduction déjà ancienne de l'ouvrage principal de ce dernier.

Nos collègues anglais et américains ne connaissent pas, pour la plupart d'entre eux, le français, mais ils se réfèrent volontiers à des auteurs français qui ont été traduits en anglais. Ce ne sont pas des géographes. Les Français les ignorent généralement. Les citations sont de Michel Foucault, Jean-François Lyotard, Jacques Derrida, Roland Barthes, Pierre Bourdieu et Henri Lefebvre – ces deux derniers sont les seuls que les géographes français connaissent et utilisent aussi.

Ainsi le monde anglo-saxon se réclame d'une géographie française qui n'est pas le fait de géographes, et les géographes français, d'une géographie anglaise qu'ils ne connaissent qu'avec une dizaine d'années de retard.

Ce qui oppose les géographies française et anglo-saxonne, ce sont les conceptions philosophiques et épistémologiques dans lesquelles elles s'inscrivent. C'est ce qui explique que l'écart entre les deux écoles puisse se creuser à un moment où, malgré les imperfections déjà notées, les contacts sont plus nombreux qu'ils ne l'ont jamais été.

Tisser des liens plus étroits

Cet écart entre les démarches françaises et les démarches étrangères existe en dehors du monde anglo-saxon. Nous cessons de comprendre la géographie allemande dès qu'elle s'écarte des jalons posés par Humboldt, Ritter ou

Ratzel, dès qu'elle fait du *Landschaft* son objet essentiel et qu'elle est influencée par les thèmes de la révolution conservatrice allemande, dans les années 1920. La plupart des débats épistémologiques allemands des cinquante dernières années nous demeurent incompréhensibles. Pour bien saisir la philosophie qui sous-tend la géographie italienne, il faut se rendre compte de l'influence que les Lumières gardent en Italie, de l'impact qu'a exercé sur toute la pensée italienne Benedetto Croce, du rôle qu'y tiennent les références marxistes, etc. Du côté hispanique, il n'y a pas de compréhension possible de la pensée géographique si l'on ignore le rôle qu'y a tenu la philosophie romantique de la nature, à travers un philosophe allemand inconnu en dehors de l'Espagne, Krause. Il faut aller jusqu'à ce niveau pour entrer dans la logique des écoles étrangères.

Ces différences et cette méconnaissance ne tiennent pas simplement à des difficultés linguistiques. Les oppositions qui existent entre les écoles géographiques reflètent les contrastes dans les contextes intellectuels qui ont fini par caractériser chacune des nations européennes. Au moment où l'Europe rentre dans l'après-Maastricht, il est important que les géographes européens fassent l'effort de comprendre ce qu'ils ont en commun, ce qu'ils croient partager, et plus encore, ce qui les sépare de manière si profonde de telle sorte qu'en essayant de s'imiter, ils s'éloignent souvent les uns des autres.

LA GÉOGRAPHIE FRANÇAISE ET CELLES D'AILLEURS

Christian Girault, Credal-CNRS, Paris

En France, à partir de la fin du XIXe siècle, s'est constituée une des principales écoles de géographie du monde moderne. Cette école a rayonné essentiellement sur l'Université (enseignement et recherche) et sur l'enseignement primaire et secondaire. Son influence sur le public cultivé, sur l'administration ou sur le monde des affaires a été relativement limitée. En tant qu'« école nationale », la géographie française a connu un développement relativement harmonieux, dans un cadre strictement hiérarchique, pendant un siècle et de cette manière elle ne se distingue pas foncièrement des autres grandes écoles dans le monde.

L'objet de cette contribution est de mettre en perspective la géographie française, en tant que discipline et en tant qu'institution et de la comparer à des géographies « d'ailleurs » qui coexistent avec elle au niveau mondial et qui forment ce que l'on nomme d'une façon habituelle (mais quelque peu optimiste) la « communauté géographique » internationale. Il ne s'agit donc pas ici principalement de comparer les « pensées géographiques » ou les « idées géographiques » des différentes écoles et d'analyser, par exemple, l'influence d'une école sur une autre ou la diffusion d'idées nouvelles, ce qui a été fait par plusieurs auteurs (voir par exemple Claval, 1996), mais plutôt d'éclairer l'état de la géographie française par quelques coups de projecteur transversaux, de mettre en lumière les aspects institutionnels saillants et de présenter quelques tendances récentes.

L'école nationale française de géographie avec ses spécificités

La constitution de la discipline géographique en écoles nationales dans la première moitié du XXe siècle était peut-être inévitable à cause du nationalisme qui régnait en Europe et de la montée des totalitarismes. De même, on observe, que l'histoire s'est fragmentée en autant d'écoles qu'il existait de nations organisées ou en devenir. Mais dans le cas de la géographie, cette division en « écoles » a été particulièrement accentuée. Parmi les différentes orientations prises par la discipline, il semble que la dimension « régionale » et locale l'ait alors largement emporté aux dépens d'une dimension plus mondiale, plus internationale. La géographie de cette époque était largement descriptive, plus qu'interprétative et attachée au territoire national, voire au « petit pays ». L'attention se porta peu sur les ensembles étrangers et sur les grands problèmes du monde (à quelques exceptions près : A. Demangeon, J. Gottmann, P. Gourou, A. Siegfried...).

Il y avait dans cette concentration quasi exclusive une déviation par rapport à la définition étymologique de la « géographie », qui est la description du monde et non la « monographie » ou « l'étude régionale ou locale ». Il y avait aussi, pourrait-on ajouter, une trahison de l'ambition de la Science, qui aurait pu aider à rapprocher les peuples. Mais les géographes de l'époque ne perçurent guère la rupture par rapport à une tradition beaucoup plus universaliste, celle des géographes de la Renaissance (Gymnase vosgien de Saint-Dié au début du XVIe siècle) ou celle du XIXe siècle pendant lequel les « savants » et les « explorateurs » des différents pays se rencontraient dans des sociétés de géographie qui n'étaient pas encore « nationales » : Sociétés de Géographie de Paris, de Bordeaux, d'Anvers, de Lisbonne, etc.

C'est ainsi que l'entre-deux-guerres correspondit à une période de renfermement à l'intérieur des frontières nationales. En 1920 fut fondé le Comité National Français de Géographie (CNFG) et, en 1924, l'Association des Géographes français (AGF). L'heure était bien alors aux structures nationales. Vers la même époque fut fondé l'*Institute of British Geographers (IBG)*. Ces associations étaient destinées aux géographes professionnels et aux universitaires et elles rompaient avec l'éclectisme des voyageurs, présent dans les anciennes sociétés de géographie qui paraissaient alors dépassées. Leurs promoteurs ne se rendaient pas compte néanmoins du risque posé par leur dimension strictement nationale.

La constitution de l'« école française » [1], dont les fondements sont posés avant la Première Guerre mondiale « autour de Vidal de La Blache » (*cf.* Claval, 1993) est ébauchée dans les années 1920 et les années 1930 mais elle ne fut vraiment effective que dans les années 1950 et 1960. De ses éléments institutionnels forts qui firent la spécificité de cette « école », on retiendra : la formation dans les écoles normales supérieures, le concours de l'agrégation de géographie et enfin la thèse de doctorat d'État.

Les écoles normales supérieures ont développé assez tardivement un enseignement de géographie. C'est logiquement à l'École Normale Supérieure de Saint-Cloud (garçons) et à l'École Normale Supérieure de Fontenay-aux-Roses (pour les filles) que cet enseignement a pris le plus d'importance parce que ces établissements étaient orientés vers un enseignement « moderne » à la différence des établissements de la rue d'Ulm et de Sèvres, tournés vers les humanités classiques. Cette spécialisation est demeurée pendant longtemps et la formation dans ces établissements, soit comme élève (avec le statut de professeur stagiaire), soit comme « auditeur libre » (en fait sélectionné) était recherchée parce qu'elle permettait d'aborder avec plus de réussite le concours difficile de l'agrégation. La spécificité des écoles normales supérieures comportant un concours de pré-recrutement est tout à fait propre à la France, même si l'on peut admettre qu'il existe ailleurs des équivalents : c'est-à-dire des écoles supérieures capables de dégager une « élite » (Oxford et Cambridge en Angleterre par exemple).

L'agrégation est un concours de recrutement pour l'enseignement secondaire qui, à la suite d'une évolution tout à fait explicable sociologiquement par le principe de sélectivité est devenu progressivement (surtout à partir des années 60) un marchepied vers l'enseignement supérieur. Le contenu et la forme du concours de l'agrégation de géographie ont été l'objet de critiques qui ont été précisées à partir de 1968 : concernant le lien établi entre la géographie et l'histoire, concernant la place de la géomorphologie, le type de dissertation ou de leçon, etc. Certaines adaptations ont eu lieu mais le concours qui est donc une véritable « porte d'entrée » quasi obligatoire pour une carrière dans l'enseignement supérieur, demeure l'objet de critiques et même de polémiques à cause de son caractère « passéiste », c'est-à-dire décalé par rapport à l'évolution de la discipline et de ses rapports avec les disciplines voisines.

---

1. On parle d'« école » au sens d'une succession de savants notables ou reconnus qui développent des idées ou des façons de voir voisines et qui, souvent, ont formé des disciples qui assurent la « descendance » de l'école.

La thèse de doctorat d'État a été pendant longtemps un autre élément d'originalité de la formation française en géographie. Les étrangers la considéraient généralement comme une curiosité même s'ils appréciaient parfois la qualité des travaux présentés . Les dernières décennies virent un fort rallongement du temps de sa préparation, faisant parfois d'elle l'œuvre d'une vie dépassant quelquefois les 1500 pages, dispendieuse pour le candidat comme pour la collectivité qui finançait ce travail. Une réforme introduite en 1984 a créé la « nouvelle thèse » qui doit être préparée dans un délai à respecter (de trois à cinq ans généralement). Par cette réforme, le système français s'est rapproché du système en vigueur à l'étranger et le nouveau doctorat est plus ou moins l'équivalent du doctorat allemand, du *D. Phil.* britannique ou du *Ph.D.* (*Philosophiae doctor*) Nord-américain.

Tel que décrit ici, à grands traits, le *cursus* qui permet d'accéder aux chaires supérieures d'enseignement de la géographie en France apparaît nécessairement comme une filière étroite, remplie d'obstacles. L'ensemble du système mis en place progressivement dans le courant du siècle, avec ses « portes » plus ou moins obligatoires était également caractérisé, au moins jusqu'en 1984, par une imposante hiérarchie que les étudiants des années 1950 et 1960 avaient appelé sobrement le « mandarinat », notion facile à expliquer. Il est vrai que ce système, qui n'est pas propre à la France et qui existe ou existait dans de nombreux pays, a en bonne partie disparu en France. Mais il a contribué largement et pendant longtemps au renfermement de la discipline sur l'hexagone (avec bien entendu les excroissances coloniales et néo-coloniales).

Avant de montrer quels types de relations l'école géographique française a entretenu avec les « autres » géographies, il convient encore d'indiquer brièvement, comment et pourquoi la discipline géographique s'est quelque peu « libérée » pendant les deux ou trois dernières décennies. Les raisons en sont nombreuses : rapports nouveaux noués avec d'autres sciences sociales comme l'économie, la sociologie, la science politique et les relations internationales aux dépens d'une relation décevante avec la seule discipline historique, apports de nouveaux outils et de nouvelles techniques comme la statistique, les systèmes d'information géographique, la télédétection satellitaire. Mais, fidèle au parti pris dans cette contribution, on voudrait insister sur les raisons institutionnelles : la création de la « nouvelle thèse » déjà mentionnée et l'établissement d'un nouveau diplôme – l'habilitation à diriger des recherches – destiné à filtrer les candidats au corps des professeurs de l'enseignement supérieur, l'éclatement de l'Institut de Géographie de la vieille Sorbonne en trois départements et l'émulation entre ces nouveaux départements, les départements de géographie créés dans la couronne parisienne (Saint-Denis, Nanterre, etc.) et les départements actifs des grandes villes universitaires (Toulouse, Strasbourg, etc.), le développement important de la recherche en géographie au Centre National de la recherche Scientifique (CNRS) et à l'Institut Français de Recherche pour le Développement en Coopération (ORSTOM) grâce à des chercheurs qui font carrière dans ces centres.

Les relations internationales de la géographie française

Les relations de la géographie française avec les autres écoles de géographie ont été pendant toute cette période traditionnellement faibles. Les fortes spécificités du cursus ne peuvent pas favoriser des échanges d'étudiants ou de jeunes professeurs, au contraire. Alors qu'au XIXe siècle il était courant que les savants se déplacent et échangent par delà les frontières, il n'en est plus de même au cours de ce siècle. Le principe de « reproduction » qui joue à plein au niveau des départements de géographie français – l'étudiant est souvent encouragé à faire tout son cursus dans le même département, depuis la propédeutique jusqu'au doctorat – fonctionne *a fortiori* sur le plan national. Ceci signifie qu'il est pratiquement inconcevable pour un étudiant français d'acquérir des diplômes à l'étranger et de se frotter à d'autres « écoles ». De même les enseignants français qui ne bénéficiaient pas jusqu'à récemment, d'« années sabbatiques » [2] ne pouvaient en réalité que fréquenter de façon cursive des départements de géographie à l'étranger lors de « tournées de conférences » ou de « colloques ». Le contact était donc nécessairement superficiel.

Ainsi les géographes français – qui étaient essentiellement à l'époque des professeurs de géographie – maintenaient-ils le plus souvent des relations formelles avec leurs collègues étrangers, sacrifiant pour quelques-uns au rite des congrès internationaux de géographie tous les quatre ans, considérés généralement comme des « grands-messes », et participant en nombre très restreint à des commissions internationales. Ils savaient bien que leur carrière, leur réputation scientifique ne pouvaient dépendre d'une reconnaissance internationale, bien aléatoire d'ailleurs, étant donné le compartimentage de la discipline en écoles nationales tournées sur elles-mêmes.

Cette situation se traduisait par des conséquences assez étonnantes sur le plan scientifique : les géographes français publiaient peu à l'étranger et réciproquement, ils accueillaient peu d'auteurs étrangers dans leurs propres publications. Corrélativement ils lisaient peu les géographes étrangers et bien entendu ne les citaient pas. Cela tenait pour partie à des difficultés linguistiques[3]. Pendant longtemps la méconnaissance des principaux courants de la pensée géographique à l'étranger a paru si entière que les mouvements de la

2. « Année sabbatique, parmi les Juifs, chaque septième année, pendant laquelle la loi obligeait de laisser reposer les terres et de ne pas exiger les dettes » (Littré). Cette expression, largement employée dans le monde académique anglo-saxon, signifie une année de congé, avec salaire partiel, destinée à parfaire la formation, à réaliser un projet scientifique… le plus souvent à l'étranger.

3. Les anciennes générations avaient des capacités linguistiques généralement limitées, à l'oral comme à l'écrit. Sur ce point, la rupture avec les nouvelles générations, intervenue approximativement au tournant des années 1990, est frappante. Les jeunes chercheurs ont une attitude pragmatique vis-à-vis des langues étrangères qu'ils manipulent sans appréhension particulière, tout comme les logiciels ou d'autres outils.

géographie quantitativiste ou de la géographie radicale, annoncés dès les années 1960 en Amérique, ont fait l'effet d'un coup de tonnerre dans un ciel serein, lors de leur arrivée en France, dans le courant des années 1970. Seuls quelques rares géographes curieux comme P. Claval ou quelques autres que les hasards de la jeunesse avaient conduit sur les routes américaines et canadiennes (A. Bailly, J.-B. Racine et l'auteur) étaient au courant de ces « révolutions » qui d'ailleurs n'ébranlèrent guère les solides fondations de l'école française.

L'organisation des congrès internationaux de géographie, placés à partir de 1924 sous l'égide de l'Union Géographique Internationale (UGI), ne pouvait être en mesure de pallier ces barrières à l'échange scientifique international. Plusieurs contributions de l'ouvrage collectif publié sur l'Union Géographique Internationale à l'occasion du Congrès de La Haye montrent les limites d'une organisation scientifique internationale, mais peu « universelle » (M.-C Robic . *et alii,* 1996). B. Collignon, en particulier, souligne que « la capacité des congrès à réunir l'ensemble de la communauté mondiale des géographes semble se réduire avec le temps » (B. Collignon, 1996, p. 94). Cela est si vrai qu'un congrès international tenu tous les quatre ans rassemble moins de géographes qu'une conférence annuelle de l'Association des Géographes Américains (AAG). Les critiques adressées à ce genre d'organisation sont connues : bureaucratisation des structures, déploiement de stratégies « diplomatiques » aux dépens des progrès scientifiques, mondanités et voyages coûteux, etc.

Cependant la critique devant ces « machins », très perfectibles au demeurant, doit garder des proportions raisonnables et tout comme pour l'Organisation des Nations Unies, on doit reconnaître que l'UGI a pu être utile, par ses publications par exemple, par les conférences régionales qui ont réveillé l'intérêt pour la géographie dans certaines contrées à un moment historique donné, par l'activité de certaines commisssions... Dans le cas de la France, l'absence d'une organisation représentative de l'ensemble de la géographie française n'a pas été favorable à la participation aux congrès et aux travaux des commissions internationales.

D. Volle signale ce problème d'une façon discrète dans l'ouvrage collectif déjà cité : « Se pose le problème de la rigidité du cadre incarné par le comité national existant pour les géographes des pays dont l'adhésion est ancienne, qui ne se reconnaissent pas forcément dans ce moule conçu de longue date, et dont l'expression sur la scène scientifique internationale s'effectue de plus en plus à travers des réseaux internationaux indépendants de l'Union » (D. Volle, 1996, p. 61).

L'ouverture linguistique devrait transformer l'approche des questions internationales dans les prochaines années. Le développement des communications (téléphone international, télécopie, réseau Internet...) favorise également les échanges et la constitution de groupes de discussion et de travail internationaux, formels autant qu'informels, d'ailleurs encouragés par des appels d'offres tels que ceux de l'UNESCO ou les programmes européens. Pour les étudiants, il existe désormais quelques possibilités d'ouverture vers l'Europe et la Méditerranée grâce aux programmes d'échanges Erasmus et Socrates et un certain nombre de thèses peuvent être préparées sous la cotutelle d'un directeur de recherche français et d'un étranger. On rappellera également que des colloques bilatéraux (franco-japonais, franco-polonais...) ont été organisés avec l'appui du CNRS. Plus récemment un « géoforum » organisé par l'Association pour le Développement de la Géographie (AFDG) a permis une rencontre fructueuse avec des géographes britanniques (AFDG, 1996).

Les particularités de la géographie française dans l'environnement contemporain

La discipline géographique est pratiquée en France par trois groupes d'importance numérique inégale : les enseignants-chercheurs des universités, les chercheurs géographes des organismes publics (essentiellement le CNRS et l'Orstom) et enfin les géographes professionnels que l'on rencontre à la fois dans le secteur public (Institut Géographique National, collectivités territoriales, etc.) et le secteur privé (cabinets d'urbanisme et de cartographie, etc.). Le premier groupe est de loin le plus nombreux. Mais la présence à côté des départements de géographie universitaires de laboratoires du CNRS et de l'Orstom dotés de moyens et de personnel compétent a pour conséquence de décharger les universitaires des tâches d'organisation. C'est ainsi que le Laboratoire Intergéo a pendant vingt-cinq ans assuré, en plus de la production de la *Bibliographie Géographique Universelle*, la publication d'une lettre mensuelle, d'un bulletin trimestriel et d'annuaires ou de répertoires très complets (Intergéo, 1992 et 1994)[4].

On constate que dans les pays étrangers où existent de grandes écoles de géographie, par le nombre et par la qualité des géographes (États-Unis, Canada, Royaume-Uni, Pays-Bas, Allemagne...) l'organisation et la répartition des tâches sont différentes. Dans ces pays ce sont des associations qui remplissent les fonctions d'organisation et de communication de la corporation (relations avec les ministères et la presse) et de planification scientifique (groupes de travail, conférences annuelles). Il est à noter que dans ces pays la fonction de documentation est souvent dévolue au secteur privé (voir la publication mensuelle anglaise *Geographical Abstracts* qui a été rachetée il y a quelques années par le groupe britannique Elsevier). Ces associations reposent sur le bénévolat et la rotation des responsabilités qui peuvent être très prenantes. Néanmoins cette forme d'organisation associative donne généralement de bons résultats. Les

4. Tâches aujourd'hui assurées par l'UMR PRODIG-CNRS.

associations produisent non seulement des bulletins mensuels ou trimestriels mais elles sont éditrices de revues-phares dans la discipline, telles les fameuses *Annals of the Association of American Geographers (AAAG)*.

L'Association des Géographes Américains qui compte environ 7 200 membres possède son siège à Washington. Elle édite deux revues, l'AAAG déjà mentionnée et le *Professional Geographer* ainsi qu'un annuaire comprenant des informations très abondantes sur les départements de géographie d'Amérique du Nord (AAG, 1995). Chaque année au printemps, elle organise une conférence annuelle qui rassemble plusieurs milliers de participants. L'association accorde une grande importance à l'emploi des jeunes géographes. De même, au Royaume-Uni, l'organisation professionnelle autour de l'*Institute of British Geographers* (IBG) est très solide (deux revues respectées, une conférence tenue chaque année en plein hiver dans une ville universitaire). En 1995, l'Institut (1 300 membres) a fusionné avec la *Royal Geographical Society* (11 000 membres) qui est une société plus traditionnelle tournée vers l'« exploration » et la vulgarisation. Cette fusion, décidée à une large majorité, a posé quelques problèmes.

A côté de ces organisations correspondant à des pays où la science géographique est bien développée depuis longtemps, il est intéressant d'évoquer le cas d'un pays un peu moins important par le nombre des enseignants de géographie et qui, à cause du retard scientifique, de la guerre et de la dictature n'a pas pu participer pendant longtemps aux échanges internationaux dans la même mesure que les autres « grands ». Il s'agit, en particulier, de l'Espagne qui rattrape son retard à vive allure grâce à l'existence de l'*Asociación de Geógrafos Españoles (AGE)*, fondée en 1977 et qui comptait en 1995 1 021 membres. La progression du nombre de membres est d'ailleurs impressionnante : 566 en 1985, 711 en 1987, 784 en 1989, 823 en 1991, 885 en 1993, ce qui veut dire que le nombre d'adhérents a presque doublé en dix ans (AGE, 1995). L'Association espagnole possède un bulletin qui devient au fil des ans une véritable revue et réunit régulièrement des commissions et des groupes de travail.

Par contraste, la géographie française offre le tableau d'une grande division sur le plan associatif. Aucune association – elles sont nombreuses – ne compte plus de 400 membres. Les ressources financières de ces associations sont nécessairement fragiles et elles sont contraintes d'attendre d'éventuelles subventions publiques ou des dons privés. Leurs activités se ressentent de cette faiblesse. Les réunions, éclatées et parfois concurrentes, réunissent peu de participants. Leurs publications sont peu abondantes et souvent irrégulières. Les causes de cette dispersion sont diverses : à côté des origines historiques qui expliquent la création d'associations professionnelles au XXe siècle, s'ajoutant aux vieilles sociétés de géographie fondées au XIXe siècle, on est bien obligé de mentionner des dissensions idéologiques, des querelles entre « anciens » et « modernes » au sein de la discipline, sans oublier le facteur de « déresponsabilisation» des géographes dû au fait que des pans entiers de l'activité d'organisation ont été pris en charge et bien assurés par les laboratoires du CNRS, au premier rang desquels Intergéo.

On peut discuter longuement de l'avantage comparé des deux modèles d'organisation, le français qui fournit grâce aux organismes publics des prestations de haute qualité, avec le risque d'affrontements entre des associations peu représentatives, et le modèle des écoles étrangères où les associations fournissent des services relativement chers (car les cotisations sont élevées) mais où il existe une adhésion plus forte à des buts communs à l'ensemble de la discipline. On remarque d'ailleurs qu'en France-même d'autres disciplines sont mieux structurées: l'Association Française de Science Politique (AFSP), par exemple, réunit pas loin d'un millier de membres, dans un domaine scientifique dont les fondations et la croissance sont beaucoup plus récentes que la géographie.

Une autre question pose de plus en plus problème dans les relations entre la géographie française et les géographies d'ailleurs. Il s'agit de la question linguistique à laquelle on ne peut réduire totalement la question du rayonnement à l'étranger de notre géographie mais qui a, à la longue, une grande influence. A partir d'une situation au début du XXe siècle où coexistaient plusieurs langues européennes[5] de communication scientifique, on est passé dans l'entre-deux-guerres et après la Seconde Guerre mondiale à une situation d'équilibre relatif entre le français et l'anglais – symbolisée par le fait que l'anglais et le français étaient les deux langues officielles de l'UGI. Cette situation est maintenant tout à fait dépassée puisque l'anglais est désormais LA langue scientifique internationale, en géographie comme dans les autres sciences. Or la communauté des géographes français n'a pas pris conscience de ce changement ou n'a pas voulu l'enregistrer.

Les signaux de cette évolution étaient pourtant parfaitement clairs. Dès le Congrès International de Géographie de 1972 tenu à Montréal, donc dans une ville à majorité francophone, 80% des communications étaient faites en anglais. Ce pourcentage n'a fait que croître depuis. Parallèlement l'influence des maîtres de la géographie française des années 1960 et 1970, comme J. Beaujeau-Garnier ou P. George, dont les manuels d'enseignement supérieur étaient largement diffusés à travers des traductions en plusieurs langues, ne s'est pas prolongée au-delà des années 1980. Si l'on prend à nouveau le cas de la géographie espagnole, typique des nouvelles écoles dynamiques, on constate combien celle-ci était largement dans la sphère d'influence française à cette époque: beaucoup de traductions chez les éditeurs de Barcelone (un grand nombre de professeurs parlaient d'ailleurs le français soit parce qu'ils avaient été formés en France soit parce

5. Il s'agissait le plus généralement du français, de l'anglais, de l'allemand, de l'italien et de l'espagnol. Le russe et le portugais apparaissaient parfois mais dans la marge. Quant aux grandes langues non-européennes (arabe, persan, hindi, chinois, japonais...) elles n'ont jamais été réellement reconnues.

que le français était la langue de culture, surtout en Catalogne). Une quinzaine d'années plus tard, on observe que la géographie espagnole diversifie nettement ses relations internationales et que c'est désormais le monde anglo-saxon qui attire. C'est ainsi que les conférences annuelles de l'Institut des Géographes britanniques sont fréquentées régulièrement par des géographes espagnols (comme par des géographes de bien d'autres nations européennes d'ailleurs).

L'idée de créer, grâce à la « francophonie », à la fois une ligne de défense du français scientifique et un contrepoids à l'influence du monde anglo-saxon est par ailleurs une illusion dont se bercent encore beaucoup de notables de la géographie française, ce qui peut retarder la prise de conscience du vrai problème. En effet, l'apport des géographies belge, canadienne et suisse francophones – malgré leur qualité et l'effet bénéfique qu'elles ont eu sur la géographie française en permettant l'introduction et la diffusion en France de nouveaux « paradigmes » – ne peut compenser la force des écoles anglo-saxonnes qui dépasse au demeurant les seuls pays anglophones (États-Unis, Canada, Royaume-Uni, Australie, Nouvelle-Zélande, Afrique du Sud). Dans les vingt dernières années il y a eu en effet un ralliement massif à l'usage de l'anglais comme langue scientifique, non seulement dans les pays du Tiers Monde (Amérique latine, Afrique, Asie du Sud et de l'Est) mais aussi dans les pays d'Europe centrale et orientale et de l'ancienne Union Soviétique.

Le « défi linguistique » reste donc entier et il faudra trouver des solutions nouvelles pour y faire face : revues électroniques diffusées par le réseau Internet, publications en plusieurs langues (y compris l'anglais bien sûr), services gratuits d'abonnements dans les pays pauvres où se trouvent de nombreux géographes encore capables d'utiliser le français et désireux d'accéder à nos travaux. C'est à ce prix qu'on pourra obtenir un maintien du rayonnement de la pensée géographique française et qu'on fera reculer le déséquilibre patent qui existe à l'heure actuelle entre la géographie anglo-saxonne et toutes les autres géographies, illustré par le fait que les géographes anglo-saxons ne citent jamais les recherches en langue française ou dans d'autres langues que l'anglais (alors que les géographes francophones et autres commencent à citer les géographes anglo-saxons, à les inviter à certaines rencontres et à les introduire dans des comités scientifiques et des jurys), ce qui crée un problème de réciprocité grave et nuit finalement au développement de la discipline au niveau mondial.

Le nécessaire rapprochement avec les géographies d'ailleurs

Les liens de la géographie française avec les autres écoles de géographie ont traditionnellement été distendus. Si l'on met à part la période antérieure à la Première Guerre Mondiale où les « savants » échangeaient à l'intérieur de leurs « sociétés » de géographie, il faut constater que la constitution en écoles nationales a correspondu à un « fractionnement » artificiel de la discipline, en partie lié aux affrontements des États-nations. Dans ces circonstances, l'Union Géographique Internationale (UGI), fondée en 1924, n'a fourni qu'un cadre assez formel que les géographes français n'ont pas bien su utiliser. La situation de fragmentation au niveau international perdure jusqu'à un certain point, même si des facteurs techniques et sociologiques favorisent les échanges au niveau des jeunes générations de géographes du monde entier. Cela n'est pas sans conséquences pour le développement d'une discipline dont la vocation fondamentale de décrire et d'expliquer notre Terre est, à l'heure de la mondialisation, précieuse et essentielle, ce qui rend encore plus regrettable son confinement à l'intérieur de frontières politiques, culturelles ou linguistiques.

En conclusion, on peut insister sur le projet d'avenir qui consiste à se rapprocher des géographies d'ailleurs, un peu à la manière de Jean-Louis Quermonne dans son « état de la science politique en Europe (Quermonne, 1996). La richesse de la science géographique, comme de la science politique, est aussi faite de sa diversité et l'étude comparative des « géographies nationales » va être, dans les prochaines années, un domaine extrêmement fructueux. D'autre part, un axe de développement s'impose naturellement : celui de l'identification, nécessairement lente, d'une science géographique européenne, plus riche que la somme de ses parties, devant permettre de « déparoissialiser » enfin la discipline. En 1991, l'Institut des Géographes Britanniques (IBG) avait été à l'origine d'un « Concordat » signé à Swansea (Pays de Galles) par une quinzaine d'associations de géographes européennes et par Intergéo-CNRS du côté français : heureuse initiative orientée dans un premier temps vers l'échange d'informations et la participation croisée aux conférences annuelles des associations nationales et destinée sans nul doute à connaître des suites intéressantes.

CHAPITRE 9

LES EFFETS DES USAGES

Un domaine émergent

La libération progressive de la science géographique des contraintes scolaires, qui générèrent à la fin du XIXe siècle son institutionnalisation universitaire (Berdoulay, 1981), a pour corollaire l'autonomisation de la discipline du même nom. Le développement récent d'une réflexion sur la production d'un champ scolaire spécifique, sous-ensemble du domaine plus vaste d'approche traditionnelle des sociétés dans le système d'enseignement français (histoire-géographie-éducation civique), est un terrain particulier pour tester les échanges conceptuels : pour le moment la balance semble plutôt déficitaire par rapport à d'autres approches didactiques dont l'affirmation est moins récente. Pour rester dans la métaphore des échanges commerciaux, c'est assez logique de la part d'un domaine « émergent ».

La géographie dite « appliquée » ou « professionnelle » – expressions qui n'ont vraiment satisfait personne, mais qui perdurent faute de mieux – ne peut plus être située au stade initial, même s'il fut tardif en France en raison de la force du lien avec l'enseignement. Là encore la position relative de la géographie peut être mesurée par sa capacité à rester visible dans ses applications – ou inversement à se fondre dans le paysage. Si, en dehors de la cartographie, la spécificité venait plutôt initialement de la demande (développement de l'aménagement du territoire et des métiers de la fonction territoriale), aujourd'hui où la concurrence pour les débouchés est plus rude, c'est de plus en plus l'offre (compétence sur le territoire et sur l'organisation de l'espace, gestion environnementale) qui identifie les débouchés montrant une identité plus forte, liée à des problématiques scientifiques plus claires.

GÉOGRAPHIE APPLIQUÉE ET GÉOGRAPHES PROFESSIONNELS : LA FIN DE « L'EXCEPTION » FRANÇAISE ?

Céline Broggio, université de Paris-Nord

Le mouvement de la géographie appliquée s'initie dans les années 1930 aux États-Unis et en Angleterre avec la grande crise économique et ses conséquences régionales. En France, nombre d'articles paraissent sur le sujet à partir de la seconde moitié des années 1950, avant que la participation des géographes aux « applications » de leur science ne s'intensifie dans le courant des années 1960, répondant aux demandes sociales issues de l'aménagement du territoire, de la planification et de la régionalisation, tout en suscitant parallèlement un important débat au sein de la discipline.

Depuis lors, la perception de la question a considérablement évolué et c'est sans doute cette évolution qui constitue le fait marquant si l'on porte un regard rétrospectif sur les trente dernières années à partir de la situation actuelle. Aux débats épistémologiques des années 1960 sur les « applications » de la géographie universitaire se substitue, à partir des années 1970, une réflexion sur la géographie dite « professionnelle » au vu de la place croissante qu'occupent les métiers autres que l'enseignement dans les débouchés des études géographiques. Ce fait nouveau, qui découle de l'augmentation des effectifs étudiants dans les universités ainsi que des nouvelles demandes adressées à la discipline, notamment de la part des collectivités territoriales, aboutit dans les années 1980 et 1990, à une remarquable diversification des formations universitaires proposées.

Ces formations, dont le nombre dépasse aujourd'hui la centaine, constituent autant de lieux où se renouvelle et s'élargit la réflexion sur les applications de la géographie, sur les liens que celle-ci entretient avec d'autres disciplines concernées par l'aménagement et le développement territorial[1], parallèlement à

1. Ces formations ne sont pas localisées dans les seuls départements de géographie des universités (également dans les départements de droit, de sciences économiques, etc.) mais elles accueillent nombre d'étudiants en géographie et beaucoup de géographes participent aux enseignements.

un renouveau de la participation de géographes à des travaux d'études et de prospective dans les années 1980. Des perspectives d'organisation du secteur de la géographie « professionnelle », encore incertaines à ce jour, malgré quelques tentatives, pourraient également se préciser dans les années qui viennent.

Doc. 1 : Géographie « appliquée » et géographie « professionnelle » : essai de définition

Il s'agit principalement, dans les deux cas, de l'application de la géographie aux domaines de l'aménagement du territoire, de la planification et du développement régional. Les deux termes recouvrent toutefois deux aspects distincts :

– le premier concerne la participation de géographes universitaires à des études d'aménagement, mettant ainsi la discipline au service d'une demande sociale qui s'affirme de plus en plus nettement à partir des années 1950 et se renouvelle dans les années 1980 avec la décentralisation ;

– le second se réfère aux activités exercées par des géographes (de formation) dans différentes structures professionnelles et pour des activités très diverses (aménagement rural, urbanisme, transports, tourisme, environnement, fonction publique territoriale, bureaux d'études, etc.).

En ce qui concerne le premier aspect, le terme de « géographie appliquée » reste aujourd'hui le plus communément admis en raison de sa reconnaissance internationale (Commission de géographie appliquée de l'UGI), de son usage dans les pays anglo-saxons (*Applied Geography*) et du titre de deux ouvrages fondateurs parus en 1960 *Géographie et action : introduction à la géographie appliquée* de Michel Phlipponneau et *Applied Geography* de Dudley Stamp en Angleterre. En ce qui concerne la géographie « professionnelle » (par opposition à la géographie « enseignante »), elle se caractérise par une certaine difficulté à en cerner précisément les contours, le champ de la géographie professionnelle étant, en fait, celui ou exercent des géographes de formation et donc susceptible de varier ; de même il est difficile de définir si son caractère « géographique » réside principalement dans les activités elles-mêmes, ou plutôt dans l'approche spécifique de ceux qui les exercent, compte tenu de leur formation de géographes. D'où une difficulté à rassembler les géographes professionnels dans une structure représentative.

Le contexte particulier d'émergence de la « géographie appliquée » en France dans les années 1960

L'affirmation tardive de la géographie « appliquée » en France par rapport à d'autres pays résulte des conditions particulières qu'y a rencontré son développement. L'engagement de nombreux géographes dans des expertises au service de la planification régionale dès les années 1950 s'est accompagné d'un large débat au sein de la discipline. La diversité des approches se traduit, rapidement, par l'éclatement de la terminologie : géographie « appliquée » (M. Phlipponneau), géographie « active » (P. George), géographie « volontaire » (J. Labasse, J. Gottmann, J.A. Sporck) géographie « applicable » (J. Beaujeu-Garnier), auxquels on pourrait ajouter géographie « opérationnelle », géographie « constructive » ou même « géotechnique », etc.

Le débat porte, au fond, sur les conditions de possibilité d'une géographie appliquée et sur les relations qu'elle entretient avec la géographie humaine, en tant que discipline d'enseignement et de recherche. Au-delà de leur intérêt pour l'histoire de la géographie, certains points de la discussion de l'époque permettent de mieux comprendre l'état de la géographie appliquée en

France dans la période récente et de mesurer le chemin parcouru depuis trois décennies. Deux de ces points, concernant l'attitude des géographes par rapport à la prospective et le poids de la géographie enseignante dans la géographie française, méritent particulièrement d'être relevés.

L'attitude des géographes par rapport à la démarche prospective

L'attitude prospective constitue une dimension essentielle de la géographie appliquée, sans doute celle qui permet le mieux de la caractériser en tant que démarche spécifique par rapport à l'analyse géographique classique. « La géographie volontaire s'entend d'une réflexion tournée vers l'action, sur les efforts que l'homme entreprend délibérément et collectivement en vue de modifier les conditions spatiales de l'existence d'une communauté [...] Il n'y a pas de solution de continuité entre l'analyse géographique classique et la géographie volontaire, mais seulement modification dans l'ordre des préoccupations, déplacement de l'angle de visée »[2]. Or la géographie « classique », pourtant rompue à la réflexion « possibiliste », semble avoir rencontré un obstacle épistémologique face à la prise de risque que suppose la formulation d'hypothèses sur le développement futur des territoires, indispensable à la planification régionale.

P. George propose une explication à la réticence des géographes à s'aventurer dans la prospective : la part de la formation historique dans la formation du géographe. « Les géographes français, qui doivent une part importante de leur formation aux études historiques, se sont montrés très soucieux de ne pas dépasser le domaine des certitudes et se sont refusés à toute attitude prospective, donc constructive, toute construction comportant une part de spéculation »[3].

Si la formation historique des géographes joue incontestablement un rôle, elle n'est pas le seul élément. La réticence des géographes pour la prospective s'observe aussi ailleurs, y compris dans les pays anglo-saxons, même si la tendance à la pratique de l'aide à la décision y est plus nettement marquée qu'en France. P. Haggett constate, en passant en revue les publications des géographes au début des années 1980, à quel point leur distribution privilégie très largement les travaux portant sur un passé récent (une quinzaine d'années), la part des travaux portant sur les décennies antérieures allant ensuite déclinant ; quant aux travaux orientés vers l'avenir, ils demeurent très minoritaires[4].

---

2. Labasse, 1966, pp 16 et 18.
3. George, 1961, pp. 338-339.
4. P. Haggett, *Geography, a modern synthesis*, 3e édition, 1983, p. 598.

La distribution type dans le temps des recherches en géographie d'après P. Haggett

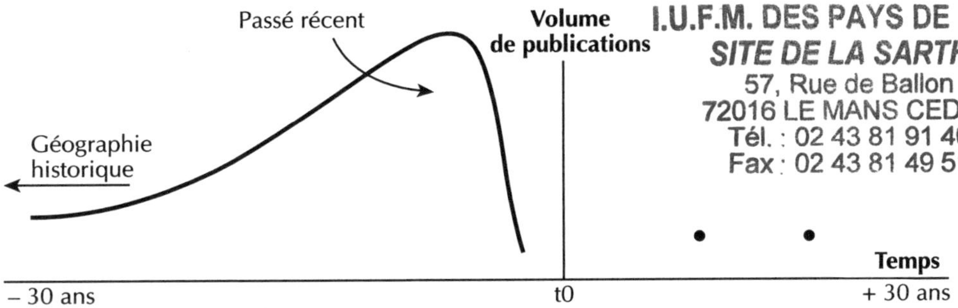

Si l'accès aux données, compte tenu des délais de collecte et de publication par les organismes statistiques, explique en grande partie cette distribution, cela n'explique pas, par contre, pourquoi les spécialistes en économétrie, également dépendants des mêmes données, produisent un nombre de travaux à caractère prospectif bien supérieur à celui des géographes. P. Haggett y voit la conséquence de la prévalence des approches descriptives en géographie (analyser le fonctionnement d'un système spatial) par rapport aux modèles prédictifs s'intéressant à l'évolution d'une ou plusieurs variables dans le temps.

Cette réflexion rejoint celle formulée par A.S. Bailly et J.-B. Racine en 1978 : « La géographie a pris l'habitude d'atteindre les problèmes au bout de son analyse, plutôt que de se les poser comme point de départ [...]. On nous dira que la théorie prédictive n'est pas l'ambition du géographe [...]. On sait depuis longtemps que cet effort pour inférer une théorie à partir de l'empirie (les faits observables) ne nous conduit à aucune certitude » (Bailly, Racine, 1978, p. 7).

L'évolution de la réflexion sur les méthodes, notamment la modélisation, et le développement d'outils nouveaux, l'informatique et les systèmes d'information géographique, contribuent à un changement de point de vue sur l'approche prospective en géographie. Prenant acte de cette évolution, J. Beaujeu-Garnier peut définir l'espace dans lequel peut légitimement s'inscrire la géographie appliquée, mais aussi préciser les limites qui ne doivent pas être franchies. Elle met ainsi l'accent sur le risque que la modélisation systématiquement pratiquée dans le domaine de la géographie appliquée peut faire courir à la spécificité même de l'approche géographique : « Il ne faut pas s'étonner si les pays où la géographie appliquée est la plus ancienne et la plus vivante sont aussi ceux où les méthodes quantitatives et l'emploi de l'ordinateur ont le plus de succès et ont abouti aux résultats les plus modélisés. Ce dernier terme veut dire : les plus susceptibles d'être retenus pour la planification, non pas les plus conformes à la subtile diversité des faits géographiques ». Il est donc important de « rester capable de percevoir l'originalité des faits dans l'analyse avant d'en retrouver la régularité dans la comparaison et dans la synthèse »[5].

---

5. Beaujeu-Garnier, 1975, pp. 299-301.

Le poids de la tradition « enseignante »
et l'inadéquation de la formation géographique

Le poids que la tradition enseignante fait peser sur la géographie, du fait de débouchés presque exclusifs dans le domaine de l'enseignement, constitue la seconde contrainte au développement de la géographie appliquée en France. Elle est très tôt soulignée par M. Phlipponneau, infatigable défenseur de la géographie appliquée. « A l'étranger, les géographes "professionnels" sont souvent plus nombreux que les géographes "enseignants". Les réticences des géographes français n'ont pas permis, dans les années 1950, de placer des jeunes dans des organismes qui, s'intéressant à l'aménagement de l'espace, auraient pu logiquement en recruter. L'esprit d'école, particulièrement marqué en France, joue toujours en notre défaveur. D'autre part, non assurés de placer des étudiants en dehors de l'enseignement, nous continuons à les former essentiellement en fonction des concours de recrutement de l'enseignement, formation qui répond mal aux besoins des géographes "professionnels" »[6].

Les conséquences d'une telle situation sont multiples. Non seulement elle risque de peser à terme sur le prestige et l'influence de l'école géographique française « l'une des premières du monde par l'importance et la valeur de ses travaux scientifiques » qui « s'est laissée distancer par de nombreuses écoles étrangères pour l'utilisation des résultats scientifiques à des fins pratiques »[7] (telles celles de Grande-Bretagne, de Belgique, des Pays-Bas, des États-Unis, du Brésil ou de l'Union soviétique, etc.), mais encore est-elle susceptible de produire des effets en retour sur l'avenir même de la discipline en tant que discipline d'enseignement. « Si les géographes ne répondent pas à ces besoins [de planification régionale], d'autres spécialistes le feront à leur place, d'autres disciplines bénéficieront de moyens importants et tendront même à se substituer à la géographie pour la formation des jeunes »[8].

A ce poids de la tradition enseignante française on peut sans doute également attribuer le fait que n'existe pas en France de périodique orienté vers la géographie appliquée, comme il en existe dans d'autres pays : *The Professional Geographer* aux États-Unis depuis 1948 ou *Applied Geography* en Grande-Bretagne, pour ne citer que ces deux exemples.

Les géographes et la planification régionale

Pourtant, la géographie appliquée est très présente sur le terrain en France au cours des années 1950 et 1960. Au lendemain de la guerre, la reconstruction, la politique d'équipement et de transport, l'urbanisation, la moderni-

6. Phlipponneau, 1972, p. 87.
7. Phlipponneau, 1960, p. 8.
8. Phlipponneau, 1960, p. 8.

sation de l'agriculture et des industries, etc., constituent un énorme chantier et autant d'invitations pour les géographes à se mobiliser. La question du rôle de la géographie humaine dans la cité est posée, dès 1949, par Maurice Le Lannou qui prend parti pour une géographie humaine et régionale qui ne soit pas « coupée de la vie et de l'action » car « la géographie, étude raisonnée de la vie terrestre des groupes humains, conduit à une connaissance pratique dont les vertus pourraient être grandes » (Le Lannou, 1949, pp. 228-229).

On ne rappellera pas ici les très nombreux cas de géographes ayant contribué à une géographie appliquée, soit par le biais de leurs travaux universitaires (notamment les thèses qui, à partir de 1950, témoignent d'une préoccupation de plus en plus partagée pour les applications possibles issues des conclusions de l'analyse géographique), soit par des contributions dans le cadre des travaux du Plan, de différents ministères ou des comités d'expansion économique des régions, soit enfin à travers la réalisation des atlas régionaux dont J. Beaujeu-Garnier disait en 1975 : « Les atlas ne sont pas seulement un inventaire indispensable. Par les rapprochements qu'ils permettent au fil des cartes analytiques ou qu'ils proposent grâce à certaines représentations synthétiques, ils aboutissent à des perpectives d'aménagement et à des possibilités de prévision »[9].

En revanche, il semble utile de rappeler à quel point les géographes vont très « naturellement » s'inscrire, au lendemain de la guerre, dans le courant nouveau de la planification, alors que la mise en œuvre du Plan Monnet voit l'opposition entre les tenants d'une vision favorable à une concentration des investissements au bénéfice des régions les plus compétitives, et les défenseurs d'une répartition plus équilibrée des investissements publics sur tout le territoire. Par leur connaissance fine des espaces régionaux et de leur singularité, et surtout par leurs analyses fréquemment conduites à l'échelle des « pays » et des « régions », les géographes projettent sur l'aménagement du territoire des représentations d'équilibre dans la répartition des hommes et des activités largement reprises par l'opinion (voir le succès de la formule « Paris et le désert français » du géographe J.-F. Gravier, alors expert au Commissariat général du Plan).

Si l'application de la géographie suscite des débats au sein de la discipline, elle entraîne parallèlement un mouvement important parmi les géographes universitaires et fait naître des vocations chez de jeunes géographes, tant pour l'aménagement du territoire que pour la cause du développement des pays du Sud. L'ensemble des démarches conduites dans les années 1950 et 1960 répondent ainsi au souhait d'A. Allix en 1957 de voir « l'accès enfin systématique de la géographie française aux applications utiles pour éclairer l'action »[10] et apporte un démenti progressif au constat qu'A. Meynier formulait la même

9. Beaujeu-Garnier, 1975, pp. 299-300.
10. Allix, 1957, p. 293.

année[11] : « La géographie appliquée en France rencontre encore trop d'ignorance ou de scepticisme » avant d'ajouter « mais déjà elle a montré le mouvement en marchant. Elle intéresse un nombre croissant de chercheurs. Il serait contraire à l'intérêt du pays de ne pas la développer. »

Doc. 2 : Aperçu historique sur la géographie appliquée : Patrick Geddes et la « géotechnique »

L'intérêt des recherches de Geddes, géographe, urbaniste, botaniste et sociologue écossais, né en 1854, est, selon P. Claval, « qu'elles introduisent dans la géographie des préoccupations nouvelles, qu'elles posent le problème de l'utilité de la géographie ».

« L'analyse de Geddes permet de souligner quelques points délicats de doctrine : il n'y a pas de géographie appliquée isolée de la géographie pure, la géotechnique n'est pas une science différente de la géographie, elle correspond à un simple changement d'attitude. Elle entraîne un besoin de connaissances géographiques utilisables, c'est-à-dire permettant la projection dans l'avenir ».

« La géographie est une science descriptive ; elle dit ce qui est. La géotechnique est une science appliquée ; elle montre ce qui doit être » dit P. Geddes. Aussi « il faudrait mieux parler de géographie rétrospective et de géographie prospective ».

Paul Claval, « Essai sur l'évolution de la géographie humaine », *Cahiers de géographie de Besançon,* n° 2, Les Belles Lettres, 1964, 162 p.

Doc. 3 : Emmanuel de Martonne et la Conférence de la paix : géographie appliquée et géopolitique

« Emmanuel de Martonne, qui fut un pionnier en tant de domaines, considérait volontiers que la science géographique devait éclairer la solution des problèmes contemporains et y trouver son application. En 1919, il constitua, soutenu par le ministère des Affaires étrangères et son secrétaire général Philippe Berthelot, un comité d'études auprès de la Conférence de la Paix, dont il était le secrétaire général et l'animateur, la présidence étant confiée à un parlementaire, Charles Benoist. »

« Emmanuel de Martonne transmettait au ministère des Affaires étrangères et aux plénipotentiaires les arguments des géographes étrangers et les avis des savants français, s'efforçant d'éclairer, en vue d'une juste paix, les décisions qui étaient prises au-dessus de lui. »

« Si les traités ont réparé un certain nombre d'injustices, les géographes peuvent penser que n'y a pas été complètement étrangère cette application de leur science. »

Georges Chabot, « La géographie appliquée à la Conférence de la paix en 1919 » *in La pensée géographique française contemporaine, Mélanges à André Meynier,* PUB, 1972, 716 p., pp. 101-105 (extraits).

L'émergence de la géographie professionnelle et le renouveau des applications de la géographie

La période récente, depuis les années 1970, est caractérisée par des évolutions importantes : une démultiplication des effectifs des géographes « professionnels », la prise en compte croissante de la géographie professionnelle dans l'enseignement avec la création de nouvelles filières de formation, la dif-

11. Meynier, 1957, p. 287.

ficulté de la « communauté » des géographes professionnels (ce mot étant encore largement une vue de l'esprit) à s'organiser et à s'identifier comme telle, et l'émergence de nouveaux lieux dans lesquels se renouvelle la perception des applications possibles de la géographie dans un esprit plus largement interdisciplinaire et davantage orienté vers la prospective, autour des problématiques nouvelles du développement territorial.

Les années 1970 : une double rupture

Les années 1970 se passent sous le signe d'une double rupture. D'une part, un tarissement du débat sur la géographie appliquée ; d'autre part, une prise de conscience de plus en plus unanime de l'enjeu des débouchés professionnels pour les étudiants et de la nécessité d'en tenir compte dans l'enseignement, prélude à une profonde réforme des filières de formation.

Plusieurs facteurs concourent à la perte de substance du débat sur la géographie appliquée durant cette période. Au grand élan des années 1960 pour l'aménagement du territoire, qui a mobilisé de nombreux géographes, font place des choix d'investissement de plus en plus ouvertement contestés par l'opinion : Plan Neige pour l'équipement de la montagne, pression immobilière incontrôlée sur la Côte d'Azur, politique énergétique fondée sur l'option nucléaire, grand projets surdimensionnés (Fos-sur-Mer, etc.). L'aménagement du territoire, tel que conçu alors, ne suscite plus de consensus ; il devient, au contraire, objet de représentations contradictoires, politiquement et socialement conflictuelles.

Par ailleurs, en Europe comme aux États-Unis, la géographie radicale ou critique met en évidence les enjeux sociaux des politiques d'aménagement et en garde contre le risque qu'il peut y avoir à souscrire aux visées du pouvoir en promouvant des méthodes « d'ingénierie » socio-spatiale. Ainsi D. Harvey pose-t-il dans un article de 1974, la question : « *What kind of geography for what kind of public policy?* »[12] («Quelle géographie pour quelle politique ?») ; l'ouvrage d'Yves Lacoste en 1976, *La Géographie, ça sert d'abord à faire la guerre*, s'inscrit également dans cette réflexion critique.

Dans le même temps, le mouvement de la géographie appliquée se poursuit pourtant, mais dans des termes nouveaux. Les débats et les questionnements évoluent au sein de l'Université sous la pression d'une demande nouvelle. « Le géographe quitte maintenant de plus en plus fréquemment le giron de l'Université. Il devient un "professionnel de la géographie". On estime que cette carrière est aujourd'hui, dans de nombreux pays, plus répandue que celle de l'enseignement »[13]. Cela n'est pas sans conséquences sur la formation : « Il

12. D. Harvey, « What kind of géography for what kind of public policy ? », *Transactions of the Institute of British Geographers*, 1974, 63, pp. 18-24.

13. Beaujeu-Garnier, 1975, p. 301.

s'agit bien moins de donner des informations descriptives que de communiquer la solidité d'une méthode utilisable dans des cas variés »[14]. Le géographe doit aussi élargir le champ de ses compétences à des notions de droit, d'économie, de finances locales, etc.

La préoccupation pour l'adaptation des formations à ce nouveau contexte devient prioritaire chez les géographes, comme le prouvent les titres des articles ou communications parus à ce sujet à cette période : « Une enquête sur les applications de la géographie et les débouchés pour les étudiants » [15] ou encore « La géographie pour les géographes professionnels »[16]. Comme le constate M. Phlipponneau, « le passage de la 1re étape, que représente la participation de géographes universitaires à des recherches appliquées, à une 2e étape marquée par l'entrée massive de jeunes géographes dans des carrières nouvelles, ne sera pas aisé »[17].

Le début des années 1970 voit ainsi une prolifération de réflexions sur les méthodes. *Les méthodes en géographie* de P. George paraît en 1970, *La géographie, méthodes et perspectives* de J. Beaujeu-Garnier en 1971, dans une toute nouvelle collection de « Géographie appliquée », créée chez Masson, dans laquelle paraît aussi, en 1973, la *Géographie rurale, méthodes et perspectives* de J. Bonnamour ; mais on note que le nom de la collection a changé entre-temps pour devenir collection de « Géographie applicable » selon l'expression chère à J. Beaujeu-Garnier, etc.

On s'éloigne des débats sur « l'unité » de la géographie appliquée et de la géographie humaine : « On ne peut, écrit J. Bonnamour, distinguer une géographie qui serait seulement explicative d'une autre susceptible de servir de base à l'action. Toute étude sérieuse peut être applicable à condition que tous les éléments quantifiables le soient, que les conclusions soient exprimées de façon claire et transmissible » (Bonnamour, 1973, p. 134). Quelques années plus tard, en 1978, paraît une *Initiation à la géographie appliquée* par H. Bernard, M. Derruau, B. Dézert, J. Renard et M. Wolkowitsch, ouvrage qui se tient volontairement à l'écart des débats qui ont marqué la décennie précédente[18] mais qui souhaite répondre au besoin de donner un « complément de formation » jugé de plus en plus nécessaire « au géographe universitaire qui se destine à la géographie appliquée ». L'ouvrage se donne ainsi pour tâche d'accompagner les nouvelles filières universitaires de type DEA ou DESS dont la multiplication constitue le phénomène marquant de la fin des années 1970 et, plus encore, des années 1980.

---

14. *Ibid.*, p. 301.

15. Phlipponneau, 1972, pp. 87-97.

16. Beaujeu-Garnier J., Comité national de géographie, Journées géographiques de Nice, 1975.

17. Phlipponneau, 1972, p. 88.

18. « Ce livre n'est pas un plaidoyer pour la géographie appliquée : il ne fait pas double emploi avec l'ouvrage de M. Phlipponneau *Géographie et Action* » est-il précisé dans l'avant-propos.

Les nouvelles formations universitaires

En 1960, M. Phlipponneau se réjouit qu'un décret de 1958 autorise enfin les facultés des Lettres à décerner un diplôme d'expert-géographe et qu'un enseignement portant sur les techniques de la géographie appliquée commence à être dispensé dans certains instituts de géographie[19]. Que de chemin parcouru depuis lors ! En 1971 sont instituées les MST, en 1974 les DESS, en 1977 les licences et maîtrises d'aménagement du territoire auxquels s'ajoutent les formules plus récentes des magistères et des mastères. Au nombre de 30 en 1989, les DESS sont 53 en 1989 et près de 80 en 1996.

Si l'on se réfère au *Guide des formations universitaires pour 1996-1997* publié par le *Bulletin d'Intergéo*[20], on constate qu'existent désormais, outre les DEA, une centaine de formations de troisième cycle (DESS principalement et mastères) spécialisées dans les domaines de l'aménagement, du développement local, de l'environnement, de la gestion des milieux et des paysages, de la cartographie, de l'urbanisme, du tourisme, etc. Quelques exemples pris au hasard montrent à la fois les orientations dominantes et la diversité de ces formations (exemples : DESS « Aménagement et développement transfrontalier de la montagne » à Toulouse, « Aménagement, animation et développement local » à Paris VII, « Activités et aménagements littoraux et maritimes » à Montpellier, « Aménagement et gestion des stations touristiques » à Bordeaux, « Développement rural » à Lyon, « Méthodes et outils au service de la gestion du territoire » à Grenoble, mastère « Management du développement territorial » à Caen, etc.).

Il convient d'ajouter à ces formations un nombre croissant de formations de 1er cycle (ex : DEUST « Gestion de l'espace naturel » à Aix-Marseille ou DEUST « Technicien de la mer et du littoral » à Calais) et de second cycle comprenant notamment des licences et maîtrises en aménagement, administration territoriale, tourisme… (ex : licence et maîtrise « Administration générale territoriale » à Grenoble, maîtrise « Ingénierie de l'espace rural » à Chambéry), une dizaine de formations d'ingénieurs-maîtres en IUP (ex : « Aménagement et développement territorial » à Tours, Pau et Toulouse), une quinzaine de MST (ex : « Environnement et aménagement régional » à Lille, « Cartographie » à Orléans, « Aménagement » à Nantes et à Bordeaux, etc.) et 6 magistères qui rejoignent les formations de 3e cycle (ex : « Aménagement (milieux, espaces, sociétés) » à Paris VIII).

Assurées dans les départements de géographie aussi bien que dans d'autres départements (droit, gestion ou autres écoles), ces formations présentent à la fois un caractère pluridisciplinaire marqué, proposent un nombre de places limité (ce qui suppose une sélectivité à l'entrée), incluent la participation

19. Phlipponneau, 1960, p. 75.

20. *Bulletin Intergéo*, « Guide des formations universitaires 1996-1997 », n° 121-122, 1996, 192 p.

de « professionnels » à la formation et posent l'obligation de stages relativement longs (3 à 6 mois) dans des collectivités territoriales, des entreprises ou des administrations. Le développement de telles initiatives repose souvent sur les liens instaurés avec les collectivités territoriales et le tissu économique local et régional où se situent les débouchés.

Ces formations tendent, depuis une dizaine d'années, à se regrouper dans des associations (telles l'APERAU ou AESOP) où s'élabore une réflexion sur une géographie appliquée désormais beaucoup plus orientée que par le passé vers une démarche interdisciplinaire, où la géographie ne prétend plus monopoliser le champ de l'aménagement du territoire mais entend aider les jeunes géographes à trouver la place qui leur revient naturellement à côté des autres disciplines concernées. C'est notamment le point de vue défendu par M. Bazin, président de l'association européenne AESOP.

Doc. 4 : Les coordinations des formations en aménagement du territoire et urbanisme. *Association of European Schools of Planning* (AESOP)

L'association, créée en 1987 à Amsterdam, est actuellement présidée par Marcel Bazin, professeur à l'université de Reims et directeur de l'Institut d'Aménagement du Territoire et d'Environnement de Reims. Elle regroupe environ 135 instituts de formation (dont 98 de l'Union européenne et une quinzaine de France) représentant 30 pays. Elle se donne pour objectif de promouvoir l'enseignement et la recherche en aménagement du territoire en Europe par une meilleure connaissance réciproque de l'enseignement et de la recherche dans les différents pays et par des échanges entre écoles. Elle organise chaque année un Congrès et produit des rapports et études comparatives sur différents thèmes tels que « l'évolution de l'aménagement en Europe » ou « l'organisation des études doctorales en aménagement du territoire en Europe ». L'association publie également un Répertoire des associations membres et des formations dispensées (2e édition en 1996) ainsi qu'une lettre d'information *AESOP Newsletter* deux fois par an.

Pour information, contacter le secrétaire général: Göran CARS, Royal Institute of Technology, Department of Infrastructure and Planning, 100 44 Stockholm, Sweden.

Doc. 5 : Association pour la Promotion de l'Enseignement et de la Recherche en Aménagement et Urbanisme (APERAU)

Fondée en 1984, l'association est présidée par Pierre Merlin, professeur à l'université de Paris I. Elle regroupe 16 instituts de formation en aménagement et urbanisme et a pour objectif d'assurer la qualité des formations en aménagement du territoire et en urbanisme et de conduire une réflexion d'ensemble sur l'évolution de ces formations, en relation avec les professionnels. Cet objectif s'est concrétisé par la signature d'une charte avec la direction de l'Aménagement et de l'Urbanisme du ministère de l'Équipement qui a fait l'objet d'une évaluation, formation par formation, dont les résultats ont donné lieu à un rapport de synthèse publié en 1995.

Pour information, contacter: APERAU, 1, place Valhubert, 75013 Paris.

Doc. 6 : Conseil français des urbanistes-Commission de réflexion sur la qualification professionnelle

A la demande de l'Association des maires de France, une démarche de définition des pratiques professionnelles et des qualifications a été entreprise entre diverses associations d'urbanistes, avec le soutien de l'État, depuis 1996, au sein du Conseil français des urbanistes, présidé par Philippe Jouvin. La démarche vise à préciser les missions des urbanistes, la déontologie de la profession, les bases de la qualification (formation initiale, formation continue, expérience acquise) ainsi qu'à mettre en place un Office professionnel de qualification à caractère paritaire. L'ensemble de la démarche s'inscrit dans le cadre des travaux du Conseil européen des urbanistes qui a déjà élaboré une « Charte européenne des urbanistes ».

Pour information, contacter le secrétariat général du Conseil français des urbanistes : 11, rue de la Gare, 94230 Cachan.

L'augmentation des effectifs de la géographie « professionnelle » et l'évolution des débouchés

« Le nombre des géographes " professionnels " entrant annuellement dans la vie active, inférieur à 5 vers 1960, était estimé entre 60 et 90 dix ans plus tard »[21] ; «il devait dépasser 150 en 1980 et doit être compris aujourd'hui entre 300 et 500 »[22], ce qui constituerait un univers possible de 5000 à 6000 géographes « professionnels ». Seulement 140 d'entre eux ont été répertoriés dans le *Répertoire des géographes* élaboré par Intergéo (1994).

Si l'on prend prioritairement en compte les formations « professionnalisantes » de 3e cycle (plus d'une centaine), et en supposant qu'elles accueillent approximativement entre 1/4 et 1/3 d'étudiants géographes à l'origine, auxquels il convient d'ajouter les diplômés des MST et des IUP ne poursuivant pas leur études en 3e cycle et les titulaires de licence et de maîtrise d'aménagement susceptibles de se présenter aux concours de la fonction publique territoriale, on peut estimer qu'approximativement 500 à 600 géographes arrivent chaque année sur le marché du travail de la « géographie professionnelle » dans ses multiples aspects. Cet effectif est à comparer à celui des géographes s'orientant vers les concours de recrutement de l'enseignement : environ 1200 candidats géographes au CAPES d'histoire-géographie en 1996 et 111 admis[23].

21. Phlipponneau, 1981, p. 278.

22. Phlipponneau, 1992, p. 54.

23. Certaines estimations vont même au-delà : « La multiplication des formations conduit à une capacité d'accueil dépassant 200 pour les MST, 400 pour les licences et maîtrises d'aménagement, 600 pour les DESS et les DEA à finalité professionnelle déclarée. Une capacité supérieure à 1000 semble dépasser très largement la réalité du marché de l'emploi », Phlipponneau, 1992, p. 62 ; « Deux enquêtes successives de l'Institut de géographie alpine montrent que la part de l'enseignement qui représentait 75 % des débouchés pendant la période 1960-1970 est tombée à 48 % pendant la période 1971-1982 », Phlipponneau, 1992, p. 55 (il faut tenir compte, là aussi, du moindre nombre de postes proposés durant cette période).

Quant aux débouchés de ces formations, il est difficile d'en brosser un tableau complet. Ils se situent principalement auprès des collectivités territoriales, des bureaux d'études, des organismes liés au tourisme, des sociétés d'économie mixte, des Chambres d'agriculture, de commerce et d'industrie ou de métiers, des agences d'urbanisme et dans les métiers de l'environnement, de l'habitat social, etc. Ils présentent souvent la caractéristique de proposer des contrats de mission à durée déterminée (au moins pour les premiers emplois). En ce qui concerne la fonction publique territoriale, les concours d'attaché territorial (ouverts aux titulaires de diplômes bac +3) offrent un plus grand nombre de postes (485 postes en 1992) que les concours « d'administrateur territorial » et « d'ingénieur territorial » ouverts respectivement aux titulaires de diplômes bac + 4 et bac + 5, ce qui conduit souvent les titulaires de DESS à concourir au-dessous de leur niveau de formation.

On note, enfin, qu'alors que les formations « professionnalisantes » étaient, il y a encore quelques années, généralement complémentaires d'une formation initiale généraliste (ex: DESS après une maîtrise de géographie), elles tendent à une spécialisation croissante dès le second cycle (voire parfois le premier cycle), évolution qui conduit à adapter en conséquence le contenu des formations de troisième cycle accueillant des étudiants désormais de plus en plus spécialisés.

L'affirmation (difficile) de la géographie professionnelle

Parallèlement, la fin des années 1980 voit une tentative d'organisation des géographes « professionnels » dans une association créée en 1989 à Toulouse à l'initiative d'un groupe de géographes et urbanistes travaillant principalement dans le secteur privé (bureaux d'études, consultants) et ayant pour objectif d'organiser un réseau de compétences ainsi qu'une réflexion sur la géographie du point de vue des professionnels (séminaires organisés sur la prospective en 1990, sur le rôle des géographes dans la planification en 1993 et participation à une table ronde sur les métiers de la géographie au Festival International de Géographie de Saint-Dié-des-Vosges en 1995)[24].

Les difficultés rencontrées par une telle initiative s'expliquent en partie par le fait que les géographes en situation professionnelle tendent à se définir davantage en fonction de leur champ de compétence professionnel qu'en fonction de leur appartenance à la discipline géographique. Un chargé de mission en aménagement rural au sein d'une Chambre d'agriculture pourra, certes, être un géographe, mais il pourra aussi être un juriste ou un agronome de formation ; les « métiers du géographe » dans le cadre de la « géographie professionnelle » sont, de ce fait, difficiles à définir et ceux qui les exercent ne sont pas

24. L'Association des géographes professionnels est actuellement présidée par Jean-Pierre Neuman.

toujours sûrs de « faire de la géographie ». Ainsi le passage de la discipline généraliste à une compétence particulière semble provoquer en géographie, plus encore que dans d'autres disciplines, telle l'économie, une perte de référence à l'identité de géographe, rendue plus aisée par le faible nombre d'associations d'anciens élèves en géographie. Les associations d'anciens élèves de DESS et autres formations comparables pourraient, à terme, combler ce vide.

Doc. 7 : La géographie appliquée à l'UGI

L'idée de créer une Commission de géographie appliquée au sein de l'UGI naît au Congrès de Stockholm, en 1960, suite à la parution de deux ouvrages, *Applied Geography* de L. Dudley Stamp et *Géographie et action. Introduction à la géographie appliquée* de M. Phlipponneau. Une *section* de géographie appliquée est alors créée. « Les réticences françaises expliquent que c'est finalement le Comité national belge, sous l'impulsion d'Omer Tulippe, qui propose officiellement à l'UGI la création d'une commission de géographie appliquée ». Le terme de « géographie appliquée », « traduction littérale d'*Applied Geography*, est finalement préféré à celui de « commission sur les applications de la géographie » proposé par les délégations belge et française ». Une commission de géomorphologie appliquée avait déjà été créée en 1956 sous l'impulsion de J. Tricart.
Omer Tulippe assure la présidence de la commission de géographie appliquée de 1964 à 1968 ; Michel Phlipponneau lui succède à partir de 1968. La commission devient en 1976 un groupe de travail sur la géographie appliquée et le restera jusqu'en 1984. M. Phlipponneau a exprimé récemment le souhait qu'une commission soit à nouveau réunie sur ce thème au sein de l'UGI. Voir M. Phlipponneau, « La commission de géographie appliquée et le développement des applications de la géographie » *in* Robic Marie-Claire, Briend Anne-Marie et Rössler Mechtield, *Géographes face au monde*, Paris, l'Harmattan, 1996, 464 p., pp. 271-282. Pour un point sur les publications de la commission et du groupe de travail sur la géographie appliquée de l'UGI, voir Anne-Marie Briend, *ibid.*, pp. 369-370.

Doc. 8 : La Commission de géographie appliquée au Comité national de géographie

Le Comité national français de géographie crée, en 1971, une Commission de géographie appliquée. Parmi ses activités récentes, la commission a procédé en 1991 à une enquête auprès des instituts de géographie en France pour faire le point sur la situation de la géographie appliquée dans les universités françaises. Les résultats de cette enquête, publiés dans le n° 108 du *Bulletin Intergéo* en 1992, ont fait l'objet d'une présentation au Congrès de l'UGI à Washington D.C. la même année. La Commission a tenu ses dernières réunions annuelles à Rennes en 1994 sur le thème de la formation des géographes, à Orléans en 1995 sur les métiers de la cartographie, à Aix-en-Provence en 1996 sur le thème des aménagements hydrauliques et à Poitiers en 1997 sur les géographes professionnels et le milieu agricole et rural.

Des relations plus étroites entre les géographes « professionnels » et l'université seraient très souhaitables, tant pour faire mieux connaître les débouchés aux futurs diplômés que pour stimuler les interactions intellectuelles entre les géographes en situation professionnelle, l'enseignement et la recherche. Les réunions conduites ces dernières années par la Commission de géographie appliquée du Comité national français de géographie vont également dans ce sens.

Renouveau de la géographie appliquée en France dans les années 1980

Le contexte des années 1980, marqué par la décentralisation, la montée en puissance des administrations territoriales et l'intégration à l'Europe, ouvre à la géographie appliquée de nouveaux horizons. Dès 1982, R. Brunet, auteur du chapitre concernant la géographie dans le rapport sur « Les sciences de l'homme et de la société en France », présente une image pacifiée et flatteuse des possibilités de la géographie appliquée. « Les géographes sont sans doute ceux des spécialistes de sciences sociales qui admettent le plus aisément de répondre à la demande sociale et qui ont le moins d'états d'âme en la matière » (Brunet, 1982, p. 401).

Passant rapidement sur les débats du passé, cette prise de position annonce des initiatives nouvelles, telle la création de la Maison de la géographie à Montpellier, et s'inscrit dans les possibilités ouvertes par l'émergence de nouvelles problématiques (environnement, tourisme, paysages, milieux, gestion de l'espace, développement territorial) et de nouveaux outils (systèmes d'information géographique), permettant aux géographes de s'affirmer comme des consultants appréciés des collectivités territoriales, des entreprises et des pouvoirs publics. L'analyse des zones d'emploi menée par la DATAR à un niveau infra-départemental au début des années 1980, comme le programme « Prospective et territoires » lancé en 1989, auxquels participent des géographes, en sont des exemples. Par ailleurs, l'utilisation des SIG comme outil pour la gestion des territoires permet aux géographes de renouer avec l'exercice d'appui à la prise de décision et la vision prospective. Les activités du GIP-RECLUS, en liaison avec des partenaires tant publics que privés, ou celles de la SEGESA[25], en donnent des illustrations.

L'enquête conduite par C. Balley et A.-M. Briend, au sein du laboratoire Intergéo, sur « Les géographes et la valorisation » permet de donner une vision d'ensemble des « implications » des géographes au cours des années 1980, qu'il s'agisse des productions concernées (cartes, atlas, bases de données), de l'utilisation des SIG et de la télédétection, des demandes adressées aux géographes pour des études préalables à des actions territorialisées ou pour des expertises, venant des collectivités territoriales, des pouvoirs publics ou des entreprises, ainsi que des créations d'entreprises par les géographes. « Entre 1986 et 1990, 44,8 % des géographes ayant répondu au questionnaire disent avoir eu une activité d'expert » (Balley C., Briend A.-M., 1992, p. 109).

25. RECLUS : Réseau d'Études des Changements dans les Localisations et Unités Spatiales, groupement d'intérêt public ; SEGESA : Société d'Études Géographiques, Économiques et Sociologiques Appliquées, entreprise privée.

Dans les années 1960, il y a incontestablement une originalité française dans le domaine de la géographie appliquée, qui rend compte à la fois du retard relatif et des conditions particulières de son développement, et plus encore de celui de la géographie professionnelle, dans notre pays. Issu, pour une grande part, de la rencontre de la tradition de l'école française de géographie avec les sollicitations nouvelles de la planification régionale et de l'aménagement du territoire à partir des années 1950, le débat porte, dans un premier temps, sur les relations à établir entre la science « pure » et la science « appliquée » ; une science appliquée séparée de la recherche globale court le risque de la stérilisation ; mais l'absence d'applications risque aussi de mettre en cause la qualité même de science de la géographie, ainsi que sa pertinence sociale. Au-delà de la diversité des approches, l'unité de la géographie appliquée et de la géographie humaine est donc finalement unanimement proclamée. La géographie « appliquée » ne saurait constituer une discipline à part de la géographie en général. Ce point n'est pas sans importance au regard de la situation actuelle. On peut même penser qu'il a joué un rôle non négligeable dans le fait que les études de géographie conservent encore aujourd'hui en France, à la différence d'autres pays, une place toujours très importante dans les formations en aménagement, même si, par ailleurs, la situation française s'est largement rapprochée de celle observable ailleurs. Les interactions entre applications, enseignement et recherche en géographie se sont densifiées et l'évolution des filières de formation montre nettement l'influence en retour que le développement des démarches « appliquées » et d'une géographie « professionnelle » a pu avoir sur l'organisation de la discipline.

RÉFÉRENCES

ALLIX André, « Géographie appliquée et géographie régionale » *in La Géographie française au milieu du XXe siècle,* Paris, 1957, 333 p., pp. 289-293.

BAILLY A. *et al.,* « La géographie appliquée », *in Les Concepts de la géographie humaine,* Paris, Masson, 1984, 204 p., pp. 185-189.

BEAUJEU-GARNIER Jacqueline, « La géographie au service de l'action », *Revue internationale des sciences sociales,* vol. XXVII, n° 2, 1975, pp. 290-302.

BERNARD H., DERRUAU M., DEZERT B., RENARD J., WOLKOWITSCH M., *Initiation à la géographie appliquée,* Masson, Paris, 1978, 190 p.

CNRS, *Colloque national de géographie appliquée. Strasbourg, 1961,* Paris, Éd. du CNRS, 1962.

GEORGE Pierre, « Existe-t-il une géographie appliquée ? », *Annales de géographie,* n° 380, juillet-août 1961, pp. 337-346.

GEORGE P., GUGLIELMO R., KAYSER B., LACOSTE Y., *La Géographie active,* Paris, PUF, 1964, 394 p.

LABASSE Jean, *L'Organisation de l'espace. Éléments de géographie volontaire,* Paris, Hermann, 1966, 605 p.

LACOUR Claude, PUISSANT Sylvette, « Géographie appliquée et science des territoires » *in Encyclopédie de la géographie,* BAILLY A., FERRAS R., PUMAIN D. (dir.), Paris, Économica, 1992, pp. 1003-1022.

MEYNIER André, « La géographie appliquée » *in La Géographie française au milieu du XXe siècle,* Paris, 1957, 333 p., pp. 281-287.

PHLIPPONNEAU Michel, *Géographie et Action. Introduction à la géographie appliquée,* Paris, Armand Colin, 1960, 227 p.

PHLIPPONNEAU Michel, « Une enquête sur les applications de la géographie et les débouchés pour les étudiants », *in La Pensée géographique française contemporaine. Mélanges offerts au professeur A. Meynier,* Presses universitaires de Bretagne, 1972, pp. 87-97.

PHLIPPONNEAU Michel, « L'essor de la géographie appliquée », *Revue internationale des sciences sociales,* 1981, vol. XXXIII, n° 1, pp. 148-176.

PHLIPPONNEAU Michel, « UGI. Congrès de Washington. Août 1992. Commission de géographie appliquée : une relance des recherches sur la géographie », *Bulletin Intergéo,* n° 108, 1992, pp. 51-63.

SPORCK A., « La géographie au service de l'homme grâce à l'aménagement du territoire », *in Mélanges de géographie offerts à Omer Tulippe,* vol. II, Gembloux, 1967, 660 p., pp. 435-441.

TRICART Jean, « Les recherches appliquées de l'Institut de géographie de Strasbourg en AOF », *Revue de l'enseignement supérieur,* 1957, n° 2, pp. 67-76.

TULIPPE Omer, « La géographie appliquée », *Bulletin de la société belge d'études géographiques,* 1956, pp. 59-113.

LA DIDACTIQUE DE LA GÉOGRAPHIE ENTRE INNOVATION ET CONNAISSANCE DE L'ENSEIGNEMENT

François Audigier, Institut National de Recherche Pédagogique, Paris

Depuis toujours, et comme les autres enseignants, ceux de géographie se sont intéressés aux moyens d'améliorer leur enseignement. Le renouvellement des contenus, d'abord, constamment nécessaire puisque le monde change et que ce qu'on en dit, en particulier ce qu'en disent les géographes, change également ; celui des méthodes d'enseignement, ensuite, lié aux expériences et réflexions pédagogiques et principalement de l'importance constamment affirmée des méthodes actives.

De façon plus systématique, et dans des dispositifs d'ampleur inconnue jusqu'alors, des travaux sur l'enseignement de l'histoire et de la géographie se développèrent dans les années 1970, principalement à l'INRP. Ils prirent la forme de recherches-actions, c'est-à-dire de recherches associant des enseignants et des chercheurs et directement ancrées sur les classes, en vue de donner un contenu solide, notamment géographique, aux activités d'éveil à l'école élémentaire, et de renouveler contenus et méthodes au collège et au lycée. Ces recherches se référaient principalement à la géographie en tant que science mais, s'intéressant à l'enseignement et aux apprentissages des élèves, elles empruntaient également à divers travaux sur l'apprentissage et plus généralement sur l'éducation. Parmi ces emprunts, le psychologue américain J.S. Bruner occupait une place privilégiée ; il affirme, par exemple, la possibilité d'approcher une science de façon pertinente dès le jeune âge pour peu que l'on s'appuie sur son noyau dur, ses concepts essentiels et la nécessité d'une construction spiralaire des savoirs – c'est-à-dire de plusieurs retours, de plus en plus complexes et diversifiés, sur ce qui est le noyau de la discipline. Le terme de «didactique» n'était pas employé pour qualifier ces travaux ; pour la géographie, comme pour l'histoire, on parlait alors de «recherche pédagogique». Certes le terme de didactique était déjà utilisé dans certains cercles de géographes, par exemple à l'université de Paris VII au sein de l'UFR de Didactiques des Disciplines, mais sans que cela se traduisît par des recherches systématiques et publiées. La formation des enseignants était une priorité.

Avant de migrer vers d'autres disciplines, le mot «didactique» fut d'abord utilisé par des chercheurs travaillant sur l'enseignement des mathématiques en liaison avec la réforme de cet enseignement à l'école élémentaire. Cette réforme fut accompagnée de la création des Instituts de Recherche sur l'Enseignement des Mathématiques (IREM), instituts chargés du recyclage des instituteurs au sein desquels se développèrent en même temps des recherches sur l'enseignement de cette discipline. Ces recherches prirent le qualificatif de didactique pour marquer le fait qu'elles s'intéressaient à l'enseignement, non pas d'un point de vue général, par exemple sur les méthodes ou les dispositifs comme le faisaient et le font des recherches qualifiées de pédagogiques, mais qu'elles interrogeaient l'enseignement à partir de la spécificité des contenus. L'enseignement et l'apprentissage ne sont pas les mêmes selon qu'il est question de mathématiques, de français, de sciences physiques, d'histoire, de géographie, etc.

Pour l'enseignement de la géographie, «didactique» commença à être utilisé de façon régulière au début des années 1980. Le passage de «pédagogique» à «didactique» correspondit à un constat, qui suivit cette première série de travaux, et à une réorientation des recherches sur l'enseignement de la géographie. Le constat portait sur les difficultés que rencontraient l'extension et la diffusion des innovations faites durant la décennie précédente et considérées comme réussies, sur les résistances au changement, plus simplement, sur la coexistence très délicate des logiques habituelles de la géographie scolaire avec les pratiques et les contenus renouvelés, sur l'émergence de quelques questions plus précises qui requéraient un traitement fouillé. Les recherches en didactique de la géographie désignaient toujours pour la plupart des recherches-actions, des innovations, des tentatives en classe, dont l'axe commun était la réaffirmation encore plus forte d'un nécessaire renouvellement de notre discipline. Mais, elles avaient des perspectives plus précises et par là plus modestes que les vastes constructions de la décennie précédente. En développant ces approches plus limitées mais aussi plus approfondies, elles modifiaient les orientations et le contenu des travaux sur l'enseignement de la géographie. En particulier, elles se proposaient d'analyser, de décrire et d'interpréter la géographie scolaire, pour mieux la connaître et mieux la comprendre. Celle-ci fut alors construite comme un objet d'étude autonome, la géographie scolaire. En quelques années, le terme «didactique de la géographie» se répandit progressivement, non sans ambiguïté. Nous restons ici dans le domaine de la recherche, mais il serait utile d'interroger l'usage et le sens du mot dans les domaines de la formation initiale et continuée ou celui de la certification, par exemple dans les concours internes.

Désormais, comme les autres didactiques, la didactique de la géographie poursuit deux ambitions distinctes, complémentaires mais parfois contradictoires : d'un côté, la recherche d'une meilleure connaissance de la géographie présente à l'école, de l'autre, la recherche constante de son amélioration.

Si les réformes, les changements, les évolutions ont tant de mal à se glisser et à s'étendre dans nos classes, ce n'est pas parce que les enseignants sont insuffisamment formés ou les programmes mal rédigés ou trop copieux, mais parce qu'il y a des contraintes, des raisons, des facteurs, des logiques qu'il convient d'analyser très précisément. La didactique s'efforce de construire et de développer ces analyses en privilégiant ce qui relève de la spécificité des savoirs, pour nous, de la géographie. La formation des enseignants en géographie et la définition des programmes sont certes choses bien importantes, mais elles ne sauraient à elles seules tenir lieu de raison et de domaine d'action pour la géographie scolaire.

Accepter ce double point de vue pour la didactique de la géographie, c'est affirmer que l'enseignement de la géographie, mérite, à l'égal des autres activités sociales, d'être construit comme objet de connaissance et de recherche. Cela ne signifie pas que les discours didactiques sont les seuls valables pour l'enseignement. Ce serait absurde. Mais nous devons exiger pour l'enseignement de la géographie autant de rigueur dans la connaissance et les discours que pour les autres objets ou pratiques sociales. La tâche est rude, comme pour toute autre science humaine ; la tâche est encore plus rude lorsque l'on constate à quel point l'enseignement est le lieu où se projettent le plus massivement tous les fantasmes et tous les discours affirmés comme vrais au nom de l'expérience de chacun comme élève, parent ou enseignant. Il ne viendrait à aucun géographe qui étudie un lieu ou un espace l'idée d'accepter comme une vérité définitive ou unique ce qu'une personne dit de ce lieu ou de cet espace, parce qu'elle y vit ou qu'elle l'a vu ; ayant tous été élèves, étant souvent également enseignants et parents, nous avons constamment tendance à considérer ces expériences de l'École comme immédiatement compréhensibles, vraies et généralisables. L'École en général et notre discipline en particulier méritent mieux.

Pour connaître, analyser, décrire et interpréter l'enseignement et l'apprentissage, la didactique doit donc construire ses problématiques, ses méthodes, ses modèles d'analyse et d'interprétation, ses outils conceptuels. Pour ce faire, elle emprunte nécessairement à d'autres sciences, à d'autres domaines. En effet, la géographie, pas plus que les autres sciences sociales, ne dit comment elle est construite, transmise, diffusée, reçue, comprise... dans la société. Certes, les travaux de géographes portant sur l'épistémologie, sur l'histoire, voire sur l'écriture de la géographie se sont multipliés depuis quelques années. Ils apportent de très utiles références et ouvertures pour les didacticiens. Mais s'ils lui sont nécessaires, ils sont insuffisants. Il faut les compléter et aller chercher ailleurs outils et inspirations. Ces emprunts sont potentiellement nombreux.

Emprunts aux autres didactiques, d'abord qui, ont été les premières à construire, à formaliser et donc à proposer des concepts spécifiques. Certains ont été peu réutilisés dans notre domaine, tel celui de «coutume didactique», d'autres le sont plutôt rarement, tel celui d'«objectif obstacle», d'autres encore attendent que l'on examine leur fécondité potentielle (la «pratique sociale de référence»), d'autres enfin ont très vite connu une grande fortune, tel celui de «transposition didactique».

Concepts en didactique de la géographie : l'exemple de la transposition didactique

Dès lors que la didactique s'affirme comme un champ de recherche, un domaine de connaissance qui interroge de façon particulière l'enseignement à partir de la spécificité des contenus enseignés à l'École, les chercheurs se comportent comme ceux de tout autre science et créent peu à peu les problématiques, les concepts, les méthodes, les théories, etc. qui sont nécessaires. Première venue, la didactique des mathématiques a aussi été la première à construire et à proposer des concepts, tels ceux de « contrat didactique » ou de « transposition didactique ». La didactique des sciences, tout en travaillant ceux offerts par les mathématiciens, en a construit d'autres tel ceux de « pratique sociale de référence » ou d'« objectif-obstacle ». Les didacticiens de la géographie n'ont pas, jusqu'à présent, construit de concepts particuliers; ils ont fait quelques emprunts et parfois se sont interrogés sur leur pertinence pour la didactique de la géographie. Les prises de position en ce domaine ont été souvent vives, mais les débats argumentés beaucoup plus rares. Parmi les divers concepts, nous prenons ici comme exemple le plus célèbre de ceux qui ont migré vers nous celui de « transposition didactique ». Les uns l'ont d'emblée refusé en affirmant, soit qu'il n'y a aucune transposition. entre géographie savante et géographie scolaire puisque la seconde n'est que l'adaptation, la simplification de la première, soit que les références de la géographie scolaire étaient trop variées, trop complexes et trop débattues pour constituer un objet à transposer; d'autres se sont emparés du terme avec autant de passion, en observant que puisque son auteur désignait des écarts entre les savoirs savants, les savoirs à enseigner, c'est-à-dire ceux définis par les concepteurs de programme, et les savoirs enseignés, c'est-à-dire ceux définis par le professeur dans chaque classe singulière, il fallait s'efforcer de réduire les écarts pour approcher au plus près la science de l'École. Diverses positions intermédiaires sont également possibles.

•••

Pour étudier l'intérêt de tels concepts pour la didactique de la géographie, il convient d'affirmer deux idées :

– les concepts ne désignent ni des choses, ni la réalité ; ce sont des outils pour penser la réalité,
– nous nous situons selon un point de vue résolument constructiviste.

Cela signifie que nous n'avons connaissance de la réalité que par la médiation des langages, langages correspondant aux cultures dans lesquelles nous sommes plongés, aux univers dans lesquels nous proposons de nous situer. Ces langages sont autant des langages verbaux qui utilisent des mots, des concepts, et se présentent sous forme linéaire, que des langages utilisant d'autres signes et d'autres formes notamment spatiaux. Ajoutons que les gestes aussi sont des langages.

Il en ressort que l'important est d'étudier précisément ce que ces concepts didactiques, comme tout autre concept importé, nous permettent de penser et de construire sur l'enseignement de la géographie et de confronter ces constructions avec les matériaux recueillis. Pour aller au fond du travail avant de faire «nomadiser ce concept», nous devons considérer avec attention ce que son inventeur en dit. L'auteur qui a formalisé ce concept pour la didactique et qui est donc à l'origine de sa diffusion, est un didacticien des mathématiques, Yves Chevallard. Cependant, un chercheur conséquent ne saurait se limiter à la seule construction qu'il propose. En effet, comme il l'écrit à plusieurs reprises, son travail est très largement inspiré par la thèse d'un sociologue, Michel Verret. Celui-ci est, en fait, le premier à avoir formalisé l'expression de transposition didactique. Dans sa thèse intitulée « le temps des études », il étudie les manières dont l'organisation du travail, en particulier ce qui est lié à, ou déterminé par, le temps, ses découpages et ses usages, construit un ou des rapports au savoir. Il étudie cette construction pour les étudiants de philosophie, de sociologie et de psychologie de l'université de Lille. Pour ce faire, il considère l'emploi du temps des étudiants, celui mis en œuvre par eux-mêmes et celui déterminé par les autorités universitaires notamment dans et par l'organisation de l'enseignement. Ainsi, sous le titre général de « Transposition didactique », il énonce que « toute pratique d'enseignement d'un objet présuppose en effet la transformation préalable de son objet en objet d'enseignement ». La suite du chapitre correspondant analyse les différentes composantes de cette transformation. Ce n'est pas le lieu ici d'en faire une exposition complète, mais insistons simplement sur le fait qu'il s'agit d'une construction complexe d'un modèle d'analyse et d'interprétation de cette transformation. A sa suite, Chevallard reprend ce concept pour analyser pourquoi, et surtout comment, l'École produit des savoirs soumis aux contraintes du fonctionnement didactique, notamment de la transposition didactique. Par exemple les savoirs à l'École doivent pouvoir être enseignés, appris et évalués. Avec ce concept et donc avec toutes les modalités et tous les caractères qu'il appelle, Chevallard analyse la transformation des objets de savoir, depuis leur élaboration en mathématiques dans le champ savant jusqu'à leur enseignement. Il réutilise par exemple les descriptions de Verret, pour mettre en évidence des processus comme la décontextualisation, c'est-à-dire le fait que les connaissances mathématiques sont introduites dans les programmes scolaires dans des contextes différents de ceux de leur construction dans les savoirs savants. Autrement dit, tel ou tel théorème n'est pas introduit à l'École pour répondre aux mêmes questions que celles auxquelles il répond dans les mathématiques savantes.

Chevallard propose ainsi un modèle pour analyser l'élaboration du savoir scolaire en distinguant la transposition externe, c'est-à-dire la construction de savoirs « à » enseigner par les concepteurs des programmes et autres personnes qui diffusent des normes dans l'enseignement, et la transposition interne qui est celle que l'enseignant opère, dans sa classe, en fabriquant du savoir enseigné. Pour la didactique de la géographie cela signifie qu'il est intéressant, pour comprendre quelque chose à cet enseignement, de considérer ces déterminations, ces contraintes et ces processus et leur rôle créateur de savoirs scolaires. Ainsi, le Brésil enseigné en trois ou quatre heures en classe de cinquième est un objet particulier non réductible à toute simplification ou toute image du Brésil d'Hervé Théry ou de tout autre chercheur. C'est le même réel, le Brésil, qui est la référence, ce n'est pas le même Brésil qui est en classe. Ce ne sont ni les mêmes mots, ni les mêmes images, ni les mêmes cartes, ni la même mise en scène, etc. Nous ne connaissons pas « le » Brésil dans son essence ou sa totalité, mais les constructions qui en sont faites ; l'élève est mis en contact, pendant les cours de géographie, avec un Brésil construit par l'École. Comprendre l'enseignement de la géographie, demande de comprendre ces objets particuliers présents à l'École, depuis leur construction jusqu'à leur appropriation et leur réélaboration par les élèves.

Une analyse critique de ce que ce concept apporte à la didactique de la géographie conduit aux observations suivantes :

– la transposition didactique nous avertit des transformations qui affectent les savoirs scolaires et nous interdit de les penser comme des simplifications des savoirs savants, qui en respecteraient les caractères essentiels ; il convient donc de réexaminer les relations entre la géographie scolaire et ses références ;

– la transposition didactique n'est pas un outil pour modifier ou améliorer la géographie scolaire. Ce qui est normal, car ce n'est pas son objet. La transposition didactique est un outil pour analyser des transformations, des processus de création de savoirs et plus encore de création des rapports que les individus entretiennent avec les savoirs qui leur sont enseignés.

Mais, et nous entrons là dans le domaine des réserves à faire concernant ce concept, l'affirmation selon laquelle il y aurait un cheminement qui part des savoirs savants pour conduire vers les savoirs enseignés est fortement suspecte. Si à première vue, les mathématiques sont effectivement produites par des mathématiciens, les savoirs présents dans l'enseignement de la géographie sont loin de ne provenir que des géographies savantes. L'étude de quelques manuels ou des observations de classe nous informent rapidement que la géographe enseignée rassemble une grande diversité de savoirs, de connaissances, d'outils et que ses références sont donc très diverses.

Ainsi, au-delà de ses apports, le concept de transposition didactique se révèle insuffisant pour penser la géographie scolaire (mais existe-t-il des concepts « suffisants » ?). Il nous faut donc avoir recours à d'autres concepts, par exemple ceux de discipline scolaire et de culture scolaire. Ce sont eux qui servent à la présentation du modèle de la géographie scolaire.

F. A.

Emprunts aux nombreuses sciences qui étudient la construction ensuite, la transmission, la diffusion et l'appropriation des connaissances, des discours et théories sur le monde, sur les sociétés. Les références déjà introduites ou potentiellement pertinentes sont très nombreuses. Parmi elles, s'imposent les sociologies de la connaissance ainsi que la psychologie dans ses diverses variantes. Plus spécialisées et plus proches de nos préoccupations sont les sciences de l'éducation qui incluent cette diversité des approches. Dans ce vaste ensemble très composite, distinguons la psychologie sociale et la branche de la psychologie cognitive qui étudie la réception des textes. La psychologie sociale nous a proposé le concept de représentations sociales qui a rencontré sous diverses formes celui de «représentations spatiales».

Didactique de la géographie et représentations

Avec ou sans adjectif, le mot de représentation(s) est très en usage dans l'enseignement de la géographie, en formation et en didactique. Il traduit une idée aujourd'hui en principe largement partagée : l'élève n'est ni une page blanche sur laquelle écrire le texte du savoir, ni un verre vide à remplir avec le nectar de la connaissance. C'est-à-dire que, avant l'enseignement, l'élève sait des choses sur l'objet qui va lui être enseigné, soit sur l'objet lui-même, les États-Unis ou la Côte-d'Ivoire, soit sur le domaine d'étude privilégié, l'agriculture, les villes ou la population, et que ce déjà-là joue un rôle dans la manière dont l'élève accueille et interprète les informations qui lui sont transmises, dont il élabore sa propre connaissance.

• • •

En didactique de la géographie, le terme « représentations » a deux grandes origines si l'on met à part tout ce qui relève des représentations graphiques et cartographiques. Chacun de ces courants a donné lieu à de très nombreux travaux, dont nous ne suggérons ici qu'un aspect très limité de leurs orientations communes:

– en géographie, elles sont pour l'essentiel spatiales; elles prennent en compte et étudient les manières dont les individus construisent l'espace, se représentent l'espace, les lieux, principalement mais pas uniquement l'espace vécu, et comment ces représentations contribuent à construire leurs pratiques de l'espace et donc l'espace social lui-même. Ces représentations ont aussi une dimension évaluative; elles appellent donc une réflexion éthique et axiologique;

– en psychologie sociale, les représentations sont sociales; elles étudient les manières dont les personnes construisent des théories sur le monde. Ces constructions sont partagées au sein de groupes plus ou moins larges et servent également à définir ces groupes, c'est pourquoi elles sont sociales. Elles jouent un rôle de médiation dans la façon dont nous recevons, évaluons, traitons et interprétons les informations qui nous parviennent.

Mais si les unes sont plutôt spatiales et les autres résolument sociales, il convient de ne pas opposer les deux termes. Les représentations spatiales peuvent également être considérées comme sociales, les représentations sociales peuvent étudier des objets spatiaux, des espaces. Il y a donc tout intérêt, comme le font certains auteurs, à réunir les deux approches. Le spatial nous avertit de l'utilité qu'il y a à considérer de façon spécifique les langages spatiaux et à les différencier ainsi des langages verbaux. Cette ouverture sur les langages est *a priori* un champ de travail très fécond mais les travaux sur ce sujet sont encore très peu nombreux.

Dans le domaine de l'enseignement et plus particulièrement pour la didactique, les usages du terme sont souvent peu explicites et parfois quelque peu boiteux. Deux questions sont principalement posées: comment les connaître? Comment utiliser ce que l'on en sait?

Précisons d'emblée que les représentations ne sont pas des choses, des objets que l'on attraperait aisément avec le piège plus ou moins bien construit d'un questionnaire ou d'une enquête. Étudier les représentations que les élèves ont de tel ou tel objet requiert, d'une part une connaissance de cet objet et du champ théorique dans lequel on le situe, d'autre part une maîtrise suffisante du sens que l'on donne au terme de représentations et de la théorie dans laquelle on place cette étude. « Représentations » n'est pas un concept dont le sens est bien stabilisé. En revanche, si nous nous situons dans un champ plus précis comme la psychologie sociale, il acquiert une certaine stabilité. Ainsi, Moscovici qui est à l'origine du renouveau de la théorie des représentations sociales dans ce champ, définit trois dimensions pour la représentation: l'une a trait aux informations et à leur quantité, l'autre à la délimitation plus ou moins ample de l'objet, la dernière à la position affective du sujet. Étudier les représentations sociales demande donc d'étudier rigoureusement ces trois dimensions. Ajoutons que la dimension affective est particulièrement importante pour nous puisque nous étudions des objets et des activités sociales qui sont immédiatement évalués par les sujets.

La connaissance de ces représentations demande également de la rigueur. N'étant pas des choses, nous ne recueillons pas des représentations comme des objets; nous recueillons des énoncés, des phrases, des associations, des images etc. Les représentations sont un cadre théorique pour interpréter ces matériaux. La réification est un danger permanent.

Quant aux usages, si dans le cadre de la recherche, cela ne soulève pas de problèmes spécifiques, dans l'enseignement cela est beaucoup plus délicat. D'une part, ce sont des individus qui s'expriment, mais c'est à la classe que le professeur a affaire, d'autre part, les représentations que l'élève a de l'objet étudié sont loin de recouvrir l'ensemble des facteurs qui interviennent dans sa manière de se situer par rapport à la géographie qui lui est enseignée. Il y a tout un ensemble d'autres éléments qui relèvent de ses comportements d'apprentissage, de ses attentes, de sa place dans le groupe classe, de ses relations avec le professeur, de sa conception de la géographie scolaire, etc. La prise en compte des représentations dans l'enseignement demande de considérer également ces différents éléments.

Enfin, travailler sur les représentations, c'est aussi poser des questions complexes et importantes sur le savoir géographique à l'École, sur les relations entre représentations sociales et connais-

• • •

• • •

sances scientifiques. Ainsi, par exemple, l'enseignement de la géographie a-t-il pour objet principal de faire entrer les élèves dans la manière particulière que les géographes ont de parler et de dire le monde ou a-t-elle pour objet d'aider chaque individu à insérer dans ses représentations quelques éléments venant des savoirs géographiques pour l'aider à dire autrement son expérience quotidienne ? Autrement dit, étudier un paysage en cours de géographie, est-ce s'approprier la construction patiente et raisonnée qu'a produit, sur cet objet, le géographe avec ses questions, ses problématiques, ses concepts, etc. ou est-ce laisser au maximum les élèves s'exprimer et leur transmettre des mots et quelques embryons de méthode pour qu'ils aient une vue moins spontanée du paysage et par là, nous l'espérons, de tout paysage ? Continuité ou rupture entre sciences et sens commun ? Position intermédiaire des savoirs scolaires et des représentations sociales ? Ici aussi le débat demande à être développé.

F. A.

L'étude de la réception des textes est également très pertinente dans la mesure où le savoir géographique, comme la plupart des savoirs qui parlent de l'expérience que nous avons du monde, se présente comme un texte constitué dont le professeur négocie la transmission et la compréhension par mille ruses appuyées sur un grand nombre d'auxiliaires – autres textes, images, cartes, etc. Ces travaux mettent en évidence l'importance du récepteur et de son monde dans les processus de compréhension, rejoignant ainsi les approches en termes de représentations sociales. Notre discipline qui, pour construire son texte et le communiquer, combine des langages différents, verbaux et spatiaux, présente la particularité d'inviter à des travaux spécifiques. Un domaine plus marginal mais qui s'intéresse, comme l'enseignement, à la diffusion de connaissances dans la société, est la vulgarisation scientifique ; certes, maints enseignants seraient offusqués qu'on les réduise voire qu'on les compare avec des vulgarisateurs. Cependant, l'étude des moyens, des procédures, des mises en scène à l'œuvre dans les divers lieux et médias de vulgarisation ont bien des choses à nous apprendre sur les moyens, les procédures, les mises en scène à l'œuvre dans les classes. L'objet de la vulgarisation est de faire comprendre, celui de l'École de faire apprendre.

Enfin, le «retour de l'acteur» qui se manifeste en sociologie et en histoire notamment; ce retour nous offre des problématiques nouvelles et pertinentes pour étudier les manières dont les professeurs, dans leur classe, négocient avec leurs élèves le texte du savoir. Il existe un modèle disciplinaire très fort et très puissant, dont la cohérence correspond à ce qu'on attend de la géographie scolaire, mais connaître la géographie scolaire c'est aussi étudier comment chacun met en œuvre les petits arrangements, les compromis locaux propres à ses conceptions et aux situations dans lesquelles il enseigne.

Ces exemples ne sont que quelques ouvertures possibles vers des emprunts permettant la construction de problématiques didactiques fécondes. Malheureusement, les didacticiens de la géographie sont encore trop peu nombreux, peu habitués à débattre de leurs théories, très préoccupés par leur contribution à la défense de la discipline et par là très attachés à se caler en priorité sur et dans la géographie-science. Pourtant les travaux à mener et les croisements féconds sont nombreux. S'intéressant d'abord aux enseignements primaire et secondaire, la didactique devrait trouver des échos de plus en plus grands dans le supérieur. Après tout, la réussite des étudiants de premier cycle, et donc de l'enseignement qu'il leur est donné, n'est pas si éblouissante que l'on y néglige ce qu'apporterait la didactique.

Ainsi approchée, on comprend aisément que la didactique de la géographie met au centre de son travail et de ses préoccupations ce qui se déroule en classe, depuis l'analyse du savoir qui se construit et se transmet jusqu'à l'évaluation des apprentissages dont ce savoir est l'objet. Si la classe est le centre de la géographie scolaire et donc de la didactique, celle-ci fait également porter sa réflexion d'un côté sur les finalités de notre discipline, sur l'étude de ses références (qui sont loin de se résumer aux seules géographies scientifiques), et de l'autre sur le sens que la géographie scolaire, que les compétences transmises dans ce cadre ont pour les élèves. Le débat s'ouvre alors sur les valeurs, sur la contribution de la géographie à la construction de la culture commune, du lien social et politique, de la citoyenneté.

Didactique de la géographie et langage cartographique

Mener une réflexion didactique sur les usages scolaires de la cartographie oblige – quel que soit l'objet d'étude, cartes des manuels, croquis produits par le professeur, par les élèves – à prendre en compte la dimension langagière de l'activité cartographique. J. Goody[26] a montré comment le passage de l'oral à l'écrit a engendré de profondes modifications de sens dans le discours tenu sur le monde. Prolongeant ce point de vue, on considérera comme nécessaire d'admettre que lire des cartes et produire des croquis sont des actes qui construisent un réseau de significations différent de celui qui l'aurait été par le langage verbal. S'interroger sur les contraintes et possibilités qu'offre le système d'expression cartographique est donc un axe de réflexion didactique, certes encore peu fréquenté mais fécond. Cela nécessite d'emprunter aux sciences du langage les concepts nécessaires à la construction de telles interrogations.

On conviendra aisément que le système d'expression cartographique est un système mixte qui associe graphique et verbal mais accorde la priorité aux aspects graphiques. Si bien que c'est du côté de la sémiologie (étude des systèmes de signes), plus particulièrement de la sémiologie graphique qui s'intéresse à la production d'images, qu'il faut se tourner. La classification de Peirce[27] offre alors une entrée intéressante : il propose en effet de distinguer trois grandes familles de signes selon le rapport qu'ils entretiennent avec le référent (la réalité dont ils sont le substitut), l'icône, l'index, le symbole. Cartes et croquis se situent clairement du côté de l'icône, classe des signes dont la signification entretient une relation d'analogie avec ce qu'ils représentent, alors que le langage verbal est tout entier dans le symbole, classe des signes qui entretiennent avec le référent une relation de convention.

Cette relation d'analogie qui fait la richesse de l'expression cartographique par le pouvoir d'évocation apparaît aussi comme une contrainte dès lors que la carte ou le croquis visent à construire un discours sur le monde dont le niveau d'abstraction est élevé, car il n'est souvent pas perçu comme tel par les élèves qui le reçoivent (le professeur dessine un axe, l'élève perçoit et dessine une route).

• • •

26. Goody J., *La Raison graphique,* Éditions de Minuit, 1979.

27. Peirce C.S., *Écrits sur le signe,* Éditions du Seuil, 1978.
Joly M., *Introduction à l'analyse de l'image,* Nathan, 1993.

• • •

Par ailleurs, quel que soit le niveau d'abstraction du discours, le cadre de référence au sein duquel s'exprime ce discours (le fond de carte) reste toujours, sauf dans le cas des anamorphoses et dans celui de certaines cartes-modèles, dans un rapport d'analogie forte avec le réel : le fond de carte est une image (par opposition à diagramme et métaphore dans la classification des différents signes iconiques) à une échelle donnée du territoire. Tout ce que le cartographe dessine ensuite s'inscrit et prend signification dans cette image, ce qui est en haut de la feuille est au nord, ce qui est à gauche est à l'ouest... Un tel cadre paraît parfaitement approprié pour exprimer des idées se référant au concept de distance mais beaucoup moins lorsque ce concept est utilisé dans une approche non métrique : comment représenter l'idée qu'un homme d'affaires de Rio de Janeiro est plus proche, en termes de réseau de relation, de son homologue de Manhattan que de son « voisin » habitant une *favela* à quelques centaines de mètres de ses bureaux ? De même, tout ce qui impose le recours à des changements d'échelle est difficile à représenter. Quand ils travaillent sur l'organisation de l'espace du Royaume-Uni, les élèves n'ont aucun mal à montrer comment le Bassin de Londres est ancré à la « mégalopole européenne » ; pour peu que le Nord-Ouest de l'Europe soit porté sur le fond de carte. Inversement l'idée que Glasgow, Édimbourg, Cardiff puissent être rapprochés de Nantes, Bordeaux, Toulouse dans une « orbite des hautes technologies » est très rarement représentée, alors même que la base documentaire à partir de laquelle ils travaillent développe cette idée : relier les villes britanniques à d'autres non présentes sur le fond de carte leur paraît impossible. Il s'agit donc bien là d'une contrainte, qui pourrait être nommée « contrainte du cadre », que le didacticien doit analyser et prendre en compte pour, si nécessaire, la contourner (dans l'exemple présent inciter les élèves à travailler systématiquement sur des fonds de carte à diverses échelles est une voie possible).

La sémiologie invite également à considérer le système d'expression cartographique sous l'angle des rapports signifiant-signifié. Le cadre théorique proposé par Hjelmslev[28] paraît particulièrement pertinent car il permet de ne pas séparer graphique et légende. Hjemslev propose en effet de considérer, d'une part la forme de l'expression (figurés graphiques et textes associés) et son substrat (les traits et les couleurs sur la feuille), d'autre part la forme du contenu (les idées qui sont exprimées à l'aide de concepts) et son substrat (l'objet d'étude). Si on compare le système d'expression cartographique au langage verbal, on est amené à considérer que les substrats sont semblables (traits et couleurs pour l'expression, objet d'étude pour le contenu) et l'attention est attirée vers ce qui varie : la forme de l'expression et, de façon moins évidente, la forme du contenu. Cette approche permet en effet de construire de façon plus fine la question des rapports du signifiant et du signifié. La cartographie, langage synoptique et non séquentiel, permet-elle de produire le même ensemble de significations que le texte écrit, un système verbal, séquentiel et non synoptique ? Quelques éléments de réponse peuvent dès maintenant être avancés : il y a des formes de contenu mieux adaptées au système d'expression cartographique, en particulier toutes les idées sur l'espace faisant appel au concept de structure (ce qui permet de rendre compte du succès, en termes de communication, des croquis chorématiques) ; inversement il y a des formes de contenus qui s'expriment difficilement sous une forme non séquentielle, c'est le cas des idées s'articulant sur le concept de dynamique spatiale (d'où l'invention du chronochorème qui permet de réintroduire du séquentiel dans un système d'expression qui ne l'est pas naturellement).

La forme contraint le fond, la réflexion didactique ne peut, à propos des usages scolaires de la cartographie, le négliger. La carte que l'élève étudie, le croquis qu'il dessine doivent être questionnés, à l'aide des concepts de la sémiologie, à la fois sous l'angle des rapports signifiant-référent et sous celui des rapports signifiant-signifié.

M. Journot, professeur au lycée de Charolles, INRP.

28. Hjelmslev L., *Prolégomènes à une théorie du langage,* Éditions de Minuit, 1963.
Floch J.-M., *Petites mythologies de l'œil et de l'esprit,* Hadès-Benjamin, Paris-Amsterdam, 1985.

CONCLUSION DE LA TROISIÈME PARTIE

La position de la géographie dans les différents champs où elle peut être mise en relation dans la France d'aujourd'hui est mouvante et contrastée. Au premier constat fondamentalement pessimiste (faiblesse des relations avec les travaux géographiques d'autres pays, héritage ancien d'une marginalisation au sein des sciences sociales, dépendance d'un débouché scolaire où elle ne fait même pas figure de « brillant second », difficulté de mise en évidence d'une identité « professionnelle », position ambiguë dans les études d'aires culturelles...), semblent s'opposer des signes d'identité réaffirmée et de recentrage intellectuel, de désenclavement, de développement d'échanges de moins en moins déficitaires. Mais le poids des inerties reste fort. On ne peut qu'espérer que le prochain *État de la géographie* décrira une position nettement plus affirmée dans ses différents champs d'échanges, donc un autoportrait plus ferme, puisque décrire une position c'est – tous les géographes le savent – donner les caractéristiques du lieu situé ; plus les liens sont forts et nombreux, plus le pôle est important et dynamique.

BIBLIOGRAPHIE DE LA TROISIÈME PARTIE

Annuaire de la recherche géographique francophone, Paris, Intergéo-CNRS, 1992.

Asociación de Geógrafos Españoles (AGE), *Directorio de socios*, Murcia, 1995.

Asociación de Geógrafos Españoles (AGE), *La nueva realidad geográfica en España, Boletín,* n° 21-22, 1996.

Association des Géographes Français (AGF), *Géographies. La recherche géographique française, Bulletin de l'AGF*, 73e année, n° 3, 1996.

Association Française pour le Développement de la Géographie (AFDG), *Le Géoforum franco-britannique de Rouen. Libres débats sur les géographies britannique et française*, *Géographes associés,* n° 18, Lyon, 1996.

Association of American Geographers (AAG), *Guide to Programs in Geography in the United States and Canada 1995-1996 with Theses and Dissertations Completed During 1994-1995. AAG Handbook and Directory of Geographers*, Washington D.C., 1995.

BAILLY A.S., RACINE J.-B., « Les géographes ont-ils jamais trouvé le nord ? Questions à la géogaphie », *L'Espace géographique,* 1978, n° 1, pp. 5-14.

BALLEY Chantal, BRIEND Anne-Marie, « Les géographes et la valorisation. État des lieux », *Bulletin Intergéo,* n° 108, 1992, pp. 69-136.

BEAUJEU-GARNIER Jacqueline, *La Géographie, méthodes et perspectives,* Paris, Masson, 1971, 141 p.

BERDOULAY V., *La Formation de l'école française de géographie (1870-1914)*, Paris, Bibliothèque nationale, 1981.

BERQUE A., *Être humain sur la Terre. Principes d'éthique de l'écoumène,* Paris, Gallimard, collection « Le Débat », 1996.

BONNAMOUR Jacqueline, *Géographie rurale : méthodes et perspectives,* Masson, Paris, 1973, 168 p.

BOURDIEU P., *Homo academicus,* Paris, éditions de Minuit, 1984.

BRETON R., *Géographie des civilisations*, Paris, PUF, collection « Que sais-je ? », 1991.

BRUNEAU M. et COURADE G., « A l'ombre de la "pensée Gourou" », *L'Espace en société. Géographies d'aujourd'hui. EspacesTemps,* 26-27-28, 1984.

BRUNEAU M. et COURADE G., « Existe-t-il une géographie humaine tropicale ? A la recherche du paradigme de Pierre Gourou », *L'Espace géographique*, n° 4, Doin, 1984.

BRUNEAU M. et DORY D. (dir.), *Les Enjeux de la tropicalité*, Paris, Masson, 1989.

BRUNEAU M. et DORY D. (dir.), *Géographies des colonisations (XVe-XXe siècles)*, Paris, L'Harmattan, 1994.

BRUNET R., *Champs et Contrechamps. Raisons de géographe*, Paris, Belin, collection « Mappemonde », 1997.

BRUNET R., FERRAS R., THÉRY H., *Les Mots de la géographie. Dictionnaire critique*, Montpellier/Paris, RECLUS-La Documentation française, 1992.

BRUNET Roger, « La géographie », *in* GODELIER Maurice, *Les Sciences de l'homme et de la société en France,* Rapport au ministre de la Recherche et de l'Industrie, Documentation française, Paris, 1982, pp. 381-420.

CLAVAL P., « La géographie sociale et culturelle », *in* BAILLY *et alii, Les Concepts de la géographie humaine,* Paris, Masson, 1991.

CLAVAL P. (dir.), *Autour de Vidal de la Blache. La formation de l'École française de géographie,* Paris, CNRS Éditions, 1993.

CLAVAL P., *Histoire de la géographie,* Paris, PUF, collection « Que sais-je ? », 1996.

COLLIGNON B., « Congrès et conférences régionales », *in* ROBIC M.-C. *et alii*, 1996.

Comité national d'évaluation, *La Géographie dans les universités françaises*, Paris, Imprimerie nationale, 1989.

CUCHE D., *La Notion de culture dans les sciences sociales*, Paris, La Découverte, collection « Repères », 1996.

DOLLFUS O., *La Mondialisation*, La bibliothèque du citoyen, Paris, Presses de la Fondation Nationale des Sciences Politiques, 1997.

DOUZANT-ROSENFELD D., « L'image de la géographie chez les professeurs et dans la population française. Premières données de l'enquête "Vous et la géographie" », *Bulletin Intergéo,* n° 104, pp. 15-130, 1991.

DURAND M.-F., ROUMEGOUS M., « Le fardeau de l'école républicaine ? », *Le Débat,* n° 62, Gallimard, 1996.

EHLERS E. (éd.), *Orbis Geographicus. World Directory of Geography*, Wiesbaden, Steiner, 1992.

Espaces Temps, *Braudel dans tous ses états. La vie quotidienne des sciences sociales sous l'empire de l'histoire*, n° 34-35, 1986.

GEORGE Pierre, *Les Méthodes de la géographie,* Paris, PUF, 1970, 126 p.

Grataloup C., « Où est la géographie ? L'espace des échanges entre disciplines », *Le Débat,* n° 92, Gallimard, 1996.

Grataloup C., *Lieux d'Histoire. Essai de géohistoire systématique*, Montpellier, RECLUS, collection « Espaces modes d'emploi », 1996.

Huerta M., *Pour une histoire de l'information scientifique et technique en France. L'aire culturelle latino-américaine dans les sciences de l'homme et de la société. 1945-1995,* thèse, Université de Grenoble, 1995.

Kroeber A.L. et Kluckhohn C.K., *Culture: a Critical Review of Concept and Definitions*, Cambridge (Mass.), Havard University Press, 1952.

Lawler D.M. and Walker D.R.F. (ed.), *Research Register*, Londres, Institute of British Geographers (IBG), 1991.

Le Lannou Maurice, *La Géographie humaine,* Paris, Flammarion, 1949, 254 p.

Le Roux Anne, *Didactique de la géographie,* Presses universitaires de Caen, 1997, 264 p.

Lévy J., « Une géographie vient au monde », *Le Débat,* n° 92, Gallimard, 1996.

Marconis Robert, *Introduction à la géographie,* Paris, Armand Colin, 1996, 222 p.

Péguy C.-P., *L'Horizontal et le Vertical*, Montpellier, RECLUS, 1996.

Pourtier R., *Atlas de la zone franc en Afrique sub-saharienne*, Paris, ministère de la Coopération/La Documentation française, 1995.

Quermonne J.-L., « L'état de la science politique en Europe : bilan provisoire et volonté prospective », *Bulletin de l'Association Française de Science Politique,* n° 3, 1996.

Racine J.-L., « Quelles pratiques, quels savoirs, quels usages ? », *Bulletin Intergéo*, n° 118, 1995.

Répertoire des géographes français 1994, Paris, Intergéo-CNRS, 1995.

Retaillé D., *Le Monde du géographe,* Paris, Presses de la Fondation nationale des sciences politiques, 1997.

Robic M.-C. *et alii* (dir.), *Géographes face au monde. L'Union Géographique Internationale et les congrès internationaux de géographie*, Paris, L'Harmattan, collection « Histoire des Sciences Humaines », 1996, 464 p.

Scheibling J., *Qu'est-ce que la Géographie ?*, Paris, Hachette, 1994.

QUATRIÈME PARTIE

ENJEUX ET PROBLÈMES

INTRODUCTION

TOURNER ROND
SANS TOURNER EN ROND

À la vue du portrait qui se dégage des trois premières parties de cet ouvrage, il est probable que l'impression sera mitigée, parfois négative. Les approches à dominante sociologique (les groupes, les champs) ou politique (les institutions, les pouvoirs) des disciplines à visée scientifique sont précisément utiles en ce qu'elles « symétrisent », c'est-à-dire banalisent, la production de la connaissance vis-à-vis d'autres productions sociales. L'ingénuité – celle des épistémologies hagiographiques – consisterait à ignorer cette dimension de la réalité et à croire que les scientifiques sont des êtres « décontextualisés » et animés par le seul désir de comprendre le réel. Tel n'est pas le cas et nous espérons avoir montré que l'on apprend beaucoup sur une branche du savoir en analysant ses relations avec les autres branches ou les manières dont elle est utilisée dans d'autres sphères de la société. Reste qu'une autre ingénuité – celles des conceptions « relativistes » radicales – fait l'impasse, elle, sur le contenu spécifique de la production scientifique, de ce qui fait que, comme tout autre activité prenant place en société, cette production n'est validée et reconduite – ne *tient* – que par une contribution bien à elle, irréductible aux autres activités, pourtant comparables à elle à bien des égards.

Que fabrique la machine géographie ?

Qu'en est-il aujourd'hui de cette contribution de la géographie ? L'ensemble de textes qui suit propose quelques orientations pour répondre à cette question. Il ne s'agit que de quelques pistes et on aurait pu en choisir bien d'autres, également pertinentes. L'option a consisté à privilégier des angles de vue permettant de saisir ce qui a le plus changé dans la discipline durant les dernières décennies. Les deux premiers chapitres (Jacques Lévy – plus une contribution de Rémy Knafou sur le tourisme – et Alain Reynaud) campent le paysage d'ensemble tandis que le troisième le parcourt sous les angles particuliers que constituent des grandes questions géographiques. Sont ainsi successivement analysés : les représentations (Bernard Debarbieux), la place de l'image dans les discours géographiques (Christian Grataloup), la nature (Michel Lussault) et le rapport des géographes à la mondialité (Denis Retaillé).

Le bilan devient alors raisonnablement optimiste. La géographie bouge, ce qui ne suffit pas ; elle trouve et parfois cherche, ce qui est mieux. Avec d'évidentes limites, la machine géographie, telle qu'on en a, dans les chapitres précédents, démonté quelques rouages, cette machine improbable, baroque et cliquetante, fabrique des idées, des théories, des méthodes, des langages qui sont, peu ou prou, inédits, en phase avec ce qui se fait dans les autres sciences sociales et en liaison avec certaines attentes de la société. Il est difficile d'en dire plus à ce niveau de généralité et mieux vaut envoyer aux textes, plus précis et plus balancés.

On ne retiendra ici que deux thèmes, transversaux, qui permettent de mieux situer la contribution présente des géographes aux disciplines voisines et du parcours de la géographie. Le premier thème concerne le positionnement (et, pour une bonne part, l'auto-positionnement) des géographes de leur propre activité au sein de l'action sociale en général. Le second relève de la relation de la géographie au monde, matériel et idéel, extérieur.

Entre métier et objet

Se développe actuellement en France, au sein de la discipline historique, une discussion sur le « métier d'historien ». Producteurs de concepts rendant compte du devenir des sociétés ou spécialistes des archives, tel sont, grossièrement posés, les termes du débat. Ce qui est clair, en tout état de cause, c'est qu'il existe une relation entre la mise en avant d'un « métier » défini surtout par des techniques d'accès aux sources et le rejet d'ambitions théoriques majeures. Lancé avec d'autres mots, le grand débat au sein de la géographie des années 1970 s'organisait, au fond, autour du même couple. Aux « conservateurs » qui parlaient de « méthodes », de pratiques normées et d'exercices canoniques, les « rénovateurs » répondaient « objet », problématique et relation théorie/empirique. S'il est patent que, depuis lors, les lignes de clivage se sont à la fois atténuées et déplacées, il est tout aussi incontestable que ces évolutions résultent pour une part de ce que la « ligne de front » a été enfoncée et de ce que, du coup, les oppositions ont fini par perdre de leur acuité. Les géographes d'aujourd'hui tirent, moins qu'auparavant, le sentiment de leur identité d'un corps fixe de techniques et, davantage, d'un projet épistémologique (rendre compte de l'espace des sociétés), à peu près assumé.

En pratique, cela signifie que la carte, que les géographes ont, dans le même temps, fortement contribué à refonder dans sa conception et dans ses usages, voit sa fonction de marqueur exclusif s'affaiblir. D'autres techniques de production de discours (des sources primaires aux concepts) sont adoptées, *naturalisées* par la géographie, de manière parallèle à la cartographie ou en entrant avec les langages cartographiques dans des relations de complémentarité non hiérarchiques. C'est le cas, outre des statistiques et de leur traitement, de toutes les techniques qui mettent en avant la parole des hommes sur leurs pensées et sur leurs actes, ou encore de méthodes d'enquête qui renouvellent, en lui retirant sa naïveté inductive, l'observation, visuelle ou non visuelle, de réalités dont on tente de suivre le fil.

Il en résulte une migration de la géographie au sein des sciences sociales. Moins proches des historiens, les géographes ont accru leur connivence avec les sociologues et, dans une moindre mesure, avec les psychologues, avec lesquels ils partagent une absence d'*a priori* en matière d'accès à l'objet mais aussi, plus profondément, des objectifs théoriques plus affirmés et mieux affichés. La différence persistante, qui les éloigne aussi des économistes, porte sur la sensibilité aux « circonstances », qui a jusqu'ici fait frontière entre « idiographiques » (particularistes) et « nomothéthiques » (généralistes). On s'aperçoit qu'il est possible de dépasser ce dualisme et de viser l'universel de la théorie et du concept sans pour autant renoncer à travailler des objets singuliers. *Penser ensemble* les singularités devient l'une des tâches les plus délicates et les plus spécifiques des sciences sociales. Les géographes, pour peu qu'ils améliorent leur culture et acquièrent un peu de l'agilité mentale et de la rigueur rhétorique que les sociologues ont tiré de leurs origines philosophiques, ne sont pas mal placés pour avancer dans cette direction.

Assimilation et accommodation

La seconde dynamique porte sur le rapport aux informations venues de l'extérieur. S'étant embarquée sur un vaisseau épistémologique (le paradigme vidalien) qui, dès la sortie du port, faisait eau de toutes parts, la géographie française a longtemps eu la tentation du repli. Confusément, les successeurs de Paul Vidal de La Blache pressentaient le risque mortel d'une confrontation avec le monde des idées. La rente, contrepartie du contrat « civique » passé avec l'État républicain et incarnée surtout dans le privilège d'une forte présence au sein du système éducatif, a fonctionné en boucle : à la fois cause et effet, mutuellement renforcés, d'une frilosité face aux outils d'analyse des réalités sociales. L'édifice reposait, dans un premier temps, sur l'exploration d'un temps immobile du territoire. Puis – cette « dialectique » est déjà présente chez Vidal – en adjoignant une information, souvent superficielle, sur l'« actualité », censée appartenir à un autre registre et ne pas mettre en cause le poids structurant des « permanences ». Peu à peu, suivant la démarche lancée dans l'entre-deux-guerres par Albert Demangeon, la géographie glissait vers un journalisme des localisations à l'affût des derniers chiffres qu'une vulgate économique assez pauvre lui fournissait. D'où ce paradoxe : la géographie a été simultanément trop fermée et trop ouverte au « monde ». Elle n'est pas la seule dans ce cas. Des pans entiers de la science politique, de l'histoire contemporaine et de la science économique mériteraient cette critique ; disciplines socialement « à l'aise » et sûres de leur identité, elles cèdent à la tentation de faire la *chronique*, à peine décalée vis-à-vis du discours des médias de masse, des événements courants.

Adaptons, métaphoriquement, à la recherche scientifique le couple proposé par Jean Piaget pour décrire le processus individuel de production des connaissances : accommodation et assimilation. Le premier terme suppose une inclusion des informations nouvelles dans une structure préexistante ; le second implique une adaptation des cadres mentaux de manière à saisir de nouveaux messages. La géographie classique s'est payé le luxe d'être faible dans les deux attitudes. Il semble qu'aujourd'hui, l'on reparte sur d'autres bases. Un cadre théorique plus fort mais aussi plus modeste permet d'accepter les injonctions des autres savoirs et d'un monde en mouvement. Il assure aussi un meilleur arbitrage entre de simples adjonctions et des remises en cause majeures, entre de nouvelles étagères à monter et la réorganisation de toute la bibliothèque. D'où une démarche qu'on peut appeler *intégratrice*.

Explorer de nouveaux domaines, ceux que la discipline avait négligés, ceux qui résultent des nouveaux « capteurs » que l'on se donne, ceux enfin que nous tendent les nouveaux espaces en train d'émerger sous nos yeux, c'est à la fois une nécessité inéluctable et un risque. Celui de sombrer dans les « variétés », de renoncer à la distance critique et au détour théorique, sans lesquelles la recherche fondamentale perd sa raison d'être. C'est en acceptant cette tension, cet équilibre subtil mais inévitablement dynamique et donc parfois conflictuel, que la géographie peut espérer tourner rond sans tourner en rond.

CHAPITRE 10

L'ESPACE LÉGITIMÉ

Jacques Lévy, université de Reims, Institut d'Études Politiques

Il s'est bien passé quelque chose, quelque chose d'important, depuis trente ans dans la géographie francophone. Une rupture s'est effectivement produite avec les manières antérieures de se dire et de se faire géographe. Au-delà des multiples contradictions, différences de rythme, multiplicité d'attentes, de stratégies et d'actions qu'un mouvement collectif recouvre inévitablement, il apparaît possible de synthétiser les enjeux de cette mutation et les transformations qui en sont résultées.

Espace contre « milieu »

Pourquoi si tard ? Pourquoi l'étude de la dimension spatiale des sociétés a-t-elle mis si longtemps à s'inscrire dans le champ des sciences sociales ? Cette question mérite d'abord d'être relativisée. L'ensemble qu'on dénomme sciences sociales et dans lequel on peut inclure aussi bien les sciences de la société (géographie, économie, sociologie, science politique, histoire, anthropologie) que les sciences humaines (psychologie au sens large, linguistique), n'émerge que récemment dans l'histoire de la connaissance.

Pourquoi viens-tu si tard ?

S'il existe depuis les débuts de l'écriture des textes narratifs – récits historiques et descriptions géographiques – qui tentent d'ordonner les informations foisonnantes que leur offrent les « curiosités » du monde, il faut attendre le XVIIIe ou même le XIXe siècle pour voir se déployer et se légitimer une perspective véritablement *explicative* à propos de l'objet société. « Expliquer » suppose alors deux séries d'engagements :

1. tenter de rendre compte de manière économe (le minimum de discours prenant en considération une part maximale d'un maximum de phénomènes) les réalités sociales ;

2. chercher à expliquer le social par le social et renoncer ainsi à l'idée d'une réductibilité de la société aux lois de la nature ou à une prédestination divine.

On note que, si le premier principe renvoie aux sciences naturelles (appliquer à un autre objet ce que, avec un peu d'avance, la physique puis la biologie s'employaient à réaliser), le second se démarque des sciences sœurs. Cette association de mimétisme et de mise à distance a engendré des complications, parfois des contradictions qui ont particulièrement pesé, on va le voir, sur la géographie.

Le parcours de cette dernière ne diffère pas de ses voisines à l'échelle des temps longs, si ce n'est que l'appellation « géographie » a longtemps correspondu à un *corpus* descriptif, de même que l'histoire et ce, en opposition avec l'économie et la sociologie, par exemple, dont le nom n'est apparu que pour désigner des disciplines épistémologiquement plus ambitieuses. Or cette différence ne peut être traitée de non-événement. Les pesanteurs institutionnelles, la force des traditions, la tentation généalogique tendent à faire de ce qui n'est au départ qu'une illusion nominaliste (« La géographie est constituée par l'ensemble des productions qui se nomment ou sont nommées géographie ») une réalité prégnante. Jusqu'à la fin de l'exploration du globe, la perspective « encyclopédique », consistant à identifier, répertorier et situer dans un repère de coordonnées géométrique les différents lieux de la Terre, conservait un évident intérêt pour les usagers des espaces exotiques. Les penseurs occidentaux du XVIIIe siècle – Kant, Ritter – ou même Humboldt demeurent marqués, dans leur rapport à l'espace, par ce désir de d'abord découvrir la planète où nous vivons, laissant ouverte, avec plus ou moins de prudence, la piste d'une mise en ordre véritablement explicative.

Face à des disciplines qui n'ont souvent fait irruption qu'à la fin du XIXe (comme la sociologie) ou au début du XXe (comme la science politique ou l'anthropologie), la spécificité du parcours de la géographie doit être cherchée dans un décrochage, une bifurcation au moment même où commençait à se constituer un réseau plus ou moins structuré entre l'histoire, l'économie, la sociologie et quelques grands auteurs (Tocqueville, Marx, Weber…) proposant une vision globale des phénomènes de société. La géographie de la fin du XIXe, et tout spécialement son école française va alors prendre une courbure singulière, que l'on peut approcher par son contenu et par sa fonction sociale. Cette géographie se caractérise en effet par le choix de ce qui peut être appelé un *paradigme lamarckien*[1] et par l'acceptation d'une instrumentalisation de ses savoirs par les logiques d'État.

1. Sur ce thème voir BERDOULAY Vincent, SOUBEYRAN Olivier, « Lamarck, Darwin et Vidal : aux fondements naturalistes de la géographie humaine », *Annales de Géographie*, n° 561-562, Paris, Armand Colin, 1991, pp. 617-633.

La girafe ou la drosophile?

On n'a pas fini de prendre la mesure de la révolution intellectuelle que représente le darwinisme. Dans sa version moderne, c'est-à-dire enrichie de nos connaissances en génétique, la biologie darwinienne établit une distinction fondamentale entre deux logiques: celle du patrimoine, c'est-à-dire d'un système d'information et d'énergie, et celle du milieu. Ces deux logiques n'interfèrent directement qu'à la marge (mutations sous l'effet de radiations, activation, par l'alimentation, d'un programme génétique particulier). Dans le cas général, il n'y a mise en cohérence du patrimoine au milieu que par sélection, c'est-à-dire par élimination des organismes dotés d'un patrimoine inapte à vivre ou à se reproduire dans un milieu donné. Ce mode de fonctionnement s'oppose à l'idée d'adaptation, qui se trouve, elle, confinée aux ajustements effectués au cours de la vie de l'organisme. Un des discriminants de l'aptitude à survivre d'une espèce est bien l'adaptabilité, par exemple à un changement de milieu. Mais les effets pratiques de cette aptitude (les apprentissages, par exemple) n'ont aucune traduction génétique. Or cette indépendance fondamentale entre les deux logiques a eu du mal à passer dans l'univers mental occidental du XIXe et du XXe siècle. Le paradigme inverse, qu'on peut appeler pour simplifier lamarckien, s'enracine dans un finalisme des approches du monde qui ne commence à être contesté, avec une certaine prudence, par une partie des philosophes des Lumières. Il s'agit d'un *pan-organicisme*, pouvant être élargi à l'ensemble du cosmos et reliant toutes les parties de la nature, humanité comprise, dans un ensemble d'interdépendances qui donne à chaque chose sa place. Pour Lamarck, les girafes finissent par naître avec un long cou à force de s'étirer pour attraper les feuilles haut placées. De manière plus précise, Lyssenko prétendait que les gènes d'un individu incorporaient les modifications acquises durant la vie de ses ascendants. Il suffit de lire la presse ou de regarder la télévision pour retrouver le même genre d'explications fortement empreintes de finalisme: ainsi les virus du sida, qui, en mutant, développent des stratégies de résistance aux traitements ont-ils été jugés particulièrement «perfides». Encore s'agit-il là de dérapages consistant, au nom d'une pédagogie simplificatrice, à traiter des logiques d'espèces selon une métaphore anthropomorphe.

La géographie vidalienne, elle, alla plus loin. Ses concepts fondateurs, comme celui de «genre de vie» assumaient le paradigme de l'organicisme adaptatif. Tous les phénomènes étant, par définition, reliés dans une combinaison molle d'influences réciproques homme/nature, il devenait d'emblée définitivement impossible de dénaturaliser la démarche en remplaçant le patrimoine génétique par des logiques sociales. On peut dire en ce sens que, choisissant la girafe contre la drosophile, le modèle vidalien était épistémologiquement forclos, théoriquement épuisé au moment même où il émergeait.

La géographie classique française a ainsi pleinement exploité l'« effet de réalité » de la vision. Sens le plus structurant dans notre rapport au monde, la vue tend spontanément à intégrer sous la forme d'une image unifiée tous les objets construits à un instant donné par le regard. Il n'en est pas de même des autres outils sensoriels. Or le long couplage entre la vue et l'espace – le *paysage* – a contribué à donner un caractère d'évidence, d'immanence, pour être précis, aux objets géographiques. Notons que ce n'est pas le cas pour le temps, dont on fait trop rapidement le doublet de l'espace. Il faudrait plutôt se représenter le temps comme une *dérivée* de l'espace : ce qui change quand il n'y a pas mouvement, ce qui ne change pas quand il y a mouvement, d'où une abstraction inévitable qui a évité à la discipline historique, par exemple, les naïvetés épistémologiques les plus flagrantes. La géographie classique a, justement, refusé cette réflexion et a utilisé le passé, en renfort de la nature, pour donner l'impression que le présent était le résultat inéluctable et indépassable d'une fatalité. Cela étant, il n'y a bien sûr aucune fatalité à rester prisonnier de cette immanence. La peinture a su trouver d'autant plus facilement un *après* à la perspective que la découverte de ses mécanismes procédait d'une construction intellectuelle… pouvant être remplacée par une autre construction intellectuelle. Affranchis d'une approche exclusivement visuelle et étroitement sensorielle de l'empirique, nous avons appris à découper les plans « dans le sens de l'épaisseur », à *voir* plusieurs espaces dans le même paysage. Dès la fin du XVIIIe siècle, l'émergence d'un espace proprement humain se faisait sentir et le *monisme mou* de Vidal constitue un terrible retour en arrière. Cette démarche présente l'avantage de *naturaliser* l'espace social, et ce dans les deux sens du terme : en faire, en dernier ressort, un produit naturel, mais aussi le rendre immuable, inaltérable, indiscutable. Or, on va le voir, cette conception entrait bien en résonance avec la logique de l'État en France.

Remarquons d'emblée qu'en Allemagne, à la même époque, l'incidence des progrès de la biologie sont assez différents. C'est en référence à un Haeckel, darwinien rétif, que se développa, avec Friedrich Ratzel, une « anthropo-géographie » à prétention scientifique. Comme l'a montré Claude Raffestin[2], Ratzel n'échappe pas à de multiples contradictions lorsqu'il attribue à l'État (et non aux individus) le statut d'organisme. Il participe ainsi au détournement « socio-biologiste » du darwinisme. Si on lui reste fidèle, en revanche, celui-ci qui s'intègre bien, cela est clairement établi[3], à une vision de l'histoire humaine comme conquête progressive d'autonomie par construction d'un « milieu » artificiel et par déconnexion vis-à-vis du mécanisme sélectif. Malgré ses faiblesses, l'œuvre de Ratzel peut, plus facilement que celle de Vidal, entrer dans un réseau intel-

2. Raffestin Claude, *Géopolitique et histoire*, Lausanne, Payot, 1995.

3. *Cf.* Tort Patrick (dir.), *Dictionnaire du darwinisme et de l'évolution*, Paris, PUF, 1996.

lectuel fondateur de la démarche géographique contemporaine. Avec des prémisses hautement critiquables, Ratzel a au moins le mérite d'analyser sérieusement et pour elle-même ce qu'on appellerait aujourd'hui la composante géopolitique de la dynamique des sociétés.

Avec cette dissymétrie initiale, géographies française et allemande convergeront toutefois pendant la première moitié du XXe siècle du fait de l'instrumentalisation qu'elles vont subir de la part de leur État respectif.

Un détour par l'État

Olivier Soubeyran[4] a bien identifié le type de géographie que les vidaliens voulaient à tout prix écarter. Le projet de Marcel Dubois n'était pas une géographie appliquée face à celui, plus fondamentaliste, de Vidal. Ce qui était inacceptable pour ce dernier, c'est de se centrer franchement sur l'action humaine, c'est-à-dire de considérer la géographie comme l'étude de la production de leurs espaces par les sociétés. Pourquoi ce rejet ? Les uns comme les autres se déclaraient sans ambiguïté favorables à la colonisation et se proposaient de faire passer en douceur le témoin de la géographie « narrative » des explorateurs à une discipline adaptée à un monde désormais connu et conquis. Pourquoi ? Parce que le courant principal de la jeune géographie universitaire a fait un choix, celui de servir l'État. Elle s'écarte de la sociologie sur la base d'un *deal* aux conséquences considérables : la géographie se voit assigner la mission de « chanter » le territoire national (Alsace-Lorraine et colonies comprises) auprès des Français et, pour ce faire, reçoit le privilège d'un enseignement obligatoire dans les douze années de l'école primaire et du lycée. A l'intérieur du catéchisme républicain, le rôle de la géographie s'inscrit essentiellement dans la composante géopolitique de l'État. Ce n'est pas la démocratie et les valeurs républicaines, réservées à l'histoire et à l'éducation civique qu'il s'agit de promouvoir, mais l'harmonie, la diversité, l'unité et les permanences du territoire français. Le problème multiséculaire de l'État géopolitique français : tenir un espace trop grand, trop vide, et trop hétérogène, reçoit une réponse dans la formation d'un élève, bientôt soldat, capable de mourir pour une ligne bleue des Vosges dont ses professeurs de géographie lui ont dit qu'il était à la fois laid, injuste et irrationnel d'en faire une frontière de la République.

Le paradigme lamarckien convient bien à cette naturalisation des enjeux internationaux. La géographie vidalienne se soucie tout spécialement de valoriser les petites patries particularistes (les « pays » et les « régions homogènes » de son vocabulaire) car c'est là qu'elle croit pouvoir mettre en évidence l'alliage

4. SOUBEYRAN Olivier, « Alle origini del paradigma possibilista : geografia e colonialismo nella 'battaglia delle *Annales*' », *Terra d'Africa* (Milan) IV, 1995, pp. 59-93.

éternel, au sein des genres de vie, des conditions naturelles et des capacités d'adaptation des groupes humains. Contrairement à ce que l'on a souvent dit, le « possibilisme » vidalien n'est pas un moyen terme, un point d'équilibre en mouvement ou même un moment d'hésitation entre le déterminisme naturaliste et une géographie vraiment humaine. Ce monstre épistémologique – un naturalisme fondamentaliste mis en forme dans une stylistique de l'oxymore – correspond au contraire à un message qui est attendu de la géographie : il sort la temporalité de l'espace de l'histoire pour la faire entrer dans un temps anthropologique quasi immobile, inaccessible aux ondulations éphémères et superficielles de la vie politique et sociale. Et c'est ainsi que les pays peuvent être mis en batterie dans les batailles interétatiques. On leur dit : « Vous êtes indestructibles du moment qu'un grand État vous défend sur le grand échiquier du monde ». L'échelle nationale est un fédérateur en ce sens qu'elle permet un discours commun mais aussi parce qu'elle fédère, à sa manière centralisée, des individualités incommensurables.

La géographie française a bien mérité de la patrie, et elle l'a doublement payé. Elle a renoncé d'elle-même à construire une démarche théorique comparable à celles de la sociologie et de l'économie. Ensuite, son débouché scolaire presque exclusif a tendu à inverser les rapports entre science et didactique. C'est l'école qui a dicté sa loi à la recherche, de la même manière que certains roitelets de l'Afrique francophone finissent par devenir partie prenante de la vie politique française. Aujourd'hui encore, les différents acteurs du système scolaire se croient autorisés non seulement à demander que les recherches géographiques soient rendues accessibles aux élèves et aux étudiants – ce qui est tout à fait logique et légitime – mais aussi à critiquer telle ou telle orientation de la recherche elle-même.

La comparaison franco-allemande permet de discerner avec plus de netteté la « courbure géopolitique » des deux géographies nationales. En Allemagne, les problèmes d'État se présentaient, au tournant du siècle, de manière bien différente. Face à la posture « comblée » et donc surtout défensive de la France, la géopolitique allemande était plus dynamique, c'est-à-dire agressive. Dans cette Allemagne urbanisée, au sein d'une Dorsale et d'une *Mitteleuropa* parcourues par de forts courants d'échanges, la culture géographique du grand public était meilleure que dans cette France rurale et souvent repliée. Inversement, la mise en rapport entre les identités spatiales concrètes et l'idée nationale, nécessaire à la montée en puissance de l'État, était encore moins évidente qu'en France, pour une Allemagne sortant à peine de l'abstraction de l'ethnie, c'est-à-dire d'une langue et d'une culture communes. La géographie s'est donc déployée en Allemagne aux deux bornes, et non dans un entre-deux, comme en France : d'un côté une imprégnation culturelle d'un assez bon niveau, surtout à propos de l'espace européen, avec lequel la germanité a entretenu une grande variété de rapports ; de l'autre, une géographie théorique, confisquée par l'État pour définir ses buts de guerre et pour les « vendre », au nom d'un pseudo-darwinisme, à l'opinion savante. Ce sera la géopolitique allemande, bien incarnée par Karl Haushofer et ses délirants « chorèmes » ; une production absente en France, parce que l'État français a surtout besoin de stabiliser son pré carré.

Parcours et horizons

Dans les pays anglo-saxons et scandinaves, la géographie était soit moins centrale dans le dispositif identitaire, soit moins protégée par la structure des pouvoirs intellectuels, soit les deux. En France, une conjoncture institutionnelle particulière (forte croissance démographique dans un milieu alors dominé par un groupe hostile au changement) a permis de *mettre en scène* une opposition frontale. Ces conditions permettent de comprendre pourquoi, paradoxalement, le mouvement français de rénovation a plutôt engendré une strate supplémentaire et conquérante qu'un renversement en bonne et du forme. De nouveaux lieux d'initiative sont apparus qui se sont ajoutés aux précédents, les rendant parfois, mais pas toujours, obsolètes. Une lente et inégale pénétration des idées nouvelles a fini par réduire la fracture sans tout à fait l'éliminer. Les marges se déplacent ainsi en douceur vers le centre.

Pourquoi maintenant ?

Cette évolution relativement tranquille (en comparaison de la vigueur des discours des uns et des autres) s'explique sans doute par le fait que, pour des raisons évoquées précédemment, la France se trouvait particulièrement décalée par rapport à l'aile marchante déjà fortement internationalisée de la discipline géographique. Après une résistance farouche mais brève, les courants les plus conservateurs n'ont pu longtemps résister à une mise à niveau que demandaient à la fois les géographes étrangers, les autres sciences sociales et la philosophie, brillantes en France à cette époque, et enfin la montée en puissance de l'aménagement du territoire dont les géographes auraient voulu être partie prenante sans avoir de message propre et clair à délivrer. Le désenclavement était dès lors inévitable.

Si les géographies des pays à l'origine de la rénovation (États-Unis, Royaume-Uni, Suède) ont évolué au gré des personnalités et des carrières, l'effet générationnel est manifeste en France et dans les pays latins, où la géographie était d'abord une discipline scolaire. Chez les géographes nés avant 1930, on ne trouve, durant l'après-guerre, aucun contestataire, sinon un Jean Gottmann, « exilé » dans le monde anglo-saxon. Significativement, Philippe Pinchemel (né en 1923) est désormais le seul auteur reconnu à revendiquer le terme de « milieu » pour caractériser l'objet de la géographie. La génération

1930 (Yves Lacoste, 1929; Roger Brunet, 1931; Paul Claval, 1932; Claude Raffestin, 1936) permet des écart significatifs avec le cadre vidalien et des ouvertures dans les thèmes de recherche.

Les géographes nés à la fin des années 1930 et durant les années 1940 contribuent au désenclavement massif de la discipline; ils sont souvent entrés à l'université dans les années 1960, à la faveur du recrutement de nombreux assistants qui accompagnait l'explosion du nombre des étudiants. Représentatif de cette strate générationnelle, le Groupe Dupont rassemble, au milieu des années 1970, quelques dizaines de géographes qui partagent presque tous une attitude anti-« mandarinale », un intérêt plus ou moins marqué pour le marxisme et une forte attirance pour l'usage des mathématiques. Ces trois composantes se sont réunies dans un cocktail typiquement français qui a joué comme un « objet transitionnel » comme un véhicule intellectuel permettant de critiquer la géographie « normale » et de se sentir porteur d'un projet fort, dissident mais ayant vocation à la légitimité.

Les dispositions d'esprit de la génération suivante (née après 1950, active à partir de 1975, année de la création de la revue *Espaces Temps*) apparaissent plus diversifiés. Le paysage qu'elle rencontre perd, à partir des années 1980, la simplicité monolithique de la période précédente: à une opposition bloc à bloc, dans laquelle choix épistémologiques, préférences méthodologiques et orientations idéologiques se recouvraient peu ou prou, succède une conjoncture où la *prise de position* cède le pas à des démarches interactives et à des problématisations croisées. La posture d'un polémiste pourtant inoxydable comme Yves Lacoste apparaît très datée à l'heure où ceux qui travaillent travaillent souvent ensemble et où les camps et les clans structurés en territoires rigides laissent la place à des affinités organisées en réseaux ouverts. Il ne faut certes pas enjoliver le tableau et il est toujours possible de proposer une lecture du paysage disciplinaire faite de factions hostiles dont les chefs de file se livreraient un combat aussi mesquin qu'irréductible; cela ne permet de saisir qu'une part décroissante de la réalité. Sans toujours se l'avouer ou en tirer les conséquences relationnelles, beaucoup de géographes se lisent et utilisent, dans un esprit devenu enfin coopératif, les travaux de leurs collègues. Cette évolution est facilitée par le surcroît de reconnaissance extérieure que la rénovation de la géographie a permis. Moins obsédés par le rejet – la conspiration, pensaient certains – dont leur discipline faisait naguère l'objet, les géographes peuvent s'atteler plus sereinement aux problèmes scientifiques de leur objet. Or ceux-ci sont d'autant plus imposants qu'une longue jachère théorique les avaient laissés sans traitement approprié: les représentations et les identités spatiales, les géographies du politique, la ville, les grands espaces, le monde, sans parler, plus en amont, des outils nécessaires à la l'appropriation sérieuse de ces objets nouveaux: cela fait beaucoup.

Une triple embellie

On a vu, par ailleurs dans cet ouvrage, les obstacles institutionnels qui ralentissent, au sein de la géographie, la diffusion des innovations récentes. Alain Reynaud montre aussi que la « communauté » des géographes demeure intellectuellement fort hétérogène. Adoptons ici un autre angle de vue. Quel impact ces « nouvelles géographies » ont-elles sur l'ensemble des sciences sociales et quelles chances ont-elles de voir leur influence croître ? A l'inverse du paradigme vidalien, mort-né, la posture dimensionnelle d'un espace vu comme composante de la complexité du social se trouve en position favorable pour trois raisons distinctes :

1. les apories du modèle précédent ont été levées ;
2. parce que récente, la rénovation de la géographie lui donne plus de « fraîcheur » et moins d'inertie dans l'approche de son objet ;
3. l'épuisement des modèles fondés sur un « principe dernier » offre une chance nouvelle à des démarches faisant une place substantielle à l'espace.

Explicitons brièvement chacune de ces affirmations. La première doit se comprendre de manière qualitative et pas forcément quantitative. Comme le montre le texte d'Alain Reynaud ci-après et, plus généralement, toutes les analyses qui précèdent, une bonne partie de la discipline peut fort bien continuer comme si de rien n'était, soit en se revendiquant du paradigme lamarckien (« milieu », « genre de vie »...), soit en se bloquant sur un structuralisme déterministe appuyé sur une vulgate économique ou sociologique, soit encore en ne se référant à aucun mode de pensée particulier mais en se contentant de démarches exclusivement narratives. Les choses sont d'autant moins définitivement jouées en France que, si les recoupements idéologiques et théoriques se sont nettement affaiblis, les différentes composantes du système éducatif continuent, par leurs injonctions, d'affaiblir l'autonomie de la recherche. Parlons seulement d'une « aile marchante », en assumant le corollaire que celle-ci n'est pas un simple courant parmi d'autres mais une force propulsive qui tend, bon an mal an, à entraîner le gros des troupes. Cette force propulsive est elle-même animée de plusieurs réseaux, écoles, conceptions, qui ont en commun d'assumer pour la géographie, avec des formulations diverses, le statut de discipline à visée scientifique approchant les sociétés par leurs espaces.

Du fait de la nouveauté de leur mouvement de rénovation, les géographes d'aujourd'hui ont l'avantage de se représenter leur objet, leurs relations avec les disciplines connexes en étant moins prisonniers des partages territoriaux classiques. C'est le deuxième point : la géographie est un « pays émergent » au sein du « continent sciences sociales ». Elle dispose d'un appareil productif neuf et souffre moins que les « vieux pays industriels » (comme l'histoire) de pesanteurs et de rigidités. Ainsi, la remise en cause radicale du modèle vidalien permet, en passant, de se débarrasser du « matérialicisme » (les réalités matérielles comptent plus que les réalités idéelles) qui y était inclus. Du coup, pour peu qu'ils s'en donnent la peine (voir le texte de Bernard Debarbieux), les géographes se trouvent assez à l'aise pour donner toute leur place dans la réflexion aux mythes et aux idéologies géographiques, aux identités spatiales, aux stratégies d'acteurs, à l'imagerie cartographique, bref à l'« esprit des lieux » sans lequel l'espace demeure un squelette amorphe. Ils lisent avec intérêt les travaux de la phénoménologie (l'expérience intérieure est aussi productrice et consommatrice d'espace) et de l'ethnométhodologie (les compétences géographiques des acteurs ont toujours quelque chose à nous apprendre)[5].

Enfin, la conjoncture des sciences sociales est favorable à des approches qui assument la complexité de leur objet. Que l'on opte, « vers le haut », pour une reconstruction à partir de situations « micro » démontées et remontées en prenant le temps d'écouter ceux (individus, collectifs, organisations, objets) qui les animent, leurs logiques et leurs interactions ou, à l'inverse, que l'on choisisse, « vers le bas », un systémisme immunisé contre la glaciation structuraliste par la prise en compte des acteurs, de l'intentionnalité, de l'ouverture des possibles historiques, le résultat est, en gros, le même. Il faut essayer de penser le tout – car la réalité n'est pas pensable jusqu'au bout (Descartes est ici en échec) comme une simple somme de parties –, mais pas au prix d'une simplification abusive de ce qui le compose, pas au prix de l'écrasement des spécificités des logiques humaines sur un modèle mécaniste, pas au prix de la réduction de la dynamique à une série d'états fixes, sans contradiction, qu'une mutation brutale ferait basculer dans un autre état, tout aussi fixe.

Les « quatre grosses » méta-théories qu'on résume par le terme de structuralisme (marxisme, psychanalyse, anthropologie et linguistique structurales) font l'objet, de ce point de vue, d'une critique sévère. Leur prétention globalisante ne pouvait être atteinte que par un réductionnisme radical à un principe unique capable de tout expliquer. Il n'y avait pas, accessoirement, de place pour l'espace dans ces constructions. Lorsque Marcel Gauchet[6] parle de « tournant géographique diffus dans les sciences sociales », il n'a pas en vue un simple basculement du temps vers l'espace. D'abord, parce qu'il vise aussi les modèles étroitement économiques, sociologiques ou psychologiques, et pas seulement les grands récits stigmatisés par le postmodernisme. Ensuite parce que la dimension temporelle des sociétés, ignorée ou caricaturée, se trouvait elle-même bien maltraitée par les grandes constructions structuralistes. L'émergence de l'espace est le simple résultat d'une prise de conscience de la pluridimensionnalité des systèmes sociaux, qui résulte de la pluralité des productions, des ordres, des mesures que toute société, et particulièrement celles d'aujourd'hui organise et articule.

---

5. Voir à ce sujet Staszak Jean-François, « Dans quel monde vivons-nous ? Géographie, phénoménologie et ethnométhodologie », *in* Staszak J.-F. (dir.), *Les Discours du géographe*, Paris, L'Harmattan, 1997.

6. Gauchet Marcel, introduction au dossier « Nouvelles géographies », *Le Débat*, n° 92, novembre-décembre 1996.

Durant les années 1970 et 1980, des expressions au contenu ondoyant et aux contours flous telles que « contrôle », « pouvoir », « encadrement » ou « appropriation » fleurissaient encore dans les travaux de géographie. Elles ne traduisaient pas la recherche raisonnée de concepts transdisciplinaires mais plutôt une candeur épistémologique consistant à croire que le décloisonnement pouvait utilement consister en la mise en commun de généralités vagues auxquelles chaque discipline se chargerait ensuite de donner un sens plus précis. C'était une erreur car l'objet commun, les sociétés, ne peut exister que par l'interaction de fonctions, de logiques, de dispositifs nécessairement différents et séparés. Il y a vingt-cinq siècles déjà, Platon montrait, dans le *Gorgias*, les impasses logiques où nous entraîne la confusion entre les notions de force, de justice, de plaisir et de beauté. Ce qui était vrai dans la Grèce antique l'est bien plus encore aujourd'hui. Michael Walzer[7] l'a bien montré, il y a toujours un coût de « change » entre les différents biens, par exemple de l'économique vers le politique – et c'est précisément en rendant ce coût prohibitif que nos sociétés protègent les droits de ses membres. A partir de ce constat, on peut traiter l'espace comme un bien, une production, un « capital » parmi d'autres et analyser sa formation et sa circulation, à la fois spécifique et impensable sans les autres biens.

Une géographie davantage géographique

Les géographes renoncent peu à peu à se chercher des modèles extérieurs à leur domaine : les figures du mathématicien, du physicien ou de l'ingénieur ont peut-être été utiles à un moment de l'histoire de la discipline. Elles seraient aujourd'hui des freins. L'angoisse de la légitimité et de la reconnaissance, la peur de se frotter à ses plus proches voisins sociologues, économistes, politistes ou historiens ont retardé l'engagement vers une recherche de théorisations proprement géographiques.

Au plus fort de la crise du début des années 1970, la géographie francophone était agitée par deux démons, le spatialisme et l'anti-spatialisme. Tous deux tentaient de redonner une légitimité renouvelée à la discipline, le premier par contournement, le second par soumission. Dans une géographie coupée de la recherche sur les sociétés, une option pouvait consister, en effet, à éviter l'effort d'une remise à niveau et à regagner l'intérêt du public grâce au transfert, plus ou moins contrôlé, de notions issues des sciences de la nature et des mathématiques. La tentation néopositiviste consistant à privilégier la mesure sur la pensée, la quantité sur la qualité, le général et le particulier sur l'universel et le singulier, l'invariant sur le mouvement, la mécanique sur la dialectique, la variable sur l'indicateur et le facteur sur le concept toucha à la même époque

7. Walzer Michael, *Spheres of Justice : A defense of pluralism and equality*, New York, Basic Books, 1983.

toutes les sciences sociales car elle s'inscrivait dans l'ambiguïté fondatrice de leur naissance. On y voit un peu plus clair aujourd'hui lorsqu'il s'agit de distinguer les exigences communes à toute démarche scientifique des spécificités inhérentes à chaque discipline ou famille de disciplines. Moins terrorisées par le modèle, au demeurant mythifié, des sciences dures, les sciences sociales ont, depuis lors, gagné en autonomie en relançant un débat sur la rigueur, sur l'expérimentation, sur les relations avec la société et sur les grands cadres épistémologiques (le temps, par exemple) qui laissent de moins en moins indifférents physiciens et biologistes.

En géographie, la longue fréquentation des « sciences de la Terre » poussait ceux qui se sentaient les plus désarmés pour intégrer le *concert* des sciences sociales à chercher un biais. L'idée de « lois générales de l'espace » qui s'appliqueraient à toute espèce de configuration géographique, y compris hors de l'action humaine, paraissait prometteuse. Admettant qu'il pût exister un attribut spatial indépendant des objets concernés, elle prenait parti pour Descartes (avec son « étendue ») contre Leibniz (et ses « coexistants »)[8]. En fin de compte, à l'exception de quelques techniques cartographiques élémentaires, cette quête ne débouche sur rien. On peut certes rechercher, avec précaution, des agencements et des processus communs à l'ensemble de l'histoire des sociétés, en acceptant en tout cas l'idée que, s'ils ont prévalu jusqu'à aujourd'hui, ils n'en sont pas pour autant éternels. Un objet comme la ville mérite d'être analysé par les géographes à partir d'une définition suffisamment forte et simple pour permettre une approche comparative compréhensive, du Néolithique à aujourd'hui. Il faut aussi reconnaître que l'émergence des individus ou le parcours compliqué de l'État posent des problèmes spécifiques. Quant à la nature, elle ne se laisse pas enfermer facilement dans des logiques sociales, sinon, comme le montre Michel Lussault, lorsqu'on la traite comme une composante de la société. Les questions de l'environnement posent justement la délicate question de la *traduction* des dynamiques naturelles dans l'historicité humaine, espace compris.

L'attitude inverse avait le défaut tactique de heurter de front la corporation des géographes. Si l'espace n'était qu'une projection de réalités économiques, sociologiques ou politiques non-spatiales, il valait mieux, avançaient certains, renoncer à une discipline autonome et se fondre dans telle ou telle autre. Il s'agissait pour l'essentiel d'un assujettissement de l'espace à un principe dernier économique. Affirmer l'inconsistance épistémologique de la géographie consistait à tirer la conséquence radicale d'un constat difficilement

8. *Cf.* PRADEAU Jean-François, « Des conceptions de l'espace », *Espaces Temps*, « Penser/figurer. L'espace comme langage dans les sciences sociales », n° 62-63, 1996, pp. 50-58.

contestable. Le fait est que, dans leurs descriptions de terrain et dans leurs plans à tiroirs, maints géographes n'avaient guère en vue l'exploration d'une problématique organisée, pas plus sur l'espace que sur un autre thème. Cette position «nihiliste» pose un problème que seul peut trancher la qualité et la pertinence des travaux portant sur l'espace. Si l'on se représente l'objet société comme une sphère, jusqu'à quel point la découpe qu'offre le point de vue spatial offre-t-il une transversale se rapprochant d'un diamètre? Dans quelle mesure les coupes ainsi effectuées donnent-elles des aperçus, des panoramas originaux sur les sociétés? Un certain nombre d'arguments conduisent à choisir l'option favorable à la géographie: oui, l'espace est un levier efficace, d'un bon rapport qualité-prix pour comprendre le fonctionnement des sociétés. On y reviendra plus loin. Remarquons seulement que ne pas répondre à cette question revient à continuer d'étiqueter «géographie» des énoncés qui ne se préoccupent guère de valoriser l'avantage comparatif que peut apporter l'exploration des sociétés par leur spatialité. Là se découvre le ventre mou paresseux d'une discipline dont tous les protagonistes, on l'a dit, ne sont pas engagés avec une égale énergie dans l'incessant travail de construction son objet.

Logiques de l'espace, esprit des lieux

Ce qu'on peut appeler *fractalisme* correspond à une posture de résistance à la dictature de l'échelle unique. Avec ses «régions» ou ses «pays» à dominante rurale, la géographie classique fabriquait des objets non seulement incomparables entre eux mais aussi incommensurables avec des réalités plus grandes ou plus petites, ces dernières étant tout simplement exclues d'une géographie censée se spécialiser dans les «échelles moyennes». Les tenants de l'«analyse spatiale» ont fait avancer les débats en lançant un défi: et si ça marchait à toutes les échelles... ? A la recherche de régularités et d'invariants, la *new geography* des années 1960-1970, visait avant tout à rompre avec l'exceptionnalisme ambiant. Ce faisant, l'ouvrage fondateur de Peter Haggett[9] ignorait pratiquement la notion d'échelle. Dans une perspective plus proche du mode de théorisation propre aux sciences sociales, le livre d'Alain

9. HAGGETT Peter, *Locational Analysis in Human Geography*, 1965. Trad. fr. Hubert Fréchou : *L'analyse spatiale en géographie humaine*, Paris, Armand Colin, 1973. Les problèmes théoriques de l'échelle y sont évoqués en un paragraphe (p. 274). Quelques pages traitent de techniques statistiques permettant de faire apparaître des différences de distribution d'une variable empirique sur différentes surfaces incluses les unes dans les autres. Les exemples portent sur la répartition de la forêt dans des zones non habitées. On notera que le terme français d'« analyse spatiale » provient de la traduction de *locational analysis* qui signifie en réalité « analyse des localisations ». L'expression « analyse spatiale », qui a depuis lors fini par s'appliquer à une école de pensée s'intéressant à la formalisation scalaire d'objets spatiaux, correspondait bien à un élargissement de la perspective permettant de s'opposer, terme à terme, à la « synthèse géographique » de l'école classique.

Reynaud[10] démontrait l'intérêt de chercher à appliquer à des espaces de différentes tailles la même problématique. La mise à l'écart de l'échelle reste manifeste dans la chorématique de Roger Brunet, développée au cours des années 1980 (voir à ce sujet le texte de Christian Grataloup dans cet ouvrage). On peut parler de fractalisme implicite car, contrairement à certains travaux qui explicitent l'hypothèse générale (pour tout type de réalité naturelle ou sociale) d'un ordonnancement spontané des objets selon les mêmes structures à toutes les échelles, les courants de l'« analyse spatiale » n'affichent pas, le plus souvent, cette orientation, qui se révèle *a posteriori,* lorsque l'on constate que les modèles descriptifs ou explicatifs sont traités comme des invariants insensibles à la taille des espaces considérés.

Malgré ses limites déjà soulignées, la recherche de « lois générales de l'espace », a joué un rôle utile. La tentation fut forte, pendant quelques années, de rester en position tangente aux sciences des sociétés. L'universalité visée par les énoncés se réduisait souvent à des stabilités pas franchement naturelles, mais pas clairement sociales non plus. Le souci de la généralité a servi de travail préparatoire à un questionnement plus sophistiqué : quelle est la durée de vie historique des configurations géographiques ? Qu'est-ce qui est lié à une technique ou à une conjoncture, à un mode d'organisation ou de production, à un rapport au monde ou même à une relation panhistorique à l'espace ? C'est désormais une tâche évidente pour beaucoup de géographes que de distinguer les plans que compactait abusivement l'approche paysagère (la « dictature du visuel » dont parle Claude Raffestin) de la géographie d'autrefois.

Cette démarche apparaît bien comme un moment de l'histoire de la pensée géographique, compréhensible si on le resitue en regard de celui qui le précède. Ce moment s'achève sous la poussée de deux types de dynamiques. La première est liée à la conjoncture. La relativisation par le haut et par le bas de l'État-nation se traduit par l'émergence d'objets : régions, constructions transnationales, monde, qui sont à l'évidence animées et organisées par des agencements spatiaux distincts. La seconde traduit la mise en connexion de la géographie avec les autres sciences sociales. La prise en compte des dimensions non spatiales des objets spatiaux (la « substance ») permet de mieux discerner des différences jusqu'ici noyées dans une certaine indistinction. Les espaces d'un individu, d'une entreprise, d'une société, ceux des « ailleurs » anthropologiques et des « avant » historiques obéissent à des logiques spatiales qui ne se laissent guère enfermer dans un vocabulaire composé sans égard à la complexité de l'historicité humaine. Si les échelles sont incontournables, c'est que, en passant du petit au grand, on n'a pas affaire à un simple changement de taille kilométrique, mais à des objets

10. Reynaud Alain, *Société, espace et justice*, Paris, PUF, 1981. Alain Reynaud y montrait les applications multiscalaires (et non à proprement parler ascalaires) du modèle centre-périphérie.

qui fonctionnent et changent différemment. L'échelle est une préoccupation précieuse dès lors que l'on a compris que la mesure de la distance est un enjeu (et non un préalable) de la réflexion géographique. Savoir si l'on est en présence d'un lieu (distance non opératoire) ou d'une aire (ensemble de lieux séparés par de la distance) est une question d'autant plus compliquée que, selon le point de vue adopté, elle peut donner des réponses différentes. La ville-aire avec ses territoires-quartiers et la ville-lieu, point d'un réseau de villes, ont longtemps pu sembler facilement opposables, bien séparées par des seuils évidents à repérer. La métropolisation contemporaine, en fabriquant des villes à plusieurs vitesses et en remettant en cause la dualité intra-urbain/interurbain contraint les géographes à placer, enfin, l'échelle au cœur de leurs préoccupations.

Dans le même esprit, l'intérêt pour les *métriques* devient central. Confisquée par l'État et s'appuyant sur l'analyse de petites unités spatiales bien délimités, la géographie française s'est enfermée dans un type d'espace particulier, qu'on peut appeler le *pays*. On y rencontre des distances uniformes et continues («territoriales») qui se calent sur les longues durées de la nature et sur l'intemporalité des mesures conventionnelles («euclidiennes»). Cette approche exclusive de l'agencement relatif des objets ne permettait tout simplement pas d'apercevoir toutes les configurations n'entrant pas dans ce carcan. Les gradients non linéaires de la vie économique et politique, les «mouvances» des identités subjectives imposent le recours à des métriques hétérogènes. Surtout, les réseaux, fonctionnant sur des métriques discontinues, par définition non territoriales, constituaient comme l'*antimatière* des objets géographiques traditionnels: formant un couple indissociable avec les territoires, aussi matériels (et immatériels), aussi rugueux (et aussi fluides) que leurs doubles, les réseaux ont longtemps été considérés soit comme de simples supports techniques, soit comme des superstructures – des attributs des espaces et non une famille de plein exercice. C'était cohérent avec le pacte territorial État/agriculteurs, dont Vidal se portait garant, mais cela masquait des structurations de l'espace tout aussi importantes, comme ces hanses qui organisent, à travers les frontières, le territoire européen et dont la révélation par Roger Brunet avec sa «Banane bleue» a laissé beaucoup d'hommes politiques pantois. Donner toute leur place aux réseaux, c'est encore se forger des outils plus affûtés pour analyser leur contraire, les territoires: territoires de l'urbanité, territoires du politique…

Enfin, le «pays» ne reconnaissait qu'un type de limite, la frontière, même si, parmi ces pays, on rencontrait justement bon nombre de «marches». Cette géographie n'avait en tête qu'un «pavage», qu'un puzzle dont les pièces s'emboîtaient parfaitement. Plus personne ne doute aujourd'hui que la métrique des limites soit un objet d'étude, dont les nombreuses variantes constituent autant de problèmes à résoudre et de ressources interprétatives. Quand on veut comprendre, par exemple, la spécificité du rapport à l'espace des civilisations de l'islam occidental ou du Sahel, la singularité de la géographie de la germanité ou, plus canoniquement, le rôle de la frontière dans l'imaginaire Nord-américain, on a bien besoin de ce type d'éclaircissement.

Le paradigme dimensionnel

Au sortir de cette petite aventure qui la relie à une autre, plus grande, la géographie se retrouve, dans sa diversité, investie dans de nouvelles façons de voir et de parcourir son objet. Orientée vers l'élucidation des relations que les sociétés entretiennent avec leur espace, elle se retrouve dans une attitude inverse de celle de la géographie des années 1950. Le splendide isolement d'alors consistait à se tailler un territoire inviolable sous la protection, lourde mais fragile, d'une géologie pour littéraires. La rencontre avec le monde extérieur s'est faite dans la conscience que les impérialismes disciplinaires, même et surtout désespérés, se révélaient dangereux. Les visions dominantes du champ sont désormais plutôt horizontales et réticulaires. L'objet de la géographie n'est pas une chose, mais une dimension de toute « chose » sociale. Cela signifie que les géographes ne peuvent pas vivre dans un village épistémologique isolé mais doivent connaître, avant de proposer leurs propres parcours, les avenues et les ruelles de la ville commune. Un regard partiel sur un ensemble insécable, c'est bien autre chose que la défense jalouse d'un périmètre confiné. La modestie s'impose comme condition de l'ambition.

Traversant, comme les autres mais à leur manière, tous les phénomènes de société, les géographes apportent aussi leur contribution au pot commun des sciences sociales, aux grandes questions que toutes se posent ou devraient se poser, qui sont aussi parfois de grands mystères lents à dénouer. Comme celui de l'« insociable spatialité » de l'humanité : nous cherchons à éliminer de la distance pour vivre mais à en créer pour survivre. Deux figures à la Janus se disputent l'espace humain : le *contact*, permettant l'interaction par la mobilité ou par la ville, mais aussi l'*écart*, celui, productif, de l'individu-acteur en société, comme celui, destructeur, de la communauté fermée, c'est cet entrelacs de géographies antagoniques et pourtant entremêlées qui forme la trame de notre vie sociale. Tard venue, sans doute, la géographie peut aujourd'hui verser son écot à la mise en intelligence des expériences humaines.

Tourisme et géographie : un exemple d'évolution

Il existe une « géographie du tourisme » qui fut, en son temps, innovatrice, lorsqu'elle introduisait dans une géographie encore dominée par les thèses de géographie rurale et de géographie régionale le thème de l'urbain. Alain Reynaud[11] y voyait la perturbation liée à la prise en compte des mobilités au sein d'une discipline regardant encore beaucoup du côté de l'enracinement au sein des terroirs.

Mais cette « géographie du tourisme » n'exploita pas systématiquement ces dimensions nouvelles au sein de la discipline et un rameau se spécialisa dans la comptabilité des lits touristiques, des nuitées et des impacts de l'activité touristique, au risque de donner le ton à l'ensemble de cette nouvelle branche de la géographie[12]. Un temps, l'attention portée aux images du tourisme renouvela l'approche, au moment où la géographie s'intéressait à la perception puis aux représentations. Mais la géographie du tourisme s'épuisait dans une voie qui apparaissait de moins en moins productive, car par son intitulé même, elle s'enfermait dans la conception étroite d'une géographie « de quelque chose », du tourisme, comme l'on fit une géographie du sommeil ou une géographie du blé dur. Ce faisant, elle se privait de deux opportunités qui constituent deux nécessités fortes d'un renouvellement: apporter sa contribution à la réflexion sur la nature du phénomène touristique ainsi que sur l'évolution de la géographie elle-même[13].

Aujourd'hui, cette « approche géographique du tourisme » entend mettre à profit les concepts et méthodes de la géographie pour étudier le tourisme et, dans le même temps, se servir d'une meilleure connaissance du fonctionnement de l'activité touristique et des lieux touristiques pour faire progresser la géographie en général et l'analyse de la transformation des lieux en particulier.

Ce faisant, les géographes font montre d'une capacité de renouvellement de l'approche du tourisme dont ne témoignent pas aujourd'hui la sociologie, toujours très gouvernée par l'étude du monde du travail ou certains anthropologues cantonnés dans la réitération complaisante des mêmes idées reçues[14].

Rémy Knafou, université Paris VII-Denis Diderot.

11. Reynaud Alain, 1975, *Éléments pour une épistémologie de la géographie du tourisme,* Reims, Travaux de l'Institut de Géographie de Reims, n° 23-24.

12. En rend compte la définition donnée par Roger Brunet : «Le tourisme s'étudie en géographie à ses équipements, ses hébergements, ses motivations, ses distances de parcours, ses stations et ses villes plus ou moins spécialisées, ses espaces privilégiés, ses contenus sociaux et économiques (tourisme de luxe, tourisme populaire, etc.), ses moyens de déplacement, ses représentations, ses effets et ses pollutions.» (*Les Mots de la géographie. Dictionnaire critique,* RECLUS-La Documentation Française, p. 442, 1992).

13. *Cf.* Knafou Rémy *et al.,* «Une approche géographique du tourisme», *L'Espace géographique,* 1997, n° 3 et Knafou Rémy (dir.), *Atlas du tourisme et des loisirs,* Atlas de France, RECLUS-La Documentation Française, 1997.

14. *Cf.* Augé Marc, *L'impossible voyage,* Payot, 1997.

CHAPITRE 11

UNE PERSPECTIVE CAVALIÈRE

Alain Reynaud, université de Reims

> « Ma recherche de l'exactitude s'orientait dans deux directions différentes. D'un côté la réduction des événements contingents à des schémas abstraits, permettant le calcul et la démonstration de théorèmes ; de l'autre, l'emploi de mots qui rendent compte avec la plus grande précision possible de l'aspect sensible des choses. »
>
> Italo Calvino, *Leçons américaines*.

> « Perspective cavalière : perspective de convention (l'œil de l'observateur étant supposé situé à l'infini) permettant de montrer l'agencement des diverses parties de l'objet. »
>
> *Dictionnaire Le Robert.*

Comment la géographie française a-t-elle évolué en un tiers de siècle ? Que font les chercheurs et les enseignants qui se regroupent sous l'étiquette « géographe » ? Qu'ont-ils en commun et se comprennent-ils ? C'est à ces questions et à quelques autres que vont être apportés des éléments de réponse. La présentation sera inévitablement très incomplète, et seuls quelques thèmes seront effleurés. Cette étude ne se veut ni systématique, ni détaillée, ni chronologique, mais elle se limite à une série de *flashs* et de *zooms*. Elle est l'œuvre d'un géographe, qui présente l'inconvénient d'avoir vécu toute la période dont il parle, comme étudiant d'abord puis comme enseignant, mais qui a peut-être l'avantage d'avoir pris du recul depuis un certain nombre d'années. Les bornes de cette étude sont volontairement floues, car le temps des disciplines et des domaines de la connaissance n'est pas celui de la politique, aux coupures beaucoup plus brutales et parfaitement datées.

Le temps du consensus

Vers 1955-1960, la géographie française continue sur sa lancée de l'entre-deux-guerres. Il n'y a pas de controverses majeures sur la nature et les orientations de la discipline considérée dans son ensemble, même s'il y a des débats par exemple entre les tenants de « l'homme-habitant » (Maurice Le Lannou) et les partisans de « l'homme-producteur-consommateur » (Pierre George). Seule la branche la plus noble et la plus pratiquée, la géomorphologie, connaît quelques polémiques, car la géomorphologie dite « climatique » est en train de prendre son essor et la *Revue de géomorphologie dynamique* a été créée dès 1949 par Jean Tricart.

L'école française de géographie, fière de son passé, vit un peu trop en vase clos et prête relativement peu d'attention à ce qui se fait dans le reste du monde : elle est beaucoup plus ouverte sur l'étranger par ses *terrains* de recherche que par ses *thèmes* de recherche. Certes, les chercheurs travaillent volontiers dans les pays lointains mais ils sont généralement réticents face aux idées nouvelles. C'est l'époque où il est possible de faire toutes ses études supérieures sans avoir jamais entendu parler, même de façon critique, du rôle de la distance ou des modèles spatiaux, largement utilisés dans l'enseignement et la recherche aux États-Unis depuis une quinzaine d'années.

Mais, justement, que fait-on en France vers 1960 ? Un document fournit, pour l'année universitaire 1955-1956, la liste exhaustive des *enseignants* en poste dans les dix-sept département de géographie, et des *cours* professés[1]. Il n'y a alors qu'une soixantaine de géographes, dont une douzaine pour la seule Sorbonne. En dehors de l'université de Paris où existent déjà des chaires spécialisées de géographie physique générale, de géographie humaine et économique, de géographie régionale ou de géographie coloniale, presque tous les enseignants couvrent les différents aspects de leur discipline : il est tout à fait normal en ce temps-là, à titre d'exemple, de faire en parallèle un cours de « morphologie aride et semi-aride », un cours sur « le charbon, le pétrole, l'électricité, la sidérurgie » et un cours sur « la géographie régionale des Îles britanniques ». Cette absence de spécialisation se retrouve tout autant dans les articles ou les livres. Les exemples les plus révélateurs sont certainement celui de Georges Chabot, en fin de carrière, géomorphologue par sa thèse sur *Les plateaux du Jura central. Étude morphogénique* (1927), mais également auteur d'une *Géographie régionale de la France* (1966), d'un livre sur *Les villes* (1948) et coauteur d'un *Traité de géographie urbaine* (1963), ou encore celui de Max Derruau,

1. Cholley A. (dir.), *Mémoires et Documents : carte morphologique du bassin de Paris*, t. V, Paris, CNRS, Centre de Documentation cartographique et géographique, 1956. Le volume comprend en annexe «L'actualité géographique en France», pp. 105-114, avec les sujets de cours et les thèses déposées ou soutenues.

en début de carrière, qui publie à quelques années d'intervalle deux manuels promis à un brillant avenir, un *Précis de géomorphologie* (1956) et un *Précis de géographie humaine* (1961)[2].

A la même époque, la géographie de l'enseignement secondaire, fidèle reflet de la géographie universitaire, en diffuse une version abrégée et simplifiée. Les volumes de la classe de Première, consacrés à la France, s'inspirent de la démarche du *Tableau* de Vidal et s'appuient sur les thèses régionales, tandis que les volumes des classes terminales empruntent largement leur matière à la *Géographie Universelle*.

Il est facile de prendre conscience des ambiguïtés du début des années 1960 en relisant le très attachant livre d'André Meynier, *Histoire de la pensée géographique en France*, paru en 1969 et donc rédigé à peu près entre 1967 et 1968. La troisième partie, la plus développée, s'intitule « Le temps des craquements (1939-1969) ». L'idée directrice est celle d'un élargissement des thèmes de recherche : la démographie, la morphométrie, le renforcement des liens avec les sciences naturelles, « l'exaltation de la géographie économique » (p. 151), le souci des processus mais limité à la morphologie, à la météorologie et à la genèse des structures agraires, la nécessité « de redonner une place importante à la géographie physique en géographie rurale » (p. 157). Les auteurs étrangers auxquels il est fait allusion, parce qu'ils inspirent des travaux français jugés prometteurs, sont par exemple l'Américain Alexanderson (« fixer le portrait des villes d'après la part respective des fonctions primaire, secondaire et tertiaire », p. 160) ou le Suédois Hannerberg, initiateur de la métrologie agraire[3] dont il est dit : « Il semble que, demain, ce champ d'études se révélera fréquenté et fertile » (p. 123).

Bouillonnement et vitalité

Si la période 1940-1960 peut être qualifiée de « temps des craquements », que dire de la période 1970-1990 ? Le basculement s'amorce durant les années 1960, souvent en ordre dispersé, avec difficulté, non sans excès ou maladresses. C'est en géographie humaine et en géographie régionale que le sentiment – réel ou supposé – de rupture avec le passé est le plus marqué.

2. Henri BAULIG, auteur d'une thèse de géomorphologie (*Le Plateau central de la France et sa bordure*, 1928) et des deux volumes de la *Géographie Universelle* sur l'Amérique du Nord (1936), a publié plusieurs articles sur la géographie : «La géographie est-elle une science ? » (*Annales de Géographie*, 1948), «Les méthodes de la géomorphologie (*Annales de Géographie*, 1952) et «Contingence et nécessité en géographie humaine» (*Annales Économies Sociétés Civilisations*, 1959).

3. Il s'agit de l'étude de la dimension des champs fondée sur le système de mesures propre à chaque groupe humain.

Le changement a été en partie rendu possible par une ouverture sur la production géographique étrangère. Livres et revues permettent de prendre conscience qu'il existe d'autres approches de la discipline et les noms de Brian Berry, Peter Haggett, R.J. Johnston, Peter Gould ou David Harvey deviennent rapidement familiers pour quelques Français. Il faut souligner en ce domaine le rôle de «passeur» de Paul Claval, dont les nombreux ouvrages appuyés sur de très vastes lectures internationales, ont ouvert des horizons, ainsi que celui de Philippe Pinchemel, directeur de collection soucieux de faire traduire les livres marquants venus d'ailleurs.

Mais le changement résulte aussi de la démographie de la population géographique. Entre 1935 et 1965, le nombre de chercheurs avait en gros triplé, passant d'une trentaine à une centaine; entre 1965 et 1995, il a pratiquement décuplé, atteignant le millier (universités, CNRS, Orstom). Des recrutements massifs ont complètement bouleversé la pyramide des âges et des grades. En 1955, les assistants ne représentaient qu'un gros quart des maigres effectifs et certains départements n'avaient pour tout personnel que deux professeurs. Les moins gradés forment désormais les gros bataillons pour de longues années. De nouveaux départements, créés à partir de rien, font leur apparition aux quatre coins du pays, coupés de toute tradition et avec des enseignants dont les plus âgés n'ont parfois même pas la quarantaine. C'est dans ce contexte très particulier, avec la toile de fond des Trente Glorieuses sans oublier le grain de mai 1968, que les idées nouvelles fusent et se diffusent, dans un joyeux désordre qui s'accompagne rapidement d'un souci de rigueur.

Le renouvellement s'inscrit dans un cadre qui n'est pas exclusivement français mais bien plutôt celui de la francophonie. Wallons et Suisses de langue française y participent, de même qu'une poignée de géographes latins (Espagnols, Italiens, Latino-Américains) qui maîtrisent notre langue. Une mention particulière concerne les Québécois, très ouverts sur la France pour des raisons évidentes et soucieux d'échanges, mais également en prise directe sur la géographie anglo-saxonne. Certains Français vont profiter des liens avec les pays francophones, où la recherche est moins centralisée que dans la mère-patrie: le cas de Jean-Bernard Racine, formé en France, enseignant à Montréal puis en poste à Lausanne, est exemplaire et rappelle celui de Jean Gottmann dans la génération précédente.

Rien d'étonnant si les thèmes de recherche se multiplient. La liste en est longue et bien connue: renouvellement puis atténuation progressive de la géographie économique, approfondissement de la géographie de la population, affirmation de la géographie sociale ou de la géographie du tourisme, réapparition et expansion de la géographie politique ou de la géographie historique, création de la géographie de la perception ou des représentations, redéfinition de la géographie culturelle... Il est inutile d'insister, mais toutes ces géographies ont, plus ou moins, en commun un plus grand souci de l'*espace*, désormais un des maîtres-mots de la discipline, mis à toutes les sauces. L'analyse spatiale ou l'analyse de l'espace – les deux expressions sont utilisées en parallèle sans avoir exactement le même sens – sont pratiquées en tant que telles avec leur arsenal de concepts et de modèles, ou inspirent plus discrètement de nombreux travaux. C'est certainement dans la géographie régionale, autrefois incontestée, que les transformations sont les plus perturbatrices, et les difficultés à trouver un nom qui fasse l'unanimité prouvent l'ampleur des incertitudes et des clivages : on parle tour à tour ou en même temps de géographie régionale, de géographie générale des régions, de géographie régionale théorique, d'analyse régionale ou de science régionale.

Les sujets de thèses reflètent les nouvelles préoccupations et présentent la particularité d'être tantôt étroitement localisés (une région comme autrefois mais plutôt étudiée sous un aspect particulier que dans son ensemble, ou même une ville), tantôt extrêmement vastes, à l'échelle du monde, du Tiers Monde ou d'un domaine, méditerranéen par exemple. Dans le même temps, le bouillonnement, propice aux interrogations, favorise l'épistémologie et l'histoire de la géographie, occasion de faire le point, de discuter les orientations de la discipline et d'en proposer d'autres.

Plus que les livres, surtout dans un premier temps, ce sont les revues qui permettent d'affirmer des positions et de réunir les quelques dizaines ou les quelques centaines de chercheurs qui travaillent dans la même direction. La période précédente avait été également riche en créations, mais ces revues avaient le plus souvent une assise régionale. Désormais, elles défendent et illustrent une conception ou une orientation : les créations de *L'Espace géographique* (1972) par Roger Brunet et d'*Hérodote* (1975) par Yves Lacoste sont des moments marquants, mais il ne faudrait pas oublier *Espaces-Temps*, *Villes en parallèle*, *Mappemonde* et quelques autres. La volonté d'affirmation de la géomorphologie se concrétise aussi plus récemment par la création d'une revue, *Géomorphologie. Relief, Processus, Environnement*, apparue en 1996.

Les centres de recherche, souvent appelés laboratoires par souci de scientificité, se multiplient aussi. Leurs effectifs, leurs productions et leur impact sont extrêmement variables. Assez souvent, ils correspondent à des réalités bien vivantes mais peuvent aussi n'être dans certains cas que des raisons sociales et des pompes à crédits. La Maison de la Géographie – lieu central du GIP-RECLUS –, fondée à Montpellier en 1984 par Roger Brunet, aura joué un rôle original de foyer aux différents sens du terme. Des cercles sans statut officiel, comme le Groupe Dupont, ont facilité l'émergence et le brassage des idées.

L'unité perdue

Le bouillonnement qui caractérise la géographie humaine entraîne rapidement tensions et conflits, polémiques et pamphlets et même, dans certains cas, injures et coups fourrés. Vers 1960 existait une unité de ton de la production géographique ; vers 1995, il suffit de feuilleter livres et revues pour mesurer l'ampleur des différences avec la période antérieure mais aussi entre ces publications contemporaines, comme si plusieurs disciplines coexistaient sous la même étiquette. Comment tenter d'y voir plus clair pour mieux comprendre ce qui est en cause ?

La géographie étudie inévitablement des *singularités*, tout comme les sciences sociales, la botanique, la zoologie ou les sciences de la Terre, à la différence des sciences physico-chimiques et biologiques. En dernier ressort, une forme de relief, une ville, une région, un sol, une tornade tropicale ou un système de culture ne sont jamais la copie conforme d'un autre phénomène appartenant à la même catégorie. Jusque-là, un accord existe normalement entre tous les géographes. Mais ensuite se produit une *bifurcation* : les uns souhaitent mettre l'accent sur les différences irréductibles et ne s'intéressent qu'à ce qu'il y a de spécifique ou d'« exceptionnel » dans les exemples étudiés ; les autres préfèrent tenter de dégager des *régularités* en construisant des modèles, quitte à revenir au particulier car « la seule façon de mettre en valeur le spécifique, c'est de traquer le plus possible le général » (Christian Grataloup).

Cette dernière façon de procéder n'a rien d'original : elle est admise en géographie physique depuis longtemps, faute de quoi on n'aurait jamais défini le relief de faille, le cyclone norvégien ou l'érosion « normale » ; elle a servi en géographie rurale pour classer, de façon certes très formelle, les types de structures agraires ou de transhumances, ou encore en géographie urbaine pour qualifier les fonctions des villes. Mais des craintes sont nées lorsqu'une telle démarche a été mise au service des systèmes spatiaux, des « régions » ou de l'organisation de l'espace. Paradoxe d'une discipline tournée vers l'étude du présent, capable de prendre rapidement en compte l'actualité la plus brûlante (crises politiques, catastrophes naturelles), mais ayant trop facilement peur de la nouveauté conceptuelle, comme le prouvent les méfiances engendrées par les chorèmes de Roger Brunet.

Il est vrai que l'accroissement du nombre d'enseignants-chercheurs et l'accroissement corrélatif du nombre des publications ont engendré une spécialisation grandissante, à l'image de ce qui existe depuis longtemps dans d'autres disciplines mais phénomène nouveau en géographie à cette époque. La tentation est alors grande d'un repli dans sa propre branche en ignorant complètement ce qui se passe ailleurs. Des tendances *centrifuges* menacent une géographie qui s'est insérée dans l'ensemble des sciences sociales, tout en renforçant ses liens anciens avec les sciences naturelles. L'unité d'autrefois n'est plus qu'un souvenir, même si elle est régulièrement invoquée et si certains en gardent toujours la nostalgie.

Dès la fin des années 1960, les transformations sont assez avancées pour que les premières controverses éclatent. Elles vont marquer durablement les décennies suivantes. Les reproches mutuels fusent entre géographes « physiciens» et géographes «humains» qui ne se comprennent plus vraiment, mais également à l'intérieur des deux sous-ensembles de la discipline où s'affrontent aussi bien les tenants du passé et du renouveau que les chefs de file des nouveaux courants antagonistes. Or, les accusations lancées dans le feu de la discussion sont graves : incompétent, passéiste, traître, «fossoyeur» sont quelques-unes des amabilités échangées, comme si la volonté d'innover ou de rester fidèle à la tradition disqualifiait tel ou tel géographe aux yeux de ses collègues d'un avis opposé, au point de l'exclure de la communauté. Ces polémiques, d'abord cantonnées à de petits groupes, surprennent, agacent, inquiètent ou choquent un milieu géographique habitué depuis longtemps à un certain consensus scientifique et où seuls les débats feutrés avaient droit de cité (par exemple dans l'entre-deux-guerres entre glacialistes et antiglacialistes), mais peu à peu chacun est obligé de se situer, de prendre parti et de participer bon gré mal gré, fût-ce de loin, au débat.

La place de la géographie physique

La question de la place de la géographie physique à l'intérieur de la géographie aurait paru incongrue avant 1960, mais l'approfondissement progressif des thèmes étudiés en relation de plus en plus étroite avec les sciences naturelles ainsi que la spécialisation grandissante des chercheurs créent une situation de plus en plus ambiguë. La restructuration de l'Université française après 1968 oblige à faire des choix et les départements de géographie restent souvent fidèles à l'association ancienne avec les sciences humaines et, éventuellement, les lettres, mais certains préfèrent parfois se rattacher aux universités scientifiques. Il en est d'ailleurs de même dans les autres pays : ainsi à Genève, la géographie fait partie de la faculté des Sciences économiques et sociales, tandis qu'à Harvard la géographie physique est intégrée aux Sciences de la Terre et la géographie humaine a purement et simplement disparu. Imagine-t-on l'anglais, la mathématique ou la chirurgie dentaire doués d'une telle ubiquité ?

Ce sont certainement les géomorphologues qui ont vécu le plus douloureusement les nouveautés et les ambiguïtés des années 1960 à nos jours. Avant 1960, leur place était éminente ou, plus exactement, la géomorphologie était omniprésente, car elle imprégnait profondément toute la géographie. D'après la liste déjà évoquée des cours professés durant l'année 1955-1956, sur une soixantaine d'enseignants, une cinquantaine parlaient peu ou prou de géomorphologie, soit dans des cours directement consacrés à cette branche, soit par le biais de travaux pratiques ou de cours de géographie régionale.

Or cette prééminence est rapidement remise en cause de multiples façons. Les géographes humains, en nombre grandissant, se désintéressent purement et simplement de la géomorphologie, exactement de la même façon que les géomorphologues trouvent normal d'ignorer la géographie de la population, l'analyse spatiale ou la géographie politique, simplement parce qu'ils n'en ont pas besoin. Dans le même temps, des géographes physiciens souhaitent un rééquilibrage aux dépens d'une géomorphologie jugée envahissante. A la baisse de la part relative des géomorphologues dans l'ensemble des géographes s'ajoutent une baisse de prestige et une remise en cause des contenus, dont la critique du commentaire de carte sous sa forme classique est l'aspect le plus connu.

Ces évolutions sont d'autant plus mal vécues que nombre d'universitaires qui avaient fait des recherches en géomorphologie au début de leur carrière s'en détournent définitivement. Rien d'étonnant alors à ce que les géomorphologues aient été, en moyenne, les plus réticents aux transformations de la géographie humaine. Le temps de l'unité, où chacun s'appliquait à couvrir l'ensemble du champ disciplinaire, est vraiment révolu : qui se souvient aujourd'hui que Roger Brunet a rédigé plusieurs articles de géomorphologie[4] au moment même où Jean Tricart publiait un livre original consacré à l'habitat urbain[5] ? Des cas semblables existent à l'étranger et l'exemple le plus significatif est peut-être celui de l'Américain Yi-Fu Tuan, auteur dans sa jeunesse d'une savante étude sur les pédiments[6] avant de devenir dans sa maturité l'un des spécialistes mondiaux de la géographie culturelle[7].

La géographie physique a changé, et les géographes humains n'y ont peut-être pas suffisamment prêté attention. La climatologie s'est affirmée, avec un intérêt nouveau porté aux « contraintes climatiques » et à la pollution. La biogéographie, longtemps en retrait, est davantage à l'honneur et Georges Bertrand a même tenté d'en faire le pivot d'une « géographie physique globale ». L'hydrologie est plus discrète, même si une poignée de chercheurs s'y consacre à plein temps, et la pédologie reste encore le parent pauvre, paradoxalement puisque les sols sont en rapport direct avec une activité encore importante, l'agriculture. Mais le changement le plus notable est certainement l'accent mis sur les milieux « naturels », longtemps invoqués mais désormais étudiés dans toute leur complexité. Face à ces évolutions, les géomorphologues, toujours les plus nombreux parmi ceux qui se réclament de la géographie physique, semblent divisés : les uns participent volontiers à l'étude des milieux naturels mais beaucoup d'autres sont tentés de faire cavalier seul et d'affirmer leur spécialité

---

4. Par exemple BRUNET Roger, «La vallée de l'Hers mort et son évolution morphologique», *Revue géographique des Pyrénées et du Sud-Ouest*, XXIV, 1953, pp. 97-115 ou encore «La carte des pentes», *op. cit.*, XXXIV, 1963, pp. 317-334.

5. TRICART Jean, *L'habitat urbain*, Paris, CDU, 1963.

6. TUAN Yi-Fu, *Pediments in Southeastern Arizona*, vol. 13, Publications de l'université de Californie, 1959.

7. TUAN Yi-Fu, *Topophilia : a Study of Environmental Perception and Values*, Englewood Cliffs, N.J., Prentice Hall, 1974.

non plus en tant que *branche* de la géographie, fût-elle physique, mais en tant que *discipline* autonome, de plus en plus enracinée dans la géologie et donc de plus en plus coupée de la géographie.

Que s'est-il passé en géomorphologie depuis la fin des années 1950 ? On part d'un refus des causes actuelles et du cycle de l'érosion normale pour accorder de l'importance au climat et aux processus morphogénétiques qui lui sont liés. Cette démarche amène à souligner, tout au moins en ce qui concerne les régions tempérées, le peu d'efficacité des systèmes morphogénétiques, c'est-à-dire « la faiblesse de l'érosion actuelle », et du même coup l'importance des héritages. Cette géomorphologie « climatique », ancrée dans la très longue durée, est vivement discutée puis s'intègre au savoir admis par tous. Dans le même temps, les techniques de laboratoire se banalisent et s'affinent. Au fil des années, le souci de mesurer avec précision la vitesse de l'érosion incite à accorder davantage d'importance aux phénomènes actuels, même s'ils ne provoquent que des « retouches » : l'accent est mis sur les mouvements ou glissements de terrain ou sur des phénomènes comme les couloirs d'avalanche en montagne, au moment où une cartographie minutieuse à « grande échelle » permet de prendre en compte tout ce qui change dans le détail. L'intérêt de cette approche est indéniable et concerne au premier chef les aménageurs. Sa limite est peut-être de donner l'impression d'une morphogénèse généralisée, alors qu'il existe des formes stables, quoi qu'on fasse, des formes de toute façon instables et des formes qui ne deviennent instables qu'à la suite d'une intervention humaine imprudente.

Pourquoi ces considérations sur l'évolution de la seule géomorphologie ? Parce que la question de sa place à l'intérieur de la géographie reste posée… par les géomorphologues eux-mêmes. Ils ont souvent l'impression que les résultats de leurs recherches sont sous-utilisés par les autres géographes, alors qu'ils les jugent indispensables. Par derrière, il y a évidemment des conceptions divergentes de la géographie « humaine et régionale »[8]. Malheureusement, rares sont les articles dans lesquels géographes physiciens et géomorphologues défendent leur propre vision, ce qui faciliterait des débats argumentés. Parfois, une phrase permet de mieux saisir ce qui est en jeu : « Le relief mérite une étude scientifique propre, fondatrice pour une géographie qui ne soit pas mutilée par sa réduction en science purement sociale » [9]. On comprend mieux alors, par exemple, l'intitulé, à première vue étrange, du DEA créé à Brest en 1975 : « Géographie physique et régionale », comme si ces deux branches étaient indissolublement liées. Mais nombreux sont les géographes qui ne ressentent plus aujourd'hui le besoin d'un tel *fondement*, d'où des incompréhensions regrettables, mais presque inévitables.

---

8. Des géographes ne se reconnaissent plus guère dans ces appellations toujours en usage mais à leurs yeux discutables.

9. DUFAURE Jean-Jacques, «A propos des piémonts, cuvettes et fossés de la chaîne ibérique orientale et méridionale vus par Étienne Moissenet», *Annales de Géographie*, n° 587, janvier-février 1996, p. 8.

La tentation « technicienne »

Une science, naturelle ou sociale, ne peut se passer de techniques. Or, avant 1960, la géographie ne dispose que d'un éventail réduit : cartes topographiques et géologiques, coupes, cartes analytiques et croquis. En peu d'années, les techniques sont devenues plus nombreuses et elles n'ont cessé de s'affiner (analyses d'échantillons dans les laboratoires de géomorphologie, graphes, traitement statistique, télédétection...). Leur mise en œuvre est désormais facilitée par la généralisation de l'informatique, qui est moins une *technique* productrice de résultats qu'un *outil* permettant de faire mieux et plus vite ce qui devait auparavant être fait à la main. Ces techniques s'associent, se combinent et se renforcent mutuellement.

Dans l'ensemble, les techniques nouvelles ont rencontré rapidement un vif succès et ont souvent fait l'unanimité, comme par exemple les images satellitales. Leur utilisation systématique a modifié la présentation des travaux, en leur donnant une allure plus rigoureuse ou plus « scientifique ». Encore faut-il que ces techniques soient pleinement maîtrisées et ne constituent pas une simple caution : ainsi, les images satellitales disponibles sur papier sous forme de compositions colorées ont certes un intérêt en elles-mêmes mais présentent des limites, si le fichier numérique correspondant n'est pas manipulé avec l'aide de l'informatique et ne fait pas l'objet d'un traitement statistique plus ou moins complexe.

Les universitaires des années 1960-1980 ont souvent dû se former eux-mêmes tant bien que mal, alors que leurs successeurs ont reçu une initiation durant leurs études. Mais les techniques, aussi nécessaires soient-elles, ne sont pas suffisantes et elles sont parfois un « refuge », surtout dans une discipline dont le centre de gravité reste mal défini.

La statistique, et de façon plus générale la mathématique, est la seule technique qui ait fait l'objet de discussions vives. L'expression même de géographie quantitative, largement utilisée dans les années 1970 et calquée sur l'expression anglo-saxonne, était ambiguë, car des géographes ont cru, dans un premier temps, que la seule utilisation de la mathématique suffirait à transformer radicalement leur discipline. Mais, en géographie comme ailleurs, la mathématique ne sert pas directement à produire des concepts : elle facilite au mieux leur émergence. Il suffit de rappeler ce qu'un physicien théoricien dit à ce sujet : « on peut affirmer l'existence d'une séparation assez nette entre l'arsenal conceptuel propre à un domaine scientifique (chimie, biologie, sciences de la Terre) et les techniques mathématiques qui y sont utilisées. Plus précisément, et pour ne prendre que quelques exemples plus ou moins arbitraires, des concepts fondamentaux tels que ceux de corps pur ou corps simple, de liaison chimique, d'activité enzymatique, de code génétique en biologie moléculaire, de sédimentation, de faciès, de géocynclinal en géologie, n'ont rien de mathématique ni dans leur définition, ni dans leur mise en œuvre »[10]. On pourrait dire la même chose à propos des concepts d'axe, barrière, périphérie, distance, champ, position, diffusion...

La géographie universitaire et le monde extérieur

Vers 1960, les universitaires sont peu nombreux à entretenir des rapports avec l'extérieur. Quelques originaux étonnent leurs collègues par des publications au titre inhabituel (Michel Philipponneau, *Géographie et action : introduction à la géographie appliquée*, 1960) ou à l'éditeur surprenant (J. Hautreux et M. Rochefort, *La fonction régionale dans l'armature urbaine*, 1964, ministère de la Construction). Trente ans plus tard, l'aménagement est devenu une préoccupation essentielle et le département de géographie qui ne s'efforcerait pas de s'insérer dans sa région apparaîtrait anachronique.

Mais il est d'autres façons d'aborder la question. En dépit – ou à cause – des transformations de la discipline, l'image de la géographie reste floue, non seulement dans le grand public mais aussi dans les milieux cultivés et même auprès des collègues d'autres disciplines. Elle est toujours largement associée à l'étude des phénomènes naturels. Mais de quels livres dispose-t-on pour s'en faire une meilleure idée ? En dépit de la véritable explosion éditoriale qui caractérise les années 1990, force est de constater que la quasi-totalité de la production est faite de manuels destinés à un public estudiantin.

Plus étrange est la méconnaissance de la qualité de géographe. Le géographe français le plus célèbre est peut-être... Louis Poirier, dont les articles parus dans les *Annales de Géographie* vers 1940 n'ont guère laissé de souvenirs mais qui est bien plus connu sous le nom de Julien Gracq[11]. Il se réclame fréquemment dans son œuvre de la discipline à laquelle il reste attaché, mais la plupart des critiques littéraires qui évoquent sa vie en font... un historien. De même, tout le monde connaît la formule *Paris et le désert français* mais qui sait que l'auteur de ce livre plus cité que lu est un géographe, certes en marge de l'Université puisqu'il a fait carrière au Conservatoire National des Arts et Métiers ? Dans les librairies, il est toujours amusant de découvrir, en dehors du rayon estampillé « géographie », des ouvrages qui ne se présentent pas comme relevant de cette discipline et dont les auteurs préfèrent garder un prudent anonymat professionnel[12]. On en revient alors à la question facétieuse que

10. LÉVY-LEBLOND Jean-Marc, « Physique et mathématiques » *in Penser les mathématiques*, Paris, 1982, Éditions du Seuil, p. 198.

11. Dans quelques décennies, le livre intitulé *La Forme d'une ville* (Paris, José Corti, 1985) sera peut-être considéré comme une des œuvres géographiques majeures de la période envisagée ici.

12. *A contrario,* un livre intitulé *Le Sentiment géographique* (Paris, Gallimard, 1976) ne doit pas induire en erreur. Son auteur, Michel Chaillou, est un écrivain et un critique littéraire universitaire.

posait naguère un géographe québécois : « Par qui les géographes souhaitent-ils être admirés ? ». Dans l'ensemble et en dehors de leurs propres collègues, apparemment pas par l'intelligentsia mais plutôt par les spécialistes de telle ou telle science sociale ou naturelle avec laquelle ils entretiennent des liens étroits, par les politiques, les technocrates et les entrepreneurs.

Un dernier aspect ne peut être passé sous silence, celui des rapports avec l'enseignement secondaire. Les bouleversements qui ont marqué la discipline à partir des années 1960 doivent-ils se répercuter au collège et au lycée ? La question ne s'est guère posée jusqu'à la fin des années 1980. Dans un premier temps, comme il est normal dans toute discipline, les nouveautés apparaissent en ordre dispersé dans des revues plus ou moins accessibles. Puis vient le temps des premières synthèses et des manuels qui, comme celui de G. et P. Pinchemel, vont servir à la formation des étudiants[13]. Ce savoir nouveau doit-il être rapidement mis à la disposition du plus grand nombre, c'est-à-dire des élèves, sous une forme adaptée bien entendu ? La réponse semble à première vue devoir être positive, sous peine d'un fossé grandissant entre la géographie apprise par les étudiants et celle qu'ils feront lorsqu'ils seront eux-mêmes en poste. Mais tous les géographes universitaires acceptent-ils et enseignent-ils les nouvelles orientations, et l'Université ne forme-t-elle que de futurs enseignants ?

Avant d'aller plus loin, il est utile d'envisager ce qui se passe dans d'autres disciplines, puisque tous les domaines du savoir sont caractérisés par un accroissement rapide, pour ne pas dire exponentiel, des connaissances. Or la situation est très variable. En biologie, il apparaît normal depuis des années d'initier les élèves au code génétique, découvert seulement en 1953. Mais en mathématique, il ne saurait être question de livrer les objets les plus récents aux jeunes esprits : « Rien de ce qui est enseigné au lycée en mathématiques n'a été découvert après 1800. A peu de choses près, il en est de même des connaissances mathématiques jugées nécessaires aux futurs scientifiques dans tous les domaines des sciences de la nature, exception faite de la physique »[14].

En géographie, l'Inspection générale a décidé de prendre en compte certains aspects nouveaux et cette volonté d'*aggiornamento* a inspiré le programme de Terminale de 1989, déclenchant une tempête inattendue. Le contenu de l'enseignement secondaire est alors apparu pour ce qu'il était, c'est-à-dire le nœud gordien. Modifier ce contenu signifiait à court terme modifier les programmes des concours de recrutement et donc, par ricochets successifs, toute la forma-

13. Pinchemel Geneviève et Philippe, *La Face de la Terre*, Paris, Armand Colin, 1995, 4e édition.

14. Dieudonné Jean, *Pour l'honneur de l'esprit humain. Les mathématiques aujourd'hui*, Paris, Hachette, 1987, p. 9. Même en apportant quelques nuances, il serait difficile de nier que le savoir, jusqu'au niveau de la licence, est pour l'essentiel antérieur à... 1900. Les mathématiques dites modernes, introduites provisoirement dans l'enseignement primaire et secondaire vers 1970, remontaient... au milieu du XIXe siècle et elles ont été assez rapidement abandonnées.

tion universitaire. La levée de boucliers, dans le milieu universitaire tout comme parmi les collègues du secondaire, a prouvé que les temps n'étaient pas mûrs et que les nouvelles formes de géographie restaient minoritaires. Les aspects les plus dérangeants du nouveau programme ont été d'autant moins enseignés qu'ils ont rapidement été écartés des sujets autorisés pour le baccalauréat. Les nouveaux programmes de lycée, applicables entre 1996 et 1998, semblent le résultat de compromis traduisant la situation de la discipline, ses rapports de forces et ses ambiguïtés.

La question des générations

Il est tentant de retracer les années 1960-1995 en termes de générations, dont les clivages scientifiques traduiraient simplement de classiques oppositions fondées sur l'âge. La jeunesse des chercheurs recrutés massivement dans les années 1960 confirmerait cette vision des choses. Aussi ne faudrait-il pas s'étonner des remarques faites à l'occasion de la remise d'un prix par le président de la Société de Géographie de Paris s'adressant ainsi au récipiendaire: « Ce qui caractérise l'École bordelaise c'est son attachement à la géographie classique, la vraie. Bordeaux n'a jamais été un foyer du quantitativisme, de la spatiologie, de la chorématique, de la systémique ou même de l'épistémologie. A Bordeaux, on s'est investi dans des valeurs sûres: la vigne et le vin et les pays tropicaux, à la rigueur plus récemment l'insularité[15]. »

Des exemples similaires existent, mais cette présentation de l'évolution en termes de conflit de générations me semblerait trop simpliste et ne me paraît pas traduire une réalité bien plus complexe. Au milieu des années 1990, il existe des septuagénaires novateurs et des quadragénaires conservateurs.

Dans une perspective d'histoire des sciences, ce qui s'est produit entre 1960 et 1980 est un changement de *paradigme*, au sens où ce concept a été utilisé par Thomas Kuhn, c'est-à-dire l'apparition d'une nouvelle matrice mêlant étroitement théories, techniques et valeurs, et favorisant la production de connaissances différentes de celles obtenues avec l'ancien paradigme.

Dans une science, le remplacement d'un paradigme par un autre est normalement assez rapide, à l'échelle de quinze à vingt ans. Or, en l'espace d'une quarantaine d'années et en dépit des changements intervenus, il n'est pas possible d'affirmer que l'ancien paradigme a disparu ni même qu'il est en voie de disparition. L'« ancienne » géographie et la « nouvelle » géographie coexistent, chacune étant défendue avec conviction par des géographes persuadés, en

15. Bastié Jean (né en 1919), Remise des prix 1994 de la Société de Géographie de Paris, *Acta Geographica*, n° 101, 1995/1, p. 73.

toute bonne foi, d'œuvrer pour le bien de leur discipline, et chacune trouvant un écho favorable dans le milieu universitaire et à l'extérieur.

Il serait certainement instructif de retracer les itinéraires de géographes appartenant à la même génération, par exemple ceux qui avaient la trentaine vers 1955, vers 1970 et vers 1985. On constaterait alors que les oppositions se manifestent *à l'intérieur* de chaque génération. Ce qui a changé vers 1990 par rapport à 1970, c'est justement que les conflits scientifiques ne se posent plus en termes de générations, ce qui a contribué à les dédramatiser et à favoriser une coexistence qui, à défaut d'être toujours pacifique, est certainement plus sereine. C'est donc dans une autre direction qu'il faut chercher les raisons des ambiguïtés persistantes de la géographie.

Vers la tour de Babel

Les géographes français forment en apparence une petite communauté scientifique, mais je fais l'hypothèse qu'elle n'est que la juxtaposition d'*isolats*, c'est-à-dire de petits groupes ne communiquant guère entre eux. Depuis un certain nombre d'années, les géographes ne se lisent pas et ne se comprennent plus ou, plus exactement, ils lisent surtout les articles et les ouvrages qui sont dans leur optique et discutent de préférence avec des collègues qui leur sont scientifiquement proches, au point d'ignorer à peu près totalement ce que font, pensent et publient d'autres collègues se rattachant pourtant officiellement à la même discipline qu'eux.

Colloques, congrès ou simples réunions de travail mettent habituellement en présence des géographes ayant des affinités intellectuelles. Dans le cas contraire, il est difficile pour chacun d'utiliser un langage compris de tous. A titre d'exemple, une expression est, depuis un quart de siècle, porteuse de qui-proquos amusants, celle d'analyse spatiale. Dès qu'un auditoire est composite, par exemple lors d'une Commission de spécialistes, et qu'un collègue emploie cette expression dans le sens particulier qui est classiquement le sien, des voix s'élèvent pour demander: « Qu'entendez-vous exactement par là ? » ou « Ne faisons-nous pas tous de l'analyse spatiale ? ».

Qu'est-ce que les géographes ont aujourd'hui en commun ? Pas grand-chose. Prenons-en cinq au hasard, de formation identique, et suivons-les dans leur carrière au fil des années: le premier, Pierre Rognon, est géomorphologue, travaille avec les pétroliers et finit par devenir professeur de géologie dans une université scientifique. Le deuxième, Jean Malaurie, est également spécialisé en géomorphologie au début de sa carrière, prend part à des expéditions au Groenland, devient ethnologue et dirige la célébrissime collection « Terre humaine » chez Plon. Le troisième, Bernard Kayser, s'intéresse entre autres au milieu rural et publie, à la suite de nombreux travaux consacrés à ce thème, un ouvrage, *La renaissance rurale* (Paris, Armand Colin, 1990), dont le sous-titre est très clair : *Sociologie des campagnes du monde occidental*, l'auteur se présentant sur la quatrième de couverture comme « géographe et sociologue ». Le quatrième, Xavier de Planhol, très ancré dans l'histoire, est l'auteur d'une *Géographie historique de la France* (Paris, Fayard, 1988). Le cinquième, Georges Cazes, est présenté sur une quatrième de couverture (*Les nouvelles colonies de vacances ? Le tourisme international à la conquête du Tiers Monde*, Paris, L'Harmattan, 1989) comme « auteur de plusieurs ouvrages de géographie et d'économie du tourisme ». L'intérêt des travaux réalisés par ces géographes n'est évidemment pas en cause et c'est lui seul qui compte en dernier ressort. Derrière ces remarques, aucune nostalgie de l'unité perdue et aucun désir de normalisation, car les voies du savoir sont impénétrables. Simplement, la constatation d'une évidence souvent niée, la dispersion étonnante des géographes dans les multiples champs du savoir.

Cet éclatement en sous-ensembles – certains diraient en chapelles – qui s'ignorent plus encore qu'ils ne sont rivaux a été « officialisé » par la multiplication des numéros thématiques de revues, qui n'est pas seulement le résultat de l'opposition commode mais réductrice entre géographie « physique » et géographie « humaine ». A quoi bon faire encore des numéros de mélanges, associant des articles dont chacun ne retiendra l'attention que d'une poignée de lecteurs ? Mieux vaut regrouper un florilège concordant.

L'émiettement de la géographie est tout aussi net si l'on considère les sources sur lesquelles se fonde la recherche. Les « sources » et non pas le « terrain », car ce mot sacro-saint a pris plusieurs sens. Au sens strict, le terrain, étroitement associé à la géographie physique et plus particulièrement à la géomorphologie, est synonyme de nature, de carrières, de relevés, de panoramas, ainsi que de longues marches et... de boue collant aux chaussures. Au sens large, le terrain signifie simplement l'enquête menée sur place, qu'il s'agisse d'une collecte de documents auprès d'organismes divers, de rencontres avec des responsables officiels ou d'entretiens de type sociologique avec des entrepreneurs ou des particuliers. Mais les « sources » sont également aussi bien des cartes, des images satellitales, des annuaires statistiques que des œuvres littéraires. En ce domaine aussi, la diversité est la règle.

Au-delà encore, si l'on raisonne en termes de paradigme, ce ne sont pas seulement les théories, les techniques et les « sources » qui sont en cause mais aussi les valeurs sous-jacentes. Une des polémiques majeures des années 1970 a porté sur le *ruralisme* qui imprégnait encore en profondeur toute la géographie. Par la suite, bien des controverses sur sa nature et son orientation peuvent se résumer à une opposition entre le *territoire*, associé aux valeurs d'enracinement et d'identité, et le *réseau*, associé aux valeurs de mobilité et d'ouverture. Le nombre longtemps limité de travaux consacrés aux villes ou les réticences à l'égard de la géographie du tourisme s'inscrivent dans ce contexte. N'est-il pas remarquable que le *tourisme rural* ait été plus précocement et plus largement illustré que le *tourisme urbain*, thème de recherche qui cumulait tous les inconvénients dans le paradigme classique ?

Un avenir incertain

La période étudiée pourrait se résumer de façon quelque peu simplificatrice en trois étapes : d'abord l'unité revendiquée, l'assurance et la bonne conscience ; puis le bouillonnement, les remises en cause et les polémiques ; enfin la diversité assumée, la coexistence pacifique et l'ignorance mutuelle.

Sans aucun doute, il existe un nouveau paradigme de la géographie. Il a sa cohérence et il suscite de nombreux travaux. Il y a là des raisons d'être optimiste pour ceux qui s'y rattachent. Mais l'ancien paradigme subsiste. Il a lui aussi sa cohérence, ses publications et ses adeptes. D'ailleurs, la géographie se réduit-elle à deux paradigmes parfaitement homogènes ? Rien de moins sûr.

Quel avenir pour la géographie française ? La réponse ne peut être que subjective et elle n'engage que son auteur, mais j'aurais tendance à être plus pessimiste que la moyenne de mes collègues.

Vers 1960, un tiers des agrégé(e) s était formé de géographes et la proportion, bon an mal an, était identique au CAPES[16]. Vers 1995, les géographes ne représentent plus qu'un quart du contingent des agrégé(e) s et autour de 10 % seulement de celui des certifié(e) s. Pourquoi partir des concours pour envisager l'avenir penseront nombre d'universitaires ? Toujours le nœud gordien de l'enseignement secondaire. Il faut être conscient que les géographes sont une espèce en voie d'extinction dans les collèges et les lycées, et que, en dépit des directives officielles, la géographie tend à être de moins en moins enseignée, beaucoup de professeurs, historiens de formation, lui réservant la portion congrue. Les étudiants géographes se sont progressivement détournés de l'enseignement. Cette situation est due aussi bien au décalage entre les nouvelles formes de la géographie et les programmes des concours – mais comment satisfaire toutes les tendances d'une discipline éclatée ? – qu'au désintérêt manifesté par une majorité d'universitaires pour tout ce qui touche à la formation des enseignants du secondaire.

Or, deux dangers se profilent à l'horizon. Pour des raisons budgétaires, le ministère de l'Éducation sera tenté de faire des économies, donc de réduire les horaires de toutes les disciplines. On peut faire le pari que, dans ce cas, la géographie perdra un peu plus que l'histoire. D'autre part, les historiens « contem-

16. Faut-il préciser que ces proportions concernent les géographes par rapport à l'ensemble des agrégé(e)s d'histoire et de géographie ou des certifié(e)s d'histoire-géographie ?

poranéistes » s'intéressent beaucoup à juste titre au « temps présent » et se sentent disponibles pour prendre en charge des questions relevant traditionnellement de la géographie (population, secteurs de l'économie, voire aménagement). Un jour viendra peut-être où la géographie disparaîtra pratiquement de l'enseignement secondaire sans susciter d'émoi. Le cas s'est produit aux États-Unis durant plusieurs décennies. Il est vraisemblable que ce changement se traduirait rapidement par une baisse sensible des effectifs d'étudiants.

Que resterait-il à la géographie universitaire ? La culture ? Ne rêvons pas trop… L'aménagement ? Certes, mais les géographes ne sont pas les seuls à convoiter ce créneau, inégalement porteur depuis que les collectivités territoriales limitent leur recrutement. Il faut moins envisager une disparition de la géographie, en dépit de son hétérogénéité inquiétante, qu'une réduction drastique de ses effectifs. Après tout, la sociologie est une discipline incomparablement mieux connue des médias, de l'intelligentsia et du grand public, et pourtant il n'existe pas de département de sociologie dans toutes les universités…

La géographie continuera-t-elle sa marche ascendante amorcée dans les années 1960 ou a-t-elle atteint son apogée ? L'avenir tranchera.

CHAPITRE 12

QUATRE GRANDS THÈMES

L'EXPLORATION DES MONDES INTÉRIEURS

Bernard Debarbieux, université Joseph-Fourier, Grenoble

Dans la déjà longue histoire de la géographie dite humaine, l'humain en question, tantôt Homme majuscule, tantôt homme minuscule, tantôt agent, tantôt acteur, tantôt sujet, tantôt personne, est resté une entité au statut incertain. On aurait tort de ne voir dans cette incertitude qu'un détail terminologique dans l'histoire et le fonctionnement d'une communauté scientifique. En effet, plus que des mots, ce sont des visions de l'homme, des concepts et le champ même de la discipline qui furent en jeu. En particulier, il s'agissait, et il s'agit encore, de savoir si la géographie pouvait ou devait continuer à composer avec un homme conçu comme un être opaque, interagissant de façon quasi mécanique avec son environnement ou bien si elle devait elle aussi explorer ces « mondes intérieurs » dont parlait Descartes, ces mondes peuplés d'affects, de croyances durables et de pensées éphémères. L'immense majorité des géographes plaide aujourd'hui pour cet approfondissement du champ disciplinaire; c'est du moins ce que l'état de la recherche contemporaine, curieuse de perception et de représentation, d'idéologie et de médiance, donne à penser.

Pourtant, cette aventure collective dans laquelle se sont lancés de très nombreux géographes pose peut-être davantage de problèmes qu'elle n'en résout. Certes l'enthousiasme des premiers fut communicatif; il a ouvert des horizons nouveaux à quantité de chercheurs ; mais, ces derniers se sont appuyés sur des bases épistémologiques et théoriques multiples et souvent inconciliables. Quant aux développements méthodologiques, ils sont toujours restés à la traîne. Autrement dit, si l'exploration parut excitante à beaucoup, elle fut conduite dans un certain désordre, sans toujours disposer des instruments nécessaires à une progression en terrain difficile.

Ce texte s'efforcera de proposer une analyse de cette aventure, et d'en exposer clairement les acquis mais aussi les limites. Une telle ambition aurait dû nécessiter de faire référence à quantité de textes issus d'une production déjà abondante, en France comme à l'étranger. Mais pour échapper à l'excès de citations, qui loin de servir chacun des textes nuit à leur ensemble, cette analyse se contentera de quelques références sélectionnées sur la base de leur représentativité.

Fondements et critiques de l'objectivation scientifique appliquée à la géographie

Nous devons à René Descartes l'idée d'une distinction entre le monde des choses et celui que les sujets vivent intérieurement. Lui emboîtant le pas, notre modernité invente donc simultanément le sujet et l'objet, le sujet conscient et responsable esquissé par l'humanisme médiéval et l'objet qui participe de notre environnement. Cette conception est à l'origine de la connaissance scientifique qui se caractérise par « le retrait du sujet moderne » soucieux de se donner les moyens de penser l'objectivité du monde. On sait que cette curiosité a d'abord porté sur la nature ; ce n'est qu'au XVIIIe et XIXe siècle qu'elle est étendue aux phénomènes humains, à la condition que ceux-ci soient appréhendés comme des choses.

Plus tard, la mise au point d'une méthodologie scientifique, remarquablement efficace, parfait l'édifice intellectuel. Cette méthodologie s'appuie sur la répétition des observations, afin que l'analyse soit dégagée des contingences de l'observation elle-même. Elle tend alors à produire une vision essentialiste du monde; en effet l'observation méthodique de l'existant ne vise qu'à la connaissance de régularités, de lois, d'un ordre sous-jacent à l'expression de chacun de ces existants.

L'adhésion mesurée de la géographie à l'idéal scientifique de connaissance

A l'image de ce qui se passait dans les disciplines voisines, les géographes se sont appliqués avec constance à conformer leurs problématiques et leurs méthodes à ce modèle de connaissance. L'exercice était d'autant plus aisé que, aux XVIIIe et XIXe siècles, grande était la parenté entre géographie et histoire naturelle. Mais quand, à la fin du siècle dernier, elle s'ouvre vraiment aux faits humains et aux faits de société, la géographie garde cette posture matérialiste et naturaliste[1] : les œuvres des hommes prises dans le champ disciplinaire sont bien plus souvent des artefacts (maisons, champs, outils, villes, etc.) que des faits de mentalité (croyances, valeurs, etc.). Les hommes eux-mêmes, pris individuellement ou comme un tout, sont appréhendés comme des objets, objets agissant certes, mais objets quand même, soumis aux influences de leur environnement naturel et culturel. La géographie a donc derrière elle une longue tradition d'objectivisme. L'être humain auquel elle s'intéresse n'est pas censé disposer d'un « monde intérieur » ou plutôt ce monde reste hors champ de la discipline. Seule entorse majeure à la méthode scientifique : la géographie garde le goût des configurations particulières, des innombrables variations plus ou moins contingentes des réalités observées. L'essence des phénomènes géographiques l'indiffère.

Dans les années 1950-1960 pourtant, les influences marxiste et structuraliste encourageront des générations de géographes à rompre avec ce particularisme. En travaillant à identifier des forces ou des modalités récurrentes de l'organisation de l'espace, elles permettront à la géographie de se conformer à l'idéal essentialiste et objectiviste de la connaissance scientifique emprunté à cette pensée cartésienne.

Objections et contextes

Pourtant, bien avant que la géographie ne calque ses méthodes sur celles des sciences de la nature, des philosophes, Kant tout particulièrement, fournissaient des éléments pouvant conduire à remettre en question le bien-fondé de cette posture pour les sciences humaines et sociales. En effet, une des principales contributions du philosophe allemand fut de montrer que la réalité parfaitement objective ne nous était jamais accessible ; cette dernière, le monde des « noumènes » dont il ne met pas en doute l'existence, ne peut jamais se manifester que par des « phénomènes ». Dès lors, une bonne compréhension des « objets » de la géographie humaine exigeait que l'on tienne compte de la façon selon laquelle les individus appréhendaient leur environnement tel qu'il leur

---

1. Sur cette question, on trouvera des éléments de réflexion intéressants dans BERDOULAY Vincent et SOUBEYRAN Olivier, « Lamarck, Darwin, Vidal : les fondements naturalistes de la géographie », *Annales de Géographie*, 1992, 561-2, pp. 517-634.

apparaissait par le biais des « phénomènes ». La géographie pouvait alors se donner une double visée : d'une part étudier des phénomènes naturels ou humains auxquels ses problématiques et ses méthodes donnaient une intelligibilité ; d'autre part s'intéresser aux phénomènes tels qu'ils sont appréhendés par les hommes eux-mêmes dans la mesure où leurs actions à la surface de la Terre sont motivées et conditionnées par cette appréhension. Dans ce deuxième cas de figure, la géographie pouvait intégrer à son champ disciplinaire cet objectif commun aux sciences de l'homme, formulé au début du siècle par un ethnographe français Hyppolite Muller : « recréer la pensée qui a créé l'objet ».

La prise en compte de ce type d'objection philosophique et épistémologique devait se faire selon des rythmes et des modalités variables selon les contextes institutionnels. Aux États-Unis, elle fut relativement précoce pour plusieurs raisons : les affinités entre la géographie et la psychologie y sont anciennes et dès le milieu du XXe siècle la première est sensible à l'évolution de la seconde qui, renonçant à des modèles très mécanistes, cherche à mieux prendre en compte la perception dans l'analyse du comportement humain. Par ailleurs, les développements précoce d'une géographie soucieuse d'identifier des régularités spatiales, par définition indépendantes des individus et de leurs appartenances, sont rapidement critiqués par une génération d'auteurs (Tuan, Relph) qui commencent à dénoncer les « excès » de « la quantification à outrance et (des) explications mécanistes, déterministes, réductionnistes d'une géographie sans hommes »[2]. C'est au nom de cette particularité humaine, irréductible à la science, que certains auteurs proposent alors que l'on parle de « géographie humaniste ».

Dans l'Europe francophone, cette curiosité se manifeste plus tardivement, bien qu'elle n'intervienne pas sur un terrain totalement vierge. Hormis les allusions faites par quelques géographes vidaliens (Jean Bruhnes, Albert Demangeon), les « faits de mentalité » ou de « psychologie collective » ne font leur entrée dans la discipline qu'à la fin des années 1960. Cet infléchissement se produit à la faveur de l'importation des problématiques Nord-américaines par des géographes francophones ayant séjourné aux États-Unis ou au Québec (Claude Raffestin, Paul Claval, Antoine Bailly, Jean-Bernard Racine) ; mais il se produit également à la faveur d'une critique endogène des visions ethnocentriques et uniformisantes des rapports entre les hommes et leur environnement : quelques tropicalistes (Gallais) perçoivent l'inadaptation des modèles d'analyse de cette question pour des contextes de pluralité ethnique comme celui de l'Afrique sahélienne ; quelques promoteurs actifs d'une « géographie sociale » (Armand Frémont, Renée Rochefort, Robert Hérin, Alain Metton, etc.)

---

2. POCOCK Douglas D.C., « La géographie humaniste », *in* BAILLY A. *et al.*, *Les Concepts de la géographie humaine*, Paris, Masson, 1995, p. 139.

exhortent leurs collègues à prendre en compte la diversité des espaces sociaux, à s'intéresser «à la manière dont (les hommes) vivent leur espace, voire le rêvent», et à étudier ces derniers «non comme des objets spatiaux mais comme des sujets, même si leur pouvoir est nul»[3].

Le sujet! le mot est lancé. Les années 1980 et 1990 verront alors le triomphe de cette conception de l'individu géographique, complexe et tourmenté, si suspect autrefois.

Approfondissements et infléchissements

Une fois acquise l'idée que les géographes avaient quelque chose à dire et quelque chose à faire sur les «mondes intérieurs» des hommes dont ils parlaient, il leur fallait arrêter des problématiques adaptées, définir les concepts pertinents, identifier les processus à l'oeuvre. Ce travail d'approfondissement a été fait dans plusieurs directions durant les vingt dernières années. Il a parfois conduit à quelques infléchissements majeurs.

L'élaboration inachevée d'un système conceptuel

Emboîtant le pas des géographes comportementalistes américains, les géographes français sont entrés dans le monde des «mondes intérieurs» par la perception; aussi, bien qu'elle ne veuille rien dire, l'étiquette «géographes de la perception» leur fut attachée. Mais très tôt, il fallut dépasser ce stade; un processus en appelait un autre. La psychologie avait déjà montré depuis longtemps que la perception ne pouvait jamais être conçue comme un simple filtrage visuel. Chez l'homme, elle est aussi organisation et sémantisation de l'environnement perçu. L'initiation des géographes à la complexité des processus en jeu les a alors conduits à délaisser la perception au profit de la notion de représentation, plus apte à évoquer cette faculté qu'ont les hommes à combiner le sensible et le cognitif, le réel et l'imaginaire, la création individuelle et la reproduction de schèmes collectifs dans leur activité mentale. La prise en compte progressive des processus sociaux et culturels de construction et de sémantisation du monde les a conduit aussi à introduire dans leur vocabulaire des concepts intégrateurs (idéologie, mythe, valeur, etc.) empruntés à la sociologie et à l'anthropologie.

En faisant sienne cette constellation terminologique, la géographie s'est donc sensiblement rapprochée des autres sciences sociales. Mais elle a dû déployer des efforts particuliers pour mesurer les implications spécifiques de

---

3. Collectif, 1984, *Sens et non-sens de l'espace*, Paris, Collectif français de Géographie urbaine et sociale, p. 15.

cette orientation pour l'analyse des phénomènes qu'elle avait fait siens : cela explique en particulier que ces géographes se soient efforcés de diversifier les usages de quelques-uns des termes les plus centraux de la discipline : l'espace, qui n'avait jamais été que géographique ou euclidien, a pu aussi devenir d'abord perçu, vécu, conçu, puis symbolique et mythique ; les distances, tout aussi euclidiennes à l'origine, sont aussi devenues structurales, affectives, etc. (Gallais, Frémont).

Toutefois, il serait juste de dire que ce foisonnement terminologique n'a pas toujours conduit à l'élaboration d'un véritable système conceptuel. Beaucoup de termes conservent un statut très incertain ; leur usage, sensible aux effets de mode, varie sensiblement d'un auteur à l'autre.

Le donné, le construit et l'intentionnel

Parallèlement à cette ouverture de l'éventail des processus pris en compte, on a assisté à l'abandon d'une conception statique et substantialiste de ces mêmes processus. En effet, on a longtemps donné à penser que telle image mentale de la nature, ou telle représentation de la ville était des construits, individuels ou collectifs, qu'il suffisait de recueillir pour enrichir notre compréhension scientifique, et donc distanciée, de l'espace humanisé. Or il fallut déchanter et prendre un peu plus encore ses distances avec la tradition disciplinaire : les représentations mentales se sont avérées instables, en perpétuelle révision, en raison de leur constante réactualisation dans l'interaction sociale, en raison aussi de leur permanente confrontation avec les contingences de l'environnement.

Cette prise de conscience a largement motivé la volonté récente de « reproblématiser » *l'interaction entre le « réel objectif » et ses représentations*. En effet, dans une première phase, cette approche géographique a subi une double tentation : d'une part, celle de travailler les phénomènes de perception et les formes de représentation pour eux mêmes, indépendamment des pratiques, des actions et de la nature du monde environnant ; d'autre part, celle de conférer aux représentations un statut second par rapport à une réalité à laquelle elles devaient nécessairement référer.

Or, de plus en plus, le champ de la discipline et les théories permettant de l'explorer incitent à rapprocher le matériel de l'idéel, à y voir deux aspects indissociables d'une même réalité ; ils ne peuvent donc plus être analysés de façon autonome, ni être conçus comme étant inscrits dans un ordre logique. Deux exemples serviront à illustrer cette évolution.

– Les géographes d'influence marxiste ont longtemps retenu de leur lecture de Marx ses écrits subordonnant la superstructure à l'infrastructure. Dans ces conditions, les représentations de l'espace géographique apparaissent alors comme secondes par rapport aux modalités concrètes de l'organisation socio-économique. Toutefois, depuis une quinzaine d'années, à la faveur d'un relecture de Marx et dans la foulée des travaux d'un Henri

Lefebvre ou d'un Maurice Godelier, une articulation plus complexe entre ces deux ordres de faits a été recherchée. De subordonnée à l'étude des matérialités, l'analyse des vécus individuels et des représentations sociales est devenue plus centrale dans l'argumentation. Les récents travaux de David Harvey aux États-Unis et ceux de Guy Di Méo en France témoignent de cet infléchissement en géographie.

– La géographie culturelle, pour des raisons déjà exposées, a traditionnellement privilégié l'analyse des artefacts ; même quand elle s'intéressait aux religions, ce sont les formes manifestes d'expression religieuse (constructions, rituels) qui étaient étudiées au détriment des visions du monde. Aujourd'hui, dans ses plus récents développements, la géographie culturelle tend à maintenir la cohérence des éléments matériels et idéels et à identifier ce qui les associe. La notion de « savoir géographique » et la pratique des « ethnogéographies »[4] ne visent pas d'autre but.

Cette reformulation des problématiques s'est accompagnée d'un nouveau travail sur le vocabulaire conceptuel. On voit ainsi dans le vocabulaire géographique des années 1980 surgir ou resurgir des termes particulièrement aptes à traduire cette combinaison interactive entre l'idée et la matière. Parmi les termes importés d'autres disciplines et appelés à jouer un rôle majeur en géographie, on peut citer le *symbole* et ses déclinaisons : géo-symbole[5], éco-symbole[6], haut lieu ou lieu de « condensation symbolique »[7]. Dans l'un et l'autre cas, il s'agit bien d'identifier un élément matériel, un lieu parfois, dont l'existence en tant qu'objet socialement identifié est subordonnée à sa capacité à signifier dans un autre ordre de réalité.

Parmi les termes renaissants, il faut surtout citer le *paysage* et le *territoire*. De ces deux termes, la géographie n'avait fini par retenir que le sens le plus matériel : « portion de la surface terrestre telle qu'elle se présente à la vue » pour l'un ; « aire appropriée » pour l'autre. Puis, progressivement, les deux concepts sont retravaillés afin de prendre en compte le point de vue des habitants, leurs intentions, leurs pratiques, leurs sentiments d'appartenance, leurs rapports sensibles à l'objet, au point de parfois donner le beau rôle à ces derniers : « Le paysage, c'est le côté sensible de (la) relation d'une société à l'espace et à la nature » [8]. Les définitions géographiques du territoire font

---

4. Expression popularisée par Paul CLAVAL et SINGARAVELOU (dir.), dans *Ethnogéographies*, Paris, L'Harmattan, 1995.

5. BONNEMAISON Joël, *Les Fondements d'une identité. Territoire, histoire et société dans l'archipel du Vanuatu*, Paris, Orstom, 1986-1987.

6. BERQUE Augustin, *Êtres humains sur la Terre*, Le Débat, Paris, Gallimard, 1996.

7. DEBARBIEUX Bernard, « Le lieu, le territoire et trois figures de rhétorique », *L'Espace Géographique*, pp. 97-112, 1995.

8. BERQUE Augustin, « De paysage en outre-pays », *in Au-delà du paysage moderne*, Le Débat, 65, 1991, p. 346.

progressivement la part belle à la relation privilégiée (de nature symbolique, affective et imaginaire) que ses occupants entretiennent avec lui (Raffestin, 1980, *Géographie et cultures,* 1996).

L'approfondissement de la connaissance des médiations

Les approfondissements les plus récents dans ce domaine disciplinaire ont porté sur les médiations sociales, culturelles et institutionnelles de ce rapport entre l'idée et la matière : le langage avec ses formes multiples d'actualisation (le discours, le récit, la littérature, le guide touristique, etc.) et l'image avec ses multiples supports (la peinture, la publicité, la carte, le plan d'urbanisme, etc.). Les travaux réalisés sur ces médiations ont donné lieu à quelques publications remarquables (Jacob 1992, *Espaces-Temps,* 1996), où se manifestent les influences de disciplines d'abord difficiles comme la linguistique, la sémiologie, voire l'analyse littéraire.

Ces médiations présentent un intérêt considérable dans la mesure où c'est souvent par elles que sont véhiculées les significations collectives associées à l'espace et à l'environnement. Toutefois, leur statut ambigu dans une conception dualiste (objet-sujet, matériel-idéel) des faits géographiques a rendu délicate leur assimilation par la discipline : s'il s'agit de formes bien matérielles, visuelles ou sonores, elles sont difficilement assimilables aux formes auxquelles s'intéresse usuellement la géographie ; pourtant, elles nous y renvoient en permanence et, dans le cas de l'image, de façon si instantanée que la distinction entre l'image et ce qu'elle représente n'apparaît pas toujours dans les mots qui les désignent : ainsi, dans le vocabulaire courant, le paysage peut être à la fois une portion d'espace terrestre et la représentation picturale de cet objet.

Les enjeux théoriques et épistémologiques

A la faveur de ces approfondissements et infléchissements divers, la « géographie de la perception » a parcouru un chemin qui justifie à lui seul que l'on renonce à cette appellation à la fois étroite et erronée. Dans le même temps, la curiosité s'est très largement diffusée au sein de la discipline, s'émancipant totalement d'une affiliation originelle très forte à la géographie sociale des années 1970. En effet, quantité de travaux relevant d'autres domaines empruntent des éléments de réflexion ou de vocabulaire à ce courant même pour traiter de localisations industrielles, de fonction des villes capitales ou de risques naturels. Toutefois, cette large diffusion a contribué à accroître considérablement l'hétérogénéité des problématiques, des postures épistémologiques et des références théoriques. A tel point qu'un exercice de clarification dans ce domaine s'avère à la fois indispensable et ardu.

Individualisme et ordres de détermination

Une première source de diversité des travaux géographiques tient à l'hétérogénéité des manières de concevoir les relations entre les expériences individuelles et les représentations collectives. Certains ont été tenté d'emboîter le pas de philosophes et d'anthropologues comme Mircea Eliade, Roger Caillois ou Gilbert Durand qui postulaient l'existence dans nos représentations de schèmes récurrents constituant autant de constantes anthropologiques. On retrouve cette influence à des degrés divers chez des auteurs comme Yi-Fu Tuan, Michel Chadefaud et Augustin Berque, pourtant fort différents par ailleurs.

D'autres ont postulé, à l'image de la géographie culturelle classique et la géographie sociale des années 1970-1980[9], que nos représentations, à l'image de nos pratiques, ne font que refléter nos appartenances et nos statuts sociaux. Ce serait donc le propre de la socialisation et de l'acculturation que de nous imprégner de référents partagés avec nos semblables. Ce processus serait à la fois garant de la reproduction des cultures et des organisations sociales. On reconnaît dans cette conception holiste la trace des théories qui supposent que les constructions sociales et culturelles préexistent à toute forme de socialisation; les formes de vie matérielle et de conscience sociale des individus seraient alors déterminées par ces constructions englobantes.

A l'opposé, les thèses de l'individualisme méthodologique suggèrent que ce sont les individus qui élaborent, par leurs interactions quotidiennes, les ensembles dans lesquels ils s'inscrivent et se reconnaissent. Quand elle se détachait de la question des rapports entre individu et société, cette posture a conduit de nombreux auteurs à succomber aux sirènes du psychologisme, notamment dans le domaine de la géographie humaniste.

Pourtant, force est de reconnaître que depuis une dizaine d'années ces positions théoriques extrêmes ont été délaissées. De très nombreux géographes contemporains, surtout chez les auteurs de langue anglaise et allemande, tentent de combiner formes de conditionnement social, culturel et anthropologique d'une part et la dynamique des interactions individuelles, source d'innovation, d'autre part. C'est le propre des théories qualifiées aujourd'hui de « constructivistes » que d'étudier ces combinaisons. Bien que l'éventail de ces théories soit très large, elles partagent l'idée qu'une société ou une culture se réalisent dans des interactions quotidiennes, tout en concevant ces dernières comme étant conditionnées par les formes sociales et culturelles produites.

9. L'ouvrage de Frémont Armand *et al.*, *Géographie sociale,* Paris, Masson, 1984, constitue un bon exemple.

Appliquée à la démarche géographique, cette conception permet de penser les représentations individuelles des faits géographiques comme étant pour une part des produits de l'acculturation et pour une autre des constructions contingentes nées de quantité d'expériences subjectives. C'est dans cet entre-deux que se situent aujourd'hui de très nombreux travaux : on peut mentionner en guise d'exemple les travaux déjà cités de Guy Di Méo chez les géographes français, mais aussi les analyses du paysage de la « nouvelle géographie culturelle » anglo-américaine (Cosgrove, 1984 ; Duncan, 1990).

Les diverses conceptions de la réalité

La diversité fondamentale des travaux géographiques intégrant les processus mentaux à leur analyse réside aussi dans les conceptions sous-jacentes de la réalité géographique. On peut ainsi opposer, avec tous les risques inhérents à ce genre de simplification, une conception rationaliste et objectivante de la réalité à une conception phénoménologique et subjectivante. L'une et l'autre impliquent des définitions assez différentes de l'activité scientifique elle-même.

La première de ces conceptions est celle au sein de laquelle la géographie a le plus longuement conduit sa réflexion. Qu'il étudie les distributions spatiales des villes ou « l'espace vécu » des habitants de la banlieue parisienne, des faits matériels ou idéels donc, le géographe œuvre le plus souvent dans l'intention de révéler un ordre de réalité (souvent de nature structurale) qui n'est pas perceptible sans un protocole d'analyse précis, ni conscient pour l'habitant concerné. Les deux types de faits cités en exemple, le système de ville et un ensemble d'espaces vécus, sont appréhendés comme des objets de connaissance. C'est en fonction de cette posture méthodologique qu'a été rendue possible l'introduction des faits de perception et de représentation dans la géographie comportementale, mais aussi l'application des principes de la sémiologie (la signification objectivée dans un système de signifiants) à l'analyse du paysage en géographie.

Un des signes qui trahissent le mieux cette façon d'objectiver les connaissances subjectives des habitants auxquels on s'intéresse est de donner une forme médiate à ces connaissances et de procéder à leur égard comme aurait fait avec n'importe quel objet matériel. Tel était l'enjeu des « cartes mentales » et les raisons de leur popularité chez les géographes. Cette expression a été vulgarisée par deux auteurs américains, Peter Gould et Rodney White (1974), qui ont cherché à rendre sur des fonds de cartes construits selon les règles de la géométrie euclidienne les préférences résidentielles de la population étudiante anglaise et américaine. Les valeurs attribuées par les étudiants enquêtés prenaient alors une expression spatiale familière aux géographes. Au même moment, d'autres travaux sur les cartes mentales traduisaient le souci de restituer l'espace tel qu'il était pensé ou imaginé ; il était demandé aux personnes interrogées de dessiner leur quartier, leur ville, leur région ou leur pays; puis, très souvent, les dessins obtenus étaient interprétés en fonction des déformations observées de la réalité (sous-entendu la réalité cartographiée selon les méthodes classiques), déformations qui elles-mêmes devenaient une mesure du caractère subjectif de la représentation mentale de l'espace objectif. Cette conception trahit certes une indéniable naïveté sur la nature des dessins recueillis: s'agit-il de cartes mentales comme le disait volontiers, ou plus simplement de mise en forme sous la double contrainte du mode d'expression graphique et de l'interaction née de la situation d'enquête d'un matériau mental qui n'est pas usuellement engrangé sous forme cartographique? Mais elle traduit aussi et surtout une volonté constante d'objectiver les processus mentaux de la représentation de l'espace pour les rendre comparables aux pratiques et aux aménagements observés.

La conception phénoménologique de la réalité se veut très différente. Pour Husserl et pour ceux qui, géographes ou non, ont emprunté ses traces, la réalité est instituée par les subjectivités: «une communauté de personnes [...] est constituée à la fois sur la saisie mutuelle des subjectivités et la communauté de leur environnement. Cette communauté est constitutive de son propre monde»[10]. Ce monde est institué par et pour l'individu socialisé comme réalité extérieure à lui-même en fonction de ses actions et *intentions*. Dès lors le projet géographique change de nature. Il ne s'agit plus d'étudier un monde-objet en interaction avec des sujets mais de concevoir le monde comme rapport entre sujet et objet. Il ne s'agit plus d'expliquer les *comportements* à l'aide d'une connaissance objective de la réalité et de leurs perceptions comme le voulait la géographie comportementale américaine, mais de comprendre les *actions* sur la base d'une appréhension intentionnelle du monde extériorisé (Werlen, 1988). En un mot, il s'agit désormais de «retrouver la réalité du monde ambiant tel que nous le vivons concrètement et non tel que le figure la rationalité scientifique»[11].

Dans cette perspective, les «mondes intérieurs» gagnent en importance dans le projet géographique. Ce ne sont plus de simples filtres sensibles et cognitifs médiatisant le rapport à une réalité extérieure. Ils sont constitutifs de cette réalité. Mais la perspective n'est pas idéaliste pour autant, car c'est au travers des expériences, d'une interaction constante entre sujets et phénomènes que cette réalité se constitue. De nombreux géographes, en Amérique du Nord plus qu'en Europe, ont adopté cette perspective depuis que les premiers travaux, ceux de Dardel (1952) en France, longtemps restés sans suite, et ceux plus populaires de Relph et Tuan, aux États-Unis ont ouvert la voie. Mais ici encore la diversité théorique est de règle: on se réfère tantôt à Husserl (Relph), resté

10. Husserl cité par LYOTARD Jean-François, *La Phénoménologie*, Que-sais-je ?, Paris, PUF, 1995, p. 33.

11. BERQUE Augustin, *op. cit,* p. 34.

proche d'un conception essentialiste de la réalité et d'une ambition de type scientifique relative à sa connaissance, tantôt à Heidegger (Tuan, Berque, Dardel), expressément existentialiste. Certains privilégient l'expérience individuelle au nom parfois d'une géographie du sujet (B. Lévy, 1997). D'autres, à la suite de Schutz, tirent de la phénoménologie des conséquences pour notre connaissance des rapports des groupes sociaux à leur environnement : le monde apparaît alors comme étant socialement institué par des interactions variées, par une identification commune des éléments d'une extériorité collective (Staszak, 1996).

Réflexions sur le statut du discours scientifique

On aura compris que ces deux conceptions de la réalité impliquaient deux postures très contrastées de la part du géographe : dans le premier cas, celui de l'attitude objectiviste et rationaliste, les « mondes intérieurs » peuvent être traités comme des objets conformément au projet cartésien. La seconde posture conduit à deux types d'attitudes : l'une, tentée par le relativisme absolu, dénie au projet scientifique toute capacité à atteindre la réalité en soi (Tuan) ; l'autre, plus fidèle au projet phénoménologique, pense qu'il est possible de dépasser une conception moderne et scientiste de la géographie et de construire les outils conceptuels permettant d'objectiver non plus la réalité géographique et les sujets qui la peuplent, mais la relation au monde ; c'est le sens des travaux de Relph et de Berque. On remarquera que cet effort de conceptualisation vise à dépasser totalement les habituels distinguos entre objet et sujet, idéel et matériel. Les « mondes intérieurs » y ont perdu toute forme d'autonomie.

On notera enfin que ces interrogations portant sur la nature de la réalité et la légitimité des approches héritées d'une conception cartésienne de la science ont suscité des réflexions passionnantes sur la pensée et le discours géographiques. Elles ont relancé l'intérêt pour les travaux d'histoire de la discipline entre l'Antiquité et le début du XXe siècle. Elles ont suscité des tentatives de déconstruction du discours disciplinaire (Giuseppe Dematteis, Gabrielle Zanetto) et des instruments de ce discours (Franco Farinelli, Christian Jacob). Elles ont également encouragé, à la faveur des départs à la retraite (Pierre George, Paul Claval) et des dossiers d'habilitation désormais exigés des candidats au statut de professeur (Jacques Lévy, Michel Lussault) des analyses combinant avec intelligence des points de vue subjectifs et une mise en perspective d'un savoir disciplinaire.

L'exploration des « mondes intérieurs » par les géographes, loin de correspondre à la satisfaction d'une curiosité supplémentaire, a donc résulté d'une redéfinition du champ disciplinaire et, dans certains cas, d'une profonde réorientation épistémologique et théorique de la discipline. Loin d'être une fantaisie passagère, elle aura profondément et durablement contribué au repositionnement de la discipline au sein des sciences humaines et sociales et au rapprochement avec la philosophie. Toutefois, même si elle fut entreprise, au moins de façon superficielle, par une majorité de géographes, elle n'a pas contribué à une quelconque unification disciplinaire en raison de l'éventail très large des perspectives d'analyse adoptées. En outre, bien que nous ne l'ayons pas abordé dans ce texte, il ne faut négliger le handicap majeur que représente la diversité des méthodes adoptées dans ce domaine et leur faible capacité à vérifier empiriquement des affirmations générales qui paraissent d'autant plus péremptoires ou incantatoires.

RÉFÉRENCES

BAILLY Antoine, *La Perception de l'espace urbain*, thèse de doctorat d'État, atelier des thèses, Université de Lille III, 1977.

BERQUE Augustin, *Médiance. De milieux en paysage*, Montpellier, RECLUS, 1990.

CHADEFAUD Michel, *Aux origines du tourisme dans les pays de l'Adour*, université de Pau, 1988.

CLAVAL Paul, *Géographie culturelle,* Paris, Nathan, 1995.

CLAVAL Paul, La *Géographie comme genre de vie : un itinéraire intellectuel,* Paris, L'Harmattan, 1996.

COSGROVE Denis, *Social Formation and Symbolic Landscape,* Londres, Croom Helm, 1984.

DARDEL Éric, *L'Homme et la Terre*, Paris, PUF, 1952.

DEMATTEIS Giuseppe, *La Metaphore della Terra*, Milan, Feltrinelli, 1985.

DI MÉO Guy, *L'Homme, la Société, l'Espace,* Paris, Anthropos, 1991.

DUNCAN James, *The City as a Text: the Politics of Landscape Interpretation in the Kandyan Kingdom*, Cambridge, Cambridge University Press, 1990.

Espaces-Temps, « Penser-Figurer : l'espace comme langage dans les sciences sociales », 1996, 62-63, Paris.

FARINELLI Franco, *Pour une théorie générale de la géographie*, Géorythmes, n° 5, Genève, 1989.

FERRIER Jean-Paul, *Antée 1 : la géographie, ça sert d'abord à parler du territoire,* Aix-en-Provence, Édisud, 1984.

FRÉMONT Armand, *La Région, espace vécu,* Paris, PUF, 1976.

GALLAIS Jean, *Le Delta intérieur du Niger*, Dakar, IFAN, 1967, 2 vol., 621 p.

Géographie et Cultures, 1996, numéro spécial sur « Le territoire », 4.

GEORGES Pierre, *Le Métier de géographe. Un demi-siècle de géographie,* Paris, A. Colin, 1990.

GODELIER Maurice, *L'Idéel et le Matériel*, Paris, Fayard, 1984.

GOULD Peter et WHITE Rodney, *Mental Maps*, Harmondsworth, Penguin Books, 1974.

GUMUCHIAN Hervé, *Représentations et aménagement*, Paris, Anthropos, 1991.

GUÉRIN Jean-Paul et GUMUCHIAN Hervé, *Les Représentations en Actes,* Grenoble, Institut de Géographie Alpine, 1985.

HARVEY David, « Monument and myth », *Annals of the American Geographers*, 1979, vol. 69, pp. 362-381.

JACOB Christian, *L'Empire des cartes : approche théorique de la cartographie à travers l'histoire*, Paris, Albin Michel, 1992.

LÉVY Bertrand, « Géographie culturelle, géographie humaniste et littérature », *Géographie et cultures*, 1997, 21, pp. 27-44.

LÉVY Jacques, *Egogéographies : matériaux pour une biographie cognitive*, Géotextes Paris, L'Harmattan, 1995.

LUSSAULT Michel, *L'Espace en actions : de la dimension spatiale des politiques urbaines*, Diplôme d'habilitation à diriger des recherches, Tours, université François Rabelais, 1996.

RACINE Jean-Bernard, *La Ville entre Dieu et les hommes*, Paris, Anthropos, 1993.

RAFFESTIN Claude, *Pour une géographie du pouvoir*, Paris, Litec, 1980.

RELPH Edward, *Rational Landscape and Humanistic Geography*, Londres, Croom Helm, 1981.

STASZAK Jean-François (dir.), *Les Discours du géographe*, Paris, L'Harmattan, 1996.

TUAN Yi-Fu, « Humanistic Geography », *Annals of the American Geographers*, vol. 66, n° 2, 1976, pp. 266-292, 1976.

WERLEN Bruno, *Gesellschaft, Handlung und Raum*, traduit en anglais en 1993, *Society, Action and Space*, Londres, Routledge, 1988.

ZANETTO Gabrielle (dir.), *Le Langage des représentations géographiques*, Venise, 1987.

L'IMAGERIE DES GÉOGRAPHES

Christian Grataloup, université de Reims

Aucune pratique scientifique ne peut se passer d'images. Pour communiquer, bien sûr, mais d'abord pour penser la recherche elle-même. Le texte, par sa linéarité contraignante, celle de la succession de la chaîne verbale, ne peut entièrement traduire la complexité d'un champ, dans les sciences de la société aussi bien que dans celles de la nature. L'image, en revanche, par son caractère non-séquentiel, permet de mieux exprimer la simultanéité, donc les inter-relations, les liens systémiques. La figure introduit cependant d'autres contraintes formelles, ne serait-ce que par son inscription concrète dans les limites d'une surface. Si toutes les pratiques savantes disposent peu ou prou des mêmes virtualités de représentation, elles diffèrent beaucoup quant aux moyens choisis et aux « rhétoriques graphiques »[12] déployées. On peut réfléchir sur l'imagerie générale des sciences[13], mais elle ne se rencontre qu'incarnée dans les moyens de représentation hérités et choisis dans chaque discipline (Grataloup, 1996). La géographie cependant, ne serait-ce que par son lien ancien et ambigu avec la carte, utilise et produit plus de figures que d'autres pratiques scientifiques. Rien d'étonnant de la part d'une science qui étudie la dimension spatiale des sociétés qu'elle favorise dans son expression les écritures également spatiales (mais à deux dimensions).

Or depuis deux décennies, les moyens de production d'images, les modes de calcul, les possibilités de voir la Terre ont connu des bouleversements importants. Toutes les disciplines sont donc affectées et la géographie en particulier. D'autant plus que cette accélération des transformations de l'environnement technique a accompagné une mutation des perspectives de la discipline ; peut-être d'ailleurs les progrès iconographiques ont-ils contribué aux changements de fond. Les moyens de production d'images, informatiques surtout, et de reproduction ont démultiplié les possibilités jusque-là bridées par la longueur du travail manuel. Plus encore, l'imagerie géographique a été enrichie de nouvelles figures (celles issues du « regard » des satellites ont connu une faveur particulière). Enfin, à l'instigation de Roger Brunet, une démarche de modéli-

12. L'expression est de Bernard Lepetit, « Passé, présent et avenir des modèles urbains d'auto-organisation » *in* Lepetit et Pumain, 1993.

13. Les deux sens du terme « imagerie » répertoriés par le dictionnaire *Le Robert* correspondent assez bien aux pratiques graphiques d'une science, à la fois *corpus* d'images et usage codifié qui en est fait. « 1. Ensemble d'images provenant de la même origine ou de même inspiration. 2. Fabrication, commerce des images ».

sation graphique systématique a enflammé le groupe social des géographes, produisant un temps engouements passionnés et rejets tout aussi violents. L'existence depuis onze ans d'une revue en couleur entièrement consacrée à la cartographie et, plus généralement, aux figures géographiques, *Mappemonde,* témoigne particulièrement de cette explosion iconique[14]. Cette publication, qui n'a guère d'équivalent dans le monde, connaît un succès particulier auprès des enseignants.

La multiplication des images nouvelles est, en géographie depuis deux à trois décennies, un fait évident. Mais, au-delà de façons de faire jusque-là inusitées, les changements peuvent également procéder des manières de voir. Un seul auteur ne pouvant guère prétendre parler de tous les types de figures et de leurs usages variés, on a fait appel à des compétences multiples. Grand merci donc à tous ceux qui ont bien voulu participer à cette réflexion : Franck Auriac, Pascal Clerc, Daniel Niclot, Céline Rozenblat et Christine Voiron-Canicio[15]. Si la visibilité du changement est incontestable, on peut cependant se demander si la pratique de l'imagerie géographique a changé en profondeur. Voire...

La relation entre les techniques de production et de lecture des figures d'une part et l'évolution des problématiques géographiques sert de fil conducteur à cette chronique cavalière des deux ou trois dernières décennies d'images.

Nouveautés techniques et/ou nouvelles problématiques ?

La géographie, parce qu'elle a toujours parlé d'espace, n'a pu que privilégier les modes de représentation spatiaux, au moins à deux dimensions. La géographie physique, qui étudie plus évidemment des volumes (lithosphère, atmosphère...), utilise depuis longtemps des techniques pour penser trois dimensions dans un espace plan, celui d'une feuille ou d'un tableau (et, plus récemment, d'un écran) : association carte/coupe, bloc diagramme, courbe de niveau et dérivés, etc. La géographie humaine se contente plus facilement des deux coordonnées de la carte, la face de la Terre étant un plan, même s'il est

14. Le dernier numéro paru au moment de la rédaction de ce texte (*Mappemonde* n° 2/1997) témoigne bien de la diversité des figures nouvelles de la géographie : images fournies par les satellites (article de Vincent Dubreuil et Hervé Regnauld), cartographie par carroyage (Frédéric Bizet), anamorphose (Vladimir Kolossov et Alexei Platé), images mentales (Claude Mangin), écriture chorématique de modèles régionaux et spécifiques (Philippe Ellerkamp) ou d'un chorème fondamental (Roger Brunet) ; mais également réflexion sur une figure canonique (Joël Charre) ou sur le paysage pictural (Jean Barrot). Ce n'est pas un hasard, par ailleurs, si *Mappemonde* est la première revue de géographie sur papier à avoir ouvert une rubrique régulière consacrée à Internet.

15. Ces géographes sont les auteurs des encadrés qu'ils ont signés. Merci pour leur aide et leurs suggestions. Ils ne sauraient cependant être tenus pour responsable de l'ensemble du texte, de ses erreurs éventuelles ou de ses jugements peut-être excessifs.

sphérique et bosselé ; l'introduction d'une troisième dimension graphique n'est alors, le plus souvent, qu'un mode de figuration de densités. Par ailleurs, son caractère ancien de manipulateur de statistiques (climatiques, démographiques, économiques) a fait du géographe un gros utilisateur de graphiques ; cet attribut est particulièrement visible dans la discipline scolaire (diagramme ombrothermique, pyramide des âges, courbes de transition démographique, etc.).

Nulle surprise alors que les progrès techniques considérables qui, depuis vingt ans, affectent la production des images et démultiplient ses possibilités, aient rapidement gagné les pratiques des géographes. Or si, à partir des années 1960, les moyens techniques s'enrichissent considérablement, les problématiques de la science géographique sont également l'objet de remise en cause et de mutations. Ces deux dynamiques interfèrent sans doute, mais peuvent se masquer mutuellement.

L'image libérée

Dans les années 1970, l'expression « géographie quantitative » traduit une nouvelle pratique. On peut faire de cette innovation une lecture réductrice : la diffusion de l'outillage informatique sous des formes de moins en moins ésotériques mit à la portée de tous les géographes la possibilité de manipulation plus ou moins sophistiquée de grandes masses de données numérisées. Or la nouveauté principale est en amont, chronologiquement et logiquement, dans l'appropriation par un certain nombre de géographes des pratiques statistiques qu'ils adaptent à la géographie[16].

Certes, depuis longtemps, des géographes manipulaient de vastes tableaux de chiffres, ne serait-ce qu'en géographie économique ou en climatologie. Mais la nouveauté réside dans le passage du pluriel (les statistiques) au singulier. De grands ensembles de données numériques ne représentent pas une évolution du questionnement, à la différence de l'ensemble de techniques pour les créer et surtout les traiter. L'usage de la statistique « guide l'interprétation en permettant de *distinguer le spécifique du général* parce qu'elle fournit un référentiel auquel les observations peuvent être comparées »[17]. Rien d'étonnant que, parmi les qualificatifs patentés du mot « géographie », quantitative et théorique en soient venus à former un couple.

16. La publication la plus significative en la matière a été, en 1974, celle du manuel *Initiation aux pratiques statistiques en géographie* par le Groupe Chadule (*i.e.* Henri Chamussy, Joël Charre, Pierre Dumolard, Marie-Geneviève Durand et Maryvonne Le Berre) chez Masson. Ce livre est devenu le classique (réédité en 1987 et 1994) avec lequel nombre d'étudiants géographes ont fait leurs premières armes quantitatives.

17. Phrase extraite de l'introduction du manuel du Groupe Chadule qui, en 1974 sonnait comme un manifeste dont l'écho n'est pas éteint.

Dans ce contexte rénovateur, les nouveaux outillages qui se diffusent dans les années 1970 et 1980, infographie et imagerie satellitale, eurent un succès rapide, mais non dénué d'ambiguïté. Avec l'accélération du progrès de l'outillage informatique et de sa massification, le passage du regard sur le terrain au traitement par la statistique coïncide avec une révolution dans la cartographie, « le passage de l'optique au numérique » (Couchot, 1988). La multiplication des satellites d'observation de la surface de la Terre à grande échelle, à partir de la mise en orbite de Landsat 1 en 1972 (voir doc. 1), informent massivement sur les lieux les plus divers. L'inflation de la masse des informations et de leur possibilité de traitement produisent de nouvelles libertés, mais également de nouvelles technicités et de nouveaux mirages.

Doc. 1 : Plusieurs dizaines d'années d'observation de la Terre depuis l'espace

Les satellites d'observation de la Terre ont suivi de peu le lancement de Spoutnik 1, le 4 octobre 1957. Moins de trois ans plus tard, le 1er avril 1960, TIROS (*Television and Infra red Satellite*) enregistre les premières images de la Terre prises depuis un satellite artificiel. Aujourd'hui, l'imagerie satellitale constitue un des grands domaines de l'activité spatiale. La pérennité de l'observation est maintenue grâce à des programmes contrôlés par les pays industrialisés qui assurent la relève régulière des satellites arrivés en fin d'exploitation.

Les premiers systèmes permanents de satellites imageurs civils sont entrés en service au début des années 1970, dans le cadre de la veille météorologique mondiale qui regroupe des satellites géostationnaires et des satellites à défilement. Les premiers, à une altitude de 36 000 km en position équatoriale, ont la même vitesse angulaire que celle de la Terre et enregistrent en permanence des données sur la même portion d'espace terrestre. Les seconds, ont une orbite plus basse (de 800 à 1 800 km selon les cas), qui passe à proximité de l'axe des pôles. A chaque passage ils observent une partie différente de la Terre qui effectue une rotation d'ouest en est. Les satellites à défilement soviétiques de la série Meteor qui débute en 1969 et ceux du système étatsunien NOAA, dont le premier exemplaire date de 1970, ont été associés à ce programme d'observation météorologique de la planète. Les États-Unis gèrent également depuis 1970 la mise en orbite et l'exploitation des satellites GOES (*Geostationary Operational Environmental Satellite*) et les Japonais, le système GMS (*Geostationary Meteorological Satellite*). Le satellite météorologique le plus connu des Français est Météosat, dont le premier exemplaire a été lancé en 1977 et le dernier en 1996 (Météosat VI). Le maître d'œuvre de cette famille de satellites à orbite géostationnaire est l'Agence spatiale européenne (ESA).

La télédétection des ressources terrestres par des satellites civils, dont les capteurs enregistrent des images à haute résolution, a débuté le 23 juillet 1972 avec le lancement de Landsat 1. La précision et la qualité des images ont été sans cesse améliorées, jusqu'à l'actuel Landsat 7. C'est en 1978 que la France, quant à elle, a adopté le programme Spot (Satellite pour l'observation de la Terre) dont le premier a été mis sur orbite depuis la base de Kourou par la fusée Ariane en 1987. Le troisième système est celui des Japonais avec le satellite Momo (fleur de pêcher), lancé la même année que Spot 1.

La télédétection active grâce à des satellites qui émettent des ondes radar et s'affranchissent des couvertures nuageuses et de l'absence d'éclairement solaire est en pleine expansion. Le satellite étatsunien Seasat 1 lancé en juin 1978, a été le premier de ce type. L'Agence spatiale européenne avec ERS 1 (*European Remote Sensing Satellite*) espère faire progresser la connaissance de l'environnement (glaciologie, océanographie) grâce aux données acquises depuis le milieu des années 1990 par cette nouvelle génération de satellites européens.

Daniel Niclot, IUFM de Reims.

Un point essentiel est l'accélération de la vitesse de réalisation d'une image, d'une carte en particulier. Comme avec le traitement de texte, ce qui est déjà couché sur le papier ne crée plus une inertie souvent définitive ; mais le gain de temps, de liberté en matière de réalisation d'image est beaucoup plus spectaculaire (on peut tester le choix d'une variable visuelle, d'un seuil de discrétisation...). Progressivement, on n'est plus prisonnier d'une image qui ne satisfait plus mais qu'il serait trop coûteux de refaire.

Précédant cette facilité de produire de images géographiques mise à la portée de presque tous[18], l'effet premier de cette « explosion cartographique » (Sylvie Rimbert) a été de donner à la recherche la possibilité de traitement de bases de données énormes et de calculs massifs. L'une des pistes les plus anciennes et qui fut le plus productrice d'images est celle des techniques d'analyse des données multivariées. En permettant de traiter ensemble un grand nombre de données hétérogènes, l'analyse multivariée peut transformer avec une automaticité toute apparente un vaste ensemble d'observations en une représentation simple et qui semble paisiblement ordonnée. La représentation sur un plan d'une analyse factorielle est devenue la figure quasi archétypique de la géographie quantitative.

La multiplication des possibilités a le plus souvent décontenancé le public géographique, alors que bien des figurations permettent des démonstrations efficaces si un peu de technique, souvent de moins en moins apparente, ne déconcerte pas immédiatement (doc. 2). Mais c'est le plus souvent lorsque l'image nouvelle ressemble à une figure connue, à une carte en particulier, que le succès est assuré. L'ambiguïté de l'intérêt pédagogique pour les images satellitales procède largement de la possibilité de les prendre pour des documents cartographiques bruts, avec juste un zeste de technique à maîtriser pour les lire (doc. 4). Il est vrai que la fascination que provoquent chez le non-initié certaines figures automatiques, celles utilisant la géométrie fractale comme les « tapis de Sierpinski » par exemple (Dauphiné, 1995 ; Frankhauser, 1994), peut sembler plus relever du Pop Art que de la géographie. Il y a pourtant là des modes d'exploration stimulants dont la technicité d'accès ne signifie en rien qu'elle soit gratuite – mais ne garantit pas non plus qu'elle relève d'une problématique proprement géographique.

18. Par exemple avec le logiciel *Microgéo* (Reynaud, 1995).

Doc. 2 : Les informations multidimensionnelles, approche analytique

A. Tableau élémentaire : les professions et catégories sociales dans les arrondissements parisiens en 1990

25 professions et catégories sociales (PCS)

	Arrondissement	Agriculteurs Artisans --------- Inactifs
20 arrondissements parisiens	1er arrondissement 2e arrondissement 20e arrondissement	% de chaque PCS dans la population de chaque arrondissement (% en ligne)

A. L'analyse multidimensionnelle a pour base un tableau de données qui comprend, en ligne, des individus spatiaux, comme ici les arrondissements, et en colonne l'effectif ou la fréquence de variables quantitatives ou qualitatives, telles qu'ici les proportions des professions et catégories sociales dans chacun des arrondissements.

B. Cartographie univariée : exemple de la répartition de deux catégories sociales avec inversion de trame

Les cadres d'entreprises

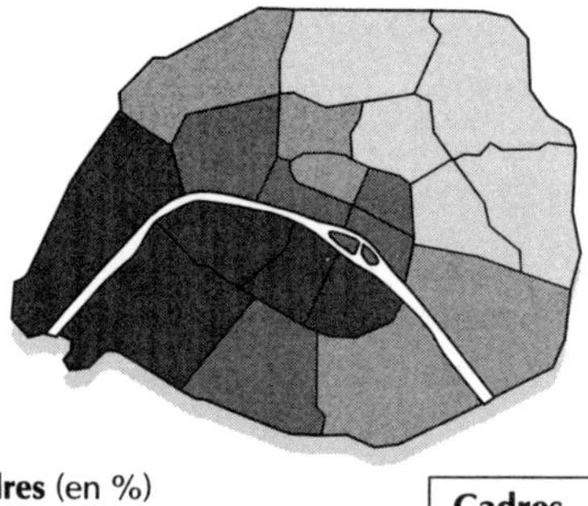

Cadres (en %)

- De 19,9 à 28,6
- De 28,6 à 34,4
- De 34,4 à 38,4
- De 38,4 à 46,4

Discrétisation en quantiles
médiane = 34,4

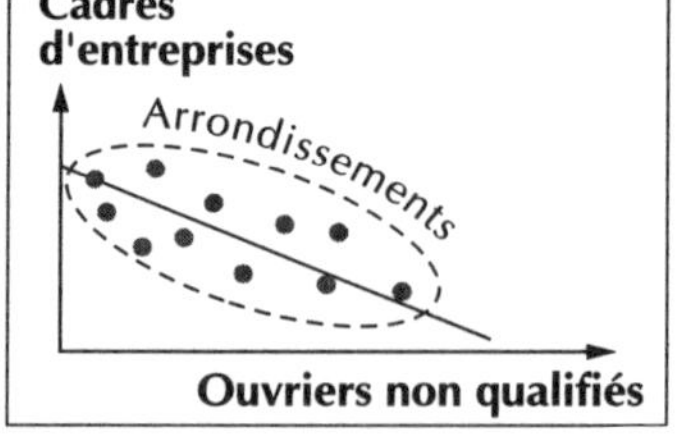

Les ouvriers non qualifiés

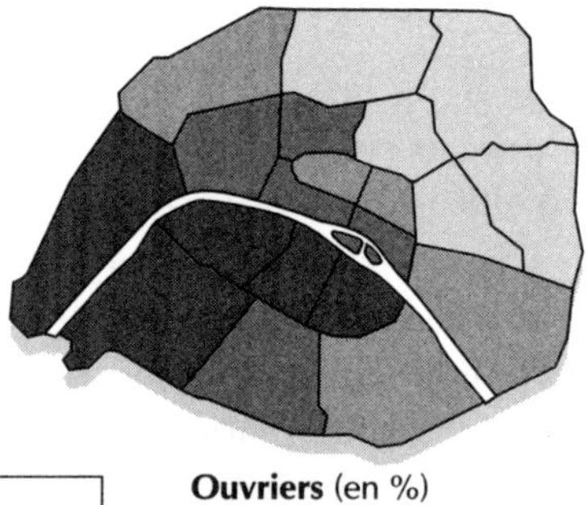

Ouvriers (en %)

- De 5,8 à 10,0
- De 10,0 à 12,8
- De 12,8 à 19,5
- De 19,5 à 21,3

Discrétisation en quantiles
médiane = 12,8
(trame inversée)

B. L'étude analytique des catégories sociales permet parfois de distinguer des structures de répartition identiques : on appelle cela une co-variation positive. Si une catégorie C1 est sur-représentée dans certains arrondissements, la catégorie C2 aura aussi tendance à l'être. Là où C1 est sous-représentée, C2 tendra à l'être également. Ici, les répartitions des ouvriers non qualifiés et des cadres observent une co-variation négative, c'est-à-dire que là où les ouvriers sont sur-représentés, les cadres ont tendance à être sous-représentés et inversement. Ceci est mis en évidence graphiquement par l'inversion du dégradée la trame des ouvriers. Une co-variation maximale consisterait à ce que tous les points soient alignés sur la droite du graphique.

C. Graphe des corrélations :
co-variations des catégories sociales dans les arrondissements

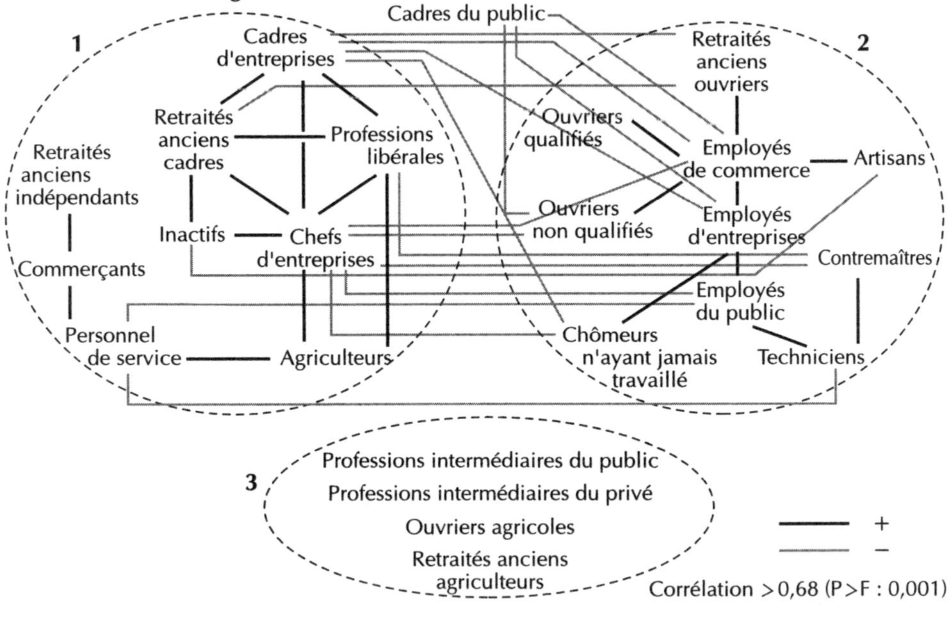

C. Ces co-variations ont été mesurées pour tous les couples de catégories grâce au coefficient de corrélation. Celles qui sont significatives sont représentées sur un graphe des corrélations. Un trait noir entre deux catégories représente une corrélation (co-variation) positive, tandis qu'un trait gris un corrélation (co-variation) négative. On distingue ici deux groupes de catégories (1 et 2). A l'intérieur des groupes les catégories prises deux à deux ont des corrélations positives. Graphiquement ces catégories ont été rapprochées. A l'inverse, entre les deux groupes, de nombreuses catégories observent des corrélations négatives, comme c'était le cas pour les ouvriers non qualifiés et les cadres d'entreprises. Ainsi apparaissent, comme l'on s'y attendrait, d'un côté les catégories les plus aisées, et de l'autre les plus défavorisées. Ceci illustre bien la ségrégation socio-spatiale.

Un dernier groupe (3) comprend des catégories dont les structures de répartition ne correspondent apparemment à aucune autre. Elles restent donc isolées.

Céline Rozenblat, université Paul-Valéry (Montpellier III).

Doc. 3 : Les informations multidimensionnelles, approche exploratoire

A. Tableau factoriel : transformation du tableau des professions et catégories sociales dans les arrondissements parisiens en 1990

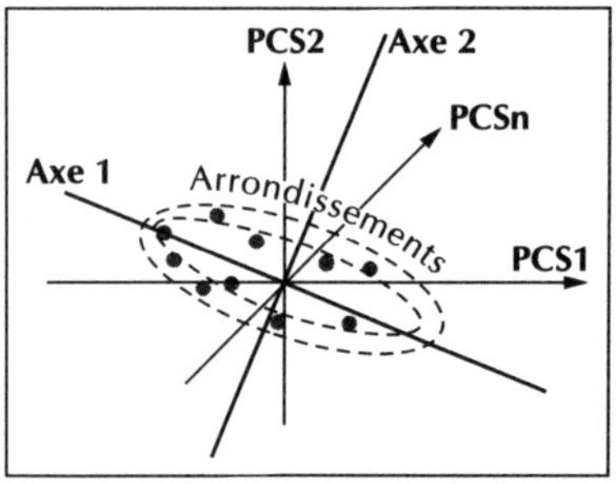

25 axes factoriels hiérarchisés

	Arrondissement	Axe 1	Axe 2 - - - Axe 25
20 arrond. parisiens	1er arrond. 2e arrond. … 20e arrond.	Coordonnées des arrondissements sur les axes factoriels	

A. L'analyse simultanée de l'ensemble des distributions des professions et catégories sociales revient à étudier un nuage de points en 25 dimensions dont on a représenté ici 3. Dans ces 25 dimensions, la taille du nuage représente les écarts des arrondissements à la moyenne pour chaque catégorie. Le plus grand diamètre du nuage est l'axe factoriel 1. C'est lui qui résume le mieux l'ensemble des 25 dimensions. Une seconde dimension est sa perpendiculaire (le second allongement du nuage : l'axe factoriel 2). On peut trouver également l'axe 3, l'axe 4, etc. chacun résume au mieux la distribution hormis l'information contenue dans les axes factoriels précédents. On obtient ainsi par projection des individus sur les axes factoriels de nouvelles variables dont l'information est hiérarchisée : les premiers axes contiennent le plus d'information, qui est une combinaison de différenciations des arrondissements par les catégories. Ces différenciations sont corrélées sur chacun des axes et s'associent pour n'en faire qu'une par axe. Les axes factoriels étant hiérarchisés, on sait qu'avec deux ou trois axes on peut, selon l'ampleur de la structure, analyser les trois quarts de l'information contenue dans le tableau élémentaire.

B. Graphiques factoriels : différenciations majeures des arrondissements par la différenciation des professions et catégories sociales

1. Catégories sociales

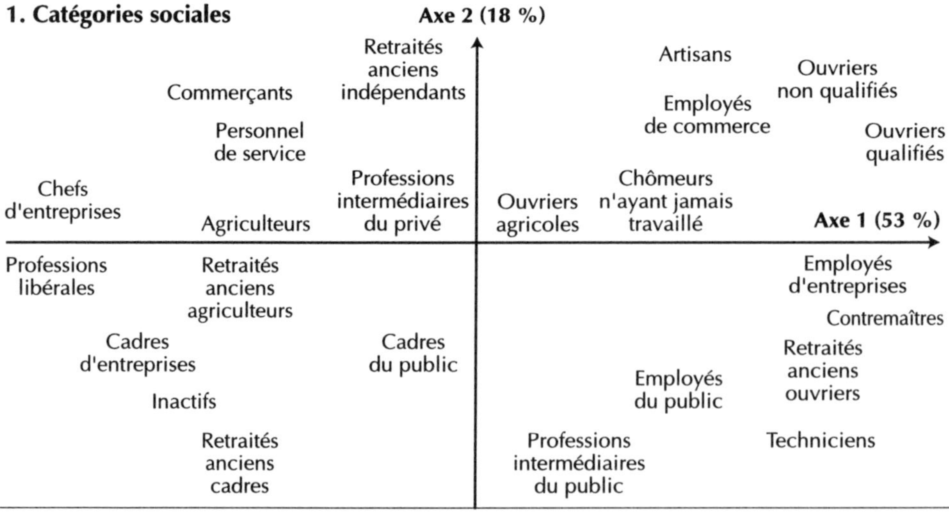

2. Arrondissements

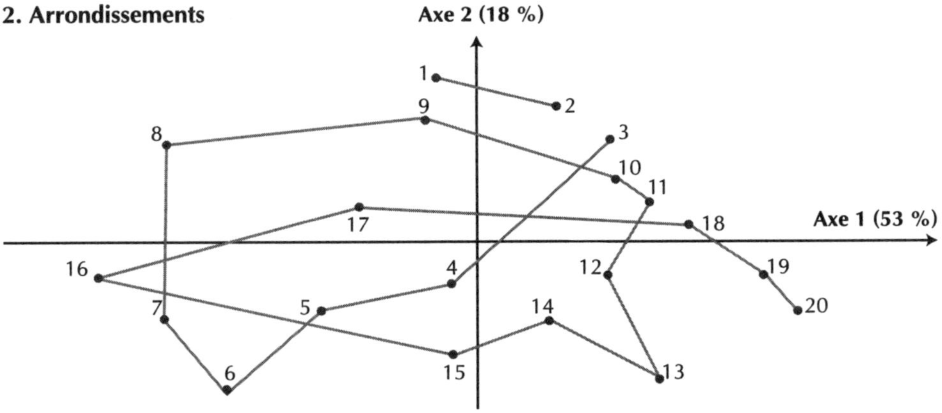

B. Les deux premiers axes factoriels résument ici 70 % de l'information générale du tableau de la répartition des professions et de catégories sociales. Ceci montre une structure des données très forte, c'est-à-dire des corrélations importantes entre les catégories (positives ou négatives). L'axe 1 montre une opposition majeure d'ordre social entre les quartiers : à gauche du graphique, on a des arrondissements où les catégories sociales aisées sont bien représentées et où les catégories sociales défavorisées sont sous-représentées. A droite, c'est l'inverse. L'axe 2 montre plutôt une opposition entre les professions indépendantes et les autres.

C. Cartographie factorielle : différenciations majeures des arrondissements par la différenciation des professions et catégories sociales

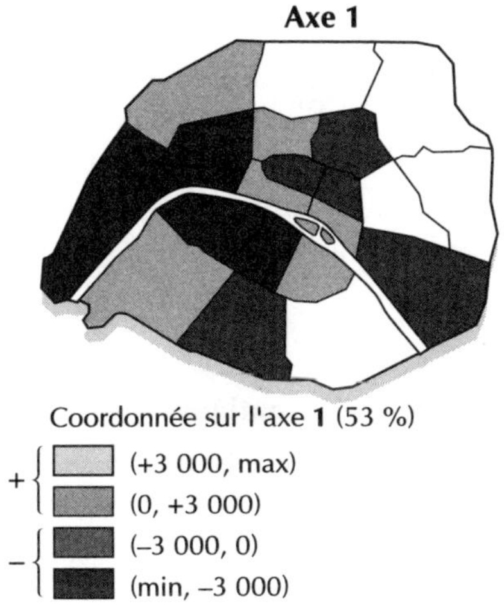

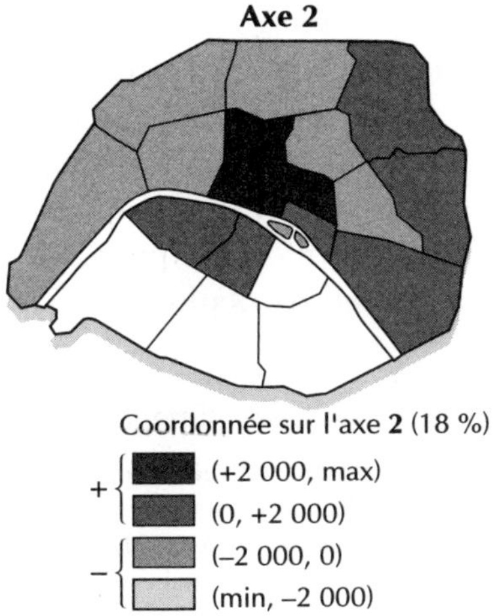

C. La représentation cartographique montre pour la différenciation sociale du premier axe une structure Est-Ouest, et pour la seconde une composante Nord-Sud.

Céline Rozenblat, université Paul-Valéry (Montpellier III).

La figure et le système

Les changements figuratifs en géographie qui se sont amorcés dans les années 1960 pour exploser dans les années 1970 ne sont donc pas réductibles aux évolutions techniques, mais celles-ci contribuent aux transformations des problématiques. Dans une large mesure, la géographie est, par ces changements, tout à fait banale. On peut, en effet, suggérer un lien entre l'écriture bidimensionnelle et la pensée systémique.

L'avancée des réflexions scientifiques se fait souvent en contradiction, voire en rupture, avec des formulations linéaires des causalités. Le développement d'une pensée en interrelations, de modélisations qui nécessitent des jeux constants de rétroactions, ne peut qu'être trahi par les écritures linéaires, textuelles, mathématiques ou graphiques. D'où, dans tous les champs scientifiques, le développement de modes d'expression bilinéaires, voire multilinéaires, mathématiques ou graphiques. Le *macroscope* (Rosnay, 1975), logiquement prisé des géographes modélisateurs, est ponctué de figures. Cette logique de mise en image concerne particulièrement les sciences de la société. L'évidente complexité de leurs objets, les blocages rapides auxquels se heurtent rapidement les efforts de construction de causalités linéaires, à la différence de la physique (classique, mais elle allait déjà fort loin), rendent inévitable l'association de la pensée systémique et la production graphique. C'était ancien en économie, cela se retrouve avec la même chronologie que dans notre discipline, en sociologie, en anthropologie, en histoire économique et démographique... Construire une figure, c'est non seulement donner à voir un modèle explicatif, mais c'est souvent le chemin inévitable pour le penser.

Les images sont un puissant moyen de simulation géographique. L'analogie existant entre la modélisation et l'analyse d'images par la morphologie mathématique en est une forte illustration (doc. 4). Plus simplement, les simulations à fins pédagogiques, souvent qualifiées de «jeux», se font sur des plateaux ou des écrans qui sont des cartes imaginaires (Roumegous, 1996). La révolution informatique a, de ce point de vue, permis de tester et de simuler très vite, en particulier grâce aux SIG (Dupont, 1994).

Doc. 4 : Analyse d'image géographique et morphologie mathématique

Toute donnée géographique peut être représentée sous la forme d'une image à condition d'être localisée dans un espace à deux dimensions et que les distances et les proportions soient respectées. Dès lors, des tableaux de données spatialisées converties en niveaux de gris, portant par exemple sur des densités de population, et certains types de cartes, peuvent donner lieu à des analyses géographiques par traitement d'images, au même titre que des photographies aériennes ou satellitaires.

Parmi les multiples finalités d'un traitement d'images, il en est une qui consiste à découvrir les relations invisibles tissées entre des *objets* situés sur une image – un semis de villes, par exemple – et donner forme aux traits structuraux décelés : tracés de limites de zone d'influence,

• • •

de graphes, localisation de centres de gravité, de points nodaux… La morphologie mathématique propose un ensemble de méthodes et d'outils capables de déceler ces inter-relations spatiales en employant une démarche dans laquelle ce qui compte n'est pas tant la valeur d'un lieu que sa relation avec les lieux voisins et son poids dans le contexte environnant.

Le premier exemple proposé (fig. 1) a pour objectif de comparer le découpage départemental français avec un découpage obtenu en partant d'une image sur laquelle ne figure que le semis des villes retenues en 1790 comme chefs-lieux des futurs départements et en traçant la ligne d'équidistance entre chacune d'elles. L'intérêt est alors de superposer sur la même image les tracés des vrais et des faux départements afin de repérer les concordances et les distorsions et déterminer les causes de ces dernières.

Un traitement d'images, comme un modèle, est un construit, il consiste à transformer et épurer pour percevoir. C'est le chercheur qui, en fonction de la problématique, des hypothèses de recherche et des règles de la morphologie mathématique, choisit les séquences de transformations qui donneront de nouvelles images plus chargées de signification.

Fig. 1 Vraies et des fausses limites des départements

Le second exemple illustre cette démarche. Il s'agit de localiser la limite entre le littoral et l'arrière-pays des Alpes-Maritimes, à partir d'une image à niveaux de gris représentant les valeurs du taux de fonction résidentielle des communes (résidences secondaires / résidences principales). Ces deux sous-systèmes régionaux étant étroitement inter-reliés et évoluant l'un en fonction de l'autre dans une dynamique constante, leur limite est considérée comme mobile et non établie une fois pour toutes. Ce n'est donc ni une cote d'altitude, ni une distance en km qui est choisie comme critère de détermination mais l'intensité des contrastes à l'intérieur du département. Les traitements d'image sont d'abord orientés vers le calcul des écarts entre communes voisines puis vers la détection de la ligne des plus forts contrastes intra-régionaux. Son tracé en noir sur la figure 2 donne l'emplacement de la limite littoral / arrière-pays. La comparaison des résultats à deux dates différentes met en évidence le déplacement de la limite vers l'intérieur, sous la poussée de l'urbanisation.

Fig. 2 Tracé du plus fort contraste intra-régional dans les Alpes-Maritimes

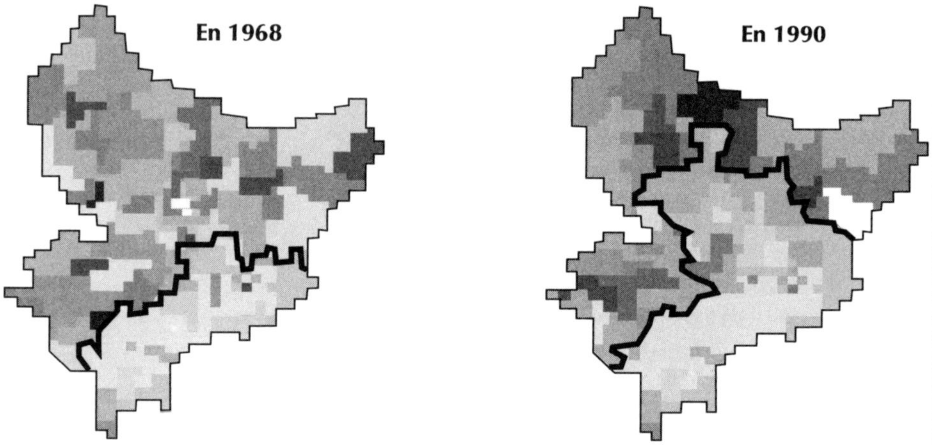

En gris, les valeurs du taux de fonction résidentielle communal
En noir, la ligne du plus fort contraste inta-régional

Si les images permettent d'exprimer les modèles, rien d'étonnant que l'on puisse semble-t-il, à la seule vue de l'iconographie, identifier le type de problématique géographique d'un travail. La figuration devient alors identitaire, avec toutes les ambiguïtés du terme même de figure : l'image peut exprimer la réflexion, elle peut également permettre de croire qu'un produit s'inscrit dans un champ nouveau, parce qu'il en présente tous les signes figuratifs, sans que ce soit effectivement le cas. L'écriture chorématique nous en donne des exemples, mais elle n'est pas la seule.

Christine Voiron-Canicio, université de Nice-Sophia Antipolis.

La géographie au risque des images

Alain Reynaud dénonce ci-dessus le refuge de « la tentation technicienne ». Ce sont certains usages des mathématiques, de la statistique en particulier, qui tombent le plus évidemment sous le coup de ce reproche. Mais, le travail de l'image peut tout autant l'encourir. En fait le risque est fort ancien ; il y a toujours eu une « tentation cartographique », dans la mesure où la production et même parfois l'utilisation de cartes supposent la maîtrise de nombreux savoir-faire. Avec la multiplication des moyens de produire des figures à l'usage des géographes, le risque de la technicité pour elle-même n'a pu que se développer. Nul doute qu'il faut une recherche technique en matière d'infographique, de télédétection, etc. Mais utiliser des moyens de représentation de l'espace ne garantit en rien une réflexion sur l'espace des société ; pire, la focalisation sur la technique, l'investissement nécessaire pour en maîtriser la production ou plus simplement la lecture, d'autant plus exigeant que les moyens sont sophistiqués, risquent de faire oublier les motivations géographiques de l'image. L'enseignement, à tous niveau, est particulièrement menacé par cette dérive technicienne, ce risque de prendre la forme pour le fond, du fait de contraintes propres à la logique pédagogique. On peut produire des diplômés en géographie qui ne maîtrisent qu'une technique sans objet. Le lecteur, lui, risque d'être d'autant plus facilement abusé par les images réalisées que les moyens techniques qui les ont produites leur donnent une aura de scientificité.

Le risque de prendre l'espace de l'image pour l'image de l'espace

Cette tentation technicienne menace doublement la géographie. D'abord parce que la création de petits champs de légitimité est d'autant plus tentante que la légitimation par le niveau supérieur, celui de l'ensemble de la discipline, est moins assurée. Ensuite, parce que l'espace de la pensée ne peut qu'exercer une contrainte sur la pensée de l'espace.

L'enseignement donne souvent une vision grossissante de certaines situations. Dans les années 1980, un effort de construction d'objectifs progressifs (des référentiels), a été mené dans l'enseignement professionnel. L'obligation d'isoler des objectifs précis, aisément identifiables, que l'on peut acquérir par étapes, était évidemment un souci d'autant plus nécessaire que le public scolaire concerné était largement en difficulté dans des disciplines classiques. Or cela aboutit à partiellement réduire la géographie à l'acquisition de techniques graphiques (Riou, 1987). La contrainte didactique, en obligeant à préciser les objectifs de l'enseignement, en d'autres termes les objets de la discipline, met à nu ce qui est considéré comme essentiel. Certes, les techniques se prêtent mieux au découpage en étapes progressives que des méthodes de compréhension qui fonctionnent par imprégnation progressive. Malgré tout, les choix mettaient plus en valeur les objectifs dit « de savoir-faire » que ceux dit « notionnels ».

Cet exemple n'est probablement que la caricature de bien des enseignements de géographie. Face à l'incertitude sur les logiques que l'on doit mettre en valeur, sur les fondements de la discipline en d'autres termes, on préfère s'assurer de champs plus restreints où la pratique sera clairement balisée et même légitimée. On pourrait, bien sûr, soupçonner les acteurs de l'expérience évoquée d'être alors insuffisamment au fait des méthodes et des objets scientifiques contemporains. Pourtant, dans l'enseignement supérieur et même la recherche, de tels refuges techniques peuvent également se rencontrer – et pourdesraisonssemblables : sécurité d'un champ bien balisé préféré à des problématiques géographiques qui peuvent sembler plus incertaines, moins faciles à identifier pour les autres, donc moindres sources de légitimation pour leur praticien.

Là encore, la situation n'est pas originale pour la géographie. Toute incertitude sur la solidité épistémologique d'une piste de recherche, voire de ses propres compétences de chercheur, peut inciter à se réfugier dans le cocon de pratiques rassurantes. De fait, la survalorisation ou non des outils est un indicateur de la confiance épistémologique que des scientifiques ont en leur propre domaine. Mais, en géographie, la dérive peut également prendre un chemin plus subtil lorsque la confusion s'installe entre l'espace de représentation et l'objet mis en image – puisqu'il est également spatial.

Des glissements de l'espace de la figure à sa réification, à l'oubli de son caractère métaphorique, se trouvent aisément en dehors de la géographie. Pierre Bourdieu peut ainsi induire son lecteur à prendre le plan graphique de son analyse factorielle pour une disposition spatiale effective : « l'espace social » du sociologue, où l'aspect spatial est purement métaphorique, devenant un système de coordonnées géographiques (Lévy, 1996). Les glissements entre mode de pensée par métaphores spatiales (par exemple la pensée courante du temps, le passé et le futur étant des ailleurs situés derrière et devant le présent-ici) et mode de représentation figuré dans l'espace de la feuille ou de l'écran (la frise du temps, pour rester dans notre exemple) sont légion, et dangereux si on oublie leur caractère métaphorique. Or le péril menace d'autant plus subtilement que l'objet pensé et représenté est effectivement l'espace. Si on ne prend pas garde à traiter des variables précisément localisées les unes par rapport aux autres (Charre, 1995) on peut créer une représentation découplée, malgré la validité des sources, de l'aspect socio-spatial analysé. Si l'on y prête quelque attention, des réflexions sur « l'espace musical » ou « de la production littéraire », etc., ne peuvent abuser et s'inscrivent sans risque dans une pensée métaphorique. Inversement si l'objet étudié présente une dimension géographique immédiate, comme la ville ou les transports, la dimension spatiale de ces faits étudiés peut disparaître sans qu'on le perçoive derrière l'espace propre au mode de représentation. Ce risque n'est pas nouveau, mais il s'accentue fortement quand le chemin technique de la production de l'image est plus complexe. La frontière est difficile à tracer entre l'expression métaphorique et la représentation.

Bien des figures chorématiques sont un raisonnement sur l'espace qui peut être fort pertinent sans que l'image qui le donne à voir soit une carte simplifiée. En d'autres termes, l'ambiguïté est métrique. Lorsque les distances entre les éléments de la figure représentent des parties d'un raisonnement, qu'elles sont disjointes pour des raisons logiques, la mesure de leur différence n'est pas une distance géographique, mais logique[19]. Lorsque c'est un espace

19. Un bon marqueur de mise à distance est l'usage de la flèche dans une figure (carte et surtout diagramme sagittal). La flèche différencie et relie en même temps. Sa longueur et son intensité représentent bien une métrique, consciente ou non. Mais elle peut signifier des relations logiques, des flux, des mouvements, du temps… (Auriac, 1992 ; Durand-Dastès, 1992).

qui est représenté, la métrique est nécessairement spatiale, mais n'est pas forcément celle de la métrique physique (des mètres...). Or la recherche de positions relatives habituelles même approximatives (schématisation), qui permettent de « reconnaître » des formes en mémoire, est porteuse de cette métrique. Elle entre alors bien souvent en tension avec l'espace de relations logiques qui lui est superposé.

La prudence est donc nécessaire. D'autant plus que l'image est porteuse d'un effet d'évidence. L'image, la carte en particulier[20], semble toujours plus près de l'information brute que le texte, lui, plus entaché, croit-on, de subjectivité (Grataloup, 1993). Une veille déontologique est toujours nécessaire.

L'image rituelle

L'exemple cité plus haut des référentiels de l'enseignement professionnel n'était qu'une illustration parmi d'autres de l'importance envahissante du travail graphique dans la discipline scolaire « géographie ». Que serait le brevet des collèges sans pyramides des âges et diagrammes ombrothermiques ? Cette importance des figures ne peut se comprendre sans tenir compte de la ritualisation scolaire. L'école, pour avoir des buts opérationnels communs, a besoin d'exercices clairement identifiés dont les règles du jeu soient claires et partagées. C'est particulièrement vrai dans un pays dont le système scolaire est, d'un commun accord, fortement national. Le nombre de démarches dans un patrimoine disciplinaire commun ne peut être grand. Des graphiques comme ceux qu'on vient de citer représentent une configuration presque idéale, car il est facile d'en isoler les règles de construction et les significations, donc de les transformer en exercices et en évaluations, en rites scolaires largement coupés de leurs contextes scientifiques et sociaux. Ce phénomène n'est pas forcément absent de l'enseignement supérieur où le commentaire de cartes IGN au 1/50000 a pu représenter également un rituel puissant.

Dans ce contexte (accentué depuis deux décennies de difficultés scolaires croissantes), la capacité d'un type d'image à devenir porteur d'une telle pratique sociale, généralement identitaire, dépend d'un certain nombre de ses qualités. Il doit nécessiter quelques contraintes techniques d'élaboration (mais pas trop) qui donneront lieu à un apprentissage aisément évaluable. Son message doit être relativement univoque, pour éviter la multiplicité des interprétations, tout en autorisant son dépassement pour celui qui peut se permettre de transcender les règles du jeu. Le commentaire des images satellitales a, aujourd'hui, à peu près atteint ce stade (doc. 5) : il faut un apprentissage (maîtrise du code des couleurs ou des gris) et faire preuve d'une certaine virtuosité de lecture et d'interprétation.

---

20. Et pourtant, nous savons bien combien les cartes peuvent mentir ! (Monmonier, 1993 ; Cambrézy et Maximy, 1995).

Doc. 5 : L'imagerie spatiale dans les classes de géographie, une occasion manquée ?

Les possibilités offertes par l'observation permanente, répétitive et homogène de la totalité de l'espace terrestre, sans contraintes de frontière politique ou d'accessibilité, constituent une véritable révolution pour la plupart des sciences de la Terre, mais aussi pour la géographie. Malgré l'enthousiasme qu'ont pu susciter au milieu des années 1980 ces nouvelles images et les expérimentations pluridisciplinaires initiées par le ministère de l'Éducation nationale, l'enseignement secondaire, toutes disciplines confondues, n'a pas su tirer parti de l'opportunité que constituait la pédagogie de l'imagerie satellitale. L'analyse des manuels de géographie est à cet égard accablante. Ces images scientifiques produites par des technologies de pointe en progrès constants, sont devenues de simples documents « rituels » qu'il est indispensable de faire figurer dans les manuels de géographie, pour des raisons le plus souvent esthétiques. Lorsque ces images ont le statut de document, l'activité proposée aux élèves consiste en un commentaire verbal descriptif, plus superficiel que celui qui pourrait être fait à partir de cartes topographiques ou de photographies aériennes.

L'obstacle principal à une utilisation réellement formatrice pour les élèves de ces documents vient de leur nature même. Il s'agit d'images numériques, complexes, surtout lorsqu'elles associent plusieurs canaux, comme dans le cas des satellites Spot ou Landsat et conçues pour être traitées informatiquement par des logiciels spécialisés. La présentation de ces images sur support papier, appauvrit considérablement les informations qu'elles recèlent. Dans les manuels scolaires, les difficultés sont encore aggravées par le fait que la date d'acquisition, le nom du satellite, les canaux utilisés, le type de traitement effectué et parfois même la localisation de l'image sont absents, imprécis ou erronés.

La méthodologie classique de la photo-interprétation qui part de la réalisation d'un croquis de zonage, suivie d'une identification de différentes unités d'égale apparence à l'aide de documents et d'une interprétation de l'image, afin de mettre en évidence, par exemple, les structures ou les formes d'organisation de l'espace, est un exercice qui permet de mettre les élèves en activité. Il est pourtant rarement proposé dans les ouvrages scolaires.

Daniel Niclot, IUFM de Reims.

Là encore la technique clairement balisée a trop souvent pris le pas sur l'analyse de l'espace des hommes que le document est censé représenter ; bien des commentaires ne vont pas plus loin que ce qu'on aurait pu tirer d'une carte d'un même lieu. Inversement, les modélisations graphiques, malgré leur diffusion, n'ont pas donné lieu à rituel (doc. 6). C'est le signe qu'elles n'ont pas formé un champ documentaire univoque capable d'être autonomisé. Ce dernier type de figures, sa diffusion et les critiques de ses détracteurs, se comprennent dans la tension entre les nouveautés techniques et les renouveaux problématiques.

Doc. 6 : Les modèles de villes dans les manuels scolaires

Dans les manuels scolaires de géographie, certaines images connaissent des succès durables : le schéma théorique de la transition démographique, le modèle (réaliste) de la tectonique des plaques, les dessins de Plantu (pour les classes de lycée) ou, pour une période un peu plus ancienne, le schéma de la cuesta. Ces objets sont « scolarisables » car ils remplissent un certain nombre de conditions pour s'installer dans la littérature scolaire. D'autres ont des parcours météoritiques ; je pense à certaines représentations systémiques, en particulier celle du concept

• • •

de système-monde qui fit une brève apparition dans les programmes et les manuels au début des années 1990. Cette éviction est paradoxale car son pouvoir explicatif est important. Mais il ne répond pas à une contrainte de la géographie scolaire, celle d'un savoir qu'on peut découper en entités indépendantes les unes des autres.

Un type d'images particulier, les modèles graphiques de villes, est un exemple intéressant pour examiner les relations entre les productions des chercheurs et la géographie scolaire.

C'est à partir de 1993 que ces modèles apparaissent de façon significative dans les manuels, surtout de lycée. Ils participent à la diversification des « pages de droite », celles qui sont traditionnellement consacrées aux documents. Pour autant, cela ne représente que quelques images (moins de 1 % d'un *corpus* fait d'abord de textes, de cartes et de photographies). Quelques productions sont récurrentes : des modèles généraux de la Ville dans les manuels de seconde, des modèles de la ville européenne pour ceux de la classe de Première, mais aussi d'autres modèles archétypaux : la ville étatsunienne en Troisième et en Terminale, la ville latino-américaine en terminale. Avant 1993, ce type d'images est quasiment absent des manuels à deux exceptions près : dès 1978, Y. Lacoste et son équipe publient chez Nathan des ouvrages dans lesquels on trouve des « coupes-synthèses », notamment de villes, que l'on peut considérer comme des modèles archétypaux réalistes. A partir de 1981, on trouve régulièrement des modèles graphiques dans les manuels Magnard.

Certains modèles sont produits par les auteurs des manuels ; la plupart viennent de la sphère « savante ». D'un champ à l'autre, la diffusion s'effectue en général rapidement : le modèle de la ville européenne de G. Di Méo, publié en 1988, est repris en 1993 dans le manuel Hachette de Seconde, celui de Tokyo, construit par P. Pelletier pour la *Géographie Universelle* de 1994, est présent dès l'année suivante dans des manuels Hachette et Nathan de Terminale. Cette migration d'objets entraîne quelques transformations formelles pour des raisons didactiques et/ou commerciales : réduction du nombre des figurés, mise en couleur et adaptation du vocabulaire.

Plus important est le changement de statut des modèles graphiques de ville(s). Tout autant qu'un moyen graphique de communication, un modèle est pour le chercheur un moment dans une démarche entre références théoriques, études de cas et confrontations au réel. En outre, la production graphique est fréquemment accompagnée de textes, de modèles intermédiaires ou d'une série de chorèmes à combiner. Ces documents périphériques permettent de « contextualiser » la production et de l'inscrire dans une démarche de recherche.

Dans les manuels scolaires, ils sont en général isolés et s'intègrent dans une collection d'objets ; ils deviennent alors un savoir de forme graphique qu'il conviendrait, comme du texte, d'apprendre, un nouveau type d'images qui vient diversifier un peu plus l'iconographie tout en illustrant le discours des auteurs.

L'intérêt didactique et heuristique d'un modèle est de le construire ou de l'utiliser, par exemple dans la confrontation avec un cas particulier. Cette seconde activité apparaît timidement dans certains ouvrages ; par exemple, le manuel Hachette de seconde (1996) propose de « comparer l'organisation de l'espace de Chicago au modèle de la ville du Nord-Est des États-Unis ». Par contre, les activités de construction sont rares, alors que c'est, sans aucun doute, l'étape la plus enrichissante de travail.

Quel sera l'avenir des modèles graphiques dans les manuels ? On peut imaginer une disparition assez rapide s'ils n'ont d'autre statut que celui de formes géométrisées, censées illustrer ce qu'est la géographie moderne. Leur pérennité passe probablement par une didactique de la modélisation graphique.

Pascal Clerc, IUFM de Lyon.

Le chaînon manquant: l'image théorique sans technique

Dans les années 1970, se produisit un décrochement entre la discipline universitaire, de plus en plus tendue vers un effort de scientificité, et la discipline scolaire. Alors que des images nouvelles illustrent progressivement de nouvelles façons de produire de la géographie, en particulier celles issues de traitements statistiques, peu de changements de nature dans les illustrations se manifestent dans les manuels de l'élémentaire et du secondaire[21]. La seule percée significative, à l'extrême fin de la décennie, fut celle des images satellitales, source nouvelle d'information mais guère illustration d'un renouveau problématique. Beaucoup d'enseignants, surtout les formateurs, milieu alors en voie de constitution[22], perçoivent d'autant plus désagréablement l'accroissement de cet écart que la géographie scolaire manque de plus en plus de repères et de perspectives. La partie la plus visible des mutations scientifiques est en ce moment l'envolée de la géographie quantitative. Quelques tentatives de transferts sont faites dans le secondaire (Hatt, 1986), mais la vision littéraire du monde de la grande majorité des enseignants (historiens ou spécialistes de lettres) rend les pratiques incompatibles. Une demande existe donc, que les figures chorématiques vont, semble-t-il, combler.

Un succès malheureux

L'aventure des chorèmes peut être datée d'un article de Roger Brunet (Brunet, 1980). Ses racines sont, bien sûr beaucoup plus anciennes, et dans l'œuvre de Brunet[23], et dans la géographie en général; par bien des aspects, la chorématique représente plus une continuité qu'une rupture. Le croquis de synthèse, mais également tous les modèles, inavoués mais réels, des anciens manuels de géographie (cuesta, bloc diagramme du relief plissé, finage d'openfield, perturbation atlantique... sous forme de dessins) peuvent figurer dans la galerie des ancêtres tout autant, sinon plus, que les figures de l'analyse spatiale. Mais l'aspect le plus évident réside dans l'effort de proposer un moyen apparemment simple d'effectuer un va-et-vient entre le général et le particulier.

Pour cela, il fallait d'abord (ré) affirmer fortement – et mettre en évidence – que l'on peut, avec quelques modèles de base, lire les structures élémentaires de l'espace. Le succès fut très rapide, dans la recherche et, peut-être plus encore, dans l'enseignement. Le concept de chorème apparaît en effet comme un chaî-

21. Mais une forte augmentation en volume et en qualité de reproduction couleur, si, bien sûr.

22. ROUMEGOUS Micheline, *La Didactique de la géographie: enjeux et pratiques*, thèse en cours, université de Paris I (dir. M.-C. Robic).

23. Roger Brunet en a lui-même esquissé l'histoire, lors de la journée du CEG de l'université d'Amiens, le 22 janvier 1993 («Les fondements scientifiques de la chorématique»), reproduit dans Brunet, 1997.

non manquant entre les études de cas et l'effort de théorisation de l'espace, dépassement de la géographie générale (Reynaud, 1982). Dans une large mesure, il reprend tous les modèles classiques de l'analyse spatiale (ce que fait le classement de modèles proposé en 1980), mais oblige à combler les manques en répertoriant des structures nécessaires présentes dans la variété des cas étudiés.

Plus encore, la force de la proposition est de mettre en évidence la notion de *modèle spécifique*. Le discours dominant a longtemps été qu'il n'y a que des cas concrets et que les parentés que l'on peut trouver entre certains d'entre eux ne sont que des similitudes autorisant des typologies. Dans cette perspective empiriste, le dessin représentant l'aspect commun à une catégorie ne peut qu'être un substitut insatisfaisant d'un type idéal présentant tous les traits du portrait robot, tout en étant « vrai ». La coupe de la côte de Vigneulles-lès-Hattonchâtel vaut alors mieux que la figure d'une cuesta. En considérant que l'analyse d'un cas particulier est aussi un modèle, que sa formalisation est tout autant abstraite que celles des structures qui la composent, la démarche chorématique déplace le dialogue général/particulier. Au lieu de considérer ce va-et-vient comme un équivalent du rapport abstrait/concret, la perspective est placée de bout en bout dans l'abstraction (tout autant que dans le concret). En proposant en 1987 la notion de *chorotype* (composition récurrente de chorèmes), Roger Brunet a permis de mieux formaliser le lien général/particulier, d'organiser les relais ; or, un chorotype est tout aussi abstrait qu'un modèle élémentaire.

Une telle perspective, en soi, n'a rien de particulièrement graphique. Le chorème n'est pas une figure et peut être transcrit par tous les moyens d'expression permettant de parler d'espace. Logiquement, dans un article sur l'imagerie, la chorématique ne devrait pas avoir place. Mais le fait est que c'est sous forme dessinée que cette structuration de la réflexion géographique s'est diffusée. De là découlent une bonne part de son succès et des lacunes de cette réussite. La chorématique apparut comme une théorisation géographique à la fois puissante et largement accessible. Dans la recherche, elle représente le moyen d'inscrire dans une géographie nomothétique des secteurs jusque-là exclus parce que travaillant avec des matériaux non ou difficilement quantifiables. C'est particulièrement évident pour la géographie historique (Grataloup, 1996). Dans tous les cas, la chorématique graphique (faudrait-il dire la chorégraphique ?) représente une économie en temps et en moyens pour le producteur comme pour le lecteur – mais aussi une exigence relativement floue quant aux niveaux de théorisation.

Le succès fut particulièrement spectaculaire dans le champ scolaire. Il reste vigoureux – mais toujours sous forme d'images. Les figures chorématiques représentent une rupture visible avec la description. Ce sont des explications qui tranchent sur l'image traditionnellement informative, descriptive de la carte ou du graphique. Leur légende, lorsqu'elle est correctement réalisée, assure le lien avec les bases théoriques de l'analyse de l'espace (Deffontaines, Lardon, 1994). Mais cette « visibilité » repose également sur une ambiguïté, car elle suppose l'image plus immédiatement lisible que d'autres formes de modélisation, textuelle ou mathématique. La théorie géographique à la portée de tous, en quelque sorte : accessible aux jeunes élèves... ou aux enseignants fâchés avec l'écriture mathématique ou, plus généralement, théorique. Cette fausse simplicité, ce caractère apparemment immédiat de l'image, a suscité une production proliférante où le lien avec la théorisation géographique est souvent plus que lointain. Beaucoup de figures seraient mieux qualifiées de croquis de synthèse – ce qui n'a rien d'infamant, loin de là. Il serait dommage cependant que la rançon d'un succès, dû à des raisons qui ne tiennent pas toujours à l'intérêt du projet, ne le marginalise par un retour de balancier.

Un échec heureux

Mais, pendant la diffusion, la recherche continuait. La publication d'une table des chorèmes (graphiques) en 1986 a pu susciter des espoirs excessifs. Ceux qui ont espéré une table de Mendeleïev de la géographie ne pouvaient qu'être déçus. Mais, conçue comme étape de discussion (doc. 7), la table représente bien un effort pour formuler une axiomatique géographique, sous forme d'un classement à la fois textuel et figuratif.

Pour être efficace, la logique du va-et-vient général/particulier a besoin de relais et de tests. Les étapes du raisonnement sont les chorotypes. Les bonnes modélisations graphiques spécifiques s'inscrivent, au moins implicitement, dans un ensemble restreint à son tour relié à plus général. Par ailleurs, l'ambiguïté modélisation/schématisation peut être utilisée comme un atout. En revalorisant le schéma conçu comme descriptif, les deux démarches posées face à face entrent en dialogue, comme deux façons d'aborder le général et le particulier (TIGR, 1997). Les schémas permettent de chercher dans des configurations spatiales leurs communs dénominateurs, de dégager des types idéaux (Reynaud, 1984).

Si, dans d'autres modes d'expression, description et explication sont nettement distinctes, l'usage de l'image est ici au cœur de l'ambiguïté. Dans une grande partie des compositions chorématiques sous forme graphique, la différence entre schématisation et modélisation n'est pas claire. Un test net serait, en l'occurrence, la forme générale de la figure. Si elle est posé *a priori*, le seul critère est alors la similitude avec la silhouette de l'espace concerné. Si la modélisation est assumée de bout en bout, les limites expriment aussi l'explication et ne sont justifiables qu'*in fine*. Cette remarque peut s'étendre à tous les tracés qui relèvent pour partie du « croquis raisonné » (Sylvie Rimbert), pour partie du modèle graphique.

La force et la faiblesse de la démarche découlent, nous l'avons vu, du fait de s'affranchir d'une métrique explicite dans la figure (absence d'échelle). Ce qui est normal quand il s'agit d'un modèle plus ou moins général peut poser problème dans le cas d'une analyse particulière. Or l'espace de l'image relève de mensurations géométriques qui subsistent toujours et imposent implicitement une carte traditionnelle si on n'indique pas pourquoi les signes indiqués sont là où ils sont les uns relativement aux autres. Bref, l'usage graphique n'autorise jamais l'absence de théorie, il peut au contraire souvent cruellement la mettre en évidence.

Si on a longuement insisté sur l'imagerie chorématique, ce n'est pas seulement du fait de son succès et de son intérêt, indéniables tous les deux. Mais, avec la modélisation graphique, il est particulièrement évident que les changements décisifs ne peuvent être dans les images elles-mêmes, ni dans leur usage, mais bien dans les problématiques de la géographie. En imposant son propre champ de contraintes, l'image est souvent un verre grossissant pour les choix en amont. Peut-être l'attrait premier des renouvellements iconiques de la géographie depuis deux décennies serait-il d'avoir mis en évidence ce qui fait la force et la faiblesse de notre science : sa structuration fondamentale comme un lien construit entre le général et le particulier des sociétés. Alors qu'il est des disciplines scientifiques qui refusent le général (l'histoire), d'autres qui ne prennent le particulier que comme exemple (l'économie), la géographie s'inscrit, en théorie, à égalité dans les deux perspectives. Ce n'est sans doute pas l'image qu'elle donne toujours d'elle-même. Ses figures étant sa face la plus visible, il est crucial qu'elles rendent évidente cette logique de dialogue.

Doc. 7 : La table des chorèmes

Il faut sans cesse dire et redire que les chorèmes, modèles élémentaires qui, composés, associés, combinés, permettent de rendre compte *des structures et des dynamiques spatiales*, doivent obéir à des règles de représentation graphique. Cette évidence n'est toutefois pas facile à mettre en œuvre. Tantôt, et c'est bien dommage, certains en font l'occasion de revenir tout simplement à une pratique du schéma. Tantôt d'autres, et c'est bien dommage aussi, en réduisent la portée à ce qu'avait de pervers, d'appauvrissant, d'indigent une géographie tout au mieux ravalée à quelque géo-métrie – naturellement il y aurait beaucoup à dire sur l'utilité des principes de celle-ci en analyse spatiale, mais c'est un autre propos.

On a pu accorder au mot « chorématique » quelque acception amusée ou quelque consonance bienvenue. Sans doute vaut-il mieux parler de *modélisation graphique* pour rendre compte de la nécessaire rigueur dans l'*abstraction*, dans la *généralisation*, dans la *simplification* ; chacune de celles-ci renvoyant aux *règles fondamentales* ayant trait à la création de *modèles*, comme à l'indispensable explicitation des règles de production et de combinaison qui doivent prévaloir. L'exercice et la pratique en sont difficiles. Ceux qui s'y prêtent le savent bien et en connaissent les limites, alors qu'ils s'interrogent par ailleurs sur toutes les ambiguïtés de telle ou telle formalisation graphique.

Le tableau des *structures élémentaires de l'espace* (ou socle de la chorématique), présenté en 1986 par Roger Brunet (« La carte-modèle et les chorèmes », *Mappemonde*, 1986 N° 4) porte la marque de l'évolution d'une pratique depuis le fameux classement initial en modèles, général, régional, spécifique, élémentaire, ce dernier dénommé chorème, datant de 1980. Le tableau de 1986 est lui-même modifié dans la présentation qui en est faite par le même auteur dans le premier volume de la *Géographie Universelle* (Brunet R., 1990). Rien de surprenant dans tout cela. L'attention qu'on voudra bien y porter montrera qu'en aucun cas, *il ne peut s'agir de quelque table de commandements que ce soit*. N'est-il pas écrit en marge du tableau de 1986 qu'il s'agit « d'une construction provisoire, à éprouver et enrichir... nourrie de la collaboration d'un petit groupe[24] » ?

Un type de difficulté tient au mode graphique de représentation dont l'absence d'explicitation peut se révéler d'interprétation diverse, c'est bien connu. La flèche oriente-t-elle une direction de flux, une dynamique saisie en processus synchronique ou diachronique, boucle-t-elle une interaction ?... Pourquoi un cercle plutôt qu'un hexagone, un octogone ou un carré ? Dans chaque cas la règle du choix doit être énoncée. Il n'est pas difficile par exemple de rappeler que tout cercle ayant un centre-pôle laisse entière équiprobabilité d'influence ou d'attraction ou d'influence-diffusion jusqu'à une même distance donnée et à 360° d'ouverture ?

Une difficulté d'une autre nature tient au fait que *toute représentation graphique modélisatrice se prête mieux*, parce que statique, *à révéler des combinaisons structurelles* que des combinaisons dynamiques ; tout processus a quelque peine à se formaliser ainsi.

Enfin modes de représentation et types de structures et de dynamiques croisés dans le tableau présenté par Roger Brunet en 1986, conduisent à penser que la modélisation graphique ainsi initiée a sans doute encore beaucoup à préciser, à approfondir. Point, ligne, aire, réseau ne sont pas des entités équivalentes en colonnes : points et lignes renvoient au dessin, aires et réseaux à deux modalités de spatialisation, l'une et l'autre d'ailleurs combinables. Sans doute est-ce essentiel de bien distinguer *l'appréhension aréale et l'appréhension réticulaire*. A lire les lignes du tableau, on s'aperçoit que maillage, quadrillage, attraction (retenue en 1986, ayant disparu en 1990, remplacée par gravitation), contact, tropisme, dynamique territoriale, hiérarchie... attendent d'autres examens fondamentaux. Plaisir et joie de recherches et de déconvenues à venir. On sent bien que la substitution de la gravitation à l'attraction n'est pas fortuite. On sent aussi qu'entre point-pôle et réseaux-graphes-lignes, la modélisation graphique a de beaux jours devant elle. A condition de ne jamais perdre de vue la finalité de ce qu'est la *modélisation graphique*.

Franck Auriac, université d'Avignon.

---

24. On remarquera qu'entre 1986 (*Mappemonde*) et 1987 (*La carte. Mode d'emploi*), on passe du « tableau des structures élémentaires ou socle de la chorématique » à la « table des chorèmes ».

Figure 3 : « La table des chorèmes »

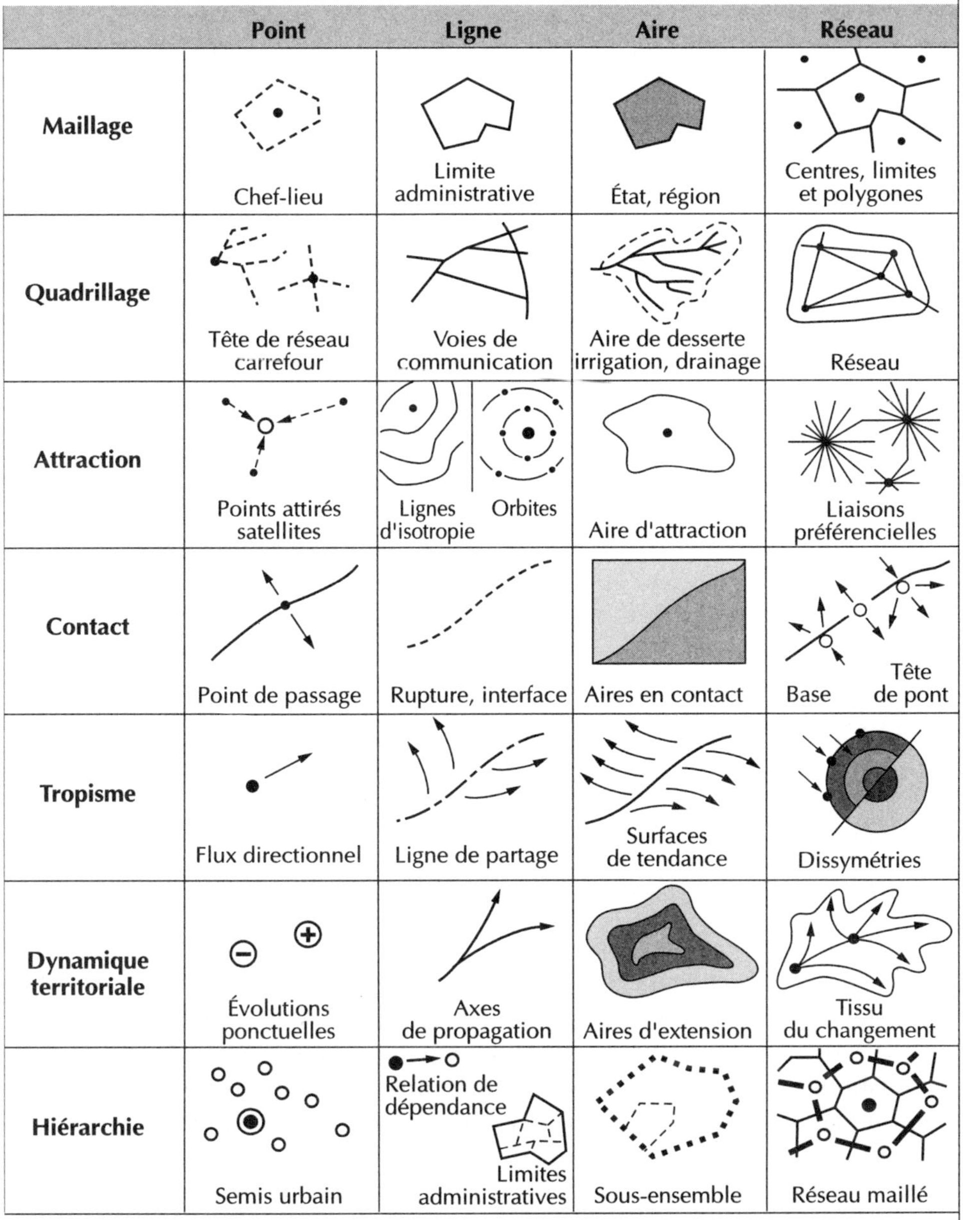

Source : *La carte. Mode d'emploi,* 1987, p. 191.

RÉFÉRENCES

La revue *Mappemonde*, depuis sa création en 1986 (Belin éditeur).

BÉGUIN M., PUMAIN D., *La Représentation des données géographiques. Statistiques et cartographie*, Cursus Paris, Armand Colin.

BRUNET R., « La composition des modèles dans l'analyse spatiale », *L'Espace géographique*, n° 4, Doin, 1980.

BRUNET R., *La Carte, mode d'emploi*, Paris/Montpellier, Fayard/RECLUS, 1987.

Espace Temps, Penser/figurer. « L'espace comme langage dans les sciences sociales », 62/63, 1996.

Groupe Dupont, *Géopoint 1986. La carte pour qui? La carte pour quoi?*, Avignon, université d'Avignon, 1986.

Groupe Dupont, *Géopoint 1992. Modèles et modélisation en géographie*, Avignon, université d'Avignon, 1992.

MONDZAIN M.-J., *Image, Icône, Économie. Les sources byzantines de l'imaginaire contemporain*, Paris, Éditions du Seuil, 1996.

RIMBERT S., *Carto-Graphies*, Paris, Hermès, 1990.

RIMBERT S., « Géographie et cartographie », *Encyclopédie de géographie*, Paris, Économica, 1992.

TIGR (Travaux de l'Institut Géographique de Reims), *Entre général et spécifique : la modélisation graphique*, Reims, 1997.

ESPACE, SOCIÉTÉ, NATURE

Michel Lussault, université François-Rabelais, Tours

Toute une série de phénomènes récents et fort médiatisés – les catastrophes naturelles et les « désordres écologiques », ainsi que, sur un autre plan, la montée de la sensibilité environnementale au sein de la société civile – poussent à reposer à nouveaux frais un problème important : celui de la nature et de ses relations à la société. Une telle analyse offre la possibilité d'éclairer la position que la géographie peut prendre face aux objets de nature, elle qui s'est longtemps targuée d'être la plus naturelle des sciences de l'humain. Le succès de cette dernière assertion fut à la mesure de la faiblesse de la saisie théorique de la nature par la géographie et de la fragilité de la pensée épistémologique quant à l'accès supposé privilégié de la discipline aux phénomènes ressortissant au cadre naturel – les géographes français vivant, durant des lustres, sur l'acquis vidalien, Vidal et ses épigones ayant mis en place une vulgate affirmant clairement l'apport fondateur des sciences naturelles[25]. On se propose ici d'inviter le lecteur à un petit parcours, sans aucune prétention d'exhaustivité, à l'intérieur de la production géographique française récente, afin de mettre en exergue les enjeux cognitifs de la réflexion sur les relations société-nature.

La coupure moderne

On le sait, le « modernisme » (*stricto sensu*) en science, toutes disciplines confondues, qu'elles s'occupent de l'ordre naturel ou du genre humain, postule que la nature et la culture – *i.e.* la société – sont des ensembles clos et bien distincts, radicalement séparés, des entités discrètes, deux « zones ontologiques entièrement distinctes » [26]. Cette position légitime toutes les postures hypostasiant l'une ou l'autre de ces sphères. Ainsi, le « naturalisme » affirme qu'il est possible et même souhaitable d'étudier la nature indépendamment de la prise en compte réelle de la société – tendance dominante des sciences de la nature, ainsi que de la géographie physique classique, qui n'utilisent, à l'occasion, que de façon métaphorique le vocabulaire des sciences sociales, et qui ne prennent en compte que marginalement l'homme, incorrigible gêneur, coupable d'influences néfastes.

A l'inverse, une large fraction des sciences sociales se fonde sur l'expulsion de la nature, sorte de résidu appelé à voir sa part diminuer irrépressiblement. *De facto*, de nombreux géographes, à partir de la décennie 1960, en voulant, par impératif épistémologique, se démarquer de la géographie physique, en vinrent à ne plus jamais, ou peu s'en faut, aborder la question du « milieu ». Une telle mise à l'écart peut paraître aujourd'hui, rétrospectivement, un peu intempestive et empêcha que l'on pense pleinement, de l'*intérieur de la géographie humaine*, le statut et la place de la nature au sein de *toutes* les organisations sociétales.

Le discours scientifique, durant longtemps, participa ainsi de l'idéologie dominante moderniste prométhéenne, qui structura la société occidentale, et qui dressait en principe primordial l'idée de domination, d'asservissement de la nature. La plupart des sciences de l'homme, dans leur moment positiviste, affirmant la désaffiliation de l'humain et du naturel et se polarisant sur la société autonome, et les sciences de la nature, qui fournirent les instruments de compréhension des lois physiques qui permirent, justement, cette désaffilia-

25. BERDOULAY Vincent, SOUBEYRAN Olivier, « Lamarck, Darwin et Vidal : aux fondements naturalistes de la géographie humaine », *Annales de géographie*, n° 561-562, Paris, Armand Colin, 1991, pp. 617-633.

26. LATOUR Bruno, *Nous n'avons jamais été modernes. Essai d'anthropologie symétrique*, Paris, La Découverte, 1991, p. 21. Ce dualisme s'accompagne de toute une série d'autres dualismes, mis en place par la pensée moderne, à partir, souvent de cette opposition fondamentale : esprit/corps, raison/émotion, etc.

tion, convergèrent donc historiquement : ce nœud épistémologique assura la solidité scientifique de la « Constitution Moderne », fonda en raison objective la coupure société (culture)/nature.

Notons que certains auteurs trouvent chez Marx une conception moins dualiste et en signalent le développement au sein d'un large courant matérialiste, teinté de marxisme ou/et de structuralisme, des sciences sociales. Marx, en effet, énonça – dans *Grundrisse* et *Le Capital* – l'idée du fondement naturel de l'ordre social. Toutefois, Marx et ses exégètes et zélateurs maintinrent une séparation forte entre nature et société, entités contradictoires et liées par des rapports de domination, le substrat naturel cédant face aux nécessités dictés par le procès de production.

On trouve maintes occurrences de cette analyse dans la nouvelle géographie française élaborée durant les années 1960-1970 par des auteurs influencés par le marxisme et le matérialisme économique ; ainsi Hildebert Isnard soulignait avec force le processus continu, et en accélération, de « débiologisation » de l'espace géographique-produit des sociétés et outil de reproduction de celles-ci (Isnard, 1978). Ici, on n'escamote pas le principe de relations importantes entre nature et société mais, au bout du compte, on affirme la soumission de l'une par l'autre, l'asservissement productif de la nature, désormais sous la férule du fonctionnement des sociétés.

De la fracture à l'interface

Les essais de réflexion moins réducteurs sur ce point furent relativement marginaux, jusqu'à une date récente, et vinrent d'abord de géographes physiciens, moins transfuges que désireux, dans un contexte d'inflexion du cours de la discipline vers les sciences sociales, de redonner du sens et une place aux notions et méthodes forgées par la géographie physique ; les travaux menés se consacrèrent d'ailleurs avant tout aux espaces et paysages ruraux, autour desquels les démarches se construisaient, ce qui réactivait dans une certaine mesure le vieux tropisme de la géographie classique pour la campagne, censée être plus proche de l'environnement naturel que la ville.

Parmi les quelques tentatives novatrices apparues, il importe de mentionner d'abord celle mise en place, progressivement, par Georges Bertrand et dont les différentes versions furent énoncées à la faveur de très nombreuses publications, durant la période 1968-1991, pour aboutir à la proposition d'un paradigme cohérent. Le travail de George Bertrand vise à saisir la relation d'échange entre société et nature grâce à l'étude de l'*interface* existant entre les deux entités. Cette interface, on propose de l'explorer en dépassant l'approche dialectique – ce qui constitue une réelle nouveauté – et de la balayer à partir d'un tripôle : *géosystème* (concept naturaliste, insistant sur l'anthropisation)/*territoire* (concept social à dimension naturaliste dans la mesure ou « il n'y a pas de territoire sans terre » [27])/*paysage* (qui permet de saisir la dimension culturelle de la nature). Chaque terme, selon l'auteur s'avère un concept mixte, puisqu'il renvoie en même temps au naturel et au social.

Georges Bertrand dépasse de beaucoup la plupart des analyses menées dans le même laps de temps, fréquemment très tributaires encore des schèmes des classiques thèses adaptatives, dans la filiation de la géographie traditionnelle. Toutefois, on présentera deux critiques qui empêchent d'adhérer sans réserve au cadre théorique présenté

– Georges Bertrand demeure dans une démarche qui, bien que réfutant le clivage géographie physique/géographie humaine, reste quand même plutôt orientée – un peu comme l'éco-géographie de Jean Tricart – vers les problématiques du milieu physique, simplement ouvert au social. Si Georges Bertrand fait preuve d'une grande originalité dans la réflexion sur le géosystème naturel, sa théorie de la société apparaît faible et les modalités et logiques de l'action spatiale humaine réduites à un relation d'usage du milieu, ce qui déséquilibre le projet cognitif. L'auteur étudie avant tout, de ce fait, les paysages ruraux et ne reconnaît la présence de la société que sur le mode de *l'impact* clairement repérable – l'anthropisation – et de la *distanciation* – la représentation — et non point sur celui d'une hybridation véritable du naturel et du sociétal issue d'une interaction systémique complexe (*cf. infra*).

– De surcroît, l'auteur souscrit encore, plus ou moins explicitement, à l'idée commune du privilège de la géographie, qui serait mieux armée que les autres sciences pour comprendre l'interaction homme-nature ; sans doute parce que Georges Bertrand dresse la *terre* en matériau d'expression de la nature qui, dès lors, même anthropisée, s'affirme dans la société avant tout par sa spatialité matérielle. Or, on peut réfuter cette primauté de la géographie, d'une part en refusant la propension de presque tous les géographes à réduire le naturel au « milieu géographique », — où l'on donne aux aspects inertes la part prépondérante – et, d'autre part, en élaborant une approche qui confère à tout objet sociétal le même statut au regard de la nature et qui donne ainsi à chaque discipline des sciences sociales la même capacité d'accès à la naturalité des phénomènes.

Malgré ces restrictions, le travail de Georges Bertrand constitue un fondement important du renouveau de la réflexion géographique et ses thèses connurent d'ailleurs un succès indéniable, au point de former quasiment une nouvelle vulgate ; toutefois, la plupart des épigones de Georges Bertrand furent très en retrait de leur modèle plus ou moins avoué – quand ils ne le trahirent point en l'utilisant pour tenter de pérenniser sinon l'empire de la géographie physique, du moins son retrait du domaine des sciences de la société. C'est

27. BERTRAND Georges, « La nature en géographie. Un paradigme d'interface », *Géodoc*, documents de recherche de l'UFR géographie et aménagement, université de Toulouse-Le Mirail, 1991, p. 5.

ainsi qu'on vu fleurir, durant les quinze dernières années, dans nombre de textes abordant plus ou moins frontalement les questions du milieu physique et/ou de l'environnement, les remarques et les développements dédiés aux rapports entre les groupes humains et la nature. Beaucoup d'auteurs ne dépassèrent pas, en cette matière, et nonobstant l'usage fréquent de quelques mots-*mana* comme ceux d'« interface », d'« anthropisation », de « paysage », dissimulant mal une certaine indigence théorique, le recyclage du vieux discours sur les « influences » du milieu, les ressources qu'il propose, les contraintes qu'il fait subir, les « adaptations » qu'il impose et n'allèrent guère au-delà d'une réactualisation d'analyses dans la lignée de la géographie traditionnelle lamarckienne.

Parallèlement, la floraison des études sur les risques naturels, venues des spécialistes de géographie physique, ne déboucha pas sur des élaborations d'une grande nouveauté. La manière dont Charles-Pierre Péguy expose la question est éclairante : « C'est parce que la Terre est peuplée et que ses habitants subissent les contrecoups de ces crises qui en affectent la stabilité physique qu'il y a une "géographie des risques". Tout désastre se définit en effet "à l'interface d'un phénomène naturel extrême et d'établissements humains vulnérable" » (Foucher 1982)[28]. La citation de Michel Foucher ne change rien à l'affaire : nous restons là devant une problématique très classique des rapports de contraintes entre l'homme et « son » milieu, prompt à rappeler son existence par des « crises ».

Remarquons que même des chercheurs souvent cités en exemple, comme Philippe Pelletier, demeurent fréquemment tributaires d'une conception assez étroite qui assigne à la géographie l'objectif de comprendre « Quels rapports entretiennent les sociétés humaines avec le milieu géographique présent ? Tel est ce problème fondamental – le seul – que se pose la géographie humaine »[29]. Ici, gênent et la réduction du projet scientifique de la discipline et l'étroitesse de la définition de la relation société-nature, réduite à un « rapport » instrumental, bien loin des foisonnements multidimensionnels des interactions systémiques qu'on évoquera un peu plus loin.

La nature saisie par la société

A côté de ces approches convenues, quelques auteurs, dans les années 1980-1990, ont manifesté un souci théorique aussi exemplaire que celui animant la recherche de Georges Bertrand. On citera ici Jean-Pierre Marchand et, dans un tout autre registre épistémologique, Augustin Berque.

---

28. PÉGUY Charles-Pierre, « Les risques naturels majeurs », *in* BAILLY Antoine, FERRAS Robert, PUMAIN Denise (dir.), *Encyclopédie de la géographie*, Paris, Anthropos-Économica, 2e éd., 1995, citation p. 921.

29. PELLETIER Philippe, *L'Imposture écologique*, Géographiques, Montpellier, RECLUS, 1993.

Jean-Pierre Marchand a montré comment on pouvait réorienter l'analyse climatologique dans une perspective au sein de laquelle le climat, et plus généralement le milieu, devient un simple élément parmi d'autres d'une « systémogenèse spatiale ». Il construit ainsi une analyse qui insiste clairement sur les interactions foisonnantes entre la nature — ici aussi, toutefois, confinée au milieu géographique – et la société et propose une géographie qui ne soit ni celle « Des interactions réciproques de forces physiques, ni uniquement de celles internes à la société, mais d'un ensemble de contraintes intervenant dans les deux sens entre le géosystème et l'environnement socio-économique, que ces contraintes soient régies par des lois physiques, sociales ou économiques. Ainsi [...] le milieu physique apparaît par le biais de ses manifestations, constantes ou non, comme un composant de l'espace au même titre que l'organisation politique ou le système économique » (Marchand, 1995, p. 14).

J.-P. Marchand insiste sur la *relativité* de la valeur des faits physiques qu'on doit appréhender non pas comme des variables extra-sociales, mais des données contingentes de l'état d'une société à un moment particulier. Ainsi, l'auteur, bien loin des habitudes de la corporation, confère un sens neuf à l'ancienne notion de contrainte qui se mue chez lui en descripteur des *rapports constituants réciproques* entre milieu physique et société – celle-ci saisie un peu superficiellement – toujours relatifs à la situation historique prise en compte.

Augustin Berque, quant à lui, examine, depuis presque vingt ans, la question de la construction culturelle de la nature et a « traduit » en géographie la thèse énoncée, dès 1968, par Serge Moscovici[30] : les sociétés édifient les états de nature qui correspondent à leurs schèmes culturels et à leurs logiques sociales à un moment historique donné. D'abord polarisé sur le cas du Japon et sur l'objet paysage, Augustin Berque a peu à peu étendu son investigation et énoncé une théorie solide du rapport entre société et nature, au lexique très cohérent (Berque, 1986, 1990, 1993, 1996). Par sa formalisation originale des notions de *milieu* (qui désigne la relation d'une société à son environnement), *médiance* (sens de l'ensemble des médiations qui explique que le milieu évolue) et *trajection* (conjugaison des facteurs objectifs et des facteurs subjectifs qui produit un milieu daté, situé et doté de significations pour un groupe, cette notion de trajection écartant et les dérives objectivistes – la nature est une réalité en soi – et les errements subjectivistes – la nature ne constitue qu'une illusion), il est un des rares géographes qui aborde la question des mixages nature/culture (société) dans une perspective qui excède de beaucoup une analyse en termes de rapports dialectiques ou d'interfaces simples. Plus vigoureusement encore que J.-P. Marchand, il insiste sur le fait que le naturel ne signi-

30. Moscovici Serge, *Essai sur l'histoire humaine de la nature*, Paris, Flammarion, 1968.

fie pas par lui-même, que son ordre, sa valeur et ses significations résultent de son *saisissement* par la société, qui en retour est informée et configurée par la présence, en son sein, de cette nature codifiée.

Deux systèmes interpénétrés

Georges Bertrand, Jean-Pierre Marchand, Augustin Berque sont les témoins de la restructuration en cours de la pensée géographique sur la nature; celle-ci est désormais assurée, de plus en plus, par des géographes abordant la question dans une perspective résolument de science sociale et dépassant le cadre des milieux ruraux et des paysages[31]. La plupart de ces chercheurs tentent de construire un paradigme susceptible de saisir de façon neuve les liens société-nature: parce que l'enjeu épistémologique est de taille, il n'est pas inutile de synthétiser ici l'esquisse d'un ensemble théorique intégrateur de tous ces travaux.

Remarquons que ceux-ci ne cèdent pas à la pente, plus ou moins explicitement empruntée par certains idéologues environnementalistes, du regroupement du naturel et du social dans une entité unique. Selon certains théoriciens, attachés à réfuter le modernisme, en effet, nature et société, tout à leur intimité fusionnelle, ne formeraient qu'une seule et même instance. Or, s'il semble nécessaire de penser le caractère composite des objets sociétaux, il paraît tout aussi impérieux de reconnaître l'existence de deux systèmes distincts multidimensionnels, non hiérarchiques – *i.e.* ou aucune dimension ne l'emporte sur les autres – et à complexité cumulative: le naturel et le sociétal, afin de s'interroger sur les types et les registres de leur complexes interactions et refuser à la fois la purification moderne et ses dualismes rigides et réducteurs et l'indifférenciation post-moderne. En bonne raison épistémologique, l'appréhension des différences constitue une prémisse indispensable à la compréhension des tensions dynamiques entre les domaines distingués.

Au sein des deux systèmes on retrouve des dimensions similaires: chacun, notamment, est concerné par le jeu du temps, qui s'articule sur le mode de l'historicité pour ce qui concerne la société – l'historicité étant considérée comme l'utilisation protéiforme du temps par les groupes humains. Le temps naturel rejoint bien entendu le temps historique, *via* le temps biologique, qui borne l'existence des individus, mais aussi, entre autres exemples, par les manifestations sensibles, pour les hommes, des rythmes de certains mécanismes bioclimatiques, par les évolutions discernables de ceux-ci, ou encore par les

31. La question de la nature dans la ville est ainsi peu à peu abordée, sans réduction à la question de l'environnement urbain; *cf.* BLANC Nathalie, *La Nature dans la cité*, Thèse de doctorat de géographie, université de Paris I, 1996 et CALENGE Christian, «De la nature de la ville», *Annales de la Recherche urbaine*, n° 74, Paris, 1997, pp. 12-21.

processus de vieillissement organique des matériaux de construction. Le temps de la nature n'est pas le temps de la société, mais les deux sont *congruents*, cette congruence prenant des formes différentes selon les situations – de l'acceptation du temps naturel par certains groupes à la volonté des « modernes » de domestiquer celui-ci.

Les travaux ici analysés s'appuient également sur une hypothèse qui mérite d'être énoncée clairement : l'humain – en tant que catégorie et forme d'existence – ne peut se constituer pleinement que par la distanciation du non-humain ; se faisant, la société construit cognitivement la nature à sa propre image[32], en raison de ses structures du moment, et la modèle – nature configurée qui imprègne le système sociétal instituant et contribue à son institution.

Cette position, combattue et par des théoriciens post-modernes et par les tenants du biocentrisme, posture au fondement de la *deep ecology*, est brillamment défendue par Dominique Bourg[33]. Selon cet auteur, on s'épuiserait à vouloir sortir de l'anthropocentrisme : même si on nie celui-ci, même si l'on rompt avec « l'anthropocentrisme spéculatif » – médiatisé par les discours sur la position dominante de l'homme au sein de la nature – on ne peut jamais se soustraire à un « anthropocentrisme pratique », du fait même de notre humanité, de nos actions et pensées d'individus en sociétés. L'exemple développé par Dominique Bourg mérite d'être cité : « Dès que l'on passe du plan de la spéculation à celui de l'action, la centralité pratique de l'humanité reprend ses droits. J'en veux pour preuve l'impossibilité où nous sommes d'édifier un système juridique qui ne soit pas anthropocentrique » ; Dominique Bourg poursuit son argumentation en présentant la volonté de théoriciens biocentristes d'étendre le statut de « sujet de droit » aux « objets naturels », et réfute alors cette position : « Qu'advient-il si l'on prend au sérieux ces propositions ? Il reviendra aux hommes, et aux hommes seuls, sous la pression de certains d'entre eux, de conférer un tel statut au-delà des limites de l'humanité. [...] Nous serons obligé de faire comme si les animaux, les plantes, les rivières nous avaient demandé de bénéficier de tels droits »[34].

On s'en aperçoit, on n'échappe pas ici à l'anthropocentrisme ; Dominique Bourg nous offre de comprendre que s'il faut que la société, envers l'environnement, adopte le « principe responsabilité », afin que ses actions n'obèrent pas ses propres possibilités d'évolution, ce *souci* de la nature manifeste bel et bien,

---

32. *Cf.* LENOBLE Robert, *Esquisse d'une histoire de l'idée de nature*, L'évolution de l'humanité, Paris, Albin Michel, 1969 ; les sciences de la nature constituent un des plus puissants moyens de configuration cognitive de la nature employé par les sociétés contemporaines et l'on lit dans leurs évolutions celles des regards portés par l'Homme sur le naturel.

33. BOURG Dominique, *L'Homme-Artifice. Le sens de la technique*, Le Débat, Paris, Gallimard, 1996.

34. *Ibid.*, p. 332.

en lui-même, l'extériorisation indispensable de l'homme de la sphère naturelle et son placement au centre de l'agir constructif à la fois de l'humanité et de la naturalité[35].

Cette thèse n'impose pas, pour autant, qu'on souscrive au vieux dualisme moderne; bien au contraire, elle permet d'appréhender la structure du *nœud gordien* qui lie société et nature. Une fois encore, on s'appuiera sur l'analyse de Dominique Bourg qui énonce le principe suivant: «L'humanité s'est [...] construite hors d'elle-même, sur le fond d'un édifice exosomatique, artificiel et objectif, c'est-à-dire par la constitution d'un réseau d'artefacts tant linguistiques qu'utilitaires. [...] Cette thèse [...] permet [...] d'éclairer un tant soit peu nos relations à la nature: la technique, depuis l'origine et dans le même mouvement assume notre appartenance à la nature tout en nous arrachant à son emprise»[36].

Les artefacts – pratiques, langagiers et techniques – assurent donc la permanente itération entre le système sociétal et le système naturel: par ce processus incessant, ou l'artifice est causé et causant, les deux systèmes co-construisent les différentes et diverses configurations qu'ils prennent, chacun, tout au long de l'évolution temporelle. Ainsi, quoique distincts, nature et société sont totalement interpénétrées l'une et l'autre, par l'une et l'autre. Les artifices constituent les truchements qui permettent de passer sans cesse du naturel au social, du social au naturel, *ad libitum*, et de composer ainsi le moindre objet sociétal comme un hybride subtil – et dynamique – de société et de nature, en même temps liées indissociablement et séparées.

Voilà qui donne une tout autre portée à l'analyse de la nature en géographie: il s'agit de traquer la naturalité présente partout au sein de la dimension spatiale, idéelle et matérielle, de la société et la sociétalité agissante, sous son espèce de la spatialité, idéelle et matérielle, dans la nature. On dépasse ainsi tant les études routinières des interfaces que les préceptes habituels des tenants de la construction sociale de la nature en conférant une *importance réelle* au mouvement qui *engramm*e le naturel au sein du social.

Augustin Berque donne de nombreux bons exemples de ce processus complexe. Dans un ouvrage consacré aux villes japonaises, il insiste sur la prégnance de la «Nature présente au dedans même de l'urbain, consubstantielle à la culture» (Berque, 1993, p. 41) et entreprend l'analyse d'un «éco-symbole» – *i.e.* un «motif de l'habiter» qui exprime la relation protéiforme de l'homme avec le Monde – majeur de la civilisation japonaise: le *tatami,* dont il montre avec pertinence l'appartenance conjointe à la nature et à la culture, les deux pans, noués dans la trame physique même du *tatami*, se soutenant mutuellement.

---

35. Les positions biocentriques détruisent purement et simplement la catégorie même de l'humanité.
36. *Ibid.*, p. 9.

Bel exemple d'objet spatial, une forme de base de l'organisation matérielle et idéelle des espaces nippons, pour lequel se justifie l'étude de son statut *pleinement et toujours déjà* naturel et culturel : nous voilà loin de ce que les géographes ont l'habitude d'aborder ! Et pourtant, il semble bien que l'examen des objets du quotidien, opérateurs primaires de la spatialité humaine, des formes spatiales ordinaires – la maison, le lieu le plus quelconque – et des artefacts, assure de saisir l'interpénétration société/nature et ainsi de s'émanciper des développements trop rudimentaires.

Qu'on songe par exemple à un réseau d'eau et d'assainissement, objet à forte spatialité intrinsèque et extrinsèque – *i.e.* sa capacité organisationnelle des espaces qu'il dessert et contribue à configurer. Lorsqu'on étudie un réseau de ce type, on passe sans cesse et sans solution de continuité – ce qui ne veut pas dire que ce passage ne soit pas repéré par les acteurs sociaux – du naturel au sociétal, on croise, interpolés, les langages, les représentations, les données physiques brutes (l'eau, la gravité etc.), le temps, l'économie, les actions politiques, les problèmes sanitaires et leur dimension biologique, etc. Tout cela nous confronte non pas seulement à la technique et à son rapport instrumental à la nature, mais bel et bien à la société tout entière, à la nature tout entière et à leur intrication, cette intrication que le réseau, qui traverse le système sociétal et le système naturel de part en part, *met en scène*.

Nicole Mathieu et Nathalie Blanc, deux géographes, ne nous montrent pas autre chose lorsqu'elles analysent, en coopération avec deux éthologues, le problème des blattes dans des grands ensembles de Rennes. Une fois la première surprise passée, on s'aperçoit aisément que les blattes, appartenant au système naturel, s'inscrivent en protagonistes importants du système sociétal local. Notamment, les auteurs montrent bien comment cet animal permet de cristalliser des représentations et des pratiques et qu'*in fine* on peut corréler les attitudes des personnes interrogées envers les blattes et leurs stratégies spatiales et sociales d'ajustement au quartier de grand ensemble – ce fragment de société. Nul ne doit songer à ironiser, car l'étude de ces insectes nous place devant la fascinante imbrication société/nature et nous montre qu'une partie du « travail » des individus interrogés est, justement, d'établir et la coupure – le naturel étant significativement indexé à la campagne, en une représentation ou la *doxa* rejoint la vieille vulgate géographique – et la proximité des deux ordres. On ne peut donc que souscrire à l'affirmation des auteurs : « La blatte est une espèce exemplaire pour clarifier la double dimension des rapports société-nature, rapports à la nature en tant qu'elle est matérialité (avec une logique de fonctionnement qui lui est propre), rapports à la nature en tant qu'elle est culture »[37].

---

37. Blanc Nathalie, Cloarec Ann, Mathieu Nicole, Rivault Colette, « Le dialogue interdisciplinaire mis à l'épreuve : réflexions à partir d'une recherche sur les blattes urbaines », *Nature, Sciences, Société*, Paris, Elsevier, n° 1, 1997, pp. 18-30, citation p. 28.

De telles investigations ouvrent la géographie à des approches qu'elle n'a pas coutume de mettre en place et confèrent à tous les géographes la possibilité de sonder l'interaction systémique nature / société, le moindre objet spatial – fût-il le plus urbain, le plus artificiel – étant *intégralement* concerné par celle-ci. Mais, parallèlement, cela invalide la prétention des géographes d'être les mieux placés pour saisir le « rapport » société / nature : en effet, de l'idée de l'interpénétration du système sociétal et du système naturel, résulte que chaque objet sociétal se trouve logé à la même enseigne que tous les autres et constitue un mixte nature/culture. Logiquement, toutes les disciplines sont elles aussi confrontées *intégralement* par ce processus et les géographes ne peuvent se targuer d'aucune prééminence. Tout juste admettra-t-on que l'espace rend plus *visible* certains composants naturels, ce qui aide les géographes mais en même temps les dessert en les poussant à une certaine paresse épistémologique et théorique, compte tenu de l'évidence apparente de l'interaction au sein de gros objets géographiques (le paysage rural par exemple). Cela dit et pour ne mentionner que quelques cas parmi les plus simples, l'anthropologue lorsqu'il analyse l'investissement du corps dans la pratique culturelle, l'économiste, lorsqu'il prend en compte le rôle des matières premières au sein des systèmes productifs, le juriste qui examine, par exemple, le champ de la bioéthique, le politiste traitant des questions des stratégies environnementales des opérateurs politiques, s'avèrent tous concernés par l'interpénétration nature/société. Assumer ce constat s'impose pour que la géographie ne joue pas la partition de l'exceptionnalité de ses démarches, condition *sine qua non* pour qu'elle devienne enfin une véritable science sociale, à l'égale des autres.

RÉFÉRENCES

BERDOULAY Vincent, SOUBEYRAN Olivier, « Lamarck, Darwin et Vidal : aux fondements naturalistes de la géographie humaine », *Annales de géographie*, n° 561-562, Paris, Armand Colin, 1991, pp. 617-633.

BERQUE Augustin, *Vivre l'espace au Japon,* Paris, Masson, 1982.

BERQUE Augustin, *Le Sauvage et l'Artifice, les Japonais devant la nature*, Paris, Gallimard, 1986.

BERQUE Augustin, *Médiances, de milieux en paysages*, Montpellier, RECLUS, 1990.

BERQUE Augustin, *Du geste à la cité*, Paris, Gallimard, 1993.

BERQUE Augustin, *Être humain sur la terre*, Le Débat, Paris, Gallimard, 1996.

BERTRAND Georges, « La nature en géographie. Un paradigme d'interface », *Géodoc*, documents de recherche de l'UFR géographie et aménagement, université de Toulouse-Le Mirail, 1991.

BERTRAND Claude et Georges, « La géographie et les sciences de la nature », *in* BAILLY Antoine, FERRAS Robert, PUMAIN Denise (dir.), *Encyclopédie de la géographie*, Paris, Anthropos-Économica, 2e éd., 1995, pp. 91-108.

BLANC Nathalie, *La Nature dans la cité*, Thèse de doctorat de géographie, université de Paris I, 1996.

BLANC Nathalie, CLOAREC Ann, MATHIEU Nicole, RIVAULT Colette, « Le dialogue interdisciplinaire mis à l'épreuve : réflexions à partir d'une recherche sur les blattes urbaines », *Nature, Sciences, Société*, n° 1, Paris, Elsevier, 1997, pp. 18-30,

CALENGE Christian, « De la nature de la ville », *Annales de la Recherche Urbaine*, n° 74, Paris, 1997, pp. 12-21.

JOLIVET Marc, MATHIEU Nicole, *Du rural à l'environnement. La question de la nature aujourd'hui*, Paris, L'Harmattan, 1989.

PELLETIER Philippe, *L'Imposture écologique*, Géographiques, Montpellier, RECLUS, 1993.

MARCHAND Jean-Pierre, *Contraintes climatiques et espace géographique. Le cas irlandais*, Caen, Paradigme, 1995.

ROBIC Marie-Claire (dir.), *Du milieu à l'environnement. Pratiques et représentations du rapport homme/nature depuis la Renaissance*, Paris, Économica, 1992.

QUAND LE MONDE S'IMPOSE

Denis Retaillé, université de Rouen

La géographie est une activité de connaissance dont la finalité profonde change peu entre les pratiques spontanées, attachées à la vie courante, et les pratiques savantes voire scientifiques : le caractère opérationnel des représentations forme une contrainte majeure devant le risque de se perdre. En outre, l'habitude d'identifier par un nom propre les objets géographiques résultant de n'importe quelle observation, se trouve immédiatement placée face à l'impératif de légitimité. Pour qu'un nom « prenne », pour qu'un espace se marque, il leur faut répondre à une situation ou à une substance déjà reconnue ou en voie de constitution. La Terre sert de support permanent dans cette opération, et même de repère ; c'est le refuge d'une nature incontestable. Mais le monde n'est pas la Terre ; en tout cas, c'est la Terre arrangée par les hommes selon les organisations qu'ils se reconnaissent. Il subsiste de cette combinaison, une division de la planète par ensembles physiques, comme les continents, et par fractions politiques dans lesquelles les hommes se reconnaissent le mieux – le politique étant le déclencheur le plus efficace d'identité. Mais loin de la connaissance vivante, la géographie banale qui se reproduit à l'école, dompte la géographie spontanée jusqu'à la faire oublier. L'apprentissage suit un itinéraire d'additions qui mélange tous ordres de phénomènes dans l'ordre illusoire de la Terre. Le monde en est absent, cet horizon idéel par lequel nous nous déterminons (Retaillé, 1997).

Notre monde est composé de trois couches de représentations : la Terre, le puzzle du découpage qui s'est progressivement organisé autour de la richesse et de la puissance, l'unité de la totalité interdépendante. La première est l'héritage des modalités suivant lesquelles la planète a été découverte alors que le second résulte plutôt des dispositifs progressivement mis en place pour organiser une solution à l'équation des besoins et des ressources. La dernière enfin, qui nous importe le plus aujourd'hui, signale une mutation de la conscience beaucoup plus qu'une transformation radicale de la réalité. Il a fallu attendre l'évidence de la distance terrestre annulée pour que le monde atteigne, dans la géographie spontanée, la dimension de la planète (Valéry, 1945). C'est comme dire que le cadre de référence a évolué avec son contenu, que le contenu a rempli le cadre de référence en évolution. Voilà la boucle par laquelle le monde s'impose deux fois dans l'élaboration de la connaissance, comme problème et comme modèle.

La Terre, un monde terraqué

De l'apprentissage de la Terre, nous avons conservé une perception topographique du monde. Individuellement et collectivement, les itinéraires accumulés dessinent une première trame, un classement des lieux selon la distance et la direction. La découverte progressive de la planète en a souligné les discontinuités majeures, celles qui forment obstacles : chaînes massives des montagnes, fleuves, et bien sûr la mer. Mais c'est la projection cartographique qui a donné aux océans cette position majeure rythmant la surface terrestre dans la direction du jour (Est-Ouest).

Des continents et des océans

Six continents, cinq océans. La liste n'est pas très sûre parce que la définition est impossible pour l'un comme pour l'autre des « repères ». Mais l'image s'est imposée au point que certaines réalités surprennent, comme un tour du monde qui n'est qu'un tour de l'Antarctique. Notre vision topographique figée dans une carte de Mercator ou ses dérivés est perturbée car les discontinuités que nous avons apprises à travers l'usage de noms comme océan Atlantique, océan Indien, océan Pacifique, se trouvent abolies dans l'océan Antarctique dont personne ne saurait dire les limites.

Il en va de même avec les continents dont les définitions sont flottantes, si l'on peut dire. Europe-Asie est une vieille question résolue par convention.

Mais les hésitations sur la dimension ont persisté pour Madagascar ou l'Australie pendant longtemps. Et pour les plus vastes des masses terrestres, c'est la grande diversité qui nuit à la décision. En Asie par exemple, sous un pli autrement plus puissant que l'Oural, le « monde » indien est quasi continent (Durand-Dastès, 1995) tandis que la masse démographique et l'homogénéité Han, ajoutées à une longue histoire d'Empire, poussent la Chine vers les mêmes niveaux d'identification. L'Amérique aussi est plurielle mais en même temps singulière (Siegfried, 1934), au point que le soupçon s'éveille d'une dénomination *ad hoc* qui déstabilise la nomenclature géographique. Le premier récit ne s'évacue pas si facilement et les noms qui sonnent familièrement restent parmi les repères avec leurs contenus stéréotypés. Mais comment fonder des repères sur des bases si peu solides ?

La domination des stéréotypes

La réalité indécidable du nombre et des limites des continents se résoud dans un arbitrage dont les jugements varient. La nomenclature n'est pas définitive parce que les contenus des continents changent et en même temps leur principe d'unité. Or c'est ce principe qui fait la légitimité d'une identité, beaucoup plus que la limite qui n'est qu'un résultat (on remarquera au passage, que la géographie déqualifée, celle de l'enseignement, inverse la procédure, donne la limite d'abord pour l'utiliser ensuite dans la définition de ce qu'elle enserre !). En reconstituant l'histoire des continents, ceux du moins qui sont à la base du concept, il n'est pas difficile de reconnaître qu'ils sont chacun une « civilisation », qu'ils sont secondairement une position historique liée à la coalescence (*Hérodote*). Ce complexe est ensuite élargi à une limite qui fournit la qualité de nature et l'inscrit dans la terre, repère stable et incontestable.

La métonymie est cette confusion du contenu et du contenant qui simplifie et massifie la complexité, ou l'incertitude, dans un nom suffisant à toute identification. La nomenclature qui procure l'illusion d'une réponse à la question « où ? » située dans un code admis et partagé par tous. A la découverte du monde, les Européens ont imposé leur topographie, l'image d'un monde terraqué dont les fractions d'humanité sont logées chacune sur une terre qui est sienne, affectées d'une couleur, tout cela dans l'esprit de la séparation et de la différence. Les races accordées aux terres ont longtemps illustré les géographies, quand la discipline de connaissance était confondue avec son objet, l'état du monde.

Dans l'esprit de la séparation, la divergence des itinéraires historiques puis la brutale réunion en une histoire universelle justifiaient bien l'inégalité. Et comme pour l'assurer, la vieille théorie des climats a été convoquée, délivrant un brevet de science à ce qui n'était encore qu'une conjonction dans la métonymie (Montesquieu, 1748). Certains continents sont devenus tropicaux, d'autres tempérés ; les hommes ont pris des genres de vie correspondant aux contraintes des milieux où ils étaient plongés. Ce qui était, au départ, la reconnaissance d'une divergence dans la plus grande proximité du Proche-Orient, entre Grecs, Perses et Égyptiens s'est peu à peu empli d'idéologie. L'humanité divisée en trois lignées des fils de Noé puis jaugée selon les « niveaux de civilisation » est décrite en stéréotypes couverts par l'alibi géographique. L'azimuth suffit à définir l'oriental ou le *far west* tout comme, dans les mythes, l'hyperboréen a dû conserver le mystère de l'origine et le lien de la terre au ciel.

Cette manière d'attacher et d'expliquer la diversité de l'humanité par la terre et sa propre diversité, les découpages qu'on y reconnaît, tout cela n'est pas spécifiquement européen. Ailleurs aussi le monde a été arrangé selon les possibilités de reconnaissance de la terre. Les géographies sont comme les cosmogonies, des marques transversales de la culture (Miquel, 1967).

La simultanéité du non-contemporain, le déterminisme de situation

La naturalisation des situations humaines fournit une inscription dans la terre. Mais les géographes ou leurs utilisateurs ne se sont pas contentés des repères. La localisation a aussi fourni l'explication en évitant la difficulté d'interpréter les sociétés. C'est l'origine de la notion de genre de vie.

L'observation de l'inégalité humaine, qui devient éclatante et intellectuellement problématique au XVIe siècle en même temps que les principes universels reviennent en force dans la culture occidentale (Montaigne, 1580, Bartolomé de las Casas, 1552), pose un problème quasi insoluble qui ne peut être traité qu'à distance : cela s'appelle l'objectivité. Les sujets de la vie vont devenir des objets d'observation. Avec la découverte du monde, les sciences ont ainsi progressé dans la voie de l'histoire naturelle et dans la création des sciences humaines sans que la jonction des deux ne soit pensée. Il a subsisté de cet écart masqué par une confusion, une empreinte idéologique profonde dans le tableau du monde : les hommes y ont occupé la place de l'épiphénomène fortement perturbateur. Cependant, le « sauvage » de Rousseau (Rousseau, 1762) ou les « Animaux dénaturés » de Vercors (Vercors, 1952) entretiennent l'utopie de la pureté (Platon, More, 1516, Bacon, 1627) par l'isolement au-delà de la mer. La discontinuité n'est pas que spatiale, elle est aussi temporelle, la localisation renforçant l'idée d'une relation surtout verticale de la terre au ciel par les hommes et leur habitat de surface.

La conjonction de la naturalité des découpages et des stéréotypes de substance forme la première strate de l'intelligence du monde et il n'y a pas longtemps que l'enseignement de la géographie a abandonné le terme de race pour présenter les populations par continent. Mais si le mot a disparu, l'idée s'est ancrée d'une simultanéité du non-contemporain, puisque toujours les présentations des parties du monde insistent sur les écarts ou mieux sur les divergences des trajets historiques après avoir naturalisé les identités. Il faut attendre l'unification par l'Europe et le modèle qu'elle diffuse pour voir s'ajouter une deuxième strate au tableau, celle de l'inégalité par la polarisation et le rejet en périphérie. Cela a pu constituer une réalité pluri-séculaire sans entamer le cadre initial des repères qui reste celui du premier récit.

La polarisation, un monde inégal

Avec la prise de conscience tardive du « sous-développement » et d'une inégalité historique plutôt que naturelle, de nouveaux continents font leur apparition : le Nord, le Sud, l'Est, l'Ouest. Les adjectifs cardinaux sont devenus des noms propres assortis de majuscules. Par la même métonymie déjà décrite, des fractions entières de la surface terrestre et de l'humanité passent dans la nouvelle nomenclature selon des principes qui ne sont plus topographiques : le Japon en Occident, l'Australie au Nord etc. Seuls comptent désormais les réseaux de polarisation, d'organisation autour d'un centre animateur.

Le classement des situations de développement

En décrivant le monde au début du processus qui va l'unifier, Braudel et Wallerstein définissent des *économies-mondes* polarisées qui n'entretiennent de contacts externes que marginalement (Braudel, 1985 ; Wallerstein, 1980). Que les centres aient migré depuis ne change rien au principe, quitte à élargir au continent, et même au-delà, la qualité de centre. L'important n'est pas là mais plutôt dans la diffusion d'une centralité dominante, celle du capitalisme qui unifie le monde en une seule économie-monde. A plusieurs reprises déjà, le capitalisme rendu à son « stade suprême » a dessiné un nouveau monde. La hiérarchie des lieux se modifie, les relations privilégiées se réorientent périodiquement ; la géographie, comme état du monde, s'impose. Il est donc surprenant d'observer la résistance des catégories de description héritées de stades antérieurs. Étaient-elles si légitimes ? La réalité a-t-elle été forcée au point que la métonymie change de contenu sans changer le nom du contenant ?

Dans l'opération du classement des puissances et de hiérarchisation des centres et des périphéries, le tableau du monde prend cependant une couleur un peu différente. Il ne s'agit plus d'une juxtaposition d'aires culturelles dont les niveaux économiques sont inégaux mais bien de positions économiques à l'intérieur d'un ensemble qui prend l'allure d'un système (Reynaud, 1981). Cette représentation est renforcée par le fait qu'un système économique fondé sur l'échange marchand s'impose partout et domine au point que même les organisations qui en sont les plus éloignées sont jugées à l'aune de ses mesures et de ses valeurs (évaluation monétaire de tous types de flux et de productions y compris culturels).

Vus dans la perspective historique de diffusion du système capitaliste de développement, les rangs et les explications relèvent largement de l'ancienneté puis de la migration des centres d'impulsion et d'innovation. Alors que dans un premier temps il est admis que la position de centre est destinée à se perpétuer comme centre par les rétroactions positives de la domination, des bifurcations se sont produites, qui ont imposé l'idée d'une mutation dans la polarisation mondiale (Attali, 1991) ? Sans constituer un retour à Hegel, elle conduit à l'effacement du mythe européen universaliste (Hegel, 1830). En fait, les centres se sont multipliés et sont d'autant plus puissants qu'ils échangent d'abord entre eux, entretenant un dynamisme qui n'est plus seulement fondé sur le drainage des richesses mais aussi sur l'émulation, la concurrence et l'emprunt, tout simplement, de solutions nouvelles plus nombreuses. Le système-monde comme représentation s'impose par la conjonction des faits économiques dominants et la généralisation de la méthode systémique dans à peu près tous les domaines de la connaissance (Dollfus, 1990). Pourtant, en géographie, l'activité privilégiée qui consiste à découper et nommer des entités spatiales n'a pas véritablement disparu. Des « sous-systèmes » ont été identifiés comme autant de « régions » qui permettaient de laisser une place à d'autres principes de détermination et d'identification. Les fondements culturels qui autorisent le rappel des anciens découpages – les continents sont d'abord des civilisations – sont les plus sollicités. Cela n'est pas sans influencer les actions de résistance à l'unification et à l'anonymat des lieux du monde.

La régionalisation du monde comme arrangement des aires d'influence

La multiplication des centres et systèmes offre l'opportunité d'une nouvelle géographie. Mais, détachée en partie des substrats physiques d'identification, elle retourne au découpage lorsque l'on croit pouvoir observer un découplage des plans de l'économie, du politique et du culturel. Alors que la géographie classique, en tableaux, ne s'interrogeait pas sur les interactions des différents secteurs de l'activité sociale et se contentait de superposer des informations d'ordres divers à l'intérieur de cadres prédéfinis, il devient nécessaire de décrire des dispositifs contradictoires comme le résumé des réseaux et des territoires le suggère. Du côté de l'action, l'ambivalence du monde est au cœur de toutes les mobilisations et détermine de nouveaux affrontements. Repris de l'ancien schéma d'opposition des empires, les aires économiques ramenées aux continents sont disposées autour de ces centres émergents et la concurrence qui les oppose est transcrite en guerre. La nouvelle régionalisation du monde ressemble à une géopolitisation du système-monde dont l'unité est refoulée au profit des divergences. A cette occasion, les « civilisations » sont présentées comme des entités aux multiples critères convergents : politiques, économiques, historiques et bien sûr culturels (Huntington, 1996). Ce tableau nouveau ressemble finalement à une vieille croûte dépoussiérée. Malgré toute la puissance du phénomène dit de mondialisation, la géographie reste empruntée comme si son but majeur, découper, ne pouvait être révisé.

Quoiqu'il en soit de l'état du monde, le recours au récit primitif est toujours tenté, avec plus ou moins de bonheur. Le jugement de pertinence l'emporte et l'incantation, comme celle du nouveau régionalisme, ne suffit pas toujours. Mais elle initie des projets dont certains finissent par se réaliser tel l'Union européenne alors que l'Europe, n'en déplaise à Paul Valéry, n'a longtemps été qu'une « expression géographique ». Aussi les différents *Zollverein* qui couvrent le monde ne cachent-ils pas des options politiques de rapprochement, même quand l'unité finale n'est pas aujourd'hui envisageable. Rappelons la vigueur que doit l'État moderne à cette unification. L'identité attachée à l'unité territoriale n'est pas toujours une transcendance, ni une pureté mais souvent une conjoncture qui a bien tourné. Pourtant, si des aires d'influence se créent vraiment autour des différents centres du monde, il n'est pas sûr que le trajet historique déjà suivi par certains regroupements de proximité doive se répéter à l'identique ailleurs, et il est probablement aventureux de géopolitiser les proximités économiques qui n'ont de proximité que celle produite par l'éloignement comme l'Asie orientale vue d'ici.

Tout se passe donc comme si le paradigme de la guerre devait guider toujours la compréhension du monde (Aron, 1962). N'est-ce pas le fait de certains acteurs (les États et leurs servants) dans leur réaction à d'autres acteurs moins visibles sinon moins agissants ? La question de légitimité est là : l'extériorité du monde et son objectivité ne sont pas totales, l'influence de l'objet sur le discours et du discours sur l'objet se faufilent dans l'indécision de la représentation. Alors la géographie du monde est à la fois son état et la science qui le déchiffre pour l'exposer. Nous en sommes là à pouvoir observer la constitution d'un savoir au moment où nous le forgeons, à la condition de se regarder à l'œuvre et d'exprimer toutes les contraintes – y compris idéologique – qui pèsent sur les discours, même scientifiques.

La coprésence, le monde comme totalité

Que devons-nous traiter en vérité ? Et comment le monde s'impose-t-il à nous, dans ce double sens d'une extériorité qui manifeste son objectivité et d'une idéalité qui permet de donner forme à ce qui n'est encore que projet ou visée ? De quels outils disposons-nous pour rendre une image dont le sens rejoindra à peu près correctement l'expérience que nous avons ou que nous pourrions avoir du monde ?

Le « retournement du monde »

Les théories simples s'affaiblissent devant le bourgeonnement de la réalité ou plus exactement nous savons mieux que la réalité bourgeonne puisque nous pouvons désormais y accéder à la dimension de la planète. La communication et la circulation de l'information sont au cœur de la nouvelle donne, bouleversant l'état de notre conscience. Les récits de voyage et les livres, même d'images, n'en sont plus les supports bien ordonnés, les géographies ne sont plus des livres, la géographie ne se raconte plus : elle se vit. C'est le trait principal de ce retournement de perspective qui s'opère aujourd'hui et qui est si difficilement accepté. La géographie n'est plus seulement une activité de spécialiste. Il lui arrive la même aventure que l'écriture au moment de sa vulgarisation, ce qui rend d'autant plus fondamental son apprentissage.

Jusqu'à maintenant les activités avaient eu tendance à se séparer donc à se spécialiser et la plupart des géographes ne faisaient plus que lire de la géographie, sans en faire. Les décalages d'aujourd'hui et la manière dont le monde s'impose tiennent au fait que le *quidam* fait de la géographie dans toute l'épaisseur de cette activité, pendant que les géographes donneurs de leçons restent accrochés au savoir, celui qui s'abrite dans les découpages invisibles et devient une sorte de latin. Mais les individus et les sociétés dépassent ou débordent les cadres dans lesquels ils sont habituellement présentés. L'un d'eux est particulièrement pris en défaut, c'est l'État, ses divisions et ses assemblages, parce qu'il a été le plus universel en même temps que le plus abstrait.

Dans le monde qui s'impose et malgré l'utilisation de supports qui autorisent la virtualité, l'instantanéité bouleverse le rapport aux autres. Jusqu'alors, il fallait user de symboles comme la patrie ou l'ancêtre ou le Dieu pour estimer la solidarité et les liens, repousser et marquer la différence. Aujourd'hui, il devient possible sinon nécessaire à chacun de prendre parti ou de juger d'une situation sans la possibilité d'en appeler à un intercesseur. Chacun se trouve pratiquement seul face au monde, dans une relation qui est constamment changée. Le temps des découpages simples est fini et cela retentit sur la géographie que l'on peut (ou que l'on doit) écrire et dessiner. Il ne faudrait pas que les géographes soient les derniers à s'en rendre compte alors que la pratique courante de la vie conduit déjà à la multiplication des territoires imbriqués et séparés, alors que les règles de l'organisation de l'espace ne sont plus simples et ne tiennent plus dans l'axiomatique de l'espacement, de l'exclusivité et de l'exhaustivité que symbolisait le nom de lieu. Toujours un nom propre. Quand le monde s'impose c'est notre grammaire qu'il faut réviser en plus de notre vocabulaire et la construction des discours que nous retenons ne pourra plus, au risque de perdre toute crédibilité, ressembler à un tableau bien stable.

L'illusion du sujet

Ce qui a changé dans le tableau du monde et dans la géographie qui l'élabore, c'est une nouvelle place donnée à l'acteur, à la capacité individuelle, à la mesure des succès ou des échecs. Les confrontations ne soient plus massives bien que les sollicitations touchant les individus se sont multipliées. Cette multiplication s'observe même dans les lointains les moins susceptibles de tomber victimes des modes baladeuses. Chez les nomades pasteurs du Sahel occidental, la « mondialisation » n'est pas une fantaisie d'observateur désaxé : elle est un fait dont les stratégies individuelles et familiales savent fort bien jouer. Et s'il subsiste des déterminismes par héritage, si des contraintes comme celles de la distance fonctionnent toujours, quelles que soient les circonstances, il ne nous est plus possible d'observer des groupes comme des substances immuables, ni comme des substances tout court. L'espace social, à la dimension du monde, se construit entre déterminisme et intention (volonté) ; la capacité à produire des institutions relais qui ne sont plus figées dans les mythes, s'impose et impose à l'analyste de nouvelles grilles, même cyniques, où l'efficacité fait office de valeur (Retaillé, 1993).

C'est par cela aussi que se fait sentir l'effet de monde. Le cynisme méthodologique accompagne le fractionnement des savoirs en spécialités infinies ; un savoir approfondi mais parcellaire croit pouvoir échapper à l'impératif éthique puisque les questions englobantes n'y sont pas traitées. Mais lorsque le géographe arrive au monde qui clôt son parcours, lorsqu'il a dû admettre que le monde n'est pas une somme mais une composition infinie de dispositions éphémères, alors il se trouve devant un objet qui ne peut être défini que par une propriété et non par une limite. Le monde est englobant ; il n'est pas que matériel mais surtout intellectuel, horizon, idéalité. Voilà un thème qu'un scientifique positif refusera souvent avec hargne, les mots et les réflexions qui s'ensuivent lui étant insupportables (Retaillé, 1997).

L'effet de monde comme horizon d'une infinité de possibles provoque un drame dans une géographie qui ne sait bien manipuler que des matérialités abritant idées et symboles par le truchement fort commode de la représentation. Mais c'est insuffisant face au problème de la légitimité. Qui pourra dire à l'intérieur de quelles limites légitimes doit s'exercer la souveraineté, la responsabilité etc., lorsque ces concepts ne sont plus au centre des principes sociaux (Lévy 1994) ? La question finale porte sur le lien qui fait tenir des individus dans un faisceau de relations suffisamment solides pour éviter l'éparpillement. Et le dépassement de l'État qui renvoie souvent vers des identités plus « locales » et aussi plus chatouilleuses, nous a fait perdre beaucoup de sens. En retour, la place prise par l'acteur nous amène peut-être à l'illusion du sujet, celle du créateur. L'effet de monde aura au moins eu ce mérite de rendre visible la fabrication, à tout instant, d'une nouvelle géométrie du monde, pour soi, en remplacement des dispositions arrêtées pour l'éternité dans le dessin des masses continentales et des civilisations qu'elles abritent, ou abritaient (Gauchet, 1988).

Le monde est un problème

Le nouveau monde est celui de la simultanéité que l'on ne devra pas confondre avec similitude ou indifférenciation. L'accélération des communications a transformé la perception de la réalité planétaire. En cela le monde se montre comme un objet nouveau en géographie, qui contribue à faire tourner la discipline vers des horizons peu explorés depuis la fin des découvertes. De la même manière que les grandes découvertes ont imposé une révision déchirante des schémas idéologiques conservés dans les couvents de l'Occident médiéval, la mutation contemporaine qui touche le temps et non plus l'espace, transfère ce qui était devenu dogmatique vers le problématique. Le monde nouveau est un problème, il pose quelques questions (Morin et Naïr, 1997).

Par la distance annulée, sous certaine forme au moins, le monde est comme un lieu et le problème de la diversité dans la proximité resurgit dans une dimension nouvelle et inimaginable jusqu'alors. Il est simpliste de géopolitiser l'approche, de réduire des civilisations à des territoires et de faire passer entre elles des frontières d'affrontement. Il est trop simple aussi de se réfugier dans les règles de l'espace euclidien, les nombreux plans de relations ne se construisant pas dans une seule géométrie. Pour répondre, maintenant, à la question fondamentale de l'identité (de qui suis-je solidaire ? Y-a-t-il de la distance ?), la géographie prend une dimension éthique qui lui évitera les dérives technocratiques et cyniques, ou les dérives idéologiques (Berque, 1996). Ces interrogations sont vertigineuses, sur le terrain déjà, là où se forge l'information puisque tous les traitement ultérieurs, aussi raffinés, aussi automatisés soient-ils n'en seront que la pâle analyse. Et d'expérience, la première des difficultés rencontrées, c'est l'écriture même. Le vocabulaire, les structures habituelles de la phrase ne sont pas toujours adaptés, pas plus que les équations de la formalisation mathématique. La pensée non plus. La représentation visuelle, cartographique, des contours n'est plus possible.

RÉFÉRENCES

ARON R., *Paix et Guerre entre les nations,* Paris, Calmann-Lévy, 1962.

ATTALI J., *Lignes d'horizon,* Paris, Fayard, 1990.

BERQUE A., *Être humain sur la Terre,* Paris, Gallimard, 1996.

BRAUDEL F., *La Dynamique du capitalisme,* Paris, Arthaud, 1985.

BACON F., *La Nouvelle Atlantide* [1627], G.F., Paris, Flammarion, 1995.

BADIE B., SMOUTS M.-C., *Le Retournement du monde,* Presses de Sciences Po, 1992.

DOLLFUS O., « Mondes nouveaux », *Géographie Universelle,* Paris, Belin-RECLUS, 1990.

DURAND-DASTÈS F., « Monde Indien », *Géographie Universelle,* Paris, Belin-RECLUS, 1995.

GAUCHET M., *Changement de paradigme dans les sciences sociales,* Le Débat, Paris, Gallimard, 1988.

HEGEL, G.W.F., *La raison dans l'histoire* [1822, 1828, 1830], 10-18, Paris, UGE, 1979.

HUNTINGTON S.P., *The Clash of Civilizations and the Remaking of World Order,* New York, Simon and Schuster, 1996.

LAS CASAS B. de, *Très Brève Relation de la destruction des Indes* [1552], édition FM La Découverte, 1980.

LÉVY J., *L'Espace légitime,* Paris, Presses de Sciences Po, 1994.

LÉVY J., *Le Monde pour cité,* Questions de politique, Paris, Hachette, 1996.

MIQUEL A., *La Géographie humaine du monde musulman,* Paris, La Haye, Mouton, 1967.

MONTAIGNE M. de, *Les Essais* [1580-1588], Livre I, ch. 31, « Des cannibales », Quadrige, Paris, PUF, 1992.

MONTESQUIEU, *L'Esprit des lois* [1748], livre XXI, 1979.

MORE Th., *L'Utopie* [1516], G.F., Paris, Flammarion, 1987.

MORIN E. et NAÏR S., *Une politique de civilisation,* Paris, Arléa, 1997.

RETAILLÉ D., *Le Monde du géographe,* Paris, Presses de Sciences Po, 1997.

RETAILLÉ D., *Représentations et Enjeux du territoirc au Sahel,* 6 vol., multigraphié, université de Rouen, 1993.

ROUSSEAU J.-J., *Du Contrat social* [1762], 10-18, Paris, UGE, 1973.

SIEGFRIED A., *Amérique latine,* Paris, Armand Colin, 1934.

VALÉRY P., *Regards sur le monde actuel et autres essais* [1945], Folio, Paris, Gallimard, 1988.

VERCORS, *Les Animaux dénaturés,* Paris, Albin Michel, 1952.

WALLERSTEIN I., *Le Système de monde du XVe à nos jours,* 2 vol., Paris, Flammarion, 1980-1984.

BIBLIOGRAPHIE DE LA QUATRIÈME PARTIE

ARON R., *Paix et Guerre entre les nations,* Paris, Calmann-Lévy, 1962.

ATTALI J., *Lignes d'horizon,* Paris, Fayard, 1990.

BAILLY Antoine (dir.), *Les Concepts de la géographie humaine*, Paris, Masson, 1995.

BAILLY Antoine et FERRAS Robert, *Éléments d'épistémologie de la géographie*, Paris, Armand Colin, 1997.

BAILLY Antoine, PUMAIN Denise et FERRAS Robert (dir.), *Encyclopédie de la Géographie*, Paris, Économica, 1993.

BEAUJEU-GARNIER Jacqueline, *Géographie urbaine*, Paris, Armand Colin, 1995.

BÉGUIN M., PUMAIN D., *La Représentation des données géographiques. Statistiques et cartographie*, Cursus, Paris, Armand Colin.

BERQUE Augustin, *Du geste à la cité*, Paris, Gallimard, 1993.

BERQUE Augustin, *Être humain sur la Terre*, Paris, Gallimard, 1996.

BERQUE Augustin, *Le Sauvage et l'Artifice, les Japonais devant la nature*, Paris, Gallimard, 1986.

BERQUE Augustin, *Médiances, de milieux en paysages*, Montpellier, RECLUS, 1990.

BRAUDEL Fernand, *La Dynamique du capitalisme,* Paris, Arthaud, 1985.

BRUNET Roger, «Le déchiffrement du Monde», in «Mondes nouveaux», *Géographie Universelle,* t. I, Paris-Montpellier, Belin-RECLUS, 1990.

BRUNET R., *Champs et Contrechamps. Raison de géographe*, Mappemonde, Paris, Belin, 1997.

BRUNET R., *La Carte, mode d'emploi*, Paris-Montpellier, Fayard-RECLUS, 1987.

BRUNET Roger, FERRAS Robert et THÉRY Hervé, *Les Mots de la géographie, dictionnaire critique*, Montpellier-Paris, RECLUS-La Documentation française, 1992.

BRUNET Roger, *Le Territoire dans les turbulences*, Montpellier, RECLUS, 1990.

CAMBRÉZY L., MAXIMY R. (de) (éd.), *La Cartographie en débat,* Paris, Karthala-Orstom, 1995.

CHARRE J., *Statistique et Territoire*, Espaces modes d'emploi, Montpellier, RECLUS, 1995.

CLAVAL Paul, *La Géographie comme genre de vie*, Paris, L'Harmattan, 1996.

CLAVAL Paul, *Régions, Nations, Grands Espaces*, Paris, M.-Th. Génin, 1968.

Comité National d'Évaluation, *La Géographie dans les universités françaises. Une évaluation thématique*, Paris, 1989.

DAUPHINÉ A., *Chaos, Fractales et Dynamiques en géographie*, Espaces modes d'emploi, Montpellier, RECLUS, 1995.

DEBIÉ Franck, *Géographie humaine et économique*, Paris, PUF, 1995.

DEMANGEOT Jean, *Les Milieux «naturels» du globe*, Paris, Armand Colin, 1996.

DERRUAU Max (dir.), *Les Composantes et Concepts de la géographie physique*, Paris, Masson, 1996.

DERRUAU Max, *Géographie humaine*, Paris, Armand Colin, 1996.

DERRUAU Max, *Précis de géomorphologie*, Paris, Masson, 1996.

DURAND Marie-Françoise, LÉVY Jacques et RETAILLÉ Denis, *Le Monde, espaces et systèmes*, Paris, Presses de la Fondation Nationale des Sciences Politiques et Dalloz, 1992.

DURAND-DASTÈS F., «Les modèles en géographie», *Encyclopédie de géographie*, Paris, Économica, 1992.

EspacesTemps, «Penser/figurer. L'espace comme langage dans les sciences sociales», 62/63, 1996.

FRÉMONT Armand, *La Région, espace vécu*, Paris, PUF, 1976.

GAUCHET M., *Changement de paradigme dans les sciences sociales,* Le Débat, Paris, Gallimard, 1988.

GEORGE Pierre (dir.), *Dictionnaire de la géographie*, Paris, 1970 (1re édition), PUF.

GRATALOUP Christian, *Lieux d'Histoire. Essai de géohistoire systématique*, Montpellier, RECLUS, 1996.

Groupe Chadule, *Initiations aux pratiques statistiques en géographie*, Paris, Masson, 1994.

Groupe Dupont, *Géopoint 1986. La carte pour qui ? La carte pour quoi ?*, Avignon, université d'Avignon, 1986.

Groupe Dupont, *Géopoint 1992. Modèles et modélisation en géographie,* Avignon, université d'Avignon, 1992.

Groupe Dupont, *Géopoint 1994. SIG, analyse spatiale et aménagement,* Avignon, université d'Avignon, 1994.

HUNTINGTON S.P., *The Clash of Civilizations and the Remaking of World Order,* New York, Simon and Schuster, 1996.

ISNARD Hildebert, *L'Espace géographique*, Paris, PUF, 1978.

L'Information géographique, «La Géographie française au milieu du XXe siècle», numéro spécial, Paris, Baillière, 1957.

LACOSTEYves (dir.), *Géopolitique des régions françaises*, 3 vol., Paris, Fayard, 1986.

LACOSTE Yves, *La Géographie, ça sert d'abord à faire la guerre*, Paris, Maspero, 1976.

LEPETIT B et PUMAIN D. (dir.), *Temporalités urbaines*, Villes, Paris, Anthropos, 1993.

LÉVY J., *Le Monde pour cité*, Questions de politique, Paris, Hachette, 1996.

Lévy J., *L'Espace légitime,* Paris, Presses de la Fondation Nationale des Sciences Politiques, 1994.
Lévy Jacques, *Egogéographies. Matériaux pour une biographie cognitive*, Paris, L'Harmattan,1995.
Marchand Jean-Pierre, *Contraintes climatiques et espace géographique. Le cas irlandais*, Caen, Paradigme, 1995.
Marconis Robert, *Introduction à la géographie*, Paris, Armand Colin, 1996.
Miquel A., *La Géographie humaine du monde musulman,* Paris, La Haye, Mouton, 1967.
Monmonier M., *Comment faire mentir les cartes. Du mauvais usage de la géographie*, Paris, Flammarion, 1993.
Oudart P. (éd.), *La Démarche chorématique,* Amiens, Cahiers du Centre d'études géographiques de l'université Jules-Verne.
Pech Pierre et Regnauld Hervé, *Géographie physique*, Paris, PUF, 1992.
Pinchemel Geneviève et Philippe, *La Face de la Terre*, Paris, Armand Colin, 1988.
Racine Jean-Bernard et Reymond Henri, *L'Analyse quantitative en géographie*, Paris, PUF, 1973.
Retaillé D., *Le Monde du géographe,* Presses de la Fondation Nationale des Sciences Politiques, 1997.
Reynaud A., *La Géographie, science sociale,* TIGR n° 49/50, université de Reims, 1982.
Rimbert S., «Géographie et cartographie», *Encyclopédie de géographie,* Paris, Économica, 1992.
Rimbert S., *Carto-Graphies*, Paris, Hermès, 1990.
Riou M., «Vocabulaire géographique et hiérarchisation des savoirs», *L'Information géographique*, n° 2, Masson, 1987.
Roumegous M., «Jeux et didactique de la géographie», *L'Information géographique*, n° 5, Masson, 1996.
Scheibling Jacques, *Qu'est-ce que la géographie*, Paris, Hachette, 1994.
TIGR, *Entre général et spécifique : la modélisation graphique*, Reims, 1997.
Wallerstein I., *Le Système de monde du* XV*e* *à nos jours,* 2 vol., Paris, Flammarion, 1980-1984.

TABLE DES MATIÈRES

Imprimé en France par Darantiere - N° d'impression : 97-1070
N° d'édition : 2274-01 - Dépôt légal : octobre 1997